普通高等教育"十一五"国家级规划教材

北京市精品教材

现代微生物遗传学

第二版

陈三凤　刘德虎　编著

化学工业出版社

·北京·

图书在版编目（CIP）数据

现代微生物遗传学/陈三凤，刘德虎编著. —2 版. —北京：
化学工业出版社，2011.6（2023.1 重印）
普通高等教育"十一五"国家级规划教材
北京市精品教材
ISBN 978-7-122-11244-6

Ⅰ. 现… Ⅱ. ①陈…②刘… Ⅲ. 微生物遗传学-高等学校-
教材 Ⅳ. Q933

中国版本图书馆 CIP 数据核字（2011）第 085051 号

责任编辑：傅四周　周　旭　孟　嘉　　　　装帧设计：刘丽华
责任校对：宋　夏

出版发行：化学工业出版社（北京市东城区青年湖南街 13 号　邮政编码 100011）
印　　装：北京虎彩文化传播有限公司
787mm×1092mm　1/16　印张 21¼　字数 523 千字　　2023 年 1 月北京第 2 版第 5 次印刷

购书咨询：010-64518888　　　　　　　　售后服务：010-64518899
网　　址：http://www.cip.com.cn
凡购买本书，如有缺损质量问题，本社销售中心负责调换。

第二版前言

　　《现代微生物遗传学》是一本系统地阐述微生物遗传和变异的著作，也是我国高等院校微生物专业、食品专业等相关专业微生物遗传课程的教科书，获得普通高等教育"十一五"国家级规划教材和北京市精品教材的嘉誉。

　　《现代微生物遗传学》第一版于2003年1月由化学工业出版社出版以来，与读者见面已经8年了。在这期间，以微生物为材料的遗传学和分子生物学的研究方法和成果层出不穷，加之编者在微生物遗传领域中研究方向的拓宽，有力地推动了这本书的再版。

　　再版在原版本的基础上进行了全面的修订。在内容上，新增了微生物的耐盐机制、酵母双杂交系统原理和方法、微生物的固氮调节机制等内容。同时，为避免与分子生物学的重复，将《基因工程》一章完全删除。这样，使本书在内容上更加丰满，在形式上更加突出新理论的系统性。

　　《现代微生物遗传学》自从出版一来，一直受到广大师生和科研工作者的热情厚爱，作者在此表示真诚感谢。作者将以更大热情投入到教学和科研工作中，通过第一线的科研和教学工作，进一步更新和完善这本书。

作　者

2011年5月

第一版前言

　　微生物遗传学是研究微生物遗传和变异的一门学科，它是遗传学的一个分支学科，也是微生物学和分子生物学的分支学科。由于先进的分子生物学技术不断涌现，以微生物为材料的研究成果层出不穷，使整个微生物遗传学的面貌已经发生了深刻的变化。国外与微生物遗传学相关的专著和教材，如现代微生物遗传学、细菌分子遗传学、放线菌分子遗传学、酵母分子遗传学等都已经相继问世。相比较而言，国内传统教材已难以适应现代教学的要求。为适应学科发展，培养新世纪人才，编写新的微生物遗传学教材势在必行。

　　本书是在作者多年教学和科研的基础上，通过参阅大量国内外先进教材、专著和文献编写而成的。在内容上将经典微生物遗传学和微生物分子遗传学有机地融合在一起，特别注重介绍微生物遗传学的最新发展动态和研究成果，同时保留了微生物遗传学中的经典研究方法和研究成果。在章节的编排顺序上遵循先易后难、由浅入深的原则。我们希望本书能为从事微生物遗传教学和科研的同仁及微生物专业、食品专业、生物技术专业和其他相关专业的本科生、研究生提供参考。

　　本书的编写得益于国家"863"、"973"及自然科学基金研究项目的资助。正是这些研究项目使我们能在较高的起点上从事微生物遗传方面的研究工作，从而为本书的编写奠定了坚实的基础。

　　本书编写过程中，李季伦教授给予了极大的关心和支持；王敖全研究员在审阅稿件中，做了大量深入细致的工作，并提出宝贵的意见和建议；谭华荣研究员、唐国敏研究员及马荣才研究员对部分章节进行了审稿；生物固氮实验室的硕士生和博士生们，特别是赵德华博士生对书稿进行了认真校对。编者在此一并表示衷心的感谢。

　　由于我们的水平有限，书中难免有不妥之处，敬请读者批评指正。

作　者

2003 年 1 月

目录

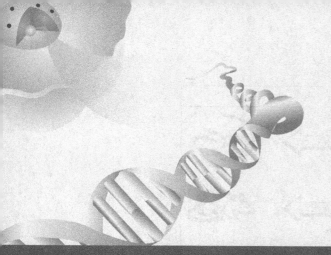

第一章
微生物的遗传物质

微生物种类繁多，包括真菌、细菌、放线菌等。在不同类群的微生物中，遗传物质的结构、存在方式和作用机理亦有所不同。根据遗传物质的结构和存在形式，可将微生物分为原核微生物和真核微生物，DNA 是这些微生物的主要遗传物质。噬菌体和病毒既不是原核生物也不是真核生物，它们是一种超分子的亚细胞生命形式，它们的遗传物质是 DNA 或 RNA。

第一节
证明遗传物质是 DNA（有时是 RNA）的经典实验 ●——

证明 DNA 是遗传物质的事例很多，其中最直接的证明有细菌转化、噬菌体的繁殖和病毒重建三个经典实验。

一、细菌的转化

转化（transformation）是指一种生物由于接受了另一种生物的遗传物质（DNA 或 RNA）而表现出后者的遗传性状，或发生遗传性状改变的现象。

转化现象是 1928 年英国科学家 Griffith 在进行肺炎链球菌（*Diplococcus pneumoniae*，现在称为 *Streptococcus pneumoniae*）的研究中发现的。肺炎链球菌是一种致病菌，野生型的肺炎链球菌有毒力、能产生荚膜、菌落光滑，称为光滑型（smooth）或 S 型。其突变型无毒力、不能产生荚膜、菌落粗糙，称为粗糙型（rough）或 R 型。

Griffith 在观察有毒和无毒菌株在活体内的相互作用时发现：当把加热杀死的 S 型菌和活的 R 型菌混合培养时，能从中分离出活的 S 型菌，并能继续传代（图 1-1）。说明在加热杀死的 S 型菌中存在某种能使活的 R 型菌转变成 S 型菌的因子，他们把这种现象称为转化。

其后，Avery 等人在 1944 年对转化因子的本质进行了鉴定。他们从 S 型菌的细胞物质中抽提并纯化出转化因子，将它用多种蛋白水解酶处理后并不影响转化效果，如果用脱氧核糖核酸酶去处理则转化现象即刻消失，从而直接证明了转化因子是 DNA。

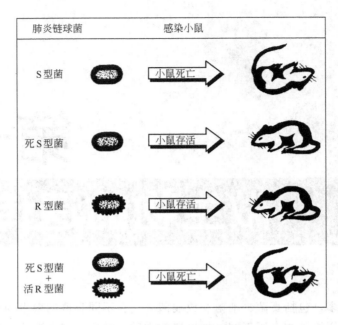

图 1-1 肺炎链球菌的转化

二、噬菌体感染实验

Hershey 和 Chase 于 1952 年以 T2 噬菌体为材料进行了噬菌体感染实验。T2 噬菌体是大肠杆菌噬菌体，它由蛋白质（60%）外壳和 DNA（40%）核心组成。蛋白质中含有硫而不含有磷，DNA 中含有磷而不含有硫，所以用 ^{32}P 和 ^{35}S 标记 T2 噬菌体，并用这些标记噬菌体进行感染实验，就可以分别测定 DNA 和蛋白质的功能。

首先在含有 ^{32}P 或 ^{35}S 的培养基中（两个实验）使 T2 噬菌体感染大肠杆菌得到标记噬菌体，然后将标记噬菌体感染一般培养液中的大肠杆菌。经过短时间的保温后，在组织搅拌器中搅拌。已经知道这一短时间的搅拌只能完成感染作用。搅拌以后分别测定沉淀物和上清液中的同位素标记，细菌都包含在沉淀物中，上清液中只含有游离的噬菌体。测定结果表明几乎全部 ^{32}P 都和细菌在一起，几乎全部 ^{35}S 都在上清液中。这一结果说明，在感染过程中噬菌体的 DNA 进入细菌细胞中，它的蛋白质外壳并不进入细胞中去。用电子显微镜观察也证实了这一结论。

噬菌体感染寄主细胞时，只把它的 DNA 注射到细胞中去，可是经过短短二十几分钟后，从细胞中释放出大约上百个噬菌体。这些噬菌体的蛋白质外壳的大小和留在细胞外面的外壳一模一样。这一实验结果也同时说明，决定 T2 噬菌体的蛋白质外壳的遗传信息的携带者是 DNA。

三、病毒重建实验

在 1956 年，Fraenkel-Corat 用烟草花叶病毒（tobacco mosaic virus，TMV）进行实验。TMV 是一种杆状病毒，它有一个筒状蛋白质外壳，由很多个相同的蛋白质亚基组成。外壳内有一条单链的 RNA 分子沿着其内壁在蛋白质亚基间盘旋着（图 1-2）。

把 TMV 在水和苯酚中振荡，使 TMV 的蛋白质和 RNA 分开，然后分别用来感染烟草。

结果只有 TMV 的 RNA 能感染烟草，而 TMV 的蛋白质部分不能感染烟草。而且，用 TMV 的 RNA 接种烟草后，烟草能表现出与 TMV 接种后的相同的病害症状，同时还能从感染的烟草植株中分离到完整的 TMV 病毒粒子。

TMV 具有许多不同的株系，它们引起的病状是不同的，其蛋白质的氨基酸组成也各不相同。它们的 RNA 和蛋白质都可以人为地分开，又可重新组建成新的具感染力的病毒。如将 S 株系的蛋白质与 HR 株系的 RNA 拼凑在一起，形成一个"杂种"。然后用杂种病毒来感染烟草，结果杂种后代所表现的斑点形态和抗原特性均属于 HR 类型。相反，如用 S 株系的 RNA 与 HR 株系的蛋白质组合，所引起的症状和由此分离的蛋白质组成均与 S 株系相似，而不同于 HR 株系，可见遗传性状完全由 RNA 决定，RNA 是 TMV 的遗传物质。

以上三个实验直接地证明了遗传物质是

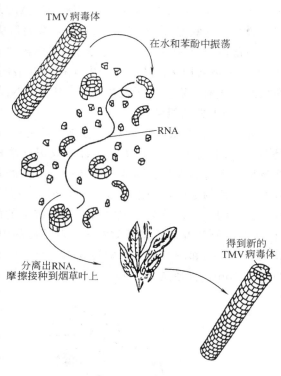

图 1-2　TMV 病毒粒子的重建实验

DNA（或 RNA），使孟德尔的遗传因子概念不再是形式上的符号，而是如摩尔根所预言的"它是一个化学实体"。但由于长期以来人们认为"蛋白质是遗传物质"的观念根深蒂固，所以 DNA 是遗传物质的观点的真正确立是在 1953 年 Watson 和 Crick 提出了 DNA 分子结构的双螺旋模型以后。1958 年，Meselson 和 Stahl 研究了经 ^{15}N 标记的 3 个世代的大肠杆菌 DNA，首次证明了 DNA 的半保留复制。从而使人类对遗传物质的认识又有了一个大的飞跃。

第二节
DNA 的结构和复制 •

DNA 是生物遗传的主要物质基础。生物机体的遗传信息以密码的形式编码在 DNA 分子上，表现为特定的核苷酸排列顺序，并通过 DNA 的复制由亲代传给子代。在后代的生长发育过程中，遗传信息 DNA 转录给 RNA，然后翻译成特定的蛋白质，以执行各种生理功能，使后代表现出与亲代相似的遗传性状。

一、DNA 的结构

1. DNA 的一级结构

DNA 又称脱氧核糖核酸，是英文 deoxyribonucleic acid 的简称。它是一种高分子化合物，其基本单位是脱氧核苷酸。脱氧核苷酸包括腺嘌呤脱氧核苷酸（dAMP）、鸟嘌呤脱氧核苷酸（dGMP）、胞嘧啶脱氧核苷酸（dCMP）和胸腺嘧啶脱氧核苷酸（dTMP）。许许多多个脱氧核苷酸经 3′→5′磷酸二酯键聚合而形成 DNA 链。

与蛋白质结构的分类方法类似，DNA 结构也可分为一级、二级和三级。一般而言，DNA 的一级结构是指核酸分子中 4 种核苷酸的排列顺序及其连接方式，由于 DNA 中核苷酸彼此之间的差别仅见于碱基部分，因此 DNA 的一级结构又指碱基顺序（sequence）。

2. DNA 的二级结构

Watson 和 Crick 于 1953 年提出了著名的 DNA 双螺旋模型（图 1-3）。此模型所描述的是 B-DNA 钠盐在一定湿度下的右手双螺旋结构。B-DNA 钠盐结构既规则又很稳定，是由两条反向平行的多核苷酸链围绕同一中心轴盘曲而成，两条链均为右手螺旋，其走向取决于磷酸二酯键的走向，一条是 5′→3′，另一条是 3′→5′。链间有螺旋形的凹槽，其中一条较浅，称小沟；一条较深，称大沟。两条链上的碱基以氢键相连，G 与 C 配对，A 与 T 配对（图 1-4）。嘌呤和嘧啶碱基对层叠于双螺旋的内侧，碱基平面与螺旋轴相垂直，螺旋轴穿过碱基平面，相邻碱基对沿轴旋转 36°，上升 0.34nm。每圈螺旋含 10 个碱基对，双螺旋的螺距为 3.4nm，直径是 2.0nm。

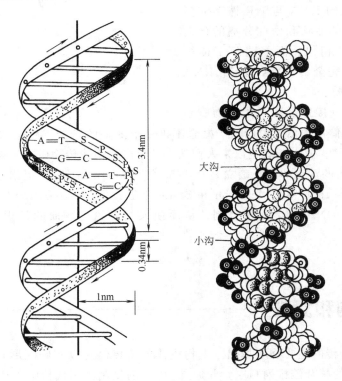

图 1-3　DNA 分子的双螺旋结构模型

B-DNA 双螺旋的二级结构很稳定，但不是绝对的，它在环境中不停地运动，如室温下 DNA 溶液中有部分氢键会断开，造成这些部位结构多变。水溶液及细胞中天然状态 DNA 大多为 B-DNA，但若湿度改变或由钠盐变为钾盐、铯盐等则会引起构象的变化：低湿度（高盐）时的 A-DNA 和高湿度（低盐）时的 B-DNA（图 1-5）。

B-DNA 是在有碱金属（钠）存在及 92% 湿度条件下，经 X 线衍射分析得出的结果。A-DNA 是在 75% 湿度下 DNA 纤维通过 X 线衍射得到。A-DNA 所形成的右手螺旋与 B-DNA

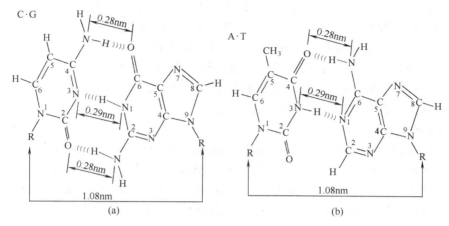

图 1-4　DNA 分子中的碱基配对

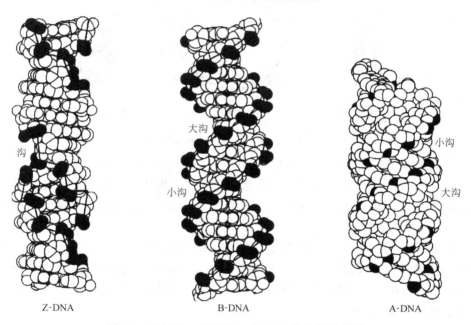

图 1-5　Z-DNA、B-DNA、A-DNA 的结构示意图

不同，比 B-DNA 较大而且较平，每螺旋一周的长度为 2.8nm，比 B-DNA 短了许多。A-DNA 的每个螺旋含有 11 对脱氧核苷酸，上下相邻碱基对之间相距 0.258nm，每个碱基对的平面与螺旋轴不是垂直相交，而是有 20°的倾斜，这样就造成 A-DNA 的大沟较深，而小沟很浅。

　　A-DNA 双螺旋不仅限于在 DNA 分子中存在。RNA，如 tRNA、rRNA 及部分 mRNA 的双股发夹结构中也常有 A-DNA 右手螺旋的存在。RNA-DNA 杂交产物也可形成与 A-DNA 类似的双螺旋。

　　1979 年，美国麻省理工学院 Rich 等发现了左手双螺旋 DNA，其分子螺旋的方向与右手螺旋 DNA 相反。由于其分子的骨架呈锯齿型（zigzag），故左手螺旋 DNA 又名为 Z-DNA。Z-DNA 是由两条反向平行的多聚核苷酸以 Watson-Crick 碱基对相连而成的左手螺旋 DNA 分子（图 1-5）。与 B-DNA 结构上不同的是，Z-DNA 每个螺旋由 12 个碱基对构成，每对碱基上升 0.38nm，螺距

4.46nm，螺旋直径 1.8nm。此外，Z-DNA 中碱基对不是对称地位于螺旋轴附近，而是靠近螺旋的外表面，致使螺旋外面的大沟消失，小沟变浅，螺旋位于小沟内。

体外实验表明，交替的嘌呤、嘧啶序列可以形成 Z-DNA，其中以多聚 d(GC)最容易形成 Z-DNA。自然界中，无论真核还是原核基因组均含有大量可形成 Z-DNA 的序列，通过 Z-DNA 抗体在原核和真核基因组中都检测到 Z-DNA 结构的存在。Z-DNA 可能在基因表达调控中起作用，但其确切的生物学功能尚待研究。

3. DNA 的三级结构

DNA 双螺旋具有相当的柔韧性，其螺旋参数随环境因素会发生一系列的改变。如 B-DNA 每个螺旋所含碱基对的数目为 10 对，而溶液中的双螺旋每圈所含碱基对的数目则会稍稍发生改变，一般在 10.3～10.7 对之间。在细胞中，双螺旋还可以进一步盘曲形成更加复杂的结构，被称为 DNA 的三级结构，它具有多种形式，其中以超螺旋（supercoil）最常见（图 1-6）。

(a) 负超螺旋   (b) 松弛型   (c) 正超螺旋

图 1-6　DNA 的超螺旋结构

由于双螺旋本身具有方向性，因此，超螺旋的旋转方向不同可形成两种不同手性的超螺旋：负超螺旋（negative supercoil），其超螺旋方向与双螺旋方向相反，即左手螺旋，这是生物体中最常见的 DNA 超螺旋形式；正超螺旋（positive supercoil），其螺旋方向与双螺旋方向相同，即右手螺旋。

生物体中的 DNA 具有不同的形式。环状 DNA 分子见于细菌的染色体 DNA 和质粒 DNA，以及真核生物的线粒体 DNA 和叶绿体 DNA。环状 DNA 分子在 DNA 双螺旋结构基础上都可以进一步扭曲成超螺旋。真核生物染色体 DNA 呈线性，线性 DNA 分子在一定条件下局部也可以形成超螺旋。

在真核生物和原核生物中发现有催化双螺旋 DNA 超螺旋化或者回到松弛状态的酶类，称为拓扑异构酶（topoisomerase）。根据酶作用的机理及其介导一条链还是二条链的断裂，拓扑异构酶可分为Ⅰ型和Ⅱ型。各种Ⅰ型酶的特点是：①仅切断双链 DNA 中的一条链，即催化瞬时的单链切断和连接；②不需要能量辅助因子如 ATP 和 NAD 等，因而不能催化需能的超螺旋化结构。Ⅰ型酶一般都使高度螺旋的 DNA 松弛。这类酶典型的有大肠杆菌拓扑异构酶Ⅰ，这种酶优先去除负超螺旋，每移去一个超螺旋，连环数增加 1（图 1-7）。另外，大肠杆菌解旋酶（helicase）也属于Ⅰ型拓扑异构酶，它催化双链 DNA 解旋。在真核生物中，Ⅰ型酶能去除正、负两种超螺旋。

Ⅱ型拓扑异构酶的共同特点是：①同时切断、连接 DNA 的两条链，不需要单链切口存在；②需要 ATP 水解提供能量。Ⅱ型酶没有 DNA 序列特异性，可以作用于任何相交的两对双链 DNA。旋转酶（gyrase）是大肠杆菌拓扑异构酶Ⅱ型的一种，图 1-8 是其作用模式。当有 ATP 存在时，DNA 旋转酶在处于松弛态双链环状分子或者有正超螺旋的 DNA 中引入

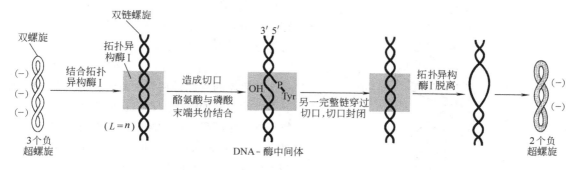

图 1-7　大肠杆菌拓扑异构酶 I 的作用

负超螺旋〔图 1-8（a）〕，导致连环数减少。该酶在 DNA 复制中起十分重要的作用。真核生物的 II 型酶不能引入负超螺旋，但能催化两个不同 DNA 双螺旋分子的连环和解连环〔图 1-8(b)〕的反应。

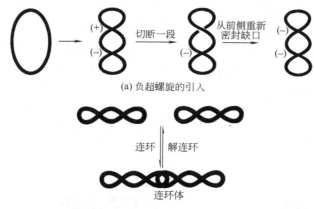

(a) 负超螺旋的引入

(b) 两个不同DNA双螺旋分子的连环和解连环

图 1-8　大肠杆菌拓扑异构酶 II 的作用

二、DNA 的复制特点和几种主要复制方式

DNA 是遗传信息的载体，无论是只有一条染色体的细胞还是有多条染色体的细胞，当细胞传代时，其染色体 DNA 必须精确且忠实地复制，才能使子代细胞含有相同的遗传信息，从而才能保持物种的稳定性。

1. 半保留复制

Watson 和 Crick 最早提出 DNA 分子是以半保留的方式进行复制，即以 DNA 双螺旋的每条链为模板合成其互补链，新合成的互补子链与其模板母链构成子代 DNA 分子（图 1-9）。这一假说于 1958 年被 Meselson 和 Stahl 以大肠杆菌为实验材料的 CsCl 密度梯度离心实验以及 Taylor 以蚕豆根尖细胞为实验材料的放射自显影所证实。无论是原核生物还是真核生物，其 DNA 分子都是以半保留的方式复制。

2. 复制起点、复制方向和复制单位

DNA 复制是从 DNA 分子的特定部位开始，此特定部位称为复制起点（origin of replication），通常原核生物染色体的复制起点和质粒的复制起点以 *ori* 表示。原核生物的染色体

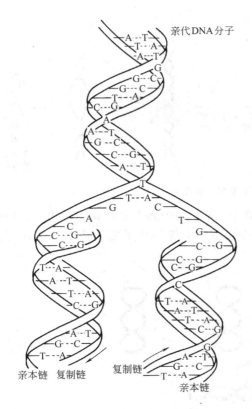

亲代DNA分子

亲本链　复制链　　复制链　　亲本链

图 1-9　Watson 和 Crick 提出的双螺旋复制模型

DNA 一般只有一个复制起点。例如大肠杆菌的环状染色体 DNA 上只有一个称为 *oriC* 的复制起点，长度为 245bp，位于大肠杆菌遗传图的 84.3min 处。真核生物的染色体上有多个复制起点，染色体的复制是在多个复制起点的共同作用下完成的。例如酿酒酵母染色体中约有 400 个复制起点。酿酒酵母中的复制起点常称为自主复制序列（autonomously replicatory sequence，简称 ARS），每个 ARS 的长度为 100～200bp。

每一复制起点及其复制区则为一复制单位，称为复制子（replicon）。因此，真核细胞染色体含多个复制子，而原核细胞只有一个复制子。不同生物的复制子大小不同。哺乳动物的复制子大多在 100～200kb 之间，果蝇或酵母的复制子约为 40kb。

复制的方向主要有双向复制和单向复制两种方式。单向复制是指从一个起始点开始，以同一方向生长出两条链，形成一个复制叉；双向复制是从一个起始点开始，沿两个相反的方向各生长出两条链，形成两个复制叉（图 1-10）。大多数生物染色体 DNA 的复制是双向

的，并且是对称的。

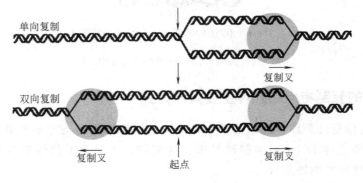

单向复制

双向复制

复制叉　　起点　　复制叉

图 1-10　DNA 的单向或双向复制

3. 复制的几种主要方式

线性双链 DNA 的复制一般是双向复制。根据复制起点的多少又可分为双向单点复制和双向多点复制。

环状双链 DNA 的复制，可分为 θ 型、滚环型和 D 型三种类型。下面主要介绍这三种环状 DNA 复制的方式。

（1）θ 型复制　θ 型复制是 1963 年 Cairns 根据大肠杆菌环状染色体复制的中间产物自显影的实验提出的。由于形状像希腊字母 θ，而称 θ 型复制（图 1-11）。在 θ 型复制中同样有双向复制和单向复制，大多数生物如大肠杆菌染色体的复制为双向等速复制，也有少数双向不

等速复制的情况。

（2）滚环复制 滚环复制是环状双链 DNA 的一种重要的半保留复制方式，这种复制方式存在于噬菌体（如 ϕX174）、细菌质粒以及两栖类卵母细胞核糖体基因扩增等的 DNA 复制中。

在滚环复制中，亲代双链 DNA 中的一条链发生断裂，产生了自由的 3'-OH 末端。然后以此为引物，以未断裂的一条环状链为模板，由 DNA 聚合酶催化延伸，产生叫做滚环的结构。复制反应可看成生长点沿着环状的模板链滚动。随着它的滚动，3'末端不断延长，5'末端不断地被置换甩出而成为一条单链。随着反应的循环进行，在单链上合成了环状基因组的许多单位的拷贝，

图 1-11 环状 DNA 的复制眼形成 θ-结构

这种单链尾巴按照单位长度断裂就会产生原初环状复制子的单链线性拷贝（图 1-12）。这个线性 DNA 可保持其单链形式存在或者通过合成其互补链而转化为双螺旋形式。

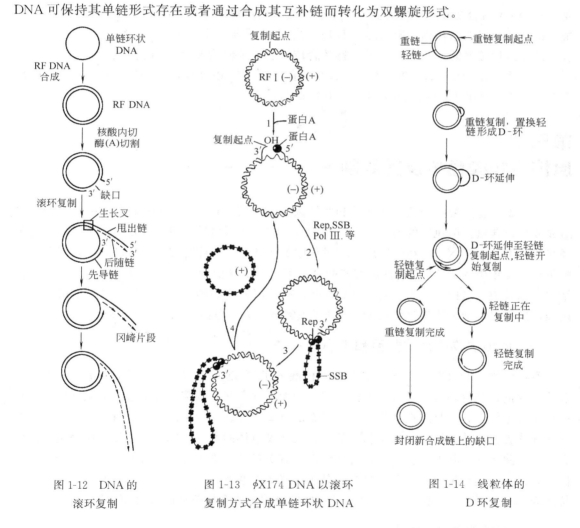

图 1-12 DNA 的滚环复制

图 1-13 ϕX174 DNA 以滚环复制方式合成单链环状 DNA

图 1-14 线粒体的 D 环复制

在噬菌体中滚环复制是一个普遍现象。噬菌体 ϕX174 是单链环状 DNA 分子（正链），它在复制过程中首先合成其互补的负链，形成共价闭合的双链超螺旋分子，然后进行滚环复制合成大量正链。噬菌体基因组编码产生 A 蛋白，它识别双螺旋 DNA 正链上的特殊位点（复制起点），并在其上产生一个切口（nick），游离出一个 3'-OH 和一个 5'-磷酸末端，并与

其 5'-磷酸末端共价结合。随后在 DNA 聚合酶Ⅲ的催化下，以环状负链为模板，从正链的 3'-OH 末端加入脱氧核苷酸，这样新链沿着环状的负链模板不断延长，而结合着 A 蛋白的 5'末端不断被置换出来。SSB 蛋白结合到甩出的单链上，使其环化回折。所以当新链的生长点重新返回复制起点时，被取代的正链 5'末端的 A 蛋白也在起点附近，它将再次识别起点并将链切断。被取代的正链作为一个环被释放，在 A 蛋白的参与下，正链 3'末端和 5'末端连在一起而被环化。然后 A 蛋白又重新连接于双链环正链切口处的 5'-磷酸末端，开始下一次循环。通过多次滚环复制，可产生许多拷贝的环状正链。这些正链可用作模板合成互补的负链，以形成环状双链 DNA，重新参加滚环复制，也可以包装到噬菌体的蛋白质颗粒中以产生子代噬菌体（图 1-13）。

（3）D 环复制　线粒体的环状 DNA 往往以 D 环形式复制（图 1-14），负责这一复制的是真核 DNA 聚合酶 γ。复制从重链（H 链）的原点开始，这时新合成的 H 链即置换原来的链，这样所形成的结构称为取代环或 D 环。当 H 链的合成进行到一半以上时，轻链（L 链）合成的原点即被暴露，从而引发了 L 链的合成，后者延伸的方向与 H 链相反。

一些线粒体 DNA 如爪蟾线粒体 DNA 具有一个很长的 D 环，另一些线粒体 DNA 则具有多个 D 环，如四膜虫的线粒体 DNA 上有 6 个 D 环。

第三节
原核生物染色体及其复制 •

原核微生物主要有细菌、放线菌和蓝细菌三大类群。DNA 是原核微生物染色体的主要组成成分，含量占染色体的 80% 以上，其余为 RNA 和蛋白质。原核生物的遗传物质一般为环状双链 DNA，DNA 存在于细胞内相对集中的区域，一般称为拟核（nucleoid），但并无核膜包裹。拟核中的 DNA 只以裸露的核酸分子存在，虽与少量蛋白质结合，但不形成染色体结构。拟核中的蛋白质，有些与 DNA 的折叠有关，另一些则参与 DNA 复制、重组及转录过程。然而习惯上，原核生物的 DNA 分子也常被称为染色体（chromosome）。

一、原核生物染色体数目和大小

原核生物一般只有一条染色体即一个核酸分子（DNA 或 RNA），而且染色体 DNA 大多数以双链、共价闭合、环状的形式存在。如大肠杆菌和枯草芽孢杆菌各含一条共价、闭合的环状染色体，它们是原核生物染色体形态的典型代表。多少年来，一直认为原核生物的单一环状染色体是区别于真核生物中的多条线状染色体的最好的标志。然而，越来越多的研究证明，除单一环状的染色体外，有些细菌具有多条环状染色体，还有些细菌具有线状染色体。如根癌土壤杆菌含有 2 条染色体，其中一条是长度为 3.0Mb 的环状染色体，另一条是长度为 2.1Mb 的线状染色体。表 1-1 是一些常见细菌所含染色体的数目和类型。

二、细菌染色体的结构

大肠杆菌染色体 DNA 的大小为 4.7×10^6 bp，长约 $1333 \mu m$，其长度约为大肠杆菌菌体长度的 1000 倍。显然这样大的 DNA 分子必定要进行超螺旋和高度折叠才能容纳在细胞中特定的区域。原核细胞中含有一些 DNA 结合蛋白，它们与 DNA 结合后，帮助 DNA 进行

表 1-1　一些常见细菌所含染色体的数目和类型

细　菌	染色体形状和数目	质粒类型和数目
根癌土壤杆菌(*Agrobacterium tumefaciens*)	1 个线性(2.1Mb)和 1 个环状(3.0Mb)	2 个环状(450kb+200kb)
枯草芽孢杆菌(*Bacillus subtilis*)	1 个环状(4.2Mb)	
苏云金芽孢杆菌(*Bacillus thuringiensis*)	1 个环状(5.7Mb)	6 个(每个>50kb)
疏螺旋体(*Borrelia*)	1 个线性(0.91Mb)	多个环状和 1 个线状(5~200kb)
大豆慢生根瘤菌(*Bradyrhizobium japonicum*)	1 个环状(8.7Mb)	
马尔他布鲁菌(*Brucella melitensis*)	2 个环状(2.1Mb+1.2Mb)	
猪布鲁菌(*Brucella suis*)生物型 1,2,4	2 个环状(1.0Mb+2.0Mb)	
猪布鲁菌(*Brucella suis*)生物型 3	1 个环状(3.1Mb)	
巴克纳菌(*Buchnera sp.*)APS	1 个环状(640kb)	2 个环状(每个<7.8kb)
耐放射异常球菌(*Deinococcus radiodurans*)	2 个环状(2.6Mb+0.4Mb)	2 个环状(177kb+45kb)
大肠杆菌(*Escherichia coli*)K-12	1 个环状(4.6Mb)	
问号钩端螺旋体(*Leptospira interrogans*)	2 个环状(4.7Mb+0.35Mb)	
脱氮副球菌(*Paracoccus denitrificans*)	3 个环状(2.0Mb+1.1Mb+0.64Mb)	
铜绿假单胞菌(*Pseudomonas aeruginosa*)	1 个环状(6.3Mb)	
苜蓿根瘤菌(*Rhizobium meliloti*)	2 个环状(3.4Mb+1.7Mb)	1 个环状巨大质粒(1400kb)
解脲尿支原体(*Ureaplasma urealyticum*)	2 个环状(3.0Mb+0.3Mb)	
霍乱弧菌(*Vibrio cholerae*)	1 个环状(0.75Mb)	
副溶血弧菌(*Vibrio parahaemolyticus*)	2 个环状(3.2Mb+1.9Mb)	
苛养木杆菌(*Xylella fastidiosa*)	1 个环状(2.7Mb)	2 个环状(51kb+1.3kb)

高度折叠。这些参与 DNA 折叠的蛋白质称为类组蛋白（histone-like protein），如 Fis (factor for inversion stimulation)、H-NS (histone-like nucleoid structory protein)、HU (heat-unstable nucleoid protein)、IHF (integration host factor) 等。其中含量最多的是称为 HU 的小分子量的碱性蛋白。虽然 HU 在氨基酸组成上与组蛋白（histone）相似，但这两类蛋白无任何序列同源性。除大肠杆菌染色体含有 HU 蛋白外，嗜热脂肪芽孢杆菌（*Bacillus stearothermophilus*）、铜绿假单胞菌、苜蓿根瘤菌、巴氏芽孢梭菌（*Clostridium pasteurianum*）、鱼腥蓝细菌（*Anabaena* sp.）及嗜酸热原体（*Thermoplasma acidophilum*）等细菌的染色体都有类 HU 蛋白。除类组蛋白外，DNA 还与其他蛋白质相结合，如与复制、转录和加工有关的蛋白质结合在一起，这样其环状染色体 DNA 以紧密缠绕的、致密的、不规则小体形式存在，该小体即是拟核。电镜下，拟核呈圆形或椭圆形。图 1-15 显示的是拟核的电镜超薄切片结构。在大肠杆菌的对数生长期，每个细胞可能会有 2~4 个这种同样的 DNA 分子构成的拟核，只有在细胞生长停止后，每个细胞才接近 1 个拟核。这是由于细菌的生长速度快，为了保证分裂时每个子细胞都有一个完整的染色体，当一个 DNA 合成还没有结束时，下一个 DNA 合成就已经开始了。这就导致了在迅速生长的细胞中有多个染色体拷贝或多个不完全的拷贝。

电镜观察小心制备的大肠杆菌染色体，可见它是一团具有许多环状超螺旋结构的 DNA 大分子，中央有一电子稠密的骨架（scaffold），其周围附着有 30~50 个超螺旋的环，环的长度约为 20nm，每个 DNA 环中的 DNA 都是负超螺旋（图 1-16）。用 RNA 酶和胰蛋白酶进行部分处理可消除掉中央骨架，因此推测骨架是由 RNA 和蛋白质组成的。当骨架消除后，超卷曲的 DNA 大分子有所展开，但仍维持比自由 DNA 分子紧凑的结构。当用 DNA 酶对此 DNA 大分子进行部分处理时，可使一个超螺旋环中的一条 DNA 链上打开一个缺口，而致使环由超螺旋构型转变为开环的构型。加大 DNA 酶量可使全部超螺旋环转变为开放的环，从而使整个染色体成为一个周长约为 1333μm 的开环的 DNA 大分子（图 1-17）。

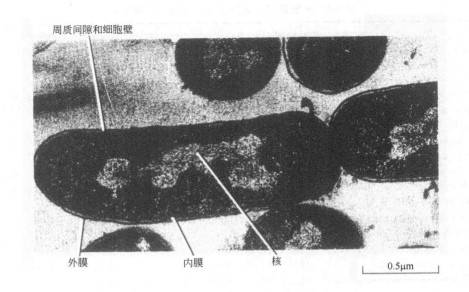

周质间隙和细胞壁

外膜 内膜 核

0.5μm

图 1-15　大肠杆菌的拟核（超薄切片透射电镜照片）

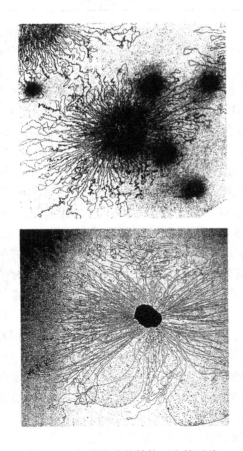

图 1-16　细菌核酸的结构（电镜照片）

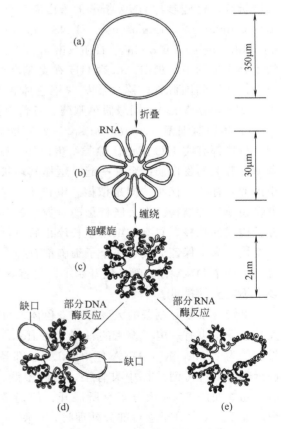

(a)

折叠

RNA

(b)

缠绕

超螺旋

(c)

缺口

部分DNA
酶反应

部分RNA
酶反应

缺口

(d)

(e)

350μm

30μm

2μm

图 1-17　细菌染色体结构示意图

三、细菌染色体的复制

1. 与 DNA 复制有关的酶和蛋白质

大肠杆菌染色体的复制需要 DNA 聚合酶、引物酶及其他与复制有关的蛋白质，如 DnaA、DnaB、DnaC、DnaG 等的共同作用。表 1-2 是参与大肠杆菌染色体复制的主要蛋白质。

表 1-2　参与大肠杆菌染色体复制的基因及其基因产物的功能

蛋白质	基因	基因产物的功能
DnaA	*dnaA*	大肠杆菌染色体复制起始蛋白，分子质量 52kD[①]，聚集于 *oriC* 区域
DnaB	*dnaB*	六聚体解旋酶，单体分子质量 52kD，参与引发反应和链延伸
DnaC	*dnaC*	引发体组分，分子质量 25kD，六个单体结合 DnaB 六聚体，是 DnaB 的装载因子
SSB	*ssb*	单链 DNA 结合蛋白，在复制中保持单链稳定性
DnaG	*dnaG*	引物酶，分子质量 64kD，合成 RNA 引物
DNA 聚合酶 I	*polA*	切除 RNA 引物和参与后随链合成中的缺口填充反应
DNA 聚合酶Ⅲ全酶		
α 亚基	*dnaE*	分子质量 130kD，具有聚合和校对功能
ε 亚基	*dnaQ*	分子质量 27kD，是起校正作用的 3′→5′ 外切核酸酶
θ 亚基	*holE*	分子质量 8.6kD，参与形成核心酶
β 亚基	*dnaN*	分子质量 40 kD，滑动夹环
τ 亚基	*dnaX*	分子质量分别为 71kD，τ 亚基有 ATPase 活性，可使核心酶二聚化
γ 亚基	*dnaZ*	分子质量 48kD，组成 γ 复合物，装载夹环
δ 亚基	*holA*	分子质量 39kD，组成 γ 复合物，装载夹环
δ′ 亚基	*holB*	分子质量 37kD，组成 γ 复合物，装载夹环
χ 亚基	*holC*	分子质量 17kD，组成 γ 复合物，装载夹环
Ψ 亚基	*holD*	分子质量 15kD，组成 γ 复合物，装载夹环
DNA 连接酶	*lig*	分子质量 75 kD，连接冈崎片段
DNA 旋转酶	*gyrA*	DNA 旋转酶的 α 亚基
DNA 旋转酶	*gyrB*	DNA 旋转酶的 β 亚基
Tus	*tus*	分子质量 36kD，复制终止蛋白，结合 *ter* 序列

① 1kD=1000Da，1Da=1u=1.657×10⁻²⁷kg。

2. 染色体复制起点

大肠杆菌染色体 DNA 上的复制起点（*oriC*）位于大肠杆菌遗传图的 84.3min 处，长度为 245bp，其核苷酸序列已被确定，其他大多数细菌的染色体也有类似的 *oriC* 序列。图1-18 给出了大肠杆菌 *oriC* 的结构，在 *oriC* 位点的右侧，含有 4 个 9bp 核苷酸重复序列（5′-TTATCCACA-3′），称为 DnaA 盒（DnaA box）；左侧含有 3 个 13bp 富含 AT 的核苷酸重复序列（5′-GATCTNTTNTTT-3′）。

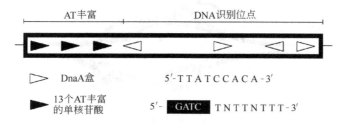

图 1-18　大肠杆菌染色体复制起点 *oriC* 的结构

3. DNA 复制过程

大肠杆菌染色体 DNA 按 θ 型方式进行双向等速复制。其复制过程可分为起始、延伸和终止三个阶段，每个阶段都需要相应的蛋白质和酶。起始阶段需要 DnaA、DnaB、DnaC、引物酶（primase）等多种蛋白。其中 DnaA 只参与复制的起始，属于复制起始蛋白。延伸阶段需要 DNA 聚合酶Ⅲ、DNA 聚合酶Ⅰ、单链 DNA 结合蛋白等。终止阶段需要 Tus 蛋白质。

（1）起始阶段　复制起始是指参与复制的蛋白质识别复制起点，合成引物，在复制起点形成活性的引物-模板复合物，并按碱基配对加上第一个核苷酸。复制调控主要发生在复制起始阶段。

图 1-19 是 DnaA、DnaB、DnaC 和其他蛋白质参与染色体复制起始的过程。复制起始反应步骤如下。第一步是 10～20 个 DnaA 蛋白分子结合到 *oriC* 区的 DnaA 盒上，使 *oriC* 区 DNA 缠绕在 DnaA 蛋白质上，这个过程需要 ATP，然后在 DnaA 蛋白的作用下，*oriC* 左侧的 3 个 13bp 富含 AT 的重复序列 DNA 链溶解，形成一个开放的复合物。如果 *dnaA* 基因突

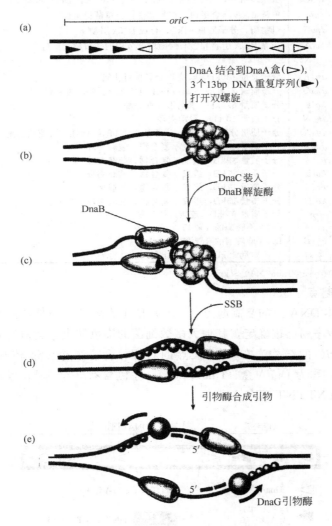

图 1-19　大肠杆菌染色体的复制起始

（a）*E.coli* 染色体的复制起点 *oriC* 的结构；（b）DnaA 蛋白结合到复制起点区，DNA 缠绕在 DnaA 蛋白分子上，并打开双螺旋；（c）DnaC 帮助 DnaB 结合；（d），（e）DnaG 引物酶合成 RNA 引物，起始双向复制

变，则不能起始 DNA 的复制。第二步是双链一旦分开后，DnaB 蛋白在 DnaC 蛋白的帮助下结合到 *oriC* 区的两个单链上。DnaC 是 DnaB 的装载因子，当 DnaB 进入 *oriC* 区后，DnaC 就释放出来。DnaB 是大肠杆菌染色体复制所必需的，如果 *dnaB* 基因突变，则停止复制。DnaB 是大肠杆菌中的一种 DNA 解旋酶，大肠杆菌染色体双链的进一步解旋是在 DnaB 蛋白的作用下进行的。DnaB 解旋酶能沿着 DNA 双链移动，靠水解 ATP 获得能量来使双链 DNA 分开。分开的两个单链 DNA 与 SSB 结合，防止它们的复性。第三步是引物酶（primase）催化 DNA 复制过程中的 RNA 引物的合成。大肠杆菌的引物酶是一个单亚基的多肽，由 *dnaG* 基因编码。引物酶识别单链 DNA 上的特异性核苷酸序列，并在该部位合成一个短的 RNA 引物。在大肠杆菌中，引物酶与 DnaB 结合，形成引发体（primosome）。引发体沿着 SSB 覆盖的单链 DNA 移动，并在许多不同的位点合成非常短的 RNA 引物。噬菌体的引发体是由引物酶、DnaB 和几种其他辅助蛋白共同形成的复合体。

（2）延伸过程　DNA 链的延长是在 DNA 聚合酶催化下，以 4 种三磷酸脱氧核苷（dNTP），即 dATP、dGTP、dCTP、dTTP 为原料，进行的聚合作用。

大肠杆菌有 3 种 DNA 聚合酶：DNA 聚合酶Ⅰ、聚合酶Ⅱ和聚合酶Ⅲ，其中 DNA 聚合酶Ⅲ是主要的复制酶。DNA 聚合酶Ⅰ是分子量为 109kD 的单肽链，可以催化以 DNA 为模板的 dNTP 聚合反应。DNA 聚合酶Ⅰ的聚合作用主要是在填补后随链的片段间空隙上发挥作用。即在后随链合成时，先合成了许多冈崎片段，而后 RNA 引物被 DNA 聚合酶Ⅰ切去，同时 DNA 聚合酶Ⅰ填充 DNA 片段之间的缺口，再在连接酶的作用下连接成完整的 DNA 链。DNA 聚合酶Ⅰ还具有 $3'{\rightarrow}5'$ 外切酶活性和 $5'{\rightarrow}3'$ 外切酶活性，它们在 DNA 复制中具有修正错误的作用。DNA 聚合酶Ⅱ能催化 $5'{\rightarrow}3'$ 方向的 DNA 合成反应，它也有 $3'{\rightarrow}5'$ 外切酶活性，而无 $5'{\rightarrow}3'$ 外切酶活性。DNA 聚合酶Ⅱ的作用尚还不清楚，目前认为其主要的生理功能是修复损伤的 DNA 分子。

DNA 聚合酶Ⅲ全酶是一个由 10 种不同的亚基（α、β、γ、δ、δ′、ε、θ、τ、χ、ψ）组成的蛋白大分子。DNA 聚合酶Ⅲ核心酶含有 α 亚基、ε 亚基和 θ 亚基，τ 亚基可引起核心酶二聚化，再加上 β 亚基和 γ 复合物（由 γ 亚基、δ 亚基、δ′亚基、χ 亚基和 ψ 亚基组成），即形成不对称二聚体结构的全酶（图 1-20），此结构特点可能对于其在复制叉上的作用是有意义的。

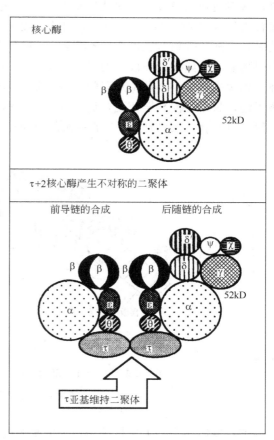

图 1-20　DNA 聚合酶Ⅲ全酶在复制叉处的装配过程示意图

（改编自徐晋麟等，现代遗传学原理，科学出版社，2001）

在 DNA 合成中，核心酶起主要作用，但核心酶本身单独活动的持续性很差，一般只合成 10 多个碱基，就要离开模板，不能连续合成较长的核苷酸链。持续合成长的核苷酸链的特性依靠于 DNA 聚合酶Ⅲ的 β 亚基。X 射线晶体衍射分析技术研究表明，β 亚基是以二聚体的形式存在，β 二聚体形成称为夹环（clamp）的环形结构。由于夹环是一个封闭的环，因此夹环一旦与 DNA 结合，故可很稳定地套住 DNA 链，但它却像手镯一样沿 DNA 双螺旋滑动，故称为滑动夹环（sliding clamp），简称为滑环。滑环的功能是增强 DNA 聚合酶Ⅲ合成 DNA 的持续性和提高 DNA 聚合酶复制 DNA 速率［图 1-21（a）］。γ 复合物起夹环装卸器（clamp loader）的作用，装卸器利用水解 ATP 的能量促使 β 二聚体与 DNA 双螺旋结合。

在 DNA 合成的生长点，即复制叉上，DNA 聚合酶Ⅲ全酶二聚体、引发体和解旋酶等共同构成了一个不对称的二聚体，称为复制体（replisome），负责前导链和后随链的协同复制。Kornberg 还提出回环模型的设想来说明复制体的作用机制。回环模型认为，DNA 聚合酶Ⅲ不对称二聚体复合物能同时完成前导链和后随链的合成，但前导链总比后随链先行合成一个片段，后随链总迟缓一个片段，所以同时进入合成反应的两条亲代模板链片段不互补。在复制体结构中，后随链模板绕聚合酶形成一个 180° 的折返环，穿过 DNA 聚合酶Ⅲ的裂缝，从而使两条模板链在此处均呈 3′→5′ 的走向。随着后随链模板在聚合酶中穿行，DNA 聚合酶便以 RNA 引物为引子合成冈崎片段。当合成的这个子链到达前一个冈崎片段的 5′ 末端时，后随链模板就脱离 DNA 聚合酶，回环解开［图 1-21(b)］。与此同时，前移的复制体内引物酶又起始转录一段新的 RNA 引物。后随链模板又绕 DNA 聚合酶形成一个新的折返环，再次进行下一个冈崎片段的合成。复制体中的 DNA 聚合酶Ⅲ二聚体总是同时合成出两条子链，只是与前导链相比，后随链总是推迟了一个冈崎片段。后随链模板每合成一个冈崎片段，也总存在滚动环 DNA 的一次复制回环。

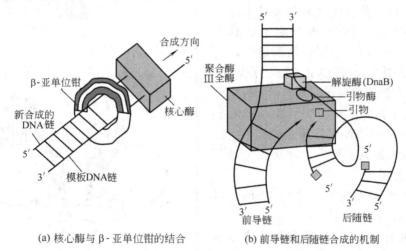

(a) 核心酶与 β-亚单位钳的结合 (b) 前导链和后随链合成的机制

图 1-21 大肠杆菌前导链和后随链同时合成机制

（3）复制终止 大肠杆菌染色体的复制起始于复制起点后，两个复制叉沿环状染色体以相反方向移动，并在一个特定的区域相遇而终止复制。在终止区域内含有多个 *ter* 序列（termination site），分别为 *terE*、*terD*、*terA* 和 *terF*、*terB*、*terC*［图 1-22（a）］。这些 *ter* 序列的长度只有 22bp，它们能与终止蛋白结合，使复制叉停止移动。大肠杆菌的顺时针方向的复制叉在终止位点 *terF*、*terB*、*terC* 处终止；逆时针方向的复制叉在终止位点 *terE*、*terD*、*terA* 处终止。如图 1-22（b）所示，当两个复制叉在 *terA*、*terB* 或它们之间相遇后，这两个复制叉终止复制，使复制后的两个双链 DNA 分子释放出来。除过终止位点外，终止的实现还需要 Tus 蛋白。Tus 蛋白的分子量为 36kD，以单体形式识别 *ter* 序列，并阻止复制叉移动。在大肠杆菌的终止区，很少含有细胞生活所必需的基因，而是一些生长非必需的 DNA，通常含有"假基因"（junk DNA），如原噬菌体。枯草芽孢杆菌染色体上也有一些 *ter* 位点和类似 Tus 的蛋白质。

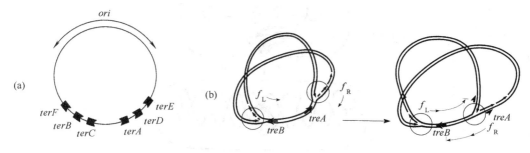

图 1-22　大肠杆菌染色体的终止子结构

四、细菌染色体的分离机制

任何生物的染色体复制和细胞分裂必须紧密协同，也就是说，染色体一旦完成复制，细胞就会发生分裂，否则每一个子细胞就不能获得一个完整的 DNA 分子。细菌的染色体复制和细胞分裂是怎样协同的，这个问题是分子遗传学的热点之一，但目前尚还不十分清楚其机制。

用 GFP（绿色荧光蛋白基因）标记技术，对大肠杆菌、枯草芽孢杆菌、新月柄杆菌（*Caulobacter crescentus*）染色体的 *oriC* 区、*terC* 区分别进行标记，研究染色体在复制前和复制后在细胞中的分配行为。通过研究提出染色体分配模型（图 1-23）。该模型认为在染色体复制前，*oriC* 和 *terC* 位于拟核的两极；开始复制时，*oriC* 位于细胞的中央；随着染色体的复制，复制后的 2 个 *oriC* 很快分配到细胞两极，而 *terC* 位于细胞的中央，复制后的 2 个 *terC* 也发生分离，完成染色体的分配；然后细胞发生分裂。在这个过程中，很可能是某些蛋白质与 *oriC* 区相互作用，而促进染色体的分离。已经证明，枯草芽孢杆菌的 *spoOJ* 基因参与染色体的分配，如果 *spoOJ* 突变，则染色体的分配发生缺陷。另外在复制起始区附近，有 SpoOJ 蛋白的结合位点。在大肠杆菌中也发现 SedA、MukB 等蛋白与染色体的分配有关，但大肠杆菌染色体上的分配位点还没有鉴定出来。

第四节
真核生物染色体及其复制 ●——————————

真核细胞和原核细胞的最大差异之一是遗传物质的分布和存在状态。原核细胞的遗传物质是以裸露 DNA 或 RNA 的形式位于无细胞核的细胞之中，而真核细胞的遗传物质是以与组蛋白和非组蛋白相结合缠绕成多条染色体的形式集中于细胞核中。在真核生物的染色体

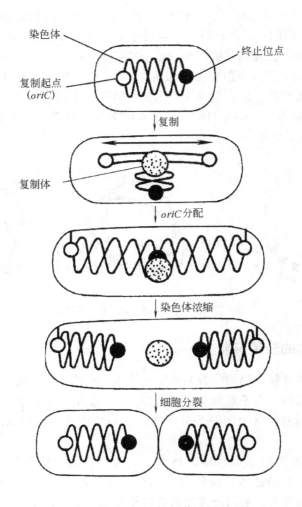

图 1-23　大肠杆菌染色体 DNA 分离模型

中，DNA 约占染色体组成成分的 $30\%\sim40\%$，组蛋白和非组蛋白占 60% 以上，RNA（主要是尚未完成转录而仍与模板 DNA 相连接的那些 RNA）占 10% 以下。

组蛋白是染色体的结构蛋白，它与 DNA 组成核小体。通常可以用 2mol/L NaCl 或 0.25 mol/L HCl/H_2SO_4 处理使组蛋白与 DNA 分开，然后再用离子交换柱色谱分离。组蛋白是一种碱性蛋白质，等电点一般在 pH 10.0 以上，含有大量的赖氨酸和精氨酸。一般真核生物染色体上都有 H1、H2A、H2B、H3、H4 这 5 种组蛋白，它们在同一个体不同组织中完全相同，在不同的真核生物中也很相似。其主要特征如表 1-3 所示。

表 1-3　组蛋白的一些特征

组蛋白	分子量/kD	氨基酸数目	氨基酸组成	种类的变异	每 200bp DNA 的分子数
H1	24	215	富含赖氨酸	不保守	1
H2A	14	129	赖氨酸含量中等	较保守	2
H2B	14	125	赖氨酸含量中等	较保守	2
H3	15	135	富含精氨酸	高度保守	2
H4	11	102	富含精氨酸	高度保守	2

非组蛋白的量大约是组蛋白的 60%~70%，但它的种类却很多，约有 20~100 种，其中常见的有 15~20 种。这些非组蛋白包括酶类如 RNA 聚合酶、包装蛋白、加工蛋白、与细胞分离有关的收缩蛋白、骨架蛋白以及与基因表达有关的蛋白等。

一、真核生物染色体的组成和结构

1. 染色质和核小体

真核生物的染色体是由线性 DNA 分子和组蛋白组成的。染色体呈棍棒状，一般只在细胞分裂中期可见，在细胞静止期，光学显微镜下看不到成形的染色体，而只能看到颗粒状的染色质。此外，细胞核中还含有 1 个或几个核仁，核仁中富含 RNA，它是合成 rRNA 的场所。

组成真核生物染色体的基本单位是核小体（nucleosome）。核小体是由 DNA 和组蛋白所组成的颗粒。核小体的核心颗粒是由 4 种组蛋白组成的 8 聚体和 DNA 组成。组蛋白的 8 聚体包括 H2A、H2B、H3 和 H4 各 2 个分子，在此核心颗粒外围缠绕约 2 圈 DNA 片段，长约 140bp，由核心颗粒上延伸出的 DNA 与 1 分子 H1 组蛋白相连，共同组成一个核小体（图 1-24）。像这样的许多核小体连接形成串珠状，此时称为染色质（chromatin），充满在核中。在细胞分裂中期，染色质浓缩，反复折叠成为一定形状的染色体，每个染色体中含有 1 个线性 DNA 大分子。在高等真核生物中，由核心颗粒到 H1 组蛋白之间的 DNA 片段长约 60bp。在真菌中，这个间距比较短，只不过 20bp，而且已知酵母菌的核小体结构中没有 H1 组蛋白，其他真菌是否有 H1 组蛋白，尚未确证。

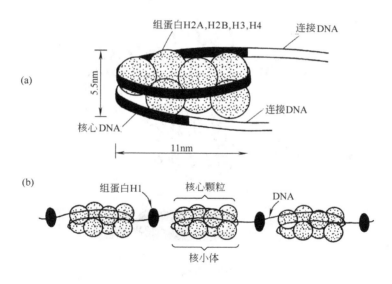

图 1-24　核小体结构（a）和染色质结构（b）

2. 染色体及其染色体包装模型

在形成核小体的基础上，DNA 链进一步折叠形成每圈 6 个核小体、直径为 30nm 的中空的螺旋管结构，这种结构被称为染色质纤丝（chromatin fiber）。如果把核小体作为染色质的一级结构，则染色质纤丝就是染色质的二级结构。在细胞核中，染色质纤丝到底是怎样组装的，还没有完全弄清楚。有关染色体形成的模型有很多，比较广泛接受的是骨架模型。骨架模型认为，由核小体形成的 30nm 纤丝可能折叠形成许多超螺旋环附着在一个中央骨架上（如原核生物的染色体）而成为染色体，其中的中央骨架是由非组蛋白组成。非组蛋白可能在稳定染色体的高级结构方面起着重要作用。如果用酸性葡聚糖竞争性地除掉染色体上的组蛋白后，在染色体的核心中显示出由非组蛋白组成的蛋白质骨架（scaffold）。两条染色单体的非组蛋白骨架在着丝粒区域相连，DNA 链散开围绕在骨架周围，并和骨架相连，在电镜下可以发现无数环结构。

在骨架模型的基础上，又提出了放射环模型、螺旋模型、螺旋折叠模型、侧环模型等。现在一般认为 30nm 的纤丝和非组蛋白骨架结合形成很多侧环，每个侧环长 10～90kb，约 0.5μm，人类染色体约 2000 个环区。而每个环与染色体的复制单位以及表达调控有关。带有侧环的非组蛋白骨架进一步地形成直径为 700nm 的螺旋，这就是染色单体，而由两条姐妹染色单体形成的中期染色体直径为 1400nm，螺旋的方向是相对的（图 1-25）。

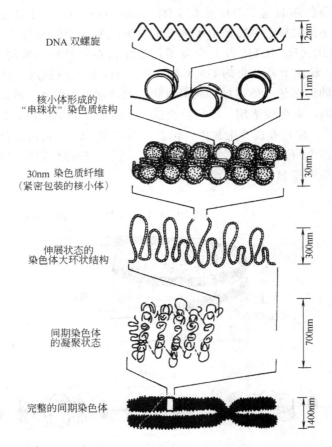

DNA 双螺旋 — 2nm

核小体形成的"串珠状"染色质结构 — 11nm

30nm 染色质纤维（紧密包装的核小体） — 30nm

伸展状态的染色体大环状结构 — 300nm

间期染色体的凝聚状态 — 700nm

完整的间期染色体 — 1400nm

图 1-25 真核细胞中基因组 DNA 的组装模式

二、真核生物染色体的复制

1. 真核生物染色体的复制特点

真核细胞的生活周期可分为 4 个时期：G_1 期、S 期、G_2 期和 M 期。G_1 期是复制预备期，S 期为复制期，G_2 期为有丝分裂准备期，M 期为有丝分裂期。DNA 复制只发生在 S 期，高等真核生物细胞的复制常常持续几个小时。真核染色体中 DNA 复制是通过许多独立的复制子来完成的，其中只有一部分复制子在 S 期的任何时间都参与复制，而其他复制子只在 S 期的特定时间活化。复制子只有起始点，没有终止点，常常采取双向复制，当相邻复制子复制汇合时，则完成复制。当所有的复制子都复制完毕，则两条完整的子代 DNA 分子即复制完成。

与原核生物不同，真核生物的复制子相对较小，而且它们的复制速度比原核生物慢。例如，细菌 DNA 复制叉的移动速度为每分钟 50000bp，哺乳类动物复制叉移动速度实际每分钟仅 1000～3000bp，相差约 20～50 倍。然而哺乳类动物的复制子只有细菌的几十分之一，所以从每个复制单位而言，复制所需时间在同一数量级。真核生物与原核生物染色体 DNA 的复制还有一个明显的区别是：真核生物染色体在全部复制完之前，起点不再从新开始复制；而在快速生长的原核生物中，起点可以发动连续复制。真核生物在快速生长时，往往采用更多的复制起点（表 1-4）。

表 1-4　细菌和真核生物复制的比较

生　　物	复制子数/个	复制子长度/kb	复制速率/kb·min^{-1}
大肠杆菌（E. coli）	1	4600	50
酿酒酵母（S. cerevisiae）	400	40	3.6
果蝇（D. melanogaster）	3500	40	2.6
爪蟾（X. laevis）	15000	200	500
小鼠（M. musculus）	25000	150	2.2

2. 真核生物的 DNA 聚合酶

与真核细胞中多起点复制相应的特点是细胞中 DNA 聚合酶的数量众多，在大肠杆菌中，只有 10～20 个 DNA 聚合酶Ⅲ，然而一个典型的动物细胞中含有 20000～60000 个分子的聚合酶 α。

在哺乳动物细胞抽提物中发现了 5 种不同的 DNA 聚合酶（简称 pol），它们是 DNA 聚合酶 α、DNA 聚合酶 β、DNA 聚合酶 γ、DNA 聚合酶 δ 和 DNA 聚合酶 ε。DNA 聚合酶 α、DNA 聚合酶 β、DNA 聚合酶 δ 和 DNA 聚合酶 ε 位于细胞核内，DNA 聚合酶 γ 位于线粒体内（表 1-5）。这些酶中哪个是真正的复制酶呢？利用 SV40 DNA 的复制作为模型研究哺乳动物 DNA 复制，发现在体外 DNA 聚合酶 α 和 DNA 聚合酶 δ 两个酶就足以复制病毒的环状基因组，在体内结果也一样。一般认为 DNA 聚合酶 δ 催化前导链的合成，DNA 聚合酶 α 催化后随链的合成。DNA 聚合酶 α 与引物酶共同起引发作用。酵母中类似于 DNA 聚合酶 α 和 DNA 聚合酶 δ 的 DNA 聚合酶分别被叫做 DNA 聚合酶Ⅰ和 DNA 聚合酶Ⅲ，它们负责酵母染色体的复制。

表 1-5　真核生物 DNA 聚合酶

DNA 聚合酶	α	β	γ	δ	ε
位置	核内	核内	线粒体	核内	核内
合成功能	引发	修复	复制	新生链延长	修复
其他功能			3′→5′外切酶活性	3′→5′外切酶活性	3′→5′外切酶活性
抑制剂	四环双萜（aphidicolin）	双脱氧 TTP	双脱氧 TTP	四环双萜	四环双萜

DNA 聚合酶 ε 的性质与 DNA 聚合酶 δ 有相似之处。但是前者的聚合作用不受 PCNA 的影响。在有些情况下，它可替代 DNA 聚合酶 δ 起作用，例如在 DNA 损伤时，催化修复合成。DNA 聚合酶 δ 及 DNA 聚合酶 ε 均有外切酶活性，因此也有编辑功能，校正复制中的错误。它们的 5′→3′外切酶活性可能在切除引物 RNA 中起作用。DNA 聚合酶 γ 是线粒体中 DNA 复制酶。

目前已经对真核生物，如 SV40 和酵母的复制系统进行了较为深入的研究。参与真核生物 DNA 复制的蛋白质功能与原核生物中的类似，见表 1-6。

表 1-6 不同生物的复制体系

功 能	大肠杆菌	噬菌体 λ	噬菌体 T4	SV40/人	酵母
起始蛋白	DnaA	λ 的 O 蛋白		T 抗原	ORC
装载和改型因子	DnaC	λ 的 P 蛋白，DnaJ，DnaK	gp59	细胞伴侣？①	Cdc6 蛋白
解旋酶	DnaB		gp41	T 抗原（SV40）	MCM 蛋白？①
引物酶	DnaG 引物酶		gp61	Pol α-引物酶	Pol α-引物酶
聚合酶	PolⅢ全酶的 α 亚基		gp43	Pol δ	Pol δ 和 Pol ε
起校正作用的外切酶核酸酶	PolⅢ全酶的 ε 亚基		gp43	Pol δ	Pol δ 和 Pol ε
滑动夹环	β 亚基		gp45	PCNA	PCNA
滑动夹环装载体	γ 复合物		gp44/62	RFC	RFC
单链 DNA 结合蛋白	SSB		gp32	RPA	RPA

① ？表示尚不清楚。

3. SV40 DNA 为代表的真核生物 DNA 的复制

SV40 病毒（simian virus 40）只编码一个蛋白质（T 抗原）以供基因组复制的需要，其余组分如 DNA 聚合酶等均由宿主细胞提供，SV40 DNA 复制在宿主细胞核中完成。SV40 DNA 和真核染色体 DNA 的复制之间有很多相似之处，这使 SV40 病毒成为研究真核生物染色体 DNA 复制的理想模型体系。

（1）DNA 聚合酶的辅助蛋白

① T 抗原。T 抗原是 SV40 病毒编码的分子量为 82kD 的含磷蛋白质。T 抗原在病毒 DNA 复制起始过程中起始因子、DNA 解旋酶和引发体装载蛋白的三重作用。

② 增殖细胞核抗原（PCNA）。PCNA 是一种核蛋白，在 DNA 合成稍前被合成，是一种细胞周期调节因子，在增殖细胞的核内大量存在。在 PCNA 存在时，出现前导链和后随链合成；而缺乏 PCNA 时只合成早期复制的中间产物和短的后随链片段。因此，认为在链的延长中，PCNA 同 DNA 聚合酶 δ 一样是合成前导链所必需的，它对于 DNA 聚合酶 δ 催化合成的连续性起作用。

③ 复制因子 A（RFA）。复制因子 A（replication factor A），又称复制蛋白 A（replication protein A，RPA），是一种可与单链 DNA 结合的蛋白质因子，它类似于原核生物的 SSB，起保护单链 DNA 的作用。

④ 复制因子 C（RFC）。复制因子 C（replication factor C）有装载 DNA 聚合酶 δ 及 PCNA 的作用。RFC 提高了 DNA 聚合酶在模板/引物上的亲和性，能使它们形成一个稳定的复合物。

⑤ DNA 解旋酶。原核和真核细胞都有一种或几种 DNA 解旋酶构成复制机构的必要组分。这些酶在复制叉上沿着 DNA 链单向移位，使双链分开分别作为模板。

SV40 系统中，T 抗原在 RFA 帮助下结合起始位点序列，该位点解链，让 DNA 聚合酶 α-解旋酶进入，起始前导链和后随链的合成。

据目前所知，在原核细胞内 DNA 引物酶是同解旋酶紧密地偶联一起的，而真核细胞的 DNA 引物酶是同后随链的 DNA 聚合酶 α 紧密地偶联的。在原核细胞里，聚合酶Ⅲ同时负责合成前导链和后随链，在真核细胞里却分别由 DNA 聚合酶 α 合成后随链，DNA 聚合酶 δ 合成前导链。

（2）复制起点　SV40 病毒基因组由 5243 个核苷酸组成，在感染细胞中与组蛋白形成具有核小体结构的微染色体。SV40 的复制起点是一个长度为 64bp 的核苷酸序列（第 5208 →第 29），由 3 个互相隔开的功能区域组成。3 个功能区分别称为前期区、中心区和后期区（图 1-26）。前期区由 10 个核苷酸组成，具有不完全回纹结构；中心区为 27 个核苷酸组成的回纹结构，是起始蛋白 T 抗原位点也称为 T 抗原结合位点Ⅱ；后期区为 17 bp 富含 AT 碱基的区域。T 抗原结合位点Ⅱ及 ori 其余重要序列的很小缺失都会导致 SV40 DNA 完全丧失复制功能。3 个功能区的序列是高度保守的，功能区之间的间隔序列保守性不高，但长度要求严格。与前期区相邻的是 T 抗原结合位点Ⅰ，与后期区相邻的是 T 抗原结合位点Ⅲ，这两个位点都起着调控作用。

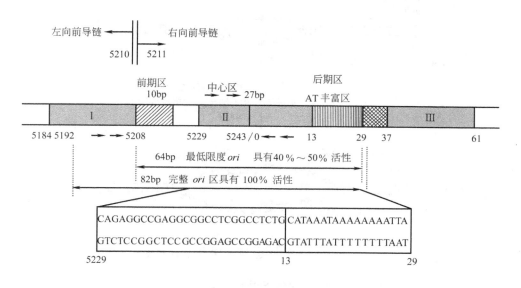

图 1-26　SV40 DNA 的复制起始区域的示意图

（3）SV40 DNA 的复制过程　SV40 DNA 复制的第一步是 T 抗原识别并结合到复制起点（ori）上，T 抗原在功能上还具有 ATPase 活性和解旋酶活性。解旋酶活性促进 17bp 富含 AT 序列首先解链，双螺旋解开（图 1-27）。第二步是 RFA 结合到解旋的两个模板单链上。第三步是引物酶-Pol α 复合物结合到两个单链上，引发 RNA 引物的合成；RFC 结合刺激 Pol α 的活性，开始合成 DNA 链。第四步是 PCNA 结合，引物酶-Pol α 脱离模板，则前导链的合成被间断。第五步是 Pol δ 结合到延长链 3′末端的 PCNA/RFC 复合物上，Pol δ 与 PCNA 的结合增强了酶的前进能力，这样能够继续合成前导链。这样看来 PCNA 的功能类似于大肠杆菌的 PolⅢ 的 β 亚单位。引物酶-Pol α 和 RFC 结合到后随链模板，合成不连续的后随链片段，再由 S1 酶切除 RNA 引物，通过 DNA 连接酶连接每个片段成为完整无缺口的 DNA 链。

4. 端粒酶（telomerase）**的作用**

在真核生物 DNA 复制过程中，由于复制叉能够接近线性染色体的末端，故前导链可以连续复制到模板的终点。而后随链模板是以不连续方式进行拷贝的，不能进行完整的复制，可能产生后随链变短的问题。端粒酶能够防止真核生物 DNA 复制时后随链缩短情况的发生。

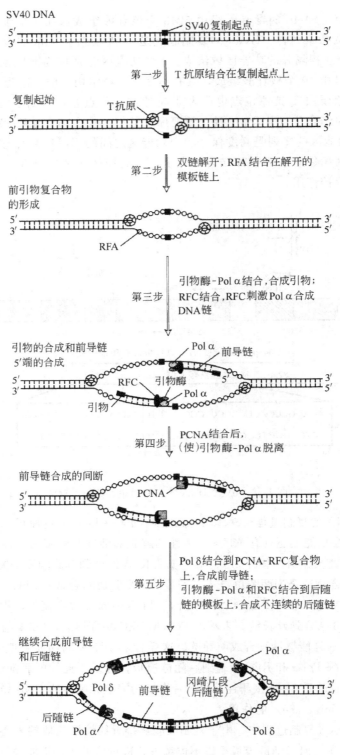

图 1-27　SV40 DNA 体外复制模型

真核生物线性染色体的末端具有一种特殊的结构,称为端粒(telomere)。端粒具有保护 DNA 双链末端,使其免遭降解及彼此融合的功能。在各种不同的真核生物中,端粒 DNA 的序列和结构十分相似。端粒 DNA 主要由一非常简单、富含 G 的重复序列组成。如人和小鼠的端粒重复单位为 TTAGGG;原生动物四膜虫(*Tetrahymena*)为 GGGGTT;酿酒酵母为 $G_{1\sim3}T$。

端粒酶是一种由 RNA 和蛋白质组成的酶,RNA 和蛋白质都是酶活性必不可少的组分。端粒酶可看做是一种反转录酶。端粒酶组成中的 RNA 可作为模板,催化合成端粒的 DNA 片段。端粒中的 RNA 组分大约有 150 个核苷酸长,含有类似于端粒的重复序列。如图 1-28 所示,端粒酶在催化染色体端粒 DNA 的重复序列延长时,先由端粒的重复序列末端 TTG 与端粒酶 RNA 中 CAA 配对,由端粒酶催化合成 GGGTTG,然后端

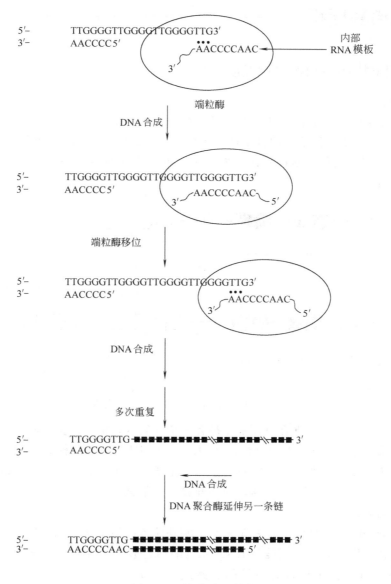

图 1-28 端粒酶的结构

粒酶发生移位，新产生的末端 TTG 又与 CAA 配对进行第二轮合成。通过这种方式使染色体 DNA 端粒的一条链从 5′ 向 3′ 延伸，最后可由 DNA 聚合酶再合成与模板主链互补的另一条链。这样端粒酶实际上是一种反转录酶，与反转录病毒转录酶不同在于模板在酶分子内部。

研究表明，端粒的平均长度随着细胞分裂次数的增多及年龄的增长而变短。端粒 DNA 逐渐变短至消失，可导致染色体稳定性下降，并导致衰老。在有些肿瘤细胞中还观察到端粒缺失及融合的现象。现已有将端粒酶用于肿瘤化学治疗药物的筛选工作。由此可知，端粒酶作为一种特殊的反转录酶，具有特殊的生物学功能。

第五节
基因结构和基因组 •

一、基因结构和基因概念的发展

1. 基因结构

从分子遗传学的角度上讲，基因是一段具有特定功能和结构的连续的 DNA 片段，是编码蛋白质或 RNA 分子遗传信息的基本遗传单位。一个完整的基因，不仅包括编码区，还包括 5′ 末端和 3′ 末端长度不等的特异性序列，它们虽然不编码氨基酸，却在基因的转录过程中起着重要的调节作用（图 1-29）。

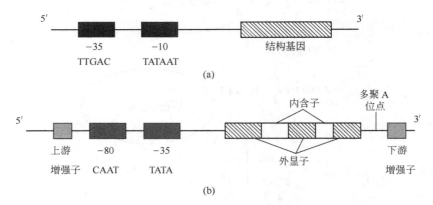

图 1-29　原核基因结构 (a) 和真核基因结构 (b)

（1）原核基因的结构　所有原核基因都有一个编码区，依基因类型的不同，或是编码一种蛋白质多肽或是编码一种 RNA 结构，如 tRNA 和 rRNA。在原核基因编码区两侧，还存在着用于控制转录作用的调节区，即启动子和终止子。在 DNA 链上，由起始密码子开始到终止密码子为止的一个连续编码序列，称为开放阅读框架（open reading frame，ORF），也就是所谓的编码区。

启动子（promoter）是位于基因 5′ 末端上游外侧紧挨转录起点的一段长度为 20～200bp 的非编码的核苷酸序列，其功能是与 RNA 聚合酶结合形成转录起始复合物。原核生物的启动子大约 40～50bp，其中包含有转录的起始点和两个区（-35 区和 -10 区）。起始点是 DNA 模板链上开始进行转录作用的位点，通常在其互补的编码链对应位点（碱基）标以

"+1"。-10 区是 RNA 聚合酶核心酶与 DNA 分子紧密结合的部位，大多包含有 6bp 的共有序列，即 TATAAT。-35 区是 RNA 聚合酶 σ 因子识别 DNA 分子的部位，其共有序列为：TTGACA。

终止子（terminator）是位于一个基因或一个操纵子的末端，提供转录停止信号的 DNA 区段。与启动子不同的是终止子仍能被 RNA 聚合酶转录成 mRNA。大肠杆菌的终止子分为两类：一类是不依赖于 Rho 蛋白质辅助因子（现在一般称为 ρ 因子）而能实现终止作用，这类终止子称为强终止子；另一类是依赖于 ρ 因子才能实现终止作用，这类终止子属于弱终止子。

在原核生物中只有一种 RNA 聚合酶。所有原核基因，包括编码蛋白质的基因和编码 RNA 的基因都是在同一种 RNA 聚合酶的作用下进行转录的。

（2）真核基因的结构　与原核基因一样，一个完整的真核基因，不仅包括编码区，还包括编码区两侧的调节序列。但真核基因和原核基因在结构上存在着许多基本的差别，其中最重要的一点是，许多真核生物的蛋白质编码基因以及某些 tRNA 基因的编码序列，都被一种称为内含子（intron）的非编码序列所间断。在基因的表达过程中，内含子便从初级 mRNA 分子中被剪接掉，形成成熟的功能 mRNA。另一个特点是真核生物有三种不同的 RNA 聚合酶，各自负责转录不同类型的基因。这三种 RNA 聚合酶分别称为 Pol I、Pol II 和 Pol III。Pol I 转录 rRNA 基因（5S rRNA 除外），Pol II 转录蛋白质编码基因，Pol III 转录编码众多小 RNA（包括 tRNA 和 5S rRNA）的基因。真核生物中这三种 RNA 聚合酶所识别的启动子和调控序列在结构上存在一定的差异。

真核生物编码蛋白质的基因启动子，与原核生物的启动子相似，也具有两个高度保守的共有序列。其一是在-25～-35 区含有 TATAA 序列，称为 TATA 盒（TATA box）。TATA 盒与原核生物启动子的-10 区相似，是转录因子与 DNA 分子的结合部位。其二是在多数启动子中，-70～-80 区含有 CAAT 序列，称为 CAAT 盒。另外，还有一部分 DNA 序列能增强或减弱真核基因转录起始的频率，这些区域称为增强子（enhancer）和沉默子（silencer）。增强子是指能使和它连锁的基因转录频率明显增强的 DNA 序列，长度一般为 100～200bp。增强子是 1981 年首先在 SV40 病毒的早期基因的上游发现的。目前，在病毒、真菌、植物、动物和人类正常细胞里都发现有增强子的存在。作为基因表达的重要调控元件，增强子通常具有下列性质：①增强效应十分明显，一般能使基因转录频率增加 10～200 倍，有的可以增加上千倍；②增强效应与其位置和取向无关，不论增强子以什么方向排列（$5'→3'$ 或 $3'→5'$），还是在基因的上游或下游，均表现出增强效应；③增强子可远离转录起始点，通常在 1～4kb（个别情况下可远离转录起始位点达 30kb）起作用；④增强子没有基因专一性，对同源或异源基因都有效；⑤增强子具有组织或细胞特异性，说明只有特定的蛋白质（转录因子）参与才能发挥其功能；⑥许多增强子还受外部信号的调控，如金属硫蛋白（metallothionein，MT）的基因启动区上游所带的增强子，就可以对环境中的锌、铬浓度做出反应。

沉默子是在酵母交配型座位中首次发现的。目前，在动物、人类的细胞中都发现有沉默子。沉默子属于负调控元件，可不受距离和方向的限制，并可对异源基因的表达起作用。沉默子在真核生物细胞中对成簇基因的选择性表达起重要作用。酵母 HMR 的 E 沉默子，是长度为 260bp 的序列。E 序列是顺式作用元件，还需要反式作用因子如 SIR1～4 蛋白质的共同作用。

真核基因的 $3'$ 末端序列区具有终止转录作用的信号以及 mRNA $3'$ 末端转录后加工的信

号。许多基因都是在特定的序列处终止转录，除了某些组蛋白的 mRNA 之外，大多数的 mRNA 分子的 3′末端都有一段 poly(A)尾巴，它的长度一般为 200 个核苷酸，不过酿酒酵母的大多数 mRNA 转录物则只有 50 个核苷酸左右的 poly(A)尾巴。

2. 基因概念的不断发展和更新

随着重组 DNA 技术和 DNA 序列分析技术的发展，对基因的认识又有了新的发展和更新，主要是发现了重叠基因、断裂基因、移动基因（转座因子）、假基因等新现象。

（1）重叠基因（overlapping gene）　重叠基因是指一个基因的核苷酸与另一个基因的核苷酸之间存在着一定程度的重叠现象。重叠基因有两种类型：第一种类型是一个基因的核苷酸序列完全包含在另一个基因的核苷酸序列之中；第二种类型是一个基因的末端密码子与另一个基因的起始密码子之间的少数核苷酸之间的重叠。基因重叠现象最初在测定 φX174 噬菌体 DNA 的核苷酸序列时发现，后来在许多细菌中也发现有基因重叠现象。

（2）断裂基因（split gene）　所谓断裂基因就是基因的编码序列在 DNA 分子上是不连续的，为不编码的序列所隔开。编码的序列称为外显子（exon），不编码的序列称为内含子（intron）。断裂基因在表达时，RNA 聚合酶先将该基因的全部遗传信息（包括外显子和内含子）转录成为一条长的前体 mRNA，又称核内不均一 RNA(hnRNA)，然后经过删除和连接，除去内含子，便形成了成熟的 mRNA 分子，最后才翻译成蛋白质。高等真核生物的基因多数都有内含子，原核生物的基因一般没有内含子。

断裂基因分布很广，真核生物的绝大多数结构基因都含有内含子，内含子是基因的组成部分，也是遗传物质。除了蛋白质基因外，真核生物中编码 rRNA 和 tRNA 的基因均已发现内含子的存在。在某些生物的细胞器基因中也发现内含子的存在，如酵母线粒体、各种植物叶绿体。在不同的基因中，内含子的大小和数目变化很大，有的只有一个或少数几个，有的可多达十几个。在酿酒酵母中，4% 的基因含有内含子。除真核生物有内含子外，甚至在古细菌的 tRNA^Leu、tRNA^Ser 基因以及大肠杆菌噬菌体中也发现编码蛋白质的基因有断裂基因，如 *E. coli* T4 噬菌体的胸苷酸合成酶基因（td）有一个 1017bp 的内含子。

一般认为，断裂基因的存在有利于生物的变异、进化，有利于储存较多的遗传信息。

（3）假基因（pseudogene）　假基因是与功能性基因密切相关的 DNA 序列，但由于缺失、插入和无义突变失去阅读框架而不能编码蛋白质产物。

（4）移动基因（movable gene）　移动基因又称转座因子（transposable element）。由于它可以从染色体 DNA 上的一个位置转移到另一个位置，因此在文献上有时也形象地称之为跳跃基因（jumping gene）。有关转座因子的内容将另作详细介绍。

二、基因组学

基因组研究的迅猛发展已形成了一个新的学科，即基因组学（genomics）。基因组学是研究生物体基因和基因组的结构组成、不稳定性及功能的一门学科。随后又把基因组学分成结构基因组学（structural genomics）和功能基因组学（functional genomics）。顾名思义，前者指研究基因和基因组的结构，各种遗传元件的序列特征，基因组作图和基因定位等。后者则着重研究不同的序列结构具有的不同功能，基因表达的调控，基因和环境之间（包括基因与基因之间，基因与其他 DNA 序列之间，基因与蛋白质之间）相互作用等。由于基因的功能是通过其编码的蛋白质产物来实现的，所以 1994 年提出了蛋白质组学（proteomics），指研究细胞内全部蛋白质的组成及其活动规律的一门科学。

此外，目前对生物基因组的研究，又根据研究对象和具体目标而分别出现了人类基因组研究、病原体基因组研究、微生物基因组研究、植物基因组研究、家畜基因组研究、模式生物基因组研究、药物基因组研究、比较基因组研究等，名目繁多，举不胜举。

那么什么是基因组呢？基因组（genome）是指单倍体细胞中所含的全套遗传物质。就大多数细菌和噬菌体而言，它们的基因组是指单个染色体上所含的全部基因，而二倍体真核生物的基因组则是指单倍体（配子或配子体）细胞核内整套染色体所含的 DNA 分子及其所携带的全部基因。除此之外，还有细胞器基因组。如动植物细胞都有的线粒体基因组，以及植物细胞中的叶绿体基因组。截至 2001 年 5 月为止，已经对约 70 个微生物的基因组完成了测序工作，同时对约 150 个微生物基因组正在进行测序。2001 年 2 月，人类基因组的测序也已基本完成。

一般来说，微生物（无论是原核微生物还是真核微生物）基因组一般都比较小，其中最小的大肠杆菌噬菌体 MS2 只有 3000bp，含 3 个基因。在对各种生物染色体分子的大小和基因组的研究中，总结出可以简单地用 10^3 bp、10^6 bp 和 10^9 bp 去估计病毒、原核生物和真核生物基因组的大小差别。如 ϕX174 噬菌体是单链环状 DNA，长度为 5.3×10^3 bp，大肠杆菌染色体 DNA 是 4.7×10^6 bp，人的染色体 DNA 为 3.2×10^9 bp（表 1-7）。

表 1-7　几种微生物及其他代表生物的基因组

生　　物	基因数/个	基因组大小/bp	生　　物	基因数/个	基因组大小/bp
MS2 噬菌体	3	3×10^3	大肠杆菌	4100	4.6×10^6
ϕX174 噬菌体	11	5×10^3	黄色黏球菌	8000	9.4×10^6
λ 噬菌体	50	5×10^4	天蓝色链霉菌	约 7000	8.0×10^6
T4 噬菌体	150	2×10^5	啤酒酵母	5800	12.1×10^6
生殖道支原体	473	0.58×10^6	脉孢菌属	＞5000	60×10^6
詹氏甲烷球菌	1682	1.66×10^6	果蝇	12000	165×10^6
流感嗜血菌	1760	1.83×10^6	烟草	43000	4.5×10^9
枯草芽孢杆菌	3700	4.2×10^6	人	50000～100000	3.2×10^9

三、大肠杆菌的基因组

1997 年完成了大肠杆菌 K-12 的全基因组的测序工作。大肠杆菌 K-12 基因组的大小为 4.6×10^6 bp，基因组中 87.8% 的 DNA 编码蛋白质，0.8% 编码 RNA，0.7% 是非编码的重复序列，约 11% 左右参与调节和其他功能。

在大肠杆菌基因组中共有 4288 个基因，其中 1853 个是以前已经报道过的基因，而其余则是功能未知的新基因。基因的平均长度是 951bp；有 4 个基因的长度为 4500～5100bp；51 个基因的长度为 3000～4500bp；381 个基因的长度小于 300bp。最大的基因其长度为 7149bp（功能未知）。图 1-30 是大肠杆菌环状染色体的基因图谱。下面对大肠杆菌基因组的主要特征作一介绍。

1. 编码蛋白质的基因

转录单元(operon)是指由启动子、结构基因及其终止子组成的一段 DNA 顺序。如果功能上相关的几个结构基因前后相连，利用一个共同的启动子和终止子，这种转录单元被称为操纵子(operator)。操纵子通常是先被转录成一条大的 mRNA，再由同一条 mRNA 翻译出几个结构蛋白。

在大肠杆菌中，染色体上的许多基因是以操纵子的形式组织起来的。这种操纵子是原核

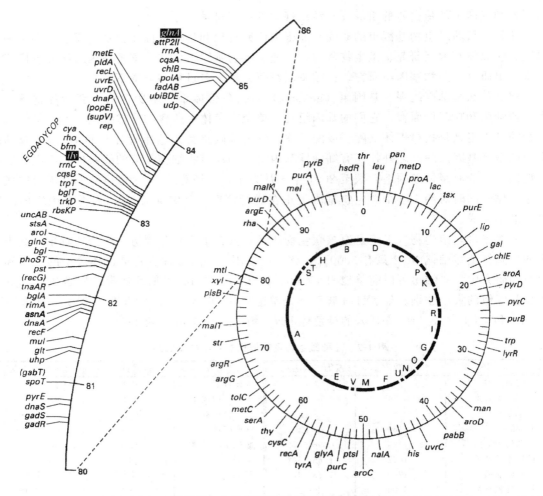

图 1-30 大肠杆菌环状染色体基因图谱

生物基因组的一个特点，如乳糖操纵子、色氨酸操纵子等。另外，还有不少功能相关的蛋白质的基因并不簇集在一起，而是分散排列在整个染色体 DNA 的不同区域，如与大肠杆菌染色体复制有关的十多个酶基因就是分散在染色体上的。

对大肠杆菌 K-12 的基因组全序列分析表明，共有 2584 个转录单元，其中 2192 个（占 73%）只有一个基因，16.6%有 2 个基因，4.6%有 3 个基因，6%有 4 个或 4 个以上基因。所有转录单元都至少含有一个启动子，有些含有 2 个启动子，还有些含有 3 个或 3 个以上的启动子。上面的数据也说明蛋白质基因通常以单拷贝形式存在。

2. 最终产物是 RNA 的基因组

（1）rRNA 基因　一般来说，大多数细菌的 rRNA 基因（rDNA）都是以转录单元（也称为 *rrn* 位点）的形式组织在一起的。一个转录单元中含有三个 rRNA 基因，即 5S rDNA、16S rDNA 及 23S rDNA，它们以 16S-23S-5S 的顺序串联排列，长度约 5kb，转录时先形成一个大的 rRNA 前体，再形成成熟的 16S、23S 及 5S rRNA。另一个特点是 rDNA 的拷贝数多。如在枯草芽孢杆菌染色体上，有 10 个以 16S-23S-5S 顺序排列的 rDNA 转录单元；鼠伤寒沙门菌染色体上有 7 个以 16S-23S-5S 顺序排列的 rDNA 转录单元；大肠杆菌染色体上有 7 个以 16S-23S-5S 顺序排列的 rDNA 转录单元。在大肠杆菌的 7 个 rDNA 转录单元中，有 6

个分布在染色体 DNA 的双向复制起点 *oriC* 附近，而不是在复制终点附近（图1-31）。在一个细胞周期中，复制起点处的基因的表达量几乎相当于处于复制终点的同样基因的两倍。有些细菌的 rRNA 基因转录单元中含有 tRNA 基因（tDNA）或其他基因。如一些根瘤菌的 rRNA 转录单元中基因的排列顺序为：16S rDNA-tDNA-23S rDNA-5S rDNA。16S rDNA、23S rDNA 及它们之间的间隔序列现在都作为分类的现代研究方法，广泛应用到微生物的分类鉴定中。

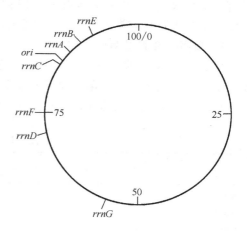

图 1-31　大肠杆菌 rRNA 基因位置示意图
rrnA ~ rrnG 表示 7 个 rRNA 基因的位置

（2）tRNA 基因　tRNA 的种类远比 rRNA 的种类多，一般原核生物有 30 ~ 40 种 tRNA。tRNA 基因多数以基因簇的形式存在，它们簇集在染色体复制起点的附近，一般一个转录单元含有 2 ~ 3 个 tRNA，同受一个启动子的控制。有些转录单元只含有一个 tRNA 基因。在大肠杆菌 K-12 中，有 86 个 tRNA 基因，形成 43 种转录单元。

3. 重复序列

所有生物的基因组中都存在重复序列。原核生物基因组中除了一些多拷贝基因，如 rRNA 基因、tRNA 基因、插入因子 IS 等外，还存在有很多的重复序列，其中大多数是短重复序列，主要的重复序列有 Rhs、REP、ERIC、Chi（位点）等。

Rhs 是大肠杆菌 K-12 中最大的重复序列，长度为 5.7 ~ 9.6kb，它可以编码 141kD 的大蛋白，但不具已知功能，菌株比较表明可能是移动因子。大肠杆菌染色体上有 5 个 Rhs，占整个基因组的 0.8%。

基因外重复的回纹序列（repeated extragenic palinodrome，REP）是一段 38bp 的反向重复序列，它能形成一个稳定的茎环结构，一般位于多顺反子的转录单元之间的区域。大肠杆菌染色体上有 581 个 REP 序列，占整个基因组的 0.54%。它们在不同的菌株、种和属间具有高度的保守性，目前已证实在很多细菌中都有 REP 序列。REP 序列与染色体结构的稳定性有关，并与染色体的重组有关。

肠杆菌基因间的重复的一致序列（enterobacteria repetitive intergenic Consensus，ERIC）是一段长为 126bp 的反向重复序列，其特点与 REP 序列相似。普遍存在于细菌的基因组中，特别是肠杆菌群（enterobacteria）中，位于可转录的非编码区。

Chi（5′-GCTGGTGG-3′）是大肠杆菌染色体的另一个重复序列，是易发生同源重组的位点，具有 8 个 bp。平均 5.5 kb 就有一个 Chi 位点，大肠杆菌 K-12 染色体上有 1009 个 Chi 位点。

由于短重复序列在原核基因组中的随机分布，因此短重复序列目前已广泛应用到分子生物学研究及生物指纹图谱（fingerprint）的分析中。如人们已根据 REP 序列和 ERIC 序列，设计出相应的引物，用供试的基因组为模板，进行 PCR 扩增。根据 PCR 产物图谱来对细菌进行分类。

4. 插入序列和转座子

插入序列是大肠杆菌染色体的重要组成成分，如在 K-12 染色体上有 IS1、IS2、IS3、IS4、IS5、IS150、IS186、IS30、IS600 及 IS911。它们的分布与 *rrn* 和 Rhs 相互补充，即在没有 rrn 和 Rhs 的 DNA 区域有 IS。IS 除插入失活外，还能引起染色体缺失、重复和倒位。转座子也是大肠杆菌染色体 DNA 的重要组成成分。

5. 噬菌体及其噬菌体残迹

大肠杆菌 K-12 除具有 λ 噬菌体外，还有一些缺陷性噬菌体和隐蔽原噬菌体，后两者都丧失了裂解生长和产生噬菌体粒子的基本功能。

总之，根据基因的功能，可将大肠杆菌的基因分为多个功能组（表 1-8）。

表 1-8　大肠杆菌基因分类

功　能　组	基因数/个	功能组所占比例/%
调节	178	4.1
细胞结构	237	5.62
噬菌体、转座子和质粒	87	2.03
转运蛋白和结合蛋白	427	9.95
能量代谢	243	5.67
氨基酸、核苷、脂肪和碳水化合物的代谢和合成	367	8.56
代谢中心	188	4.38
DNA 复制、修复、重组和修饰	115	2.68
转录、RNA 合成和加工	55	1.28
翻译、蛋白质修饰	182	4.24
细胞调控	188	4.38
辅因子、前体基团和运载蛋白	112	2.61
假定的伴侣蛋白、酶和其他已知基因	277	6.67
推测和未知基因	1632	38.06

四、φX174 噬菌体的基因组

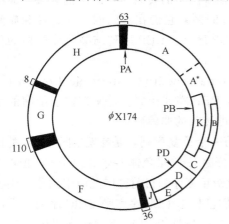

图 1-32　大肠杆菌 φX174
噬菌体的基因组结构

φX174 噬菌体是一种较小的噬菌体，只有 T 类噬菌体的 1/4，呈 20 面体颗粒状。其 DNA 为单链环状，共有 5386 个核苷酸。其序列于 1977 年由英国剑桥大学的 Sanger 分析确定。为此，Sanger 第二年获得诺贝尔奖。

φX174 噬菌体基因组的最显著特征是有基因重叠现象。φX174 噬菌体共有 11 个基因，依次为基因 A、基因 A*、基因 B、基因 C、基因 D、基因 E、基因 J、基因 F、基因 G、基因 H 和基因 K（图 1-32）。基因 B、基因 K、基因 E 分别在基因 A、基因 C、基因 D 之中，但使用不同的阅读框架（图 1-33）。基因 A* 虽然与基因 A 使用相同的阅读框架，但却在 A 基因中部才开始转录。类似的基因重叠现象也存在于其他噬菌体及某些真核生物的病毒中。另外，φX174 噬菌体的 DNA 绝大部分用来编码蛋白质，不翻译出来的部分只占 4%（217/5386），其中包括基因之间的间隔区和一些控制基因表达的序列。

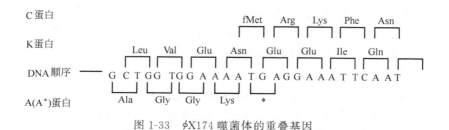

图 1-33   φX174 噬菌体的重叠基因

五、真核生物的基因组及其特点

1. 真核生物基因组的结构特点

真核生物基因组与原核生物有很大的差异，真核生物基因的结构、基因表达的过程、表达调控等方面都远比原核生物复杂。它主要有如下几个特点。

① 基因组的分子量大，低等真核生物大约 $10^7 \sim 10^8$ bp（比细菌大 10 倍以上），而高等真核生物达到 $5 \times 10^8 \sim 10^{10}$ bp，有些植物和两栖类可达 10^{11} bp，哺乳动物大于 2×10^9 bp，它们可以编码 100 万个基因。

② 真核生物往往有很多条染色体，一般呈线性。每个染色体的 DNA 又具有很多复制起点。细胞核 DNA 与蛋白质稳定地结合成染色质的复杂结构。

③ 核基因组 DNA 存在于细胞核内，由于核膜将细胞分隔成细胞核和细胞质，在基因表达中转录和翻译的空间位置是分隔的，不偶联的。

④ 基因组有大量不编码蛋白质的序列。真核生物基因组的最大特点是它含有大量的重复序列，而且功能 DNA 序列大多被不编码蛋白质的非功能 DNA 所隔开。

⑤ 真核生物的蛋白质编码基因往往以单拷贝形式存在。功能相关的基因一般不以操纵子的形式存在。

2. 真核生物基因组中的 DNA 序列特征

根据对 DNA 复性动力学的研究及部分生物全基因组的测序表明，真核生物细胞中 DNA 序列大致上可分为非重复序列、中度重复序列和高度重复序列 3 类。

（1）非重复序列（单一序列）   非重复序列是指在一个基因组中，这些序列一般只有一个或几个拷贝，它占 DNA 总量的 $40\% \sim 80\%$。如牛细胞中占 55%，小鼠中占 70%，果蝇中占 79%。不重复序列长约 $750 \sim 2000$ bp，相当于一个结构基因的长度。实际上，大多数结构基因都属于不重复序列，也就是说是单拷贝的。

（2）中度重复序列   中度重复序列是指在一个基因组中有几十到几百拷贝，占总 DNA 的 $10\% \sim 40\%$，如小鼠中占 20%，果蝇中占 15%。各种 rRNA、tRNA、可移动基因、重复序列家族以及某些结构基因如组蛋白基因等都属于这一类。重复序列家族每个成员其序列不完全相同，但彼此相关，它们是一系列非常近似并可相互复性的核苷酸序列。这些家族成员往往以大体上固定的方式与非重复 DNA 序列相间分布。目前认为，多数相间分布的中度重复 DNA 序列与基因表达的调控有关，可能是 DNA 复制和转录有关的蛋白质因子的识别位点。

（3）高度重复序列——卫星 DNA   这类 DNA 只在真核生物中发现，占基因组的 $10\% \sim 60\%$，由 $6 \sim 100$ 个碱基组成，在 DNA 链上串联重复几百万次。由于高度重复 DNA 序列的碱基组成和浮力密度同主体 DNA 有区别，在浮力密度梯度离心时，可形成不同于主

DNA 带的卫星带。卫星 DNA 的名称由此而来。卫星 DNA 由长串联重复序列组成，一般位于染色体上的异染区域，也可分散在核基因组的多个位置上，染色体的端粒也是由卫星 DNA 组成。卫星 DNA 是不转录的，其功能不明，可能与染色体的稳定性有关。属于基因外的 DNA 重复序列。

真核细胞的这三种 DNA 序列构成了真核细胞的遗传物质，形成了不同的真核基因。近年来，由于新技术、特别是重组 DNA 技术的飞速发展，使我们能够利用寄主细胞对任何 DNA 片段进行分子克隆，从而增强了对真核基因结构和功能的认识。

3. 基因家族与基因簇

真核生物的基因组中有许多来源相同、结构相似、功能相关的基因，这样的一组基因称为基因家族（gene family）。其中大部分有功能的家族成员之间相似程度很高，但也有些家族成员间的差异很大，甚至还有无功能的假基因（pseudogene）。基因家族的成员在染色体上的分布形式是不同的，其中一些基因家族的成员紧密成簇排列成大段的串联重复单位，定位于染色体的特殊区域上形成基因簇（gene cluster），而另一些基因家族的成员在整个染色体上广泛地分布，甚至可存在于不同的染色体上。

（1）rRNA 基因簇　rDNA 是基因组 DNA 中的中等重复、并有转录活性的基因家族，重复次数在 $10^3 \sim 10^5$。真核生物中有 5.8S、17～18S、25～28S 和 5S 四种 rRNA，其中 5.8S、17～18S 和 25～28S rDNA 构成一个转录单位，它们在基因组中串联排列形成 rDNA 重复单元（图 1-34）。每个 rDNA 转录单元一般由转录区和非转录区构成，转录区包括 5.8S、17～18S 和 25～28S rDNA 基因，这些基因由两个内转录间隔区（internal transcribed spacer，ITS）分开；在 18S rDNA 基因上游和 28S rDNA 基因下游还有外转录间隔区（external transcribed spacer，ETS）。ITS 和 ETS 含有 rDNA 前体加工的信息。相邻的两个 rDNA 重复单元之间是非转录间隔区（non-transcribed spacer，NTS），它将相邻的两个重复单元隔开，在转录时有启动和识别作用。rDNA 转录单元的信息现在广泛地应用到真核生物特别是真菌的分类研究中。在进化速率上，编码区比较保守，可在属、科、目水平上用于不同生物种的比较，NTS、ITS 和 ETS 常用于属内种间比较或种内群之间的比较。

虽然在一些真核生物中其 rDNA 的结构基本特征相似，但其长度差别很大。例如酵母约为 9kb，哺乳动物可达 14 kb（图 1-35 和表 1-9）。另外，多数真核细胞核中，rRNA 基因成簇分布在一条或几条染色体上。例如酵母单体倍体细胞有 140 个 rRNA 基因以串联形式

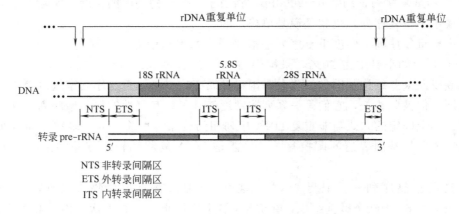

图 1-34　rDNA 重复单位的结构及其串联排列形式

排列在第7号染色体上。

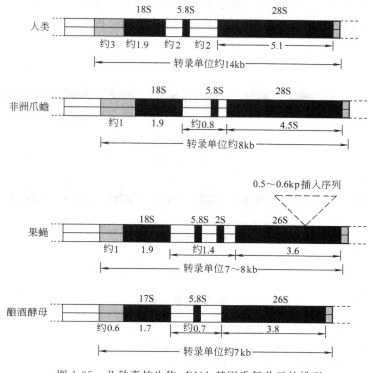

图 1-35 几种真核生物 rRNA 基因重复单元的排列

表 1-9 rRNA 基因簇串联重复单位的长度

物　种	重复单位长度/bp	非转录的间隔区长度/bp	转录区长度/bp
酿酒酵母	8950	1750	7200
果蝇	11500～14200	3750～6450	7750
非洲爪蟾	10500～13500	2300～5300	7875
小鼠	44000	30000	18400

5S RNA 基因（120bp）与 5.8S、18S 和 28S rRNA 基因是分开的。每个 5S DNA 与一段非转录间隔区组成一个 5S DNA 重复单位。一个 5S DNA 长约 375bp。

（2）tRNA 基因　真核细胞中的 tRNA 基因几乎都是重复的，每种 tRNA 基因数从几百个甚至几千个不等。如酿酒酵母中有 275 个 tRNA 基因、果蝇有 600～900 拷贝、爪蟾有约 8000 拷贝等。真核细胞如此众多的 tRNA 基因，是分散在不同的染色体中，即使携带同一种氨基酸的不同 tRNA 基因的同功受体 tRNA 基因也往往位于一个以上的染色体部位，通常构成单个转录单位，但不同的 tRNA 基因又是成簇排列。tRNA 长约 70～80bp，而其基因约长 140bp。许多（并非全部）酵母 tRNA 基因含有 10～20bp 的内含子，各 tRNA 基因的内含子没有序列的共同性。转录后不但要切除两端的转录的间隔区，而且要进行拼接才能产生成熟的 tRNA。酿酒酵母中 275 个 tRNA 基因也是分散于所有染色体中。

（3）结构基因　一个结构基因家族不仅需要编码相关的蛋白质，而且需要相关或相同功能基因的多拷贝，以保证不同时期不同细胞对产物的需要量。例如组蛋白基因簇。在许多生物中，编码 H1、H2A、H2B、H3、H4 的这五种组蛋白的基因彼此靠近构成一个转录单元，长约 6000bp，基因间由非转录 DNA 序列间隔。许多这样的转录单元串联排列在一起，构成组蛋白基因簇。组蛋白基因簇中的转录单元的数量依生物而异，鸡约有 10 个，哺乳动物有 20 个，果蝇约有 100 个，海胆约为 300～600 个之间（图 1-36）。

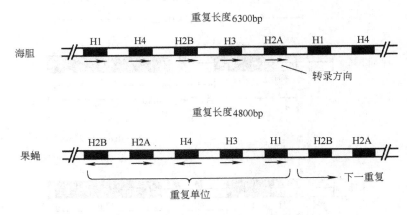

图 1-36　真核生物组蛋白基因簇的结构

主要参考文献

［1］张洒蕲. 生物化学. 北京：北京医科大学出版社，1999.

［2］陈启民，王金忠，耿运琪. 分子生物学. 天津：南开大学出版社，2001.

［3］杨岐生. 分子生物学基础. 杭州：浙江大学出版社，1994.

［4］贺林. 解码生命. 北京：科学出版社，2000.

［5］徐晋麟，徐沁，陈淳. 现代遗传学原理. 北京：科学出版社，2001.

［6］赵寿元，乔守怡. 现代遗传学. 北京：高等教育出版社，2001.

［7］解生勇. 分子细胞遗传学. 北京：中国农业出版社，1998.

［8］沈同，王镜岩. 生物化学. 第 2 版. 北京：高等教育出版社，1991.

［9］张玉静. 分子遗传学. 北京：科学出版社，2000.

［10］沈萍. 微生物遗传学. 武汉：武汉大学出版社，1994.

［11］朱玉贤，李毅. 现代分子生物学. 北京：高等教育出版社，1997.

［12］周俊初. 微生物遗传学. 北京：中国农业出版社，1994.

［13］吴乃虎. 基因工程原理. 第 2 版. 北京：科学出版社，2001.

［14］Lodish H，Baltimore D，Berk A，et al. Molecular Cell Biology. New York：W H Freeman and Company，2000.

［15］Moller-Jensen J，Jensen R B，Gerdes K. Plasmid and chromosome segregation in prokaryotes. Trends in Microbiology，2000，8（7）：313-320.

［16］Blattner F R，et al. The complete genome sequence of *Escherichia coli* K-12. Science，1997，277：1453-1462.

［17］Goffeau A，et al. Life with 6000 genes. Science，1996，274：546-570.

［18］Krawiec S，Riley M. Organization of the bacterial chromosome. Microbiological Reviews，1990，54（4）：502-539.

［19］Snyder L，Champness W. Molecular Genetics of Bacteria. Washington D C：ASM Press，1997.

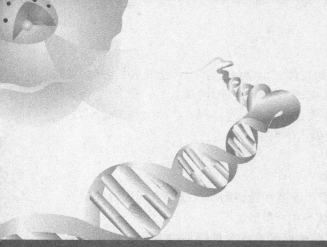

第二章
基因突变和损伤 DNA 的修复

突变是指遗传物质突然发生了稳定的可遗传的变化。突变包括染色体畸变和基因突变两大类。染色体畸变是指染色体较大范围结构的变化，如缺失、重复、倒位、易位等。染色体上基因本身的变化又称基因突变（gene mutation）。

基因突变是重要的遗传学现象，它是生物进化的原动力。遗传学家把具有某种突变型的细胞或个体称为突变体（mutant）。正是通过对突变型的研究，使人们认识了基因的功能、本质和基因活动的规律。在基因突变的研究中，大肠杆菌、沙门菌等一直是研究的好材料，这是因为它们只有一条染色体，其遗传物质的改变而导致的表型改变可立即表现出来。但对一个二倍体的真核生物而言，一条染色体上的基因突变不会改变其表型，因为这一基因突变可被另一条染色体上的等位基因的功能所互补。

在原核和真核细胞中都存在很多的修复系统，这些修复系统可以恢复不同的 DNA 损伤。

第一节
基因突变的类型、符号和规律 •━━━━━━━━━━━━━━━━━

一、基因的符号

最初的基因符号是以代表某一相关性状的英文名称的第一个大写字母来表示的。现在采用如下统一的命名规则。

① 每个基因用斜体小写的三个字母来表示，这三个字母取自表示该基因特性的一个或一组英文单词的前三个字母。

② 产生同一表型的不同基因，在三个字母后用不同的大写斜体英文字母表示。如 *trp* 代表色氨酸基因，各个不同的色氨酸基因分别用 *trpA* 和 *trpB* 来表示。

③ 突变型基因的表示方法是在基因符号的右上角加－，如亮氨酸缺陷型用 leu^- 来表示。抗药性基因是在基因符号的右上角加 r 表示抗性，加 s 表示敏感，如链霉素抗性基因则表示为 str^r。

④ 某一突变型基因的表型一般也是用相应的正体三个字母表示，不过第一个字母大写。例如乳糖发酵缺陷型的基因符号是 *lacZ⁻*，那么其表型符号便写为 LacZ⁻。

⑤ 当染色体上存在缺失时可用 △ 表示，缺失部分放在 △ 符号的括号中，例如 △（*lac*、*pro*）表示从乳糖发酵基因到脯氨酸基因这一段染色体发生了缺失。

二、基因突变的类型

基因突变可从突变发生方式和突变引起的表型改变和遗传物质改变等方面进行分类。

按突变体表型特征的不同，可把突变分为以下 4 个类型。

① 形态突变型。指发生细胞形态变化或引起菌落形态改变的那些突变型。例如，失去产生孢子、荚膜和鞭毛的能力。

② 生化突变型。指没有形态效应的突变型。最常见的是营养缺陷型，由于代谢过程的缺陷，其生长必须在培养基中加某种物质。另外，对抗生素增加耐性的抗性突变等都属于生化突变。

③ 致死突变型。由于基因突变而造成个体死亡或生活力下降的突变型。

④ 条件致死突变型。在某些条件下能成活，而在某些条件下是致死的突变型。最典型的是温度敏感突变。例如 T4 噬菌体的温度敏感突变型在 25℃时能在大肠杆菌细胞内正常生长和繁殖，形成噬菌斑，但在 42℃时就不能生长。

按突变所引起的遗传信息的改变，可把突变分为：

① 错义突变（missense mutation）。突变造成一个不同氨基酸的置换。

② 同义突变（samesense mutation）。碱基突变后编码的氨基酸与野生型的氨基酸相同。

③ 无义突变（nonsense mutation）。当碱基突变后形成终止密码子，使蛋白质合成提前终止。无义突变分为琥珀突变（amber）、赭石突变（ocher）和乳白突变（opal 或 umber）。琥珀突变是指碱基突变后形成的终止密码子为 UAG；赭石突变是指碱基突变后形成的终止密码子为 UAA；乳白突变是指碱基突变后形成的终止密码子为 UGA。

根据遗传物质的结构改变，可分为碱基置换、移码、DNA 片段插入和缺失。

根据突变发生的方式，可分为自发突变和诱发突变。

以上的分类是为了讨论上的方便而划分的。实际上，它们之间是密切相关的。如营养缺陷型也是一种条件致死突变。

三、遗传学上常用的几个突变株

1. 营养缺陷突变株（auxotrophic mutant）

指由于代谢障碍而成为必须添加某种物质才能生长的突变株。例如，必须在培养基中添加腺嘌呤才能生长的突变株称为腺嘌呤突变株，用 Ade⁻ 表示。相反，在不添加腺嘌呤的培养基中也能生长的，称为野生型菌株，用 Ade⁺ 表示。由于野生型菌株在基本培养基和完全培养基上均可生长，而营养缺陷突变株只能在完全培养基上生长，因此两者很容易区别开来。

2. 温度敏感突变株（temperature sensitive mutant）

指可在某一温度下生长而在另一温度下不生长的突变株。通常，这类突变是由于某一蛋白质的氨基酸发生改变，造成蛋白质或一级结构的改变。这样的蛋白质（或酶）只有在许可的温度下才能维持其空间结构,具有正常的生物活性。当达到限制温度时,该蛋白就要变性并失去功能。例如,大肠杆菌野生型菌株在20～40℃范围内能很好地生长,而温度敏感突变株在42℃下则不能生长。

3. 抗性突变株（resistant mutant）

指对某种药物具有一定抵抗能力的突变株。例如,某一链霉素抗性突变株可以在加入1000U/ml链霉素的培养基上生长,而野生型则不能生长。

四、基因突变的规律

无论哪种突变,即自发突变或诱发突变,形态突变或生化突变等,都具有下面几个特征。

1. 随机性

就微生物的某一群体而言,基因突变的发生从时间、个体、位点和所产生的表型变化等方面都带有比较明显的随机性。

2. 独立性

在微生物群体中,基因突变是独立发生的,某一个基因的突变与另一个基因的突变之间是互不相关的独立事件。例如,巨大芽孢杆菌对异烟肼产生抗性的突变率是5×10^{-5},对对氨基柳酸抗性突变的突变率是1×10^{-6},同时兼有两种抗性的概率为8×10^{-10},后者大约等于前二者的乘积。这说明突变的发生不仅对于细胞来说是随机的,对于基因来说也是随机的。

3. 稳定性

基因突变的实质是遗传物质发生改变的结果。因此突变型基因和野生型基因一样,具有相对稳定性的结构,也是可遗传的。如筛选到的抗链霉素的突变株,在没有链霉素的培养基上连续传代无数次,它的抗性没有丝毫改变。

4. 可逆性

野生型基因可以通过突变而成为突变型基因,同样,突变型基因也可通过突变而成为野生型基因。例如,野生型菌株通过基因突变可以变为抗链霉素的突变型菌株;抗链霉素的突变型菌株又可以回复突变为对链霉素敏感的野生型菌株。一般把野生型基因变为突变型基因的过程称为正向突变,突变型基因变为野生型基因的过程称为回复突变。

正向突变得到的突变株称为突变株,回复突变得到的菌株就称为回复突变株。从表型上来看,回复突变株与野生型菌株没有明显的差异。但从基因型来分析,回复突变产生的原因可分为三类:第一类是真正的基因回复突变,即原突变位点的回复;第二类是由同一基因不同位点的突变所导致的基因内抑制突变;第三类是由于基因间不同位点发生的基因突变而抑制了原有突变基因的表达,这种情况又称为抑制基因突变型。

5. 稀有性

突变的稀有性是指在正常情况下,突变率往往是很低的。所谓突变率是指在一个世代中或其他规定的单位时间内,在特定的环境条件下,一个细胞发生某一突变的概率。对个体而言,哪个细胞、在什么时间、什么位点发生突变均带有偶然性和随机性。但是对于群体而言,突变又总是以一定的频率在群体中发生,在特定的环境条件下,其突变率是一定的。一般地讲,自发突变率低,在10^{-10}～10^{-5}之间,表现为基因突变的稀有性。但通过某些理化因子的处理,可以提高突变率。表2-1是一些细菌对不同药物或噬菌体的抗性突变的自发突变率。

表 2-1　一些细菌的抗性突变的突变率

细　菌	抗 性 对 象	突 变 率
铜绿假单胞杆菌	链霉素（1000μg/ml）	$4×10^{-10}$
大肠杆菌	链霉素（1000μg/ml）	$1×10^{-10}$
志贺杆菌	链霉素（1000μg/ml）	$3×10^{-10}$
百日咳嗜血杆菌	链霉素（1000μg/ml）	$1×10^{-10}$
伤寒沙门菌	链霉素（1000μg/ml）	$1×10^{-10}$
大肠杆菌	噬菌体 T3	$1×10^{-7}$
大肠杆菌	噬菌体 T1	$3×10^{-8}$
金黄色葡萄球菌	磺胺噻唑	$1×10^{-9}$
金黄色葡萄球菌	青霉素	$1×10^{-7}$
巨大芽孢杆菌	异烟肼	$5×10^{-9}$
巨大芽孢杆菌	对氨基柳酸	$1×10^{-5}$

第二节
基因突变的分子基础

一、碱基置换及其对遗传信息的影响

碱基置换是指 DNA 中核苷酸的一个碱基被另一个碱基所取代。其中一个嘌呤被另一个嘧啶或是一个嘧啶被另一个嘌呤所取代（G→C 或 C→G），称为颠换（transversion）；如果一个嘌呤被另一个嘌呤或是一个嘧啶被另一个嘧啶所取代，称为转换（transition）。

单个碱基替换的结果是改变了一个密码子，可以引起蛋白质一级结构中某个氨基酸的替代，或造成多肽链的终止而产生不完全的肽链，如果起始密码子突变则就完全不能合成蛋白质。根据它们对氨基酸序列的影响不同，可分为下列几种情况。

1. 同义突变

由于遗传密码具有简并性，所以有些碱基替换并不造成氨基酸的变化。例如，编码天冬氨酸的密码子 GAU 变成 GAC，翻译出来的仍是天冬氨酸，氨基酸序列没有发生改变，因此没有突变效应。

2. 错义突变

指碱基替换后引起氨基酸序列的改变。有些错义突变严重影响到蛋白质的活性，甚至使活性完全丧失，从而影响了基因的表型。例如，一般在大豆的种子内有 5 种同源性很高但又各不相同的 11S 贮藏球蛋白，即 Gy1~Gy5，其中有一个大豆品种的 Gy5 基因的起始密码子 ATG 改变为非起始密码子 AGG，则这个基因就不能表达相应的蛋白产物。同样，在微生物中也有类似的情况。有些错义突变不影响或基本上不影响蛋白质活性，不表现明显的性状变化。

3. 无义突变

编码区的单碱基突变导致终止密码子的形成，使 mRNA 的翻译提前终止，形成不完整的肽链，因而其产物一般是没有活性的。

二、移码突变及其产生

由于在 DNA 分子的编码区插入或缺失非 3 的整数倍个（1 个、2 个或 4 个）核苷酸而导致的阅读框架的位移。因为遗传信息是按 3 个碱基为一组依次排列而成的，蛋白质的翻译是从起始密码子开始，按密码子顺序依次向下读码。当在起始密码子后面加入 1 个、2 个或 4 个碱基后，则后面的所有密码子的阅读框都发生改变，结果翻译出来的蛋白质的氨基酸序列与野生型完全不同。当然，如果插入或缺失的碱基正好是 3 个或其整倍数，那么在翻译出的多肽上可能是多一个、几个或少一个、几个氨基酸，而不完全打乱整个氨基酸序列。

在自发突变中，移码突变占很大比例。已知能诱发移码突变的诱变剂是吖啶类染料。

三、缺失和重复

大片段的缺失或重复（超过几个碱基对）是基因突变的主要原因之一。特别是在放线菌中的自发突变中，缺失或重复范围从几个基因到几十个基因。如在野生型大肠杆菌 *lacI* 基因中，有 3 个重复的 CTGC 碱基序列。但在突变型 FS5、FS25 中增加了一个 CTGC 序列，即含有 4 个 CTGC 序列；而在 FS2、FS84 突变型中，则缺失了一个 CTGC 序列，即只有 2 个 CTGC 序列。

第三节
诱变剂和诱变机制

前面已经讲过，基因的自发突变率是很低的。在实际生产中，为了获得优良菌种，如提高微生物的某一酶产量、提高产生抗生素的能力等方面的遗传性状，就需要应用诱变剂来对基因进行诱变，从而提高突变率。人们在使用诱变剂的同时，也对诱变机制进行了深入探讨。下面就对这些方面做些介绍。

一、碱基类似物在 DNA 复制时的掺入

某些化学物质与正常的含氮碱基在结构上非常类似，在 DNA 合成过程中它们有时会替代正常碱基而掺入 DNA 分子。一旦这些碱基类似物进入 DNA 后，由于它们的配对能力不同于正常碱基，便引起 DNA 复制过程中其对应位置上插入不正确的碱基。

5-溴尿嘧啶（5-bromouracil，简称 BU）是一种常用的突变剂。在通常情况下，它以酮式结构存在，成为胸腺嘧啶的类似物，能与 A 配对，但它有时以较低的频率以烯醇式结构

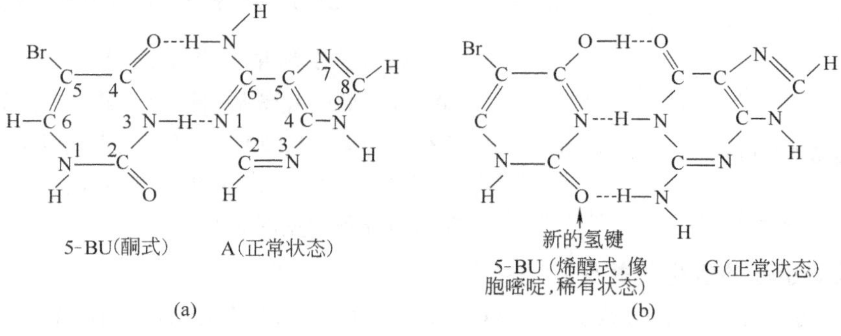

图 2-1　5-溴尿嘧啶（BU）的酮式和烯醇式结构及与 A、G 配对

存在，它就不再与 A 配对，而是与 G 配对（图 2-1）。

当细菌在含有 BU 的培养基中培养时，一部分 DNA 中的 T 便被 BU（酮式结构）所取代，经二轮 DNA 复制可引起一部分细菌由 A·T→G·C 的突变。当 BU 发生互变异构成为烯醇式后，取代 C 与 G 配对。这样，经二轮复制就产生由 G·C→A·T 的突变，不过这种突变几率比前者较低（图 2-2）。研究表明，BU 可使细菌的突变率提高近万倍之多。

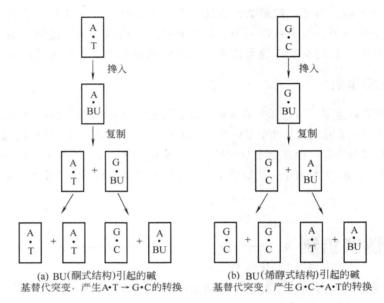

(a) BU(酮式结构)引起的碱
基替代突变，产生A·T→G·C的转换

(b) BU(烯醇式结构)引起的碱
基替代突变，产生G·C→A·T的转换

图 2-2　BU 引起的碱基替代突变

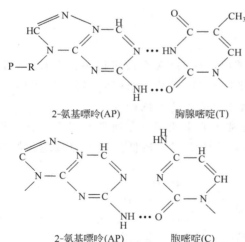

2-氨基嘌呤(AP)　　　胸腺嘧啶(T)

2-氨基嘌呤(AP)　　　胞嘧啶(C)

图 2-3　2-氨基嘌呤的不同配对性质

另一种常用的碱基类似物是 2-氨基嘌呤，简称 2-AP 或 AP。2-AP 与 BU 不同，2-AP 不能发生变构，但有不同的配对性质。一般情况下 2-AP 能替代腺嘌呤与胸腺嘧啶配对，但有时也能以一条氢键与胞嘧啶配对。由于 2-AP 与 C 的结合能力很弱，因此 2-AP 主要产生 A·T→G·C 的转换，而一般不能产生 G·C→A·T 的转换（图 2-3）。

二、DNA 分子上碱基的化学修饰

某些诱变剂并不掺入 DNA，而是通过改变碱基的结构从而引起碱基的错配。最常见的这类化学诱变剂有亚硝酸（HNO_2）、羟胺、甲基磺酸乙酯（EMS）、N-甲基-N'-硝基-N-亚硝基胍（NTG）等，这几种诱变剂的分子式见图 2-4。

1. 亚硝酸引起的氧化脱氨反应

亚硝酸能引起含 NH_2 的碱基（A、G、C）产生氧化脱氨基反应，使氨基变为酮基，从而改变配对性质造成碱基置换突变。与碱基类似物的突变机制相似，差别只在于碱基类似物是在 DNA 复制时由外界掺入，而亚硝酸是氧化 DNA 链上已有的碱基。但也同样需要两轮复制才能产生稳定的突变。在亚硝酸作用下，胞嘧啶可以变为尿嘧啶，复制后可引起 G·C→A·T 的转换；腺嘌呤可以变为次黄嘌呤（hypoxanthine），复制后可引起 A·T→G·C 的转换；鸟嘌呤可以变为黄嘌呤（xanthine），它仍旧与 C 配对，因此不引起突变（图 2-5）。尿嘧啶、次黄嘌呤和黄嘌呤都可以为各自的糖基酶修复系统所修复；如果修复系统还未来得及修复时 DNA 就开始复制，尿嘧啶和次黄嘌呤则导致突变。

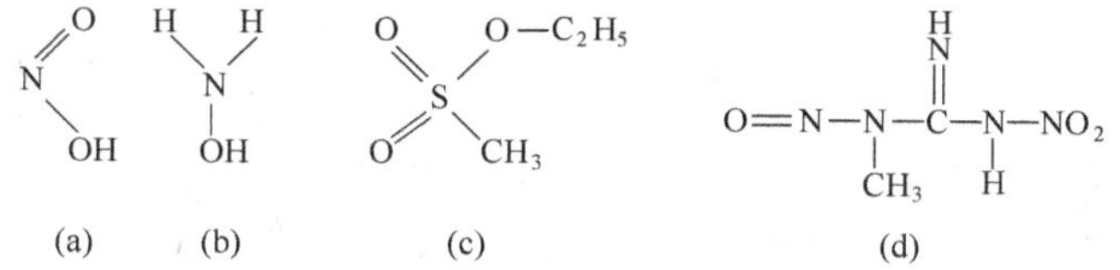

图 2-4 几种常见的化学诱变剂

（a）亚硝酸；（b）羟胺；（c）甲基磺酸乙酯；（d）N-甲基-N'-硝基-N-亚硝基胍

2. 羟胺（NH_2OH）的致突变作用

羟胺几乎只和胞嘧啶发生反应而不和其他三种碱基发生反应，因此它基本上只引起 G·C→A·T 的转换，而不引起 A·T→G·C 的转换（图 2-5）。

3. 烷化剂的致突变作用

烷化剂是一类重要的诱变剂，被广泛应用在微生物的人工诱变过程中。烷化剂的种类很多，常见的有甲基磺酸乙酯（EMS）、亚硝基胍（NTG）、乙基磺酸乙酯（EES）和芥子气等。它们的诱变作用，主要是使 DNA 中的碱基发生烷化作用。例如 EMS 能使鸟嘌呤的 N 位置上带有乙基，成为 7-乙基鸟嘌呤。这种嘌呤不能与胞嘧啶配对，而与胸腺嘧啶配对，故能使 G·C 转换成 A·T（图 2-5）。烷化剂的另一作用是使嘌呤整个地从 DNA 链上脱下来，产生一个缺口。复制时，在与缺口对应的位点上就可能配上任何一个碱基，从而引起转换或颠换。而且，去嘌呤后的 DNA 也容易发生断裂，引起缺失或其他突变。

亚硝基胍是一种诱变作用特别强的诱变剂，常被称为超诱变剂，它可以使一个群体中任何一个基因的突变率高达 1%。此外，它还能诱发邻近位置的基因同时发生突变，即所谓并发突变，而且特别容易诱发复制叉附近的并发突变。

三、嵌合剂和移码突变

嵌合剂是一类能引起移码突变的化合物，常用的有吖啶橙、二氨基吖啶（又称原黄素）和吖啶黄素等吖啶衍生物，它们都是平面的三环化合物（图 2-6），大小与嘌呤 - 嘧啶对大致相等，在水溶液中能与碱基堆积在一起，并插入到两个碱基对之间，这一过程称为嵌入。一个吖啶分子嵌入后，当 DNA 分子复制转录时，在顺序中出现了一个或两个额外"碱基"，造成识别和阅读错误，产生移码突变。吖啶类染料也能嵌入单链 DNA 的碱基对之间，从而引起突变。

四、辐射诱变

X 射线、紫外线、激光、离子束等都能引起基因突变。辐射的诱变作用一般认为有直接

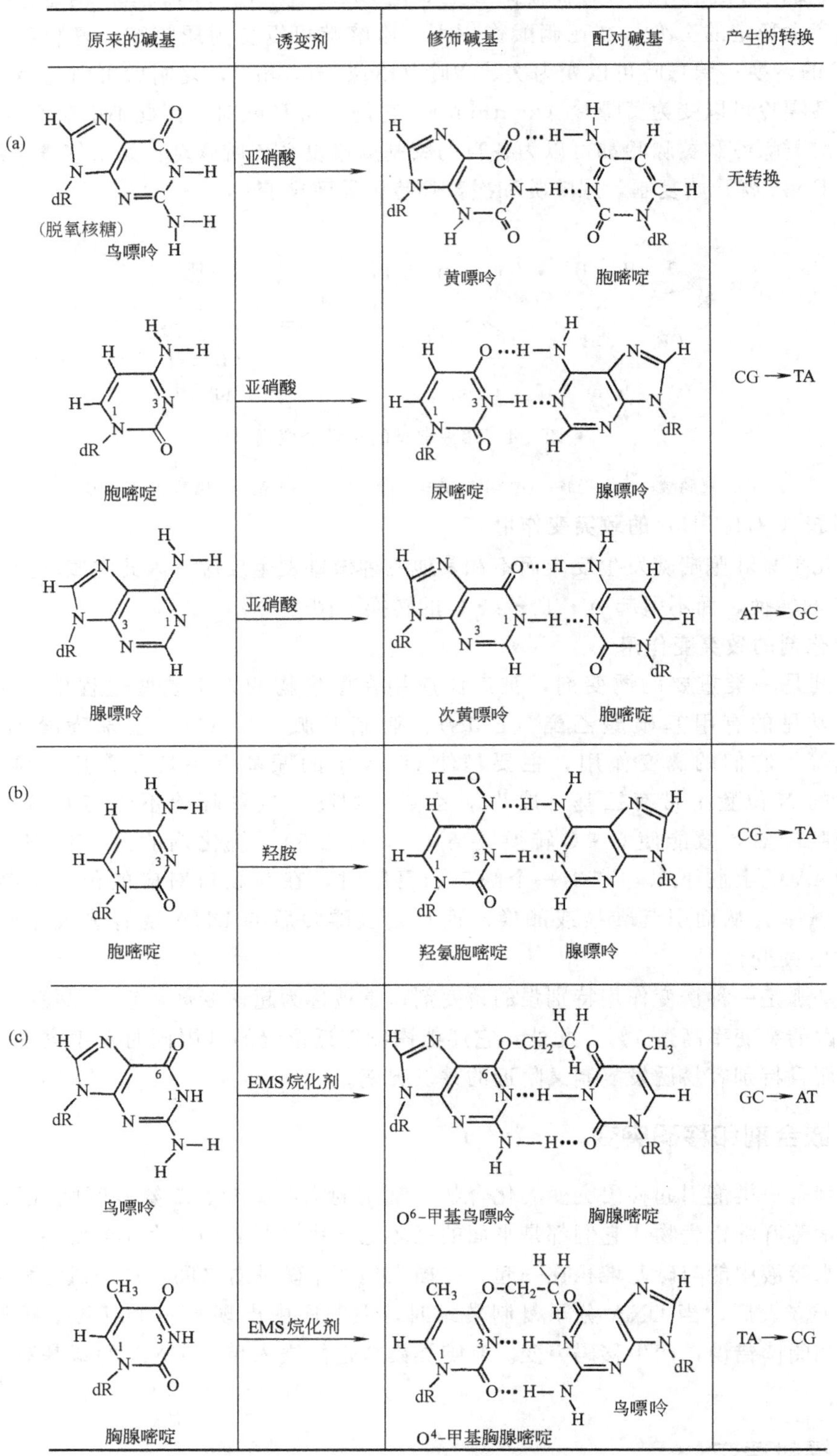

图 2-5　三种碱基修饰剂的作用

（a）亚硝酸修饰 G、C、A；（b）羟胺修饰 C；（c）甲基黄酸乙酯修饰 T 和 G

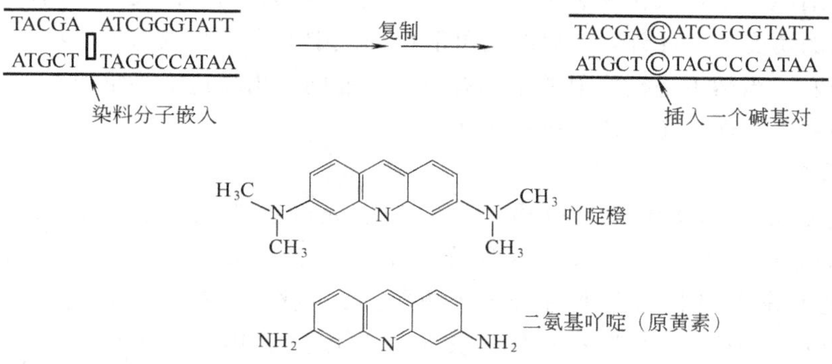

图 2-6　嵌合剂结构及诱变机制

和间接的两个方面。直接作用是使 DNA 发生断裂、缺失等。间接作用是说辐射使细胞中染色体以外的物质发生变化，然后这些物质作用于染色体而引起突变。

1. 紫外线（UV）的诱变机制

紫外线是目前诱变机制了解得较清楚、应用较广泛的一种非电离辐射型物理诱变剂。用紫外线处理大肠杆菌，可筛选到许多突变型。

UV 的波长范围为 $136\sim390nm$，其中 $200\sim300nm$ 波长范围对诱变有效。波长 254nm 的 UV 最易被嘌呤和嘧啶碱基所吸收，因而诱变效果最强。实验中常采用波长集中在 254nm 的 15W 紫外灯管，距离选择在 $28\sim30cm$。照射时间因生物种类而异。一般地说，多数微生物细胞在紫外线下暴露 $3\sim5min$ 即可死亡，但灭活芽孢则需要 10min 左右或更长时间。

紫外线诱变的作用机制，主要是能引起 DNA 断裂、DNA 分子双链的交联、胞嘧啶和尿嘧啶的水合作用以及嘧啶二聚体的形成等。但最主要的效应是形成胸腺嘧啶二聚体。而且已经有实验证据表明，胸腺嘧啶二聚体的形成是紫外线改变 DNA 生物学活性的主要途径。

胸腺嘧啶二聚体通常发生在同一 DNA 链上两个相邻的胸腺嘧啶之间，也可以发生在两个单链之间，这种二聚体是稳定的。如果它发生在两个链之间，就会由于它的交联而阻碍双链的分开，从而影响复制。如果在同一 DNA 链上形成二聚体，就会阻碍腺嘌呤 A 的正常掺入，复制时就会在此处突然停止或在新链上出现错误碱基，因而引起突变。紫外线引起的突变包括各种形式的转换和颠换。

紫外线还能引起缺失、重复和移码突变。这些突变可能是紫外线的直接作用、间接作用和 SOS 系统共同作用的结果。

2. 电离辐射的诱变作用

X 射线、γ 射线都属于电离辐射，它们带有较高的能量，能引起被照射物质中原子的电离，故称电离辐射。X 射线对于微生物的诱变作用早在 20 世纪 30 年代就有报道，其他电离辐射也能诱发微生物变异。

X 射线的诱变作用可能有直接和间接两种方式。直接作用是引起 DNA 双螺旋氢键的断裂、DNA 单链的断裂、DNA 双链之间的交联、不同 DNA 分子之间的交联等。间接作用是电离辐射能使细胞产生过氧化氢和游离基，而过氧化氢和游离基以及由它们产生的其他连锁反应才是真正的诱变剂。此外，X 射线还可能使细胞中形成一些碱基类似物，突变由这些碱基类似物所诱发。当然不是被照射的生物有机体都能同时出现这么多反应，但究竟哪一种是 X 射线诱变的主要机理，还有待于进一步研究。

3. 激光诱变

激光和普通光在本质上都是电磁波。它们发光的微观机制都与组成发光物质的原子、分子的能量状态的变化有关。普通光源的发光，主要是自发发射，而激光是在激光器内部对光的发射过程进行控制下产生的受激发射。自第一台激光器问世以来，激光已广泛地应用于国防、医学、工业、农业等领域。近年来，科学家利用 He-Ne 激光对酵母、芽孢杆菌等进行诱变育种，获得了较好的效果。一般是用液体培养的菌悬液直接进行激光辐射或是用生理盐水制成的菌悬液进行直接辐射。微生物细胞在 He-Ne 激光的作用下，机体产生辐射活化效应，既表现为形态结构上的改变，又表现在代谢生理方面发生变化。

4. 离子束诱变

离子注入是近年发展起来的一种新的生物诱变技术，具有生理损伤小、突变谱广、突变率高、并具有一定的重复性和方向性的新特点。20 世纪 80 年代中期，我国学者余增亮首先把离子注入技术应用到水稻诱变育种上来，当时育成 2 个水稻新品种晚粳 D_{9055} 和中熟早籼 S_{9042}。后来该技术应用于其他农作物，如小麦、玉米、大豆、烟草、谷子等的诱变育种中，选育出许多优质、抗病的新品种。

离子注入技术在微生物和动物诱变育种方面也取得了一定的成功。经离子注入处理选育出的利福霉素菌发酵水平提高了 40%，化学效价达 6300U。此外经离子注入处理的糖化酶生产菌、右旋糖酐产生菌的产量和效价均有较大的提高，有的已投入生产。

离子束的产生装置是离子注入机。离子注入机一般有离子源、质量分析器、加速器、四极透镜、扫描系统和靶室组成，其中离子源是离子注入机的重要部件，直接决定着离子的种类和束流强度，它的作用是把需要注入的元素电离成离子。许多离子注入机能够单独或同时产生金属和气体离子束。在生物诱变育种中经常应用的是 N^+ 离子束。

离子注入和其他常规的辐射诱变及化学诱变过程有明显的差异。离子注入生物体时同时存在能量传递、动量交换、离子沉积及电荷积累过程，而其他的辐射诱变仅仅是能量交换；化学诱变考虑的也只是分子基团的交换。因此离子注入不仅兼有辐射诱变和化学诱变的特点和功能，而且原则上通过精确控制离子种类、注入参数，使离子的能量、动量及电荷等根据需要进行组合，使诱变具有一定的重复性和方向性。但精确的分子机理尚不清楚，有待研究。

总之，化学诱变剂和一些物理因子都可引起基因突变，表 2-2 给出了一些诱变因素的作用方式和所产生的突变类型。

表 2-2 诱变因素的类型及诱变功能

诱 变 因 素	作 用 方 式	遗 传 效 应
碱基类似物（BU，2-AP）	掺入作用	A·T ⟷ G·C 转换
羟胺（HA）	与胞嘧啶起反应	G·C ⟶ A·T 转换

诱变因素	作用方式	遗传效应
亚硝酸（NA）	A、G、C 的氧化脱氨基作用、交联	A·T ⟷ G·C 转换、缺失
烷化剂（EMS，EES）	烷化碱基（主要是 G）	A·T ⟷ G·C 转换
	烷化磷酸基团	A·T ⟶ T·A 颠换
	丧失烷化的嘌呤	G·C ⟶ C·G 颠换
	糖-磷酸骨架的断裂	巨大损伤（缺失、重复倒位、易位）
吖啶类	碱基之间的相互作用	移码（+或-）
紫外线（UV）	形成嘧啶的水合物	G·C ⟶ A·T 转换
	形成嘧啶二聚体、交联	移码（+或-）
电离辐射	碱基的降解	A·T ⟷ G·C 转换
	DNA 降解	移码（+或-）
	糖-磷酸骨架的断裂	巨大损伤（缺失、重复倒位、易位）
	丧失嘌呤	
加热	C 脱氨基	C·G ⟶ A·T 转换

第四节
自发突变和适应突变

一、突变的自发性的证实

从前述的内容中，可知道用诱变剂处理微生物细胞后，在后代中能筛选到很多突变体，也就是说突变率会显著提高，因此从突变率的提高上可以判断突变是由于诱变剂作用的结果。那么，对于自发突变来说，怎样才能证明突变的自发性呢？

以细菌耐药性为例，细菌耐药性的来源有三个方面：抗性基因突变、耐药性质粒（即 R 因子）的获得、生理适应。如何区分这三种来源的抗性突变呢？源于细菌带有耐药性质粒，则可以通过吖啶橙、溴化乙锭或高温的处理而失去质粒，这些细菌于是便由耐药的变为敏感的。根据这个特征就容易将由于耐药性质粒而呈现的抗药性和基因突变或生理适应而呈现的耐药性区分开来。

那么怎样区别由于基因突变或由于适应而呈现的耐药性呢？要判断细菌是否耐药，就得使细菌接触药物，一旦接触药物，又怎么判断细菌的耐药性是产生于接触到药物以后的适应性变异呢？还是在接触到药物之前就有耐药性呢？1943 年 Luria 和 Delbruck 首次用波动实验论证了大肠杆菌对噬菌体的抗性并不是由噬菌体引起的。此后，通过涂布实验和影印培养实验对细菌耐药性的来源做了进一步研究，证明耐药性的出现与药物存在无关，细菌对于许多药物的抗性的出现都是基因突变的结果。

1. 波动实验（fluctuation test）

实验的具体过程见图 2-7，T1 是大肠杆菌的烈性噬菌体。实验先将 T1 敏感的大肠杆菌过夜培养物稀释到 10^3 个细胞/ml。然后取 10ml 1 份分装于大试管和 0.5ml 20 份分装于小试管，培养 24～36h 后，分别取样并分别与一定量的噬菌体液混合后与软琼脂一起倒入一系列的培养皿上以测定其中的抗性菌落数。实验结果见表 2-3。

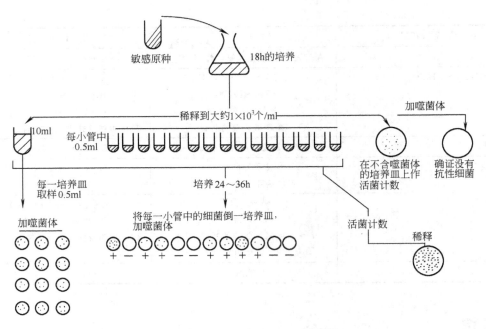

图 2-7　大肠杆菌对噬菌体 T1 抗性变异的波动实验

表 2-3　抗 T1 噬菌体的大肠杆菌突变型的波动实验结果

小管培养物		从大管培养物抽的试样		小管培养物		从大管培养物抽的试样	
培养物编号	抗性菌落	试管编号	抗性菌落	培养物编号	抗性菌落	试管编号	抗性菌落
1	1	1	14	12	0		
2	0	2	15	13	0		
3	3	3	13	14	0		
4	0	4	21	15	1		
5	0	5	15	16	0		
6	5	6	14	17	0		
7	0	7	26	18	64		
8	5	8	16	19	0		
9	0	9	20	20	35		
10	6	10	13	平均数	11.3	16.7	
11	107			方差	694	15	

从理论上讲，如果抗性细菌的产生与噬菌体的存在有关，那么分装在 20 个小管中的样品将有大致相等的抗性细菌呈 Poisson 分布。如果抗性细菌的出现是由于细菌在细胞分裂过程中的基因突变造成的，由于突变在时间上和个体间的随机性，不同试管中的抗性细菌数将会表现高度波动。

从表 2-3 中可以看出，来自大管的各培养皿中，抗性菌落数基本相同，而来自小管培养物的样品，虽然其小管平均数为 11.3 抗性菌落/培养皿，与大管的 16.7 抗性菌落/培养皿相近，但各皿间抗性菌落数相差极大。这就说明大肠杆菌抗噬菌体的突变，不是由环境因素——噬菌体诱导出来的，而是在它们接触到噬菌体前，在某一次细胞分裂过程中随机地自发产生的。噬菌体在这里仅起着筛选抗噬菌体突变型的作用。

同样的实验曾经用来证明细菌对于链霉素、磺胺等的抗性突变的发生和这些药物的存在无关。

2. 涂布实验（plate spread test）

涂布实验用固体平板培养法，操作比波动实验更为简单。先将 5×10^4 个敏感细菌涂布在 12 个平板上，经一定时间（如 3h）培养后，将半数（6 个）培养皿直接喷上噬菌体，另外 6 个培养皿重新涂布后，再喷噬菌体，经继续培养后，统计 12 个培养皿上各自出现的抗性菌落数。实验设计和结果见表 2-4。

表 2-4 大肠杆菌对于 T1 噬菌体抗性突变的涂布实验结果

重新涂布前的培养时间/h	3		4		5		6	
接种细菌数/个	5.1×10^4		5.1×10^4		5.1×10^4		5.1×10^4	
重涂时细菌数/个	1.7×10^6		2.3×10^7		2.6×10^8		2.8×10^9	
增加倍数	33		480		5100		54900	
抗性菌落数	A	B	A	B	A	B	A	B
实验 1	0	0	0	0	5	194	46	2254
实验 2	0	0	3	0	3	14	25	1434
实验 3	0	1	0	6	4	16	45	3294
实验 4	0	0	2	0	8	13	49	3719
实验 5	0	0	1	0	2	4	26	1538
实验 6	0	1	2	2	6	112	49	399
总　计	0	2	8	8	28	353	240	12638

注：A 表示未经涂布的培养皿上的抗性菌落数；B 表示经涂布后培养皿上的抗性菌落数。

实验的原理与波动实验类似。如果细菌的抗性突变是由噬菌体诱发产生的，那么未经涂布和重新涂布的抗性菌落数应该接近或相同；如果抗性突变是在接触噬菌体以前产生的，则如在不经涂布的培养皿上它们形成一个菌落，在重新涂布的培养皿上，就会出现更多的菌落。

从表 2-4 中可以看出，在重新涂布的培养皿上出现的抗性菌落比未经涂布的多，而且重新涂布前培养的时间越长，则两者的差别越大。说明大肠杆菌对 T1 噬菌体的抗性的产生与 T1 噬菌体无关。

3. 影印培养

影印培养更能直接的证明抗药性突变产生于药物接触前，与药物的存在无关。实验过程见图 2-8。

二、自发突变的机制

自发突变是在自然条件下产生的突变。从本质上讲，突变不论是自然发生的，还是诱发产生的，都是通过理化因子作用于 DNA，使其结构发生变化并最终改变遗传性状的过程。二者的区别仅在于自发突变是受自然条件下存在的未知理化因子作用产生的突变；而诱变则是人为地选择了某些可强烈地影响 DNA 结构的诱变剂处理所产生的突变。因此，诱变所产生的突变频率和变异幅度都显著高于自发突变。研究表明，引起自发突变的原因除与微生物所处的外界环境条件有关外，还与细胞内自身的化学反应、DNA 分子内部自身的运动、转座子的转座等因素有关。

1. DNA 分子内部运动

DNA 分子内部运动引起突变有两个主要原因。首先是碱基脱氨生成尿嘧啶，或胞嘧啶

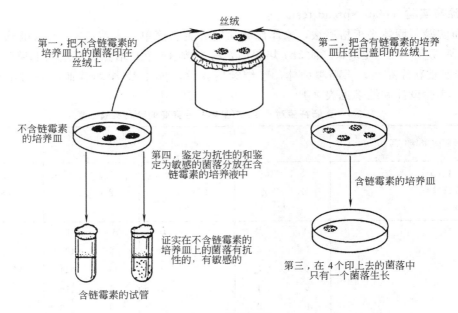

第一，把不含链霉素的培养皿上的菌落印在丝绒上

丝绒

第二，把含有链霉素的培养皿压在已盖印的丝绒上

不含链霉素的培养皿

第四，鉴定为抗性的和鉴定为敏感的菌落分放在含链霉素的培养液中

含链霉素的培养皿

证实在不含链霉素的培养皿上的菌落有抗性的，有敏感的

第三，在 4 个印上去的菌落中只有一个菌落生长

含链霉素的试管

图 2-8　影印培养

被甲基化后自发脱氨产生胸腺嘧啶，在后续的复制中，造成 G·C→A·T 的突变。

另一种是互变异构效应。在细胞内，T 和 G 会以酮式或烯醇式两种互变异构的状态存在，而 C 和 A 则可以氨基式或亚氨基式两种状态存在。一般平衡倾向于酮式和氨基式，因此在 DNA 双链结构中一般总是以 A·T 和 G·C 碱基配对的形式出现。但如果在 DNA 复制时这些碱基偶然以稀有的烯醇式或亚氨基式出现，就会出现碱基的错配。

2. 缺失突变

引起单个或多个核苷酸丢失的突变称为缺失突变。缺失可以自发产生，也可由 X 射线、紫外线或亚硝酸等产生来诱变。

自发产生缺失的机制，可能与 DNA 在复制或修复中的差错有关。图 2-9 是在染色体复制时，产生一个缺失的模型。一条 DNA 链发生环状突起，当复制进行时，环状突起区域并不复制。这样环状突起区域在子代中就会发生缺失。

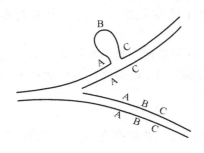

图 2-9　DNA 复制时发生一段缺失的模型

3. 自身代谢产物的诱变

微生物在自身代谢过程中产生的一些化合物：硫氢化合物、重氮丝氨酸、过氧化氢等具有诱变作用。例如，用过氧化氢作诱变剂处理时加入过氧化氢酶，可以降低诱变作用。

4. 环境因素引起的诱变

微生物所处的环境因素也是引起自发突变的主要原因。这些因素包括宇宙空间的各种短波辐射、高温的诱变效应以及自然界中普遍存在的一些低浓度的诱变物质。

三、适应突变（adaptive mutation）

适应突变是指微生物细胞群体在非致死的选择条件下，延长培养时间时处在不分裂或缓慢分裂的状态下，细胞发生的一种自发突变。观察适应突变现象的靶基因，通常是碳源利用和氨基酸或核苷酸生物合成途径的营养缺陷型基因（但这些基因突变能经自发回复到原养型）。其操作方法是将培养到生长饱和的突变体细胞（10^8 个/ml）涂布于突变体不能生长但回复突变可长出的基础培养基平板，延长培养时间到 4 天甚至 1 个月（视微生物材料而定），如发生适应突变则在平板上可不断出现菌落，最初出现的菌落为正常的自发回复突变体，迟后产生的则为适应突变体。

迄今关于适应突变研究的成果，大都来自对大肠杆菌 FC40 系统的研究。FC40 菌株携带有 F′ 质粒，该 F′ 质粒携带 *lacI-lacZ* 融合区域（在构建过程中下面几个编码区被删除：*lacI* 基因最后 4 个氨基酸残基的编码序列、所有 *lacP* 和 *lacO* 序列和 *lacZ* 基因的前 23 个氨基酸残基的编码序列），转录是在 *lacI* 启动子下组成型表达，但由于在 *lacI* 的第 320 个密码子处发生了 +1 移码突变（由 CCC 变为 CCCC），因此表型为 Lac⁻。当乳糖作为惟一的碳源时，在对数生长期很少出现 Lac⁺ 回复突变，但却在生长静止期出现大量的 Lac⁺ 回复突变体。如将 FC40 涂布在培养基（M9＋乳糖）上培养时，第 2

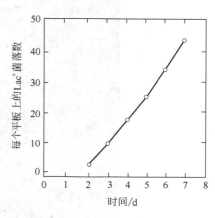

图 2-10　适应突变的生长曲线

天有 1～2 个 Lac⁺ 回复突变菌落，第 7 天时已经有 40 多个 Lac⁺ 菌落（图 2-10）。早期（第 1～2 天）出现的 Lac⁺ 回复突变菌落，被认为是依赖生长的自发突变体，而后来（第 4～6 天）出现的 Lac⁺ 回复突变菌落被认为是适应突变体。对这两种突变类型的突变机制分析表明，后出现的适应突变是由于 *lacI* 区单一碱基缺失（即-1 移码）而造成的，早期出现的依赖生长的自发突变是由于缺失、重复、添加等的结果。另外，适应突变与细胞内的 RecA、RecBCD 等蛋白有关。

除在大肠杆菌中有适应突变研究外，在沙门菌、铜绿假单胞菌、酵母菌等微生物中也有报道。中国科学院微生物研究所的研究人员，以自行构建的鼠伤寒沙门菌嘌呤生物合成途径反式调节基因 *purR* 超阻遏突变体（*purR*ˢ）为实验系统，开展了适应突变研究。该系统中将大肠杆菌乳糖操纵子（鼠伤寒沙门菌自身无乳糖操纵子）结构基因 *lacZ* 引入鼠伤寒沙门菌，并与嘌呤结构基因 *purD* 融合，构建成 *purD-lacZ* 融合株，由于嘌呤生物合成途径各结构基因的转录调控是通过由反式调节基因 *purR* 编码的阻遏蛋白与各结构基因的顺式元件（16bp PUR box）的结合或解离实现的。一旦该菌株发生 *purR* 超阻遏突变（*purR*ˢ），由于阻遏蛋白与 16bp PUR box 的结合更加紧密，导致 *lacZ* 基因转录受到高度抑制，从而使该突变株在以乳糖为惟一碳源的基础平板上不能生长（出现"Lac⁻"表型），但它可因 *purR* 或 16bp PUR box 的突变而解除阻遏，从而得以恢复生长（出现"Lac⁺"表型）。

实验时将丰富培养基培养的适应的培养物（10^8 个/ml）涂布于以乳糖为惟一碳源的非致死选择培养基平板，置 30℃延长培养至 8 天，每天观察平板上形成的菌落数，结果表明"Lac⁺"菌落数逐渐增加，从 0 上升到 150（图 2-11）。图 2-11（a）中第 2 天出现的为依赖生长的自发突变体，图 2-11（b）～（f）中第 3 天后出现的为适应突变体。

适应突变产生的分子机制是什么？这是目前研究的热点。初步认为它与甲基指导的 DNA 错配修复系统有关，更广泛深入的研究尚在进行中。

由于适应突变发生的条件与生物赖以生存的自然界较接近，因此，适应突变在生物进化中有着非常重要的作用。此外，有研究表明，细菌适应突变与哺乳动物和人类的体细胞突变（形成肿瘤）有着惊人的相似处，搞清细菌适应突变机理，有可能对揭示人类肿瘤发生机理提供某些启示。

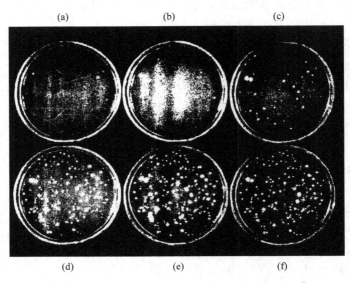

图 2-11　适应突变菌落

培养时间/d：(a) 2；(b) 3；(c) 4；(d) 5；(e) 6；(f) 7

第五节
损伤 DNA 的修复 •

　　微生物由于受环境中理化因子或由于自身代谢产物的影响，DNA 结构发生损伤。但是并不是所有自发突变或诱变处理产生的 DNA 损伤的细胞都会表现突变型性状，这是因为生物体内存在着修复系统。在长期的生物进化过程中，为了保持遗传的稳定性，生物形成了一系列起修复作用的酶系统，可以除去 DNA 上的损伤，恢复 DNA 的正常双螺旋结构。因此，DNA 损伤的修复和基因突变有密切的关系，突变往往是 DNA 损伤与损伤修复这两个过程共同作用的结果。根据修复途径和参加修复的酶类差异，大致可将 DNA 的损伤修复分为光修复、切除修复、重组修复和 SOS 修复等。

一、光修复（photoreactivation）

　　光修复也叫做光复活作用，是一种高度专一的修复方式，它只作用于由紫外线引起的 DNA 嘧啶二聚体的修复。紫外线照射后在 DNA 链上形成的胸腺嘧啶二聚体，在暗处细胞内的光复活酶能专一性地与 DNA 链上的嘧啶二聚体结合形成复合物。当给予光照时，这种复合物能吸收可见光并利用能量切断二聚体之间的连接而恢复原状，酶再释放出来（图 2-12）。

　　光复活作用最早于 1949 年在放线菌中被偶然发现。经紫外线照射的放线菌孢子如果在可见光下培养时，存活数明显高于在黑暗中培养的同一处理样品。接着发现嗜血杆菌（*Haemophilus*）虽没有光复活能力，但当用具有光复活能力的大肠杆菌的抽提液处理后，

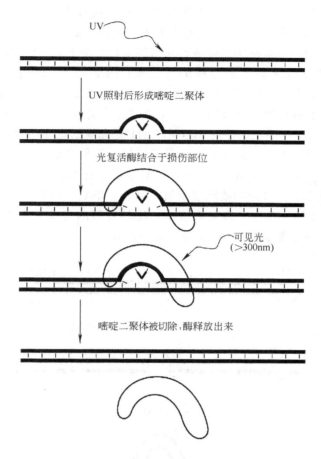

图 2-12　紫外线（UV）损伤的光复活作用

嗜血杆菌便有了光复活能力。

过去认为，光复活酶只存在于细菌和低等真核生物体内。后来发现在鸟类、甚至人类白细胞中也存在光复活酶。大肠杆菌中的光复活酶由 471 个氨基酸组成，分子量为 35kD，是由 *phr* 基因编码的，这种酶在暗处不起作用。

二、错配修复（mismatch repair system）

DNA 聚合酶偶尔能催化不能与模板形成氢键的错误碱基的掺入。这种复制错误通常由 DNA 聚合酶 $3'\rightarrow5'$ 的校对功能立即进行校正，然后才开始下一个核苷酸的聚合反应。然而在某些特殊条件下，DNA 聚合酶将极少数的错误碱基遗留在 DNA 链上而没有纠正。据估计，这种错误的频率为 10^{-8} （即 10^8 个碱基中有一个碱基是不配对的错误碱基）。

甲基化引导的错配修复系统（methyl-directed mismatch repair system）是大肠杆菌的主要修复系统之一。甲基化引导的错配修复系统的特异性不强，基本上能修复 DNA 双链结构中任何轻微的损伤，包括错配、移码、碱基类似物的替代等。一般来说，DNA 的轻微损伤是靠甲基化引导的错配修复系统进行修复，而重大损伤是由其他修复系统进行修复。

甲基化引导的错配修复系统需要 *mutS*、*mutL* 和 *mutH* 这三个基因的产物。参与该修复系统的另一基因是 *dam*。*dam* 基因编码 Dam 甲基化酶，使 GATC/CTAG 序列中的 A 甲基化，只有当这个序列合成后，这种酶才对该序列中的 A 进行甲基化，因此当复制叉移动时，新生的 DNA 链暂时未被甲基化，而亲本链上的甲基化程度高而且均一。根据这些特征，错配修复系统就可以识别出模板链和新生链，从而纠正新生链上的不配对碱基。

甲基化引导的错配修复系统是怎样进行的呢？图 2-13 是该系统的修复途径。首先，MutS 蛋白与错配位点结合（图 2-13 中是 AC 错配），接着 2 个 MutH 蛋白和一个 MutL 蛋白结合在 MutS 蛋白上形成蛋白复合物。DNA 通过这个复合物而进行双向滑动，结果形成含有错配碱基在内的 DNA 环，该环由 MutS-MutH 复合物固定在一起。当蛋白复合物中的 MutH 蛋白的一个亚基从 5′方向或 3′方向，移动到最近的半甲基化（一条链甲基化，另一条链没有甲基化）的 G^{m}ATC/CTAG 序列时，切割未甲基化的链。被切割的 DNA 链，在核酸外切酶的作用下从断裂处开始朝错配位点进行降解。然后，DNA 聚合酶Ⅲ利用亲本链作为模板合成新的 DNA 链。在这个修复系统中，比较奇特的是缺口由 DNA 聚合酶Ⅲ合成，而大多数其他修复反应都依靠 DNA 聚合酶Ⅱ或聚合酶Ⅰ。

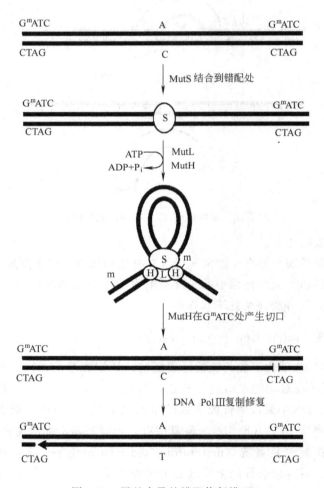

图 2-13　甲基介导的错配修复模型

三、切除修复（excision repair）

切除修复的机制一般包括 3 个步骤：①特异性酶识别 DNA 链中的损伤部位；②DNA

损伤部分被切离；③在 DNA 聚合酶Ⅰ和连接酶的作用下完成修复。由于这些酶的作用都不需要可见光的激活，所以也称暗修复，但黑暗不是它的必要条件。切除修复不仅能消除由紫外线引起的损伤，也能修复由化学诱变剂和电离辐射引起的其他损伤。切除修复包括核苷酸切除修复和碱基切除修复两大类。

1. UvrABC 核酸内切酶参与的核苷酸切除修复（nucleotide excision repair）

核苷酸切除修复是生物体内进行 DNA 修复的重要途径，普遍存在于地球上大多数生物中。这类修复的特异性不强，因此能对各种损伤，如 UV 照射、DNA 链的交联等进行修复。在大肠杆菌中，参与核苷酸切除修复的主要是 UvrABC 核酸内切酶。大肠杆菌的 UvrABC 核酸内切酶由三个基因：*uvrA*、*uvrB* 和 *uvrC*（*uvr* 是 UV repair 的简写）编码，它们分别编码核酸酶的三个亚基。这 3 个基因在遗传图上相距较远，已对这 3 个基因进行了克隆和功能分析，只有这 3 个基因的产物共同存在时，才具有内切酶的活性。大肠杆菌的 *uvr* 基因突变可大大提高突变细胞对 UV 的敏感性。UvrABC 核酸内切酶在修复过程中的作用是对损伤 DNA 进行识别和切割，切割时从受损 DNA 的两侧位置上各造成一个切口，切下包括损伤 DNA 在内的一个 12～13 个核苷酸的单链片段。留下的缺口在 DNA 聚合酶Ⅰ的作用下修复合成而填充缺口，再通过 DNA 连接酶封合新合成的 DNA 片段和原有 DNA 链之间的切刻。另外，在修复过程中还需要 *uvrD* 基因的产物（表 2-5）。

表 2-5 参与 UvrABC 内切酶修复途径的基因

基　因	基因产物的功能
uvrA	DNA 结合蛋白
uvrB	UvrA 与 UvrB 结合后，再与 DNA 结合形成复合体；在损伤 DNA 的 3′末端造成切口
uvrC	与 UvrB 结合形成复合物；在损伤 DNA 的 5′造成切口
uvrD	解旋酶Ⅱ（HelicaseⅡ）；帮助移去含有损伤的寡核苷酸
DNA 聚合酶Ⅰ	填充单链缺口
连接酶	封合单链缺口

图 2-14 是 UvrABC 核酸内切酶的切除修复途径。2 个 UvrA 蛋白与 1 个 UvrB 蛋白结合形成复合体，这个复合体非特异性地结合在没有发生损伤的 DNA 链上，并沿着 DNA 链上下滑动，直到遇到非正常的双链 DNA（图中是嘧啶二聚体）时才停下来。然后，UvrB 蛋白结合在损伤部位，UvrA 蛋白被 UvrC 蛋白所取代而被释放出来。UvrC 蛋白结合到 UvrB 蛋白上后，引起 UvrB 对损伤 DNA 的 3′末端的 4 个核苷酸进行切割，而 UvrC 蛋白对损伤 DNA 的 5′末端的 7 个核苷酸进行切割。一旦 DNA 被切割后，UvrD 螺旋酶就移走含有损伤的寡核苷酸。接着 DNA 聚合酶以互补链为模板，重新合成被移走的那个 DNA 片段。最后，在连接酶的作用下封合新合成的 DNA 片段和原有 DNA 链之间的切刻。

大多数生物，如大肠杆菌、微球菌、酵母以及许多哺乳动物都有 Uvr 修复系统。根据被切除的 DNA 片段的长度，可以分为短补丁修复（short-patch repair）和长补丁修复（long-patch repair）。绝大多数（占切除修复的 99%）的切除修复为短补丁修复，切除的 DNA 一般不超过 30 个核苷酸（包括损伤部分），原核生物如大肠杆菌约为 12 个核苷酸，真核生物为 25～30 个核苷酸。剩下的 1% 为长补丁修复，切除的 DNA 长度平均为 1500 个核苷酸，极少数甚至大于 9000 个核苷酸。参加这两种修复过程的酶大多数是相同的，在长补丁修复过程中可能还有别的因子参与，然而人们对这种因子还不清楚。一般认为，短补丁修复是细菌细胞的组成型功能，而长补丁修复是 DNA 损伤所诱导出来的功能。

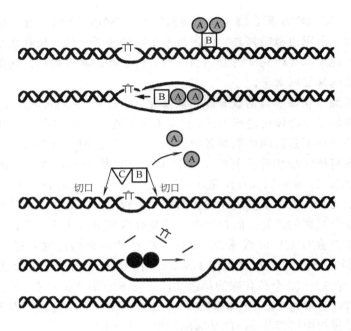

图 2-14　UvrABC 核酸内切酶切除修复途径

2. N-糖基化酶（N-glycosylase）**参与的碱基切除修复**（base excision repair）

最常见的基因突变的方式之一是碱基的脱氨基化。腺嘌呤、胞嘧啶和鸟嘌呤的氨基特别敏感，能自发地或被许多化学物质（如亚硝酸）诱变而脱落。腺嘌呤脱氨后成为次黄嘌呤、鸟嘌呤脱氨后成为黄嘌呤、胞嘧啶脱氨后成为尿嘧啶。

因为碱基脱氨是一种潜在的突变，生物已进化出特殊的酶，将脱氨的碱基从 DNA 中切除掉，这种酶叫做 DNA 糖基化酶（DNA glycosylase）。每一种糖基化酶识别一种脱氨碱基，在大肠杆菌细胞中已发现有 20 余种糖基化酶，能专一地识别发生改变了的碱基，并把脱氨的碱基从与 N-糖基化键相连处切下来。例如，胞嘧啶脱氨后可以形成尿嘧啶，但在细胞内尿嘧啶-N-糖基化酶（uracil-N-glycosylase）的作用下，可以除去 DNA 分子上新出现的尿嘧啶。同样，如果腺嘌呤脱氨后形成次黄嘌呤，则次黄嘌呤-N-糖基化酶可将次黄嘌呤切除。

糖基化酶修复途径的主要过程是：首先在糖基化酶的作用下切开缺陷碱基与脱氧核糖之间的糖基化键，释放缺陷碱基，产生一个无嘌呤或无嘧啶位点，称作 AP 位点（图 2-15A）。然后在 AP 核酸内切酶（apurinic endonuclease or apyrimidinic endonuclease，简写为 AP en-donuclease），也叫无嘌呤核酸内切酶或无嘧啶核酸内切酶的作用下，把无嘌呤或无嘧啶位置的磷酸二酯键打开，进一步分解掉不带碱基的磷酸脱氧核糖（图 2-15B）。最后在 DNA 聚合酶Ⅰ和连接酶的作用下完成修复作用（图 2-15）。

四、重组修复（recombination repair）

重组修复必须在 DNA 进行复制的情况下进行，故又称复制后修复（postreplication repair）。含有嘧啶二聚体或其他结构损伤的 DNA 仍可进行复制，但复制得到的子代 DNA 链在损伤的对应部位留下缺口，而其互补链则复制成完整的双链。然后，RecA 蛋白结合在有缺口的单链 DNA 上，并与完整双链的同源区配对形成三链区，由完整双链中的母链与带缺口的子链发生重组。子链中的缺口由母链填补，而母链中失去的部分则由 DNA 聚合酶和连接酶进行修复（图 2-16）。

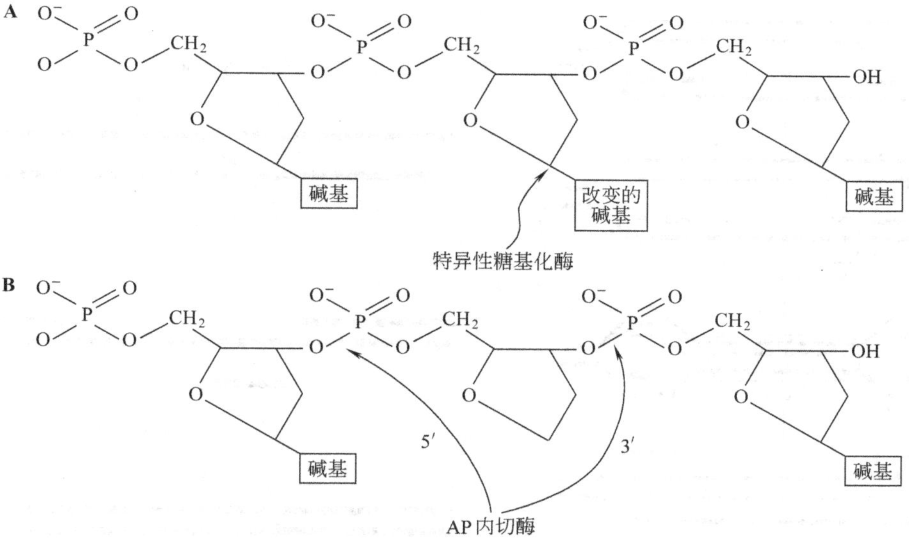

图 2-15　糖基化酶参与的碱基切除修复途径

在重组修复过程中，原母链中的损伤部位并未被切除。损伤部位的切除仍然要依靠再一次的切除修复，或经一定代数的增殖以后损伤的 DNA 链将逐渐稀释，最终无碍于细胞的正常生长和繁殖。

重组修复发生于复制过程或复制之后，而切除修复和光修复均发生在 DNA 复制之前。

五、交联修复（repair of interstrand cross-links in DNA）

DNA 链的交联是指 DNA 两条链上的碱基通过共价键而结合在一起。许多理化因子都可引起 DNA 链的交联。单独的核苷酸切除修复或重组修复都不能对这类 DNA 损伤进行修复。但这两个修复途径结合起来可以对 DNA 链交联进行修复。图 2-17 是修复示意图。（a）UvrABC 内切酶在一个 DNA 链上交联部位的两侧造成切口，这样就在损伤部位留下缺口。（b）在 DNA 聚合酶Ⅰ的 5′外切酶活性作用下，从缺口处对 DNA 进一步降解。（c）重组修复系统对缺口进行修复，这样 DNA 损伤就只限于一条 DNA 链，而另一条链则属于正常链。（d）含有损伤的 DNA，可以通过核苷酸切除修复系统完成修复。

六、SOS 修复

SOS 修复是在 DNA 分子受到较大范围的重大损伤时诱导产生的一种修复作用。它允许新生的 DNA 链越过胸腺嘧啶二聚体而生长，其代价是保真度的极大降低，这是一个错误潜伏的过程。尽管有时合成一条和亲本等长的 DNA 链，但常常是没有功能的。借用国际通用的紧急呼救信号 "SOS"（save our soul）来命名，表示细胞受到危急状态时的修复方式。

在 SOS 修复系统中，在与胸腺嘧啶二聚体相对的位置上，可以是任何碱基，因而引起突变。新近的研究表明，错误的碱基可以出现在生长链上的任何位置，而不一定要在二聚体相对的位置上。由于校对功能的丧失，在新合成的链上有比正常情况下非常多的不配对碱基（图 2-18）。尽管这些错配碱基可以被错配修复系统和切除修复系统纠正，但因数量太大，没有被纠正的错配碱基仍然很多。基因 umuC 和 umuD 的产物可能是这个错误潜伏的修复系统的重要组分，因为它们的突变使 SOS 的诱变作用丧失。

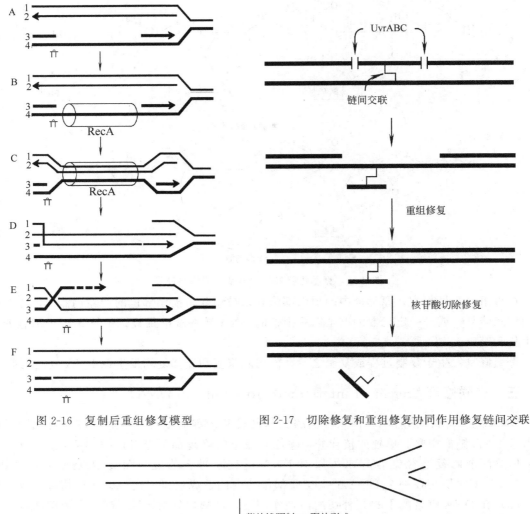

图 2-16　复制后重组修复模型

图 2-17　切除修复和重组修复协同作用修复链间交联

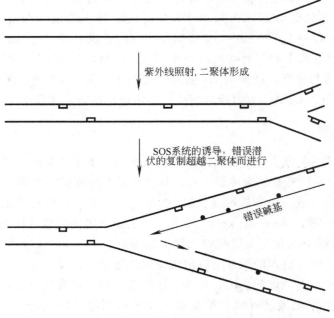

图 2-18　紫外线照射后产生的大量 DNA 损伤和 SOS 修复

1. SOS 反应(SOS response)**诱导的切除修复酶和重组修复酶含量的增加**

当细胞受到损伤时，有些参与 DNA 修复的基因，包括切除修复的基因（*uvrA*、*uvrB*、*uvrC*）和重组修复基因（*recA*）及其他基因（*umuC*、*umuD*）开始转录，它们统称为 *din* 基因（*damage inducible gene*）。许多 *din* 基因是参与 SOS 修复的，这些基因又称为 SOS 基因。

（1）*recA* 基因和 *lexA* 基因　*recA* 和 *lexA* 这两个基因的产物都是 SOS 修复所必需的。这两个基因的突变型 *recA*⁻ 和 *lexA*⁻ 都不具有修复活性。*lexA* 基因是一种调节基因，其产物是阻遏蛋白。所有 SOS 基因的操纵子都含有 20bp 的 LexA 结合位点，LexA 阻遏蛋白通过与 *uvrA*、*uvrB*、*uvrC*、*recA*、*umuC*、*umuD* 等基因的操纵区结合，而起阻遏作用，另外它对自身基因的表达也起抑制作用。*recA* 基因最早是在 1965 年由 Clark 在研究大肠杆菌的重组作用时发现的。后来的许多研究工作表明，*recA* 突变体是多效性的，该基因除与重组有关外，还与 DNA 修复、细胞分裂等有关。这种多效性使得 RecA 蛋白有两大功能：一方面是水解 *lexA* 基因产生的阻遏蛋白，从而使参与切除修复的 *uvrA*、*uvrB* 和 *uvrC* 基因以及参与重组修复的 *recA* 基因得以表达；另一方面，RecA 蛋白在 DNA 的同源重组过程中能够促进 DNA 分子的同源配对。

（2）修复机制　在正常细胞中，LexA 阻遏蛋白与 *lexA*、*recA*、*uvrA*、*uvrB*、*uvrC*、*recA* 基因的操纵区结合，使这些基因的表达处于阻遏状态，只能合成少量的 RecA 蛋白和少量的修复酶（UvrA、UvrB、UvrC），足以对那些零星的 DNA 损伤进行修复。当细胞受到 UV 照射后，将会产生大量的二聚体，因此复制后在二聚体的相对链留下缺口，使大量单链 DNA 部位出现。这时单链 DNA 与细胞内现存的少量 RecA 蛋白结合，由此激活 RecA 蛋白的蛋白酶功能。被激活的 RecA 蛋白与 LexA 阻遏蛋白作用，使 LexA 阻遏蛋白发生自我切割（autocleavage）。LexA 蛋白只有在二聚体时才能结合到 DNA 上，LexA 自我切割后再也不能形成二聚体，则也不能抑制其他基因的转录（图 2-19）。

RecA 蛋白在 SOS 反应中起着关键作用，一方面它对细胞中积累的单链 DNA 进行感知，从而引起 LexA 蛋白的自我切割；另一方面促进重组修复。在大肠杆菌的对数生长期，每个细胞大约有 2000～5000 个 RecA 分子，而在引起 DNA 损伤的处理之后（如紫外线、丝裂霉素 C、萘啶酮酸），迅速增加到 15 万个分子。这大概与 RecA 的多方面功能有关。值得一提的是，*lexA* 基因的表达亦大量增加，乍看起来有些费解。因为 SOS 的激活就是要水解掉 LexA。当然毫无疑问，在 SOS 系统的激活过程中，大量表达的 LexA 注定要被 RecA 降解掉。然而细胞一旦度过了 DNA 复制受阻的难关，则 RecA 的蛋白酶活性很快消失；而大量产生的 LexA 又与 SOS 基因的操纵区结合，从而迅速关闭了 SOS 系统。因为 SOS 修复过程是一个错误潜伏的过程，所以细胞不到万不得已是不会启动这一系统的。这也就解释了 SOS 反应可以迅速逆转。

从上面可以看出，SOS 修复主要是通过增加切除修复酶和重组修复酶的含量，来增强对损伤 DNA 的修复。研究表明，这两种修复方式并不引起基因突变。

2. UmuC 和 UmuD 蛋白与 SOS 诱导的突变

前面已经讲过，SOS 修复系统的保真度低，在胸腺嘧啶二聚体相对的位置上，可以是任何碱基，因而引起突变。*umuC* 和 *umuD* 这两个基因编码的蛋白帮助细胞耐受 DNA 损伤，使 DNA 聚合酶能越过损伤部位而继续复制，但在这个过程中引起突变。因此，SOS 修复引

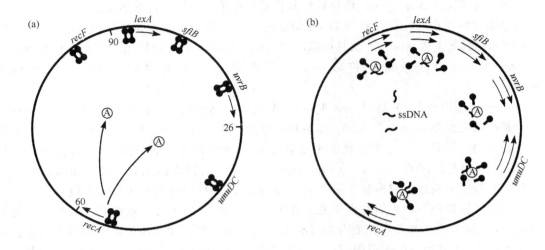

图 2-19　LexA 阻遏蛋白对 SOS 基因的阻遏和诱导

（a）LexA 二聚体与 SOS 应答基因的操纵基因区结合，阻碍转录，用单箭头表示；

（b）DNA 损伤后，在细胞内积累的单链 DNA 与 RecA 结合（A 表示 RecA），激活 RecA 的活性。RecA 与 LexA 结合，
引起 LexA 发生自我切割。切割后的 LexA 不再结合到操纵基因上，基因就可诱导表达，用双箭头表示

起的突变就是与 UmuC 和 UmuD 这两个蛋白有关。

　　图 2-20 是大肠杆菌中 SOS 修复过程中出现突变的示意图。*umuC* 和 *umuD* 这两个基因组成一个转录单位，共有一个启动子。在正常细胞中，像其他 SOS 基因一样，*umuC* 和 *umuD* 这两个基因被 LexA 蛋白所阻遏，只有在细胞中的 DNA 受损伤后和 LexA 蛋白自我切割后，它们才能转录。然而，UmuD 也是自我切割的。当单链 DNA 结合到 RecA 蛋白后，促进 LexA 的自我切割，也促进 UmuD 的自我切割。只有 UmuD 的切割形式（称为 UmuD′）才能引发突变。

　　UmuC 和 UmuD′允许 DNA 聚合酶越过 DNA 的损伤部位而进行复制，使染色体完成复制和细胞分裂。然而，在复制时损伤的碱基不能正确配对，错配碱基导致基因突变，如 TT 与 GG 配对。

　　图 2-21 是“通读”损伤部位进行复制的假设模式图。通常情况下，DNA 聚合酶在 DNA 损伤部位停下来而不能继续复制。这是由于损伤的碱基不能正确配对，进入的碱基被看做是错误碱基，因此使 DNA 聚合酶停止在损伤部位。其机理主要是 DNA 聚合酶Ⅲ的两个 β 亚基形成一个环状夹子，将 DNA 聚合酶固定在 DNA 上。DNA 大量损伤后，UmuC 和 UmuD′可以替代 β 蛋白，形成较松弛的夹子，允许 DNA 聚合酶“通读”损伤的 DNA 而进行复制。在这个过程中，碱基配对的错误而导致基因突变。因此，这类 SOS 修复又称为倾向错误的修复或易误修复。

七、链断裂的修复

　　许多理化因子能够引起 DNA 的单链断裂或双链断裂。电离辐射具有强烈的链断裂作用。过氧化物、巯基化合物、某些金属离子以及 DNase 等都能引起 DNA 链的断裂。链断裂的修复方式，一般是通过同源重组来进行，有关内容将在遗传重组一章中介绍。

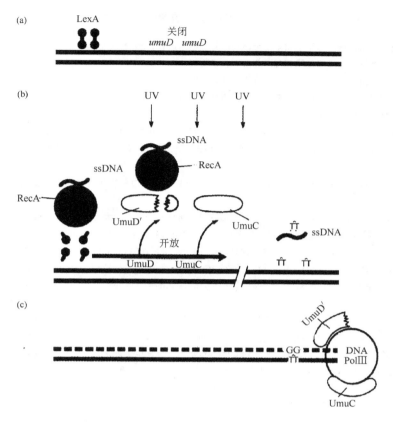

图 2-20　UmuC 和 UmuD 与 SOS 诱导的突变

(a) DNA 损伤前，LexA 蛋白阻止 SOS 基因（包括 *umuDC* 操纵子）的转录；

(b) DNA 损伤后，激活的 RecA 蛋白促使 LexA 自我切割，引起 SOS 基因的表达；
激活的 RecA 蛋白也促使 UmuD 自我切割成活化形式——UmuD′；

(c) UmuD′和 UmuC 蛋白允许 DNA 聚合酶对 DNA 损伤区进行复制，然而会产生
随机错误，如在这里是 GG 与 TT 配对

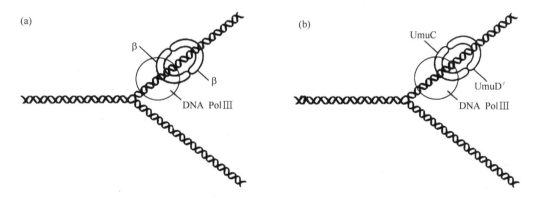

图 2-21　UmuC 和 UmuD′蛋白引起 SOS 诱变的假设模型

(a) DNA PolⅢ全酶中两个 β 亚单位形成环状夹钳将 PolⅢ固定在 DNA 上，防止它越过错配碱基，直到编辑功
能切除错配碱基；

(b) SOS 诱变诱导后，UmuC 和 UmuD′蛋白形成一种替代钳取代 β 亚单位，使 DNA PolⅢ越过损伤而进行复制

主要参考文献

[1] 陈启民，王金忠，耿运琪. 分子生物学. 天津：南开大学出版社，2001.

[2] 徐晋麟，徐沁，陈淳. 现代遗传学原理. 北京：科学出版社，2001.

[3] 王亚馥，戴灼华. 遗传学. 北京：高等教育出版社，1999.

[4] 盛祖嘉. 微生物遗传学. 第2版. 北京：科学出版社，1997.

[5] 周俊初. 微生物遗传学. 北京：中国农业出版社，1997.

[6] 郝丽珍，侯喜林，王萍等. 激光在农业领域应用研究进展. 激光生物学报，2002，11（2）：149-154.

[7] 曾莹，王常高. NTG和UV复合诱变米曲霉原生质体选育米蛋白分解菌的研究. 湖北农学院学报，1994，14（2）：49-54.

[8] 李莉，李俊，杨剑波等. 离子束辐照对鼠伤寒沙门氏菌（LT$_2$）生物存活和营养缺陷突变的影响. 安徽农业科学，1995，23（1）：6-8.

[9] 黄文彩，范世晶，黄建宁等. 离子注入微生物的诱变效应研究. 安徽农业大学学报，1994，21（3）：282-284.

[10] 卞坡，谷运红，霍裕平等. 离子束的生物效应及应用. 河南农业大学，1999，33（2）：178-182.

[11] 李红民，黄仁泉. 激光诱变红色面包酵母菌的研究. 光子学报，2001，30（11）：1381-1383.

[12] Cairns J，Foster P L. Adaptive reversion of a frameshift mutation in *Escherichia coli*. Genetics，1991，128：695-701.

[13] Hall B G. Adaptive mutagenesis：a process that generates almost exclusively beneficial mutations. Genetica，1998，102：109-125.

[14] Lodish H，Baltimore D，Berk A，et al. Molecular Cell Biology. New York：W H Freeman and Company，2000.

[15] Snyder L，Champness W. Molecular Genetics of Bacteria. Washington DC：ASM Press，1997.

[16] Yang Z，Lu Z，Wang A Q. Study of adaptive mutation in *Salmonella typhimurium* by using a super-repressing mutant of a trans regulatory gene PurR. Mutation Research，2001，484：95-102.

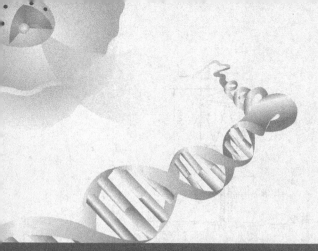

第三章
病毒遗传分析

　　病毒是亚显微、没有细胞结构、专性寄生于活细胞内的实体。病毒粒子的组成成分非常简单，大多数病毒粒子仅由外壳蛋白和包被在外壳蛋白内的核酸两个组分组成。它们缺乏完整的酶系统和能量合成系统，在活细胞外表现出有机大分子特征和侵染能力，一旦进入宿主细胞又具有生命特征，以复制的方式进行繁殖。

　　依其遗传物质的性质，可以将病毒分为单链 DNA 病毒、单链 RNA 病毒、双链 DNA 病毒和双链 RNA 病毒四种类型。依其宿主范围，可分为植物病毒、动物病毒、噬菌体（细菌病毒）、真菌病毒等。

　　由于病毒种类繁多，生活周期复杂，本章将选择介绍几种重要的噬菌体和反转录病毒。

第一节
T4 噬菌体 •——————————————————————————

　　根据与宿主的关系，可将噬菌体分为烈性噬菌体和温和噬菌体。烈性噬菌体能在原核生物中进行营养增殖，并在短时间内使寄主细胞裂解。温和噬菌体侵入细胞后，可以将其基因组插入寄主染色体，随寄主染色体同步复制，而且具有潜在的合成成熟噬菌体粒子的能力。

一、T4 噬菌体的形态结构

　　T4 噬菌体是一种侵染大肠杆菌的烈性噬菌体。T4 噬菌体的头部横径约 65nm、长径约95nm。尾部是一个（95～125）nm×（13～20）nm 的管状器官。尾部是由一个内径 2.5nm中空的尾髓及外面包着的尾鞘组成。尾部末端还有尾板（或基板）、6 根尾钉和 6 根尾丝。在头部和尾部连接处的颈部还有一个颈圈结构，它是一个直径约 36～37nm 的六角形环，颈圈上还有 6 根颈须。图 3-1 是 T4 噬菌体的电镜照片和构造图。

二、T4 噬菌体的基因组和遗传图谱

　　T4 噬菌体的基因组为双链线性 DNA，由 1.66×10^6 个核苷酸组成。基因组有约 200 个

(a) 大肠杆菌T4噬菌体电镜照片

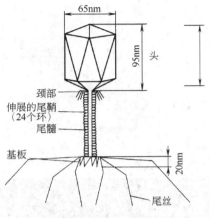
(b) 大肠杆菌T4噬菌体结构示意图

图 3-1　大肠杆菌 T4 噬菌体

编码平均大小蛋白质的基因，其中 135 个基因是已知的，另外约 70 个是未知基因。

T4 噬菌体的一个特点是其 DNA 碱基组成与大肠杆菌稍有差异。T4 DNA 含 A、T、G，不含 C，C 由被修饰的 5-羟甲基胞嘧啶（HMC）取代。5-羟甲基胞嘧啶（HMC）与胞嘧啶在碱基配对上并没有差异，只是前者可以进一步糖基化（图 3-2）。

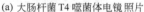

胞嘧啶　　　　　5-羟甲基胞嘧啶(HMC)　　　　　葡萄糖基HMC

图 3-2　非葡萄糖基化及糖基化的 5-羟甲基胞嘧啶

T4 噬菌体的 DNA 是线性的，可是它的连锁图却是环状的。这种现象可以用环状排列和末端冗余来解释。所谓环状排列是指各个 T4 DNA 分子的核苷酸排列虽然是不变的，可是从哪一核苷酸开始则有种种可能。所谓末端冗余是指 T4 DNA 分子的两端有极少数相同的核苷酸的重复。经变性并复性的 T4 DNA 中出现环状结构。经核苷酸外切酶Ⅲ部分消化后的 T4 DNA 中也出现环状结构（图 3-3）。以上两个方面的实验曾被用来证明上述模型。

T4 噬菌体的基因根据其功能可分成两类：第一类是代谢基因（82 个）；第二类是颗粒装配基因（53 个）。在 82 个代谢基因中，仅 22 个基因是必需的，它们参与 DNA 合成、转录、裂解；其他 60 个代谢基因只是细菌基因的翻版，这些基因发生突变后噬菌体仍可生长，只是有时裂解量小。在 53 个装配基因中，34 个编码结构蛋白，19 个编码催化所需的酶和蛋白质因子。图 3-4 是 T4 噬菌体的基因组结构图。

三、研究噬菌体感染的方法

在进行噬菌体感染特性的研究中，最常用的有噬菌斑、一级生长及单菌释放等实验方法。

1. 噬菌斑（plague）

噬菌斑是噬菌体感染宿主细菌以后在含受体菌的涂布平板上形成的肉眼可见的透明圈。

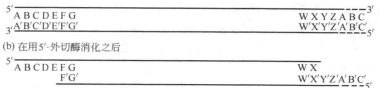

(a) 末端冗余的DNA

(b) 在用5'-外切酶消化之后

(c) 状态(b)的分子经环化之后

图 3-3　末端冗余分子以及通过外切酶消化和环化的鉴定

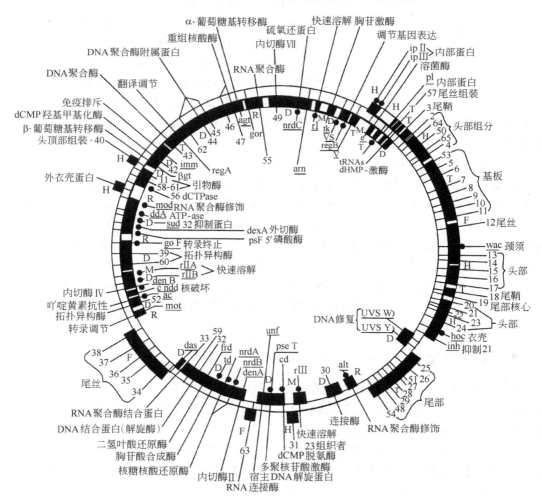

图 3-4　T4 噬菌体的基因图

噬菌斑的大小、形状、透明度和边缘是噬菌体的特征。一个噬菌斑是由原来一个噬菌体侵染细菌后再反复侵染造成细菌裂解的结果。

2. 一步生长曲线的实验（one-step-growth experiment）

定量描述烈性噬菌体生长规律的实验曲线称为一步生长曲线。该曲线可以用来确定噬菌体的潜伏期、裂解期和裂解量。

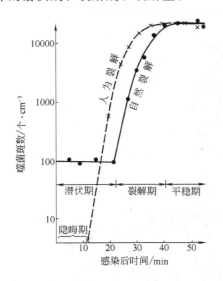

图 3-5　T4 噬菌体的一步生长曲线

一步生长曲线的实验步骤如下。将噬菌体和细菌以 1 : 10 混合以保证每一噬菌体都有感染细菌的机会。吸附几分钟后，混合液中加入一定量的该噬菌体的抗血清，以除去游离的噬菌体。然后再用培养液进行高倍稀释，以免发生第二次吸附和感染。培养后定时取样，将含噬菌体的样品与敏感细菌混合，在平板上培养，计算噬菌斑数。实验结果见图 3-5。

从感染到噬菌斑数上升前的一段时间称为潜伏期。从图 3-5 可以看到 T4 的潜伏期是 24min。紧接在潜伏期后的一段时间平板中的噬菌斑数突然直线上升，表示噬菌体已从寄主细胞中裂解释放了，这段时间称为裂解期。每个被感染细菌释放出的新的噬菌体的平均数称为裂解量。当宿主全部裂解，溶液中的噬菌体的效价达到最高点时称为平稳期。

从一步生长曲线的实验结果可以看到，一个烈性噬菌体进入寄主细菌以后在十几分钟或者较长时间后繁殖成为几百个噬菌体，随即细菌裂解而使这些噬菌体被释放出来。

3. 单菌释放实验（single burst experiment）

单菌释放实验是噬菌体遗传学研究中一个传统的基本实验方法。实验目的是测定单个细菌所释放的噬菌体的数量。实验步骤如下：将噬菌体和细菌混合，吸附 5min 后立即将菌液稀释到每毫升中只含有 2~3 个被感染细菌，并立即取少量（例如 0.2ml）分装到一系列试管中，使每一试管平均只含有 0.4~0.6 个被感染细菌。经 30min 培养后将每一样品混合大量敏感细菌涂在培养皿上。经培养以后可以看到实验结果有三种类型：第一种是大部分培养皿上没有噬菌斑；第二种是少数培养皿上出现几十甚或一千以上个噬菌斑；第三种是大部分是单个细菌所释放的噬菌体所形成的噬菌斑。噬菌体 T1 的单菌释放量多数是 100~200。

四、重组测验（recombination test）

经典遗传学家曾经认为基因作为遗传物质 DNA（或 RNA）上的一个特定区段，既是一个可以编码蛋白质（酶或多肽）的功能单位，同时又是一个交换单位和突变单位，也就是说基因是不可分割的、三位一体的最小单位。

Benzer（1955 年）首先对大肠杆菌噬菌体 T4 的 *rIIA* 和 *rIIB* 两个基因进行了结构分析，证明了基因的可分性，即基因内有大量的突变子和重组子。同样，遗传物质的交换既可以发生在基因间也可以发生在基因内部。说明基因并不是功能、突变和交换三位一体的最小单位。

1. 噬菌体突变型

T4 是侵染大肠杆菌的烈性噬菌体，感染大肠杆菌后在固体平板上形成肉眼可见的噬菌斑。Benzer 等从野生型 T4 噬菌体中分离获得数千个快速溶菌（rapid lysis）突变株（称为 r），这些突变株感染寄主后能使寄主快速裂解并产生比野生型大的噬菌斑。各种快速溶菌突变型在大肠杆菌 B 上呈现相同的表型，但是通过另外两个大肠杆菌菌株 S 和 K，可以进一步把它们区分为三种类型：rⅠ、rⅡ 和 rⅢ。rⅠ 能在 B、S、K 这三个菌株上形成 r 型噬菌斑。rⅡ 在 B 上形成 r 型噬菌斑，在 S 上形成野生型噬菌斑，而在 K 上则不形成噬菌斑，因为在寄主细胞 K 中，rⅡ 突变噬菌体不能复制。rⅢ 在 B 上形成 r 型噬菌斑，在 S 和 K 上都形成野生型噬菌斑（表 3-1）。

表 3-1　T4 噬菌体的快速溶菌突变型在三种寄主细菌上的表型

噬 菌 体	大肠杆菌菌株		
	B	S[①]	K[②]
野生型	野生型	野生型	野生型
rⅠ	r	r	r
rⅡ	r	野生型	—
rⅢ	r	野生型	野生型

① S 为 *E. coli* K12（λ⁻），非溶源性菌株。

② K 为 *E. coli* K12（λ），溶源性菌株。

2. 重组测验（recombination test）

从表 3-1 中可以看出，虽然在大肠杆菌 B 菌株上 T4 野生型和 rⅡ 突变型都生长得一样好，但是在大肠杆菌 K 菌株上，则只有野生型噬菌体能够增殖。如果把两个不同的 rⅡ 突变型的杂交后代侵染 K12，那么只有野生型重组体能形成噬菌斑。Benzer 等当时已经分离到 2000 多个 rⅡ 突变型，并用于杂交实验。一个典型的例子是用两种突变噬菌体颗粒同时侵染大肠杆菌 B 菌株，然后让其后代生长在大肠杆菌 K12 上确定它们是否为野生型。杂交后，发现有大量的正常噬菌体颗粒，说明的确发生了基因重组。并通过测定它们在 K 菌株上产生的噬菌斑的数量还可以测出这两个 rⅡ 突变位点间的距离（图 3-6）。

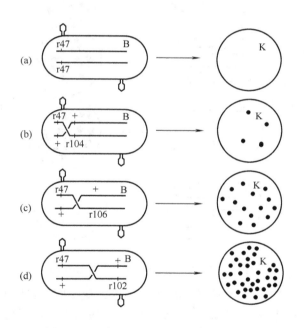

图 3-6　T4 的 rⅡ 突变位点间距离的测定

由于重组型中只有＋＋重组子才能生长，而——重组子不能生长，所以无法检出。但是它的频率和＋＋重组子相等，因此估算重组子数要把＋＋乘以 2，代入公式：

$$重组频率 = \frac{2 \times r^+ 噬菌斑数}{噬菌斑总数} = \frac{2 \times 大肠杆菌 K12 菌株上的噬菌斑数}{大肠杆菌 B 菌株上的噬菌斑总数}$$

这一测定方法称为重组测验，即使 10^6 个后代中只有一个野生型重组体，也很容易检出。通过一系列杂交实验，实际上测得 rⅡ 突变型之间的重组频率最小值是 0.01%，相当于 2.5 对核苷酸,也就是说相距 2.5 对核苷酸或更短距离的两个突变位点之间可以发生重组。根据基因和蛋白质线型关系的分析,表明重组实际上可以发生在一个遗传密码子内部,或者说可以发生在任何两对核苷酸之间。

通过对所有的 rⅡ 突变型突变位点的距离测定,可以将 rⅡ 突变型基因的突变位点分为顺反子 A 和顺反子 B 两大群(图 3-7)。

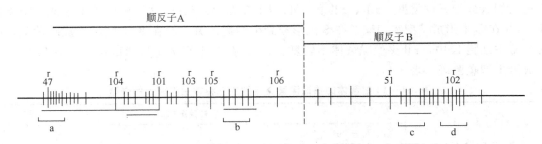

图 3-7 T4 噬菌体的两个顺反子结构

3. 互补测验(complementary test)

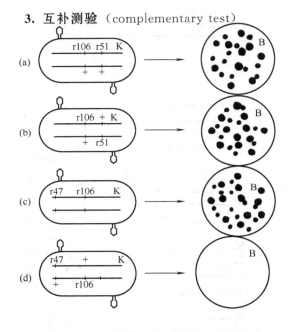

图 3-8 T4 噬菌体 rⅡ 突变型的互补测验

需要进一步查明的是:r47、r104 和 r102 等的突变位点是属于表型效应相同的一个基因,还是应归于不同的基因呢?这一问题可以通过下面的互补测验来回答。

如用 r51 和 r106 分别感染寄主大肠杆菌 K 时都不能进行复制,因而没有噬菌体从被感染的细菌中释放出来。可是把 r51 和 r106 混合感染 K 菌株就可以得到噬菌体,所释放的噬菌体有 r51、r106 和野生型。这说明 r51 和 r106 在寄主细胞中不但进行了复制,而且发生了重组。那么在 r51 和 r106 混合感染中究竟是因为发生重组以后噬菌体才能复制呢,还是因为两个突变型能够互补,从而分别进行复制,然后在复制过程中发生重组呢?

如果是因为重组才复制,那么混合感染中能否得到噬菌体应该和两个突变型的位置间的距离有关,可是事实上和距离无关。例如 r47 和 r106 的距离比 r51 和 r106 的距离大,可是混合感染 K 后在指示菌 B 上反而不出现噬菌斑(图 3-8)。

由此可见如果在混合感染中出现噬菌斑,那是由于两个突变型有互补作用,它们互相满足在寄主 K 中进行复制所缺少的因素,从而都得以进行复制,并在复制过程中发生基因重组。

Benzer 的互补测验中所用的两个突变型,如果分别位于两条染色体上,这种组合方式称为反式排列,如果两个突变同时位于一条染色体上,则称为顺式排列(图 3-9)。对于图 3-8 中所获得的结果,可以用图 3-9 来解释。图中(a)和(b)分别代表 r51 和 r106 的顺式结构和反式结构，由于在这两种情况下它们均有一个正常的 $r\text{II}A$ 和 $r\text{II}B$ 基因，因此在混合感染时均能因互补而恢复复制功能。图中（c）是 r47 和 r106 的顺式结构，它有一个正常的 $r\text{II}A$ 和两个正常的 $r\text{II}B$ 基因，也能恢复复制功能。图中（d）是 r47 和 r106 的反式结构，由于两个 $r\text{II}A$ 基因均有缺陷，因而不能进行复制。这也就是说，对于不同基因间的突变型在互补测验中，不论是顺式还是反式排列均表现出互补效应；但如果是属于同一基因的不同位点的突变，则顺式排列表现互补，反式构型则不能互补。

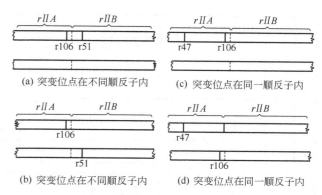

图 3-9　T4 噬菌体 $r\text{II}A$ 和 $r\text{II}B$ 的顺反结构效应

Benzer 就这样将一个不同突变之间没有互补的功能区称为顺反子（cistron）。一个顺反子就是一个功能水平上的基因，因此常用顺反子作为基因的同义词。如在 r II 区里，$r\text{II}A$ 是一个顺反子，$r\text{II}B$ 也是一个顺反子。每个顺反子在染色体上的区域称为基因座，而每个基因座中有若干个突变位点，它是指一个顺反子内部能发生突变的最小单位。DNA 中每一核苷酸对的改变都可能引起多肽链中氨基酸的改变，从而影响顺反子的功能。

4. 缺失作图（deletion map）

Benzer 在研究 r II 突变型时发现其中一些突变是由于核苷酸对发生了改变，这称为点突变（point mutation）。而另一些突变是由于缺失了相邻的许多核苷酸对，因此称为缺失突变（deletion mutation）。尽管 r II 区这两种突变形成相同的表型效应，但它们是有区别的：①点突变是单个位点的突变，缺失突变是多个位点的突变；②点突变可以发生回复突变，而缺失突变则是不可逆的；③点突变与其他点突变之间可以发生重组，而缺失突变同另一个基因组内缺失区的突变之间不能重组。图 3-10 表示一系列缺失突变型的染色体缺失部分。

缺失定位是一种简便有效的定位方法。在这种方法中利用一系列缺失突变型作为工具，把所要测定的突变型和这一系列缺失突变型分别进行重组测验，凡是能和某一缺失突变型进行重组的，它的位置一定不在缺失范围内，凡是不能重组的，它的位置一定在缺失范围内，根据与一系列的缺失突变型进行重组的结果，可以精确地确定某待测突变型的位置。

把噬菌体 T4 染色体的 r II 基因分为 47 个区段，用这一系列已经知道缺失部位的突变型可以测定任何一个 r II 突变型所属的区段。测定方法是在少量的大肠杆菌 B 培养物中加入一滴缺失型噬菌体以及一滴待测噬菌体，几分钟后将培养物接种到指示菌 K 上，经培养后观察是否出现大量噬菌斑，如果出现大量噬菌斑，则说明这两个突变型能发生重组而产生野生型噬菌体。例如有一个待测的突变型 r II 548，它和缺失突变型 A105 和 638 能发生重组而和其余五个都不能发生重组（图 3-11），就可以判断它的位置在区域 A5 中。然后进一步利用位置在 A5 中的三个缺失突变型 1605、1589、PB230 进行第二次测验。根据同一原理，可以把 r II 548 定位在 A5 的 a、b、c1、c2 或 d 的某一位置上。可见只要有大量的缺失突变型那么定位可以非常精确。但缺失定位方法的缺点是需要事先积累许多缺失突变型。

总之，Benzer 等利用大肠杆菌 K12 为选择系统对 2000 多个 r II 突变型进行杂交分析和

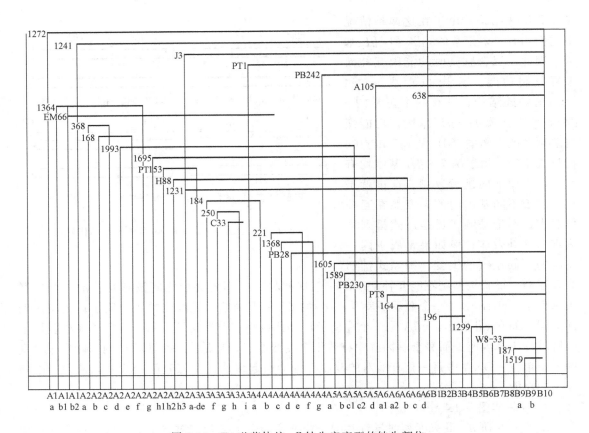

图 3-10 T4 噬菌体的 rⅡ 缺失突变型的缺失部位

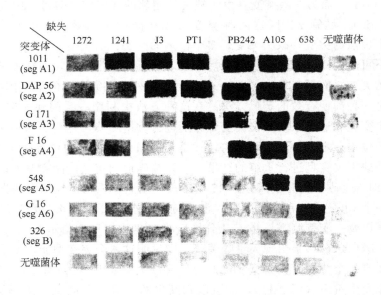

图 3-11 T4 噬菌体的 rⅡ 突变型的缺失定位

定位，绘制了 T4 噬菌体 *rⅡA* 和 *rⅡB* 两个基因的遗传图谱。图 3-12 是 rⅡ 区内 1612 个自发突变体的突变位点的分布。从中可以看出，一个基因内可发生大量的不同位点的突变，而且大多数突变是由于一个位点的变化所产生的，即所谓的突变热点。

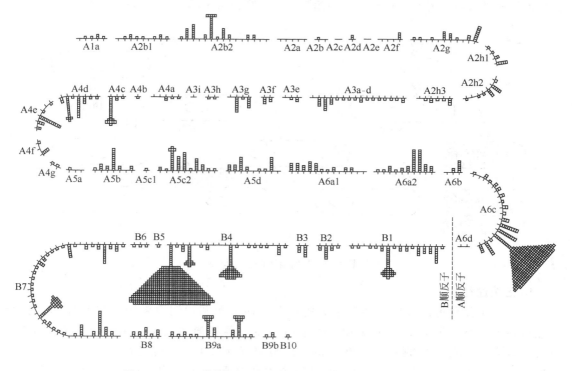

图 3-12   T4 噬菌体 $rⅡA$ 和 $rⅡB$ 基因内自发突变位点的分布图

第二节
λ 噬菌体

  λ 噬菌体是一种中等大小的噬菌体，有一个蛋白质外壳，它的基因组由双链线性 DNA 分子组成，DNA 的长度为 48.5kb。在双链 DNA 分子的两端，各有一条由 12 个核苷酸组成的彼此完全互补的 5′ 单链突出序列，即通常所说的黏性末端。λ 噬菌体侵染细胞时，首先噬菌体吸附在细胞表面，然后蛋白质外壳留在细胞外面，而 DNA 注入细胞内。进入到细胞内的 λ 噬菌体线性 DNA 分子，会迅速地通过黏性末端之间的互补作用，形成环形双链 DNA 分子，然后在 DNA 连接酶的作用下，将相邻的 5′-P 和 3′-OH 基团连接起来。这种由黏性末端结合形成的双链区段称为 cos 位点（cohesive-end-site）。

一、λ 噬菌体的生活周期

  λ 噬菌体感染大肠杆菌以后，可将其基因组整合到细菌染色体上，并成为细菌基因组的一部分，随着染色体 DNA 的复制而复制，这种整合的噬菌体称为原噬菌体（prophage），这种整合有噬菌体基因组的细菌称为溶源细菌，这一过程称为溶源途径。溶源性细菌一般不被同种噬菌体再侵染，这一现象称为免疫性。λ 噬菌体感染寄主后也可以不通过溶源途径而是进入裂解途径，即 λDNA 进入细胞后，利用寄主的酶和原料进行自身复制和形成噬菌体颗粒，最终使宿主裂解而死亡，这一过程也称为裂解循环或溶菌途径（图 3-13）。溶源性细菌受某些外界物理或化学因素（如紫外线、丝裂霉素 C 等）的作用，原噬菌体可以脱离细菌染色体而进行自主复制，最终导致细菌裂解，游离出大量噬菌体，这一过程称为诱导。

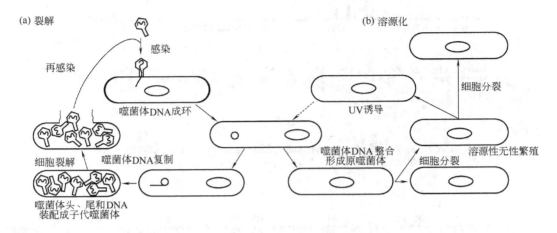

图 3-13　λ 噬菌体的生活周期

1. 溶菌途径

λDNA 进入大肠杆菌后，能利用大肠杆菌体内的酶和代谢原料进行自身复制，并合成噬菌体基因的各种产物，如酶和外壳蛋白。在大肠杆菌体内 λ 噬菌体不断发育成熟，组装出许多子代噬菌体颗粒，最终使宿主细胞裂解释放出子代噬菌体。在 37℃ 条件下，这样一个过程约需要 40～45 min，这时每个大肠杆菌可产生出 100 个有侵染活性的子代噬菌体颗粒。

2. 溶源途径

λDNA 进入大肠杆菌细胞后，将自身 DNA 整合到大肠杆菌染色体 DNA 分子内。在溶源过程中，许多与这种过程有关的 λ 噬菌体基因得到表达，以合成有关的酶或蛋白质。在溶源状态下，λ 噬菌体的裂解能力并没有消失，只不过潜伏起来不表达罢了。此时，λ 噬菌体看起来只是对寄主无害的共生病毒基因，和寄主一起繁殖、生长与死亡。但当条件合适时，它就会转入溶菌途径，释放出子代噬菌体并破坏宿主细胞。

二、λ 噬菌体基因组

λDNA 分子的总长度为 48.5 kb，编码 66 个基因，其中 46 个基因的功能已经确定。λ 噬菌体中许多功能相关的基因聚集成簇排列，例如编码头部、编码尾部、复制及重组四大功能的基因，各自聚集成四个特殊的基因簇（图 3-14）。不过，在文献中为了叙述的方便，往往将 λ 噬菌体基因组人为地划分为三个区域。①左臂区，自基因 A 到基因 J，包括参与噬菌体头部蛋白质和尾巴蛋白质合成所必需的全部基因。②中间区，介于基因 J 与基因 N 之间，这个区又称为非必需区。本区与噬菌斑形成能力无关，但包括了一些与重组有关的基因（如 gam）以及使噬菌体整合到大肠杆菌染色体中去的 int 基因和把原噬菌体从寄主染色体上切割下来的 xis 基因。在分子克隆中，常将该区域由外源基因取代，由外源基因取代非必需基因所形成的重组噬菌体 DNA，可以随着寄主大肠杆菌细胞一起复制和增殖。③右臂区，位于 N 基因的右侧，包括全部主要的调控基因（c I、c II 和 cro）、噬菌体的复制基因（O 和 P）以及溶菌基因（S 和 R）。

从图 3-14 中可见，其中①A、W、B、C、D、E、F 这 7 个基因是形成正常噬菌体头部

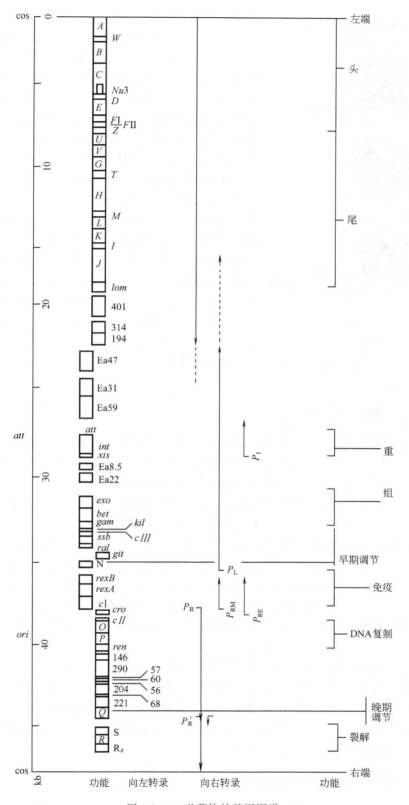

图 3-14 λ 噬菌体的基因图谱

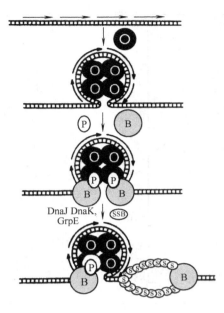

图 3-15 λ 噬菌体 DNA
的复制起始

蛋白质所必需的；Z、U、V、G、T、H、M、L、K、I、J 这 11 个基因参与尾部蛋白质的合成。②att 为噬菌体附着区；int 和 xis 分别编码 λDNA 的整合酶和切割酶；gam 基因控制 DNA 的重组作用；cI、cII、$cIII$ 为噬菌体溶源化所必需，其产物是阻遏物，抑制噬菌体其他基因的表达，如果这些基因突变则形成清晰的噬菌斑，故 cI、cII 和 $cIII$ 这些基因突变就不会发生溶源化。cro 基因编码的蛋白质同样也是一种阻遏蛋白，能同操纵基因 O_L 和 O_R 结合而抑制转录。③O 和 P 为噬菌体复制基因。④N 和 Q 为正调节基因，它们都是编码抗终止因子（antiterminator）的基因，即可以中和宿主转录终止因子 ρ 的活性。N 和 Q 的产物分别促进噬菌体早期基因和晚期基因的转录，从而促进噬菌斑的形成。⑤S 和 R 为控制细菌细胞裂解及子代噬菌体释放的两个基因，故称为溶菌基因。

λ 噬菌体基因组有 6 个启动子，P_L 和 P_R 分别负责启动子向左和向右的转录，P_{RE} 和 P_{RM} 是转录 cI 基因的两个启动子，P_{RE} 主管建立溶源，P_{RM} 主管维持溶源。P_I 启动转录 int 基因，P'_R 负责晚期基因的转录。

三、λ 噬菌体的复制

在 λ 噬菌体感染的早期，环形的 λDNA 分子一旦形成后就进行 θ 型复制。复制起点（ori）位于 O 基因内部，ori 序列由两个结构域组成：第一个结构域由 4 个高度保守的 19bp 同向重复序列组成；第二个结构域由 40bp 富含 A/T 的序列组成。λ 噬菌体的复制需要两个病毒蛋白，即 λ 噬菌体 O 和 P 基因的产物，它们是大肠杆菌 DnaA 和 DnaC 的类似物。λ 噬菌体的复制还需要除 DnaA 和 DnaC 外的所有大肠杆菌复制蛋白。

如图 3-15 所示，噬菌体编码的 O 蛋白以二聚体的形式结合在 4 个 ori 重复序列上，4 个二聚体 O 蛋白与 ori 序列的结合使 ori 区的 DNA 形成环状结构。然后 P 蛋白与宿主的 DnaB 蛋白结合后再进入 λDNA 的 ori 区，接着宿主蛋白 DnaJ、DnaK、GrpE 使 P 蛋白释放出来，从而使 DnaB 作为解旋酶（helicase）对起始区的双链 DNA 进行解旋。单链结合蛋白 SSB 结合到解旋的单链 DNA 上，防止其复性。接着引物酶 DnaG 组装到解旋的 DNA 上合成 RNA 引物，指导 DNA 的复制。

在 λ 噬菌体感染后期，即 θ 型复制持续约 16min 后，接着发生滚环复制。gam 和 red 基因的产物是由 θ 型复制向滚环复制转换的开关。滚环复制产生出由一系列线性排列的 λ 基因组 DNA 组成的多连体分子。多连体被包装进入头部时，入口处的 A 蛋白专门识别 cos 位点，在 cos 位点进行切割，所以进入头部的 DNA 分子具有同样的大小以及相同的 cos 末端。包装完成后，生成大量成熟的噬菌体颗粒。

四、λ 噬菌体基因的转录和调控

λDNA 进入宿主细胞后由两个黏性末端连接成环形后，立即利用宿主 RNA 聚合酶开始转录，整个转录过程可分为 3 个阶段：前早期（immediate early stage）、后早期（delayed early stage）及晚期（late stage）。

1. 前早期转录

前早期转录从两个早期启动子 P_L 和 P_R 起始。这两个早期启动子分别位于阻遏基因 cI 的左侧和右侧。左向转录终止在 t_L1 位点，产生出编码 N 蛋白的 mRNA。右向转录终止在 t_R1 位点，产生出编码 Cro 蛋白的 mRNA（图 3-16）。

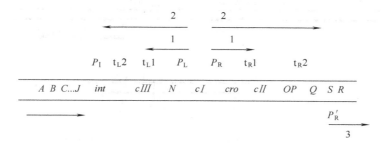

图 3-16　λ 噬菌体的主要启动子及转录终止位点
1—前早期转录；2—后早期转录；3—晚期转录

2. 后早期转录

λ 噬菌体从前早期转录向后早期转录的转换，是由 N 蛋白介导的抗终止作用实现的，因此说 N 蛋白是一种正调节因子。N 蛋白 mRNA 翻译成 N 蛋白后，它就结合在右向转录的 RNA 的 $nutR$ 区，然后再结合到 RNA 聚合酶上，中和宿主编码的终止因子 ρ 的活性，使右向转录通过终止子 t_R1、t_R2，从而转录出复制基因（O 和 P）和调节基因（Q、cro、cII、$cIII$）（图 3-17）。O 和 P 蛋白使噬菌体 DNA 有效地复制，而 Q 蛋白是晚期基因表达的激活蛋白。在左向转录中也发生类似事件，N 蛋白结合在 $nutL$ 位点，再结合到 RNA 聚合酶上，使左向转录通过终止子 t_L1，转录进入其他基因，包括整合酶基因（int）、切割酶基因（xis）、重组基因（gam）。在这个阶段，cro 基因产物的浓度，已经达到足以同操纵基因 O_L 和 O_R 相结合，从而关闭了从 P_L 和 P_R 启动子起始的转录作用。同时，由中期转录而合成出的 Q 蛋白，担负着从中期转录转向晚期转录的开关作用。

3. 晚期转录

λ 噬菌体的 Q 蛋白也是抗终止子，与晚期基因的转录有关。P'_R 是整个晚期基因区的转录启动子，而晚期基因区包括与噬菌体头、尾及细胞裂解有关的许多基因。对于从 P'_R 启动子起始的 RNA 合成，Q 蛋白是一个抗终止子。在 Q 蛋白缺乏的情况下，从 P'_R 合成一个非常短的 RNA 分子，翻译成 Q 蛋白。Q 蛋白介导的抗终止子像 N 蛋白一样需要特殊的识别信号 qut 及宿主蛋白 NusA，但不像 N 那样结合 RNA。

此外，让我们看一下 λ 基因表达的时间流程。早期转录（包括前早期和后早期）历时 4min，因此，处于右向的早右操纵子末端的 Q 基因要在整个基因转录起始后 4min 时才得到表达，这样 Q 蛋白最早也要在早期转录开始后的 5min 才能合成。当 Q 蛋白积累到一定量可促进晚期转录时，离开始时间已经有 10min 了。晚期转录共进行约 13min，所以从表达开始到终了共耗时约 23min，其中晚期比早期所经历的时间略多一点。

五、溶源途径和裂解途径的遗传调控

一般来说，如果宿主细胞生长在丰富培养基上，λ 噬菌体进入裂解循环。而以对数期以

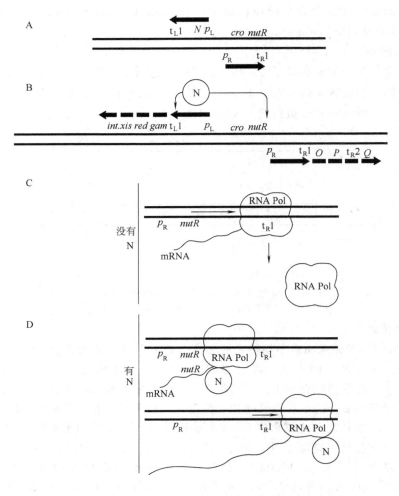

图 3-17 λ 噬菌体的抗转录终止子

后的细菌和培养在缺乏碳源物质的培养基中的细菌作为寄主时有利于溶源化。

λ 噬菌体侵染细胞后，大多数情况下 λ 噬菌体进入裂解循环，λDNA 复制，产生较多的噬菌体粒子。在溶源状态时，大多数噬菌体的基因都不表达，而只有与溶源化有关的少数基因如 cI 才被表达。噬菌体是进入裂解循环还是整合到寄主染色体上形成溶源态，这主要取决于 CI 蛋白和 Cro 蛋白的合成及它们的调控作用。

1. λ 噬菌体的调控区

（1）启动子 λ 噬菌体基因组内与调控有关的基因或位点集中在 $cⅢ$ 和 $cⅡ$ 之间，这一区域称为调控区。调控区内共有 4 个启动子：右向启动子 P_R，左向启动子 P_L 和另外两个启动左向转录的启动子 P_{RE} 和 P_{RM}。

（2）操纵基因 左向和右向操纵基因 O_L 和 O_R 各由大约 80 个碱基对组成，每个操纵区有 3 个结合位点，分别称为 O_L1、O_L2、O_L3 和 O_R1、O_R2、O_R3。每一位点都有 17 个碱基对，3 个位点的碱基顺序相似但不同（图 3-18）。CI 阻遏蛋白和 Cro 蛋白都能与操纵基因 O_L 和 O_R 结合。

2. 调节基因 cI 和 cro

（1）cI 基因和溶源途径的遗传控制 cI 基因编码阻遏蛋白，这个基因突变则不能建立

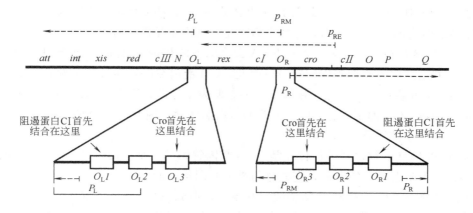

图 3-18　λ 噬菌体的调控区

溶源性，而是进入裂解循环。cI 基因从 P_{RM} 启动子转录。C I 阻遏蛋白是由 236 个氨基酸组成的多肽，它有两个不同的结构域，一个是 N 末端结构域，它提供与操纵基因结合的位点；另一个是 C 末端结构域，其功能是负责二聚体的形成。阻遏蛋白只有二聚体形式才能结合 DNA。

　　C I 阻遏蛋白可独立结合在 O_L 和 O_R 操纵基因上，结合在 O_L 上有负调控功能，结合在 O_R 上有正调控和负调控功能。前面我们已经讲过，操纵基因 O_L 和 O_R 上都有 3 个结合位点，阻遏蛋白该从哪个位点开始结合呢？研究表明，在每个操纵基因上，位点 1 对 C I 阻遏蛋白比其他位点有更大的亲和力，所以 C I 阻遏蛋白总是首先结合 $O_L 1$ 和 $O_R 1$。阻遏蛋白与位点 1 结合大大增加第二个 C I 二聚体蛋白与位点 2 的亲和力。在一个溶源菌通常的阻遏蛋白浓度下，每个操纵基因上的位点 1 和位点 2 被占据后，不再占据位点 3。由于 $O_L 1$ 和 $O_R 1$ 或多或少分别与 P_L 和 P_R 的 RNA 聚合酶结合位点中心重叠，因此 C I 蛋白结合 $O_L 1 - O_L 2$ 和 $O_R 1 - O_R 2$，从物理上阻止 RNA 聚合酶接近相应的启动子，从而关闭了从 P_L 和 P_R 启动子开始的转录作用，则整个左向早期转录的表达被阻止（负调控），右向转录的 cro 和复制蛋白基因 O 和 P 也不能表达（负调控），因此裂解循环被阻止。另外，阻遏蛋白结合在 O_R 后还有另一种功能，即 C I 二聚体结合 $O_R 2$ 后，促进 RNA 聚合酶结合 P_{RM} 启动子，因此阻遏蛋白有激活自身（cI）转录的作用（正调控）（图 3-19）。

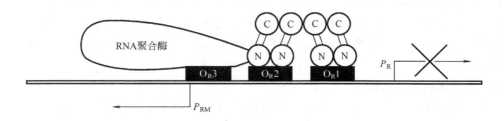

图 3-19　C I 阻遏蛋白在右操纵基因的排列

　　cII 基因和 $cIII$ 基因具有 cI 的特性，这两个基因突变产生透亮噬菌斑，但是它们之间是有差异的。cI 突变既不能建立溶源性又不能维持溶源性。cII 和 $cIII$ 突变建立溶源性有一些困难，不过一旦建立，它们通过 cI 自身系统能维持溶源性。这意味着 cII 和 $cIII$ 是正调节基因，它们的产物对 cI 的表达是必需的。CⅡ蛋白能促使 P_{RM} 转录 CⅠ阻遏蛋白，同时能够促进 P_I 转录整合酶（int）基因。这两个启动子在没有 CⅡ蛋白时不能起始转录，因为它们在－10 和－35 区缺少保守序列，单靠 RNA 聚合酶不能转录。另外，CⅡ蛋白还能阻碍 Q 基因的表达，并由此阻碍晚期基因的转录。因此，CⅡ蛋白在决定溶源和裂解途径之间起关键作用。但是，CⅡ蛋白极不稳定，在细胞中半衰期为 1 分钟。宿主 $hflB/ftsH$ 基因产物迅速使 CⅡ蛋白水解。CⅢ抑制细胞中降解 CⅡ的蛋白酶活性。因此，缺少 CⅢ时，CⅡ蛋白会迅速下降，不会产生溶源化。

（2）cro 基因和裂解途径的遗传控制　cro 基因编码另一个阻遏蛋白。Cro 蛋白的作用是阻止更多的 CⅠ阻遏蛋白的合成，它通过与操纵基因结合而起作用。

Cro 蛋白分子很小，由 66 个氨基酸残基组成，形成一个小的二聚体。Cro 蛋白像 CⅠ阻遏蛋白那样具有结合相同操纵基因的功能，并对称结合操纵基因。Cro 蛋白对位点 3 的亲和力大于位点 2 和 1，因此 Cro 蛋白首先结合 O_L3 和 O_R3，然后 Cro 蛋白再结合 O_L1、O_L2 和 O_R1、O_R2。

Cro 与 O_R3 结合，阻止了 CⅠ阻遏蛋白与 O_R2 的结合，从而抑制 CⅠ阻遏蛋白自身从 P_{RM} 启动子的转录。Cro 蛋白与 O_L 和 O_R 结合，也抑制早期基因从 P_L 和 P_R 转录。

总之，Cro 蛋白和 CⅠ阻遏蛋白相互拮抗：Cro 蛋白阻止（间接）cI 转录，从而阻止建立溶源性；CⅠ阻遏蛋白阻止早期基因转录，因此关闭 Cro 蛋白的合成。这两个蛋白之间的拮抗其中心是解决溶源和裂解发育之间的平衡。

六、λ 噬菌体的溶源化和诱导

1. λ 噬菌体的整合

λ 噬菌体侵染寄主后，λDNA 通过两端的 cos 位点很快环化。环状 λDNA 在 Int 蛋白的作用下整合到染色体上（图 3-20）。Int 是一种整合酶，特异性地促进 λ 噬菌体的附着位点 $attP$（attachment phage）与细菌位点 $attB$（attachment bacteria）之间的重组。$attB$ 位于大肠杆菌染色体上半乳糖（gal）转录单元和生物素（bio）转录单元之间。由于 Int 促进的同源重组不是发生在 λDNA 的末端，而是内部的 $attP$ 位点，因此原噬菌体 DNA 图谱与噬菌体头部内的 λDNA 图谱就有所不同。在噬菌体粒子中，λDNA 的一端是 A 基因，另一端是 R 基因；而在原噬菌体中，int 基因位于一端，而 J 基因位于另一端。

Int 促进的重组属于位点特异性重组（site-specific recombination）。$attP$ 和 $attB$ 之间只有 15 bp（GCTTTTTTATACTAA）的相同序列，这个序列被称为核心序列，简称 O。O 两侧的序列在 $attB$ 和 $attP$ 中各不相同，位于 $attB$ 两侧的序列称为 B 和 B'，位于 $attP$ 两侧的序列称为 P 和 P'。

2. λ 噬菌体的诱导和切离

（1）λ 噬菌体的诱导　λDNA 整合到大肠杆菌染色体后，会以溶源状态存在。当寄主受到 UV 照射或其他因子的作用而使 DNA 受到损伤时，寄主就会对损伤的 DNA 进行修复。在进行 DNA 修复时，会积累 RecA 蛋白。RecA 蛋白与 λ 的 CⅠ阻遏蛋白结合，引起 CⅠ蛋白发生自我切割，切割使 CⅠ蛋白中形成二聚体的 C-末端结构域与 N-末端 DNA 结合区域相互分离（图 3-21）。因为 CⅠ蛋白是以二聚体的形式发挥阻遏作用，如果不能形成二聚体，则就失去了阻遏作用，也就不能使溶源状态维持下去，因此进入

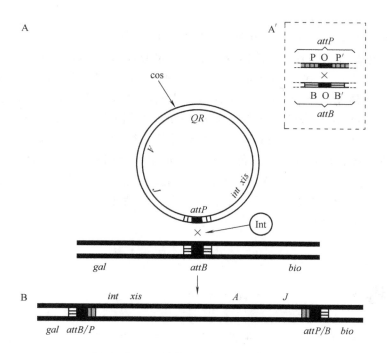

图 3-20　λ 噬菌体与宿主染色体的整合

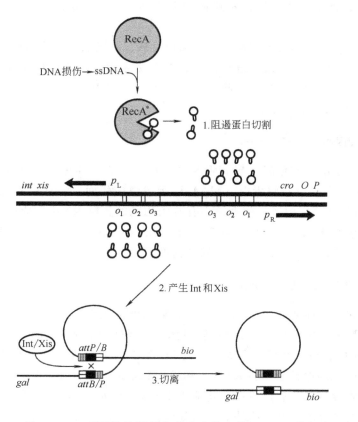

图 3-21　λ 噬菌体的诱导和从宿主染色体 DNA 上的切离

裂解途径。

（2）λDNA 的切离　一旦 CⅠ阻遏蛋白失去作用，则 P_L 和 P_R 启动子就开始转录。从 P_L 转录的基因包括 *int* 和 *xis*。噬菌体侵染后只形成 Int，参与噬菌体 DNA 的整合；而诱导后，能形成 Int 和 Xis（切割酶 excisase）。λDNA 的切割需要 Int 和 Xis 两种蛋白。λDNA 的整合是通过 λ 噬菌体 *attP* 与大肠杆菌 *attB* 位点之间的重组；λDNA 的切割是通过位于原噬菌体 DNA 和细菌 DNA 接合处的杂合序列 *attP-attB* 之间的重组，*attP-attB* 既不同于 *attB*，又不同于 *attP*，因此需要 Int 和 Xis 两种蛋白，才能进行 λDNA 的切割。

当 Int 和 Xis 将 λDNA 从寄主染色体上进行切割时，*O* 和 *P* 基因也从 P_R 启动子进行转录。O 和 P 蛋白促进切割的 λDNA 进行复制。因此，细胞 DNA 受损伤后，几分钟内噬菌体 DNA 就开始复制，阻遏物浓度降低，噬菌体进入裂解循环。大约 1h 后，细胞就会发生裂解，释放出 100 个噬菌体粒子。

第三节
反转录病毒

反转录病毒是一类单链 RNA 病毒，它们所含有的基因组 RNA 是在反转录酶的作用下，经过双链 DNA 中间体，而后再进行复制的。反转录病毒的生活周期中有一个和转座类似的过程，使双链 DNA 插入到宿主基因组，并使 DNA 靶位点产生短的正向重复序列。

大多数反转录病毒都具有致瘤性，可引起白血病、淋巴瘤、癌和肉瘤，它们是研究癌变原理的重要模型。重要的反转录病毒有：引起人类艾滋病的人免疫缺损性病毒（HIV）、引起禽类 Rous 肉瘤的 RSV 病毒、引起小鼠白血病的 MLV-F（Friend）、MLV-M（Moloney）、MLV-R（Rauscher）病毒等。

一、反转录病毒的毒粒结构

反转录病毒粒子由脂质包膜、核衣壳及病毒核心组成，其包膜上有外膜蛋白（SU）和跨膜糖蛋白（TM）突起；基质蛋白（MA）位于包膜内表面；病毒核衣壳为二十面体对称结构，由衣壳蛋白（CA）构成；病毒核心有两条相同的正链 RNA 形成的基因组双体结构，其核心中还有核酸结合蛋白（NC）即核蛋白（nucleoprotein）、反转录酶（RT）、整合酶（IN）和蛋白酶（PR）。反转录病毒粒子的结构见图 3-22。

二、反转录病毒的生活周期

反转录病毒的生活周期如图 3-23 所示。病毒感染宿主细胞后，病毒的核衣壳进入细胞质内；蛋白衣壳裂解，释放出 RNA 和反转录酶。在反转录酶的作用下，在细胞质中进行反转录和双链 DNA 的合成。然后，合成的双链 DNA 进入细胞核并整合到基因组中成为原病毒（provirus）。由原病毒转录产生 mRNA 和子代病毒的基因组 RNA，再在病毒 mRNA 的指导下翻译形成病毒蛋白。病毒蛋白质将病毒 RNA 包装成病毒核粒（nucleocapsid），该病毒核粒以出芽方式"分泌"到细胞外，在出芽过程中，获得了由细胞膜和病毒糖蛋白构成的外膜（envelope）而成为病毒粒子（virion）。

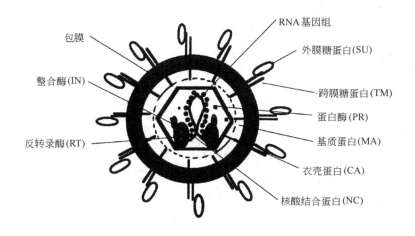

图 3-22　反转录病毒毒粒结构示意图

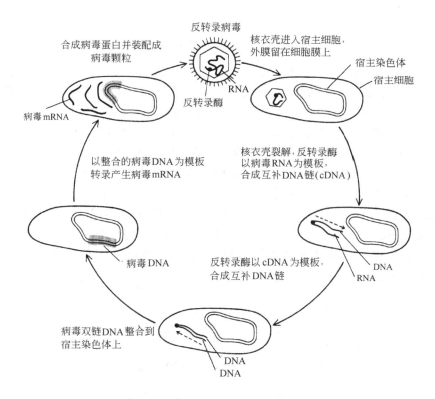

图 3-23　反转录病毒的生活周期

三、反转录病毒的基因组

反转录病毒 RNA 基因组是由两条相同的正链 RNA 在 5′端附近通过氢键连接而形成的双体结构，因此反转录病毒具有二倍体基因组。单体 RNA 为正链，它相当于真核细胞的 mRNA，并且有类似于真核细胞 mRNA 的 5′端帽子结构（$m^7GpppGmp$）和 3′端的 poly（A）尾巴，poly（A）尾巴长度约为 200 个碱基。此外在反转录病毒粒子中还含有一些小

RNA 分子，大多数为 tRNA，少数为 rRNA。其 tRNA 3′端含有与病毒基因组 RNA 5′端互补的核苷酸序列，在反转录病毒复制过程中，tRNA 3′端的这一序列可以作为基因组正链 RNA 反转录合成 DNA 的引物，如 RSV 是以 tRNA^{Trp}作为 DNA 合成的引物，而 HTLV 的 tRNA 引物则为 tRNA^{Pro}（图 3-24）。

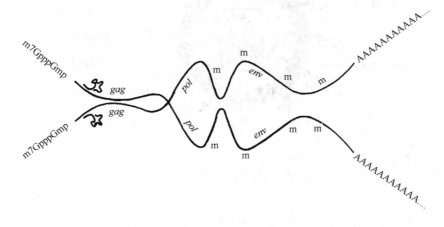

图 3-24　反转录病毒 RNA 基因组

反转录病毒基因组 RNA 的长度为 5～8 kb。RNA 基因组的中部带有 *gag*，*pol* 与 *env* 三个"基因"，"基因"这一术语在这里表示为编码区，每一编码区通过加工实际上产生出多种蛋白质。如图 3-25 所示，一个含 3 个基因的反转录病毒其基因的排列方式为 *gag-pol-env*。其中 *gal* 基因编码病毒粒子基质蛋白、衣壳蛋白、核酸结合蛋白；*pol* 基因编码反转录酶、整合酶和蛋白酶；*env* 基因编码病毒外膜蛋白。RNA 基因组的两端各有一个完全相同的、长度为 10～80bp 的、称之为 R 的正向重复序列。在两个 R 片段的内侧，5′端有一个 80～100 碱基长的 U5 顺序（unique to the 5′ end），3′端则有一个 170～1250 碱基长的 U3 顺序（unique to the 3′ end）。另外，在 RNA 基因组 5′末端还含有一个 tRNA 引物结合位点 PBS（primer binding site）。这些末端结构序列是反转录病毒基因组进行复制、转录、整合和包装的重要识别信号。图 3-26 表示几种有代表性的反转录病毒的基因组结构。

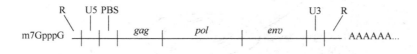

图 3-25　反转录病毒 RNA 基因组的序列特征

四、反转录过程中 DNA 双链的合成和 LTR 的产生

前面讲过，反转录病毒 RNA 基因组 U5 的内侧，有一个 tRNA 引物结合位点 PBS。基因组 RNA 就是以与 tRNA 互补配对的形式包裹在病毒粒子内的。病毒粒子进入细胞质以后，基因组 RNA 则被释放出来，同时反转录酶也被释放出来，其反转录过程如下（图 3-27）：①反转录酶以病毒基因组 RNA 的 U5R 为模板，以 tRNA 为引物，合成 cDNA（大约 100～200 个核苷酸）；②在反转录酶到达基因组 5′末端时，该酶的 RNaseH 活性切除了刚才拷贝过的 RNA 模板；③新产生的 U5R DNA 序列中的 R 与基因组 3′末端的 R 序列相结

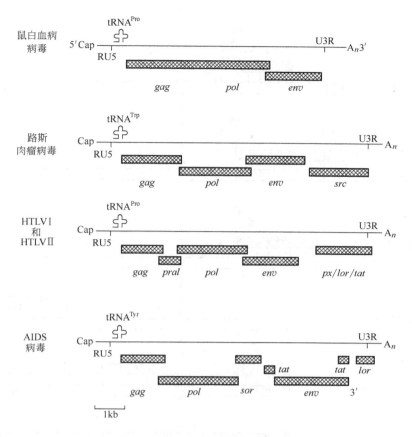

图 3-26　几种反转录病毒 RNA 基因组的结构特征

合，产生了新的模板-引物搭配，即第一次跳跃（first jump）；④DNA 从 3′ 末端延伸，产生出全部的 RNA 基因组互补链；⑤大多数 RNA 被 RNaseH 切除，只留下 U3 序列左边的一小段 RNA；⑥以该小段 RNA 为引物，合成出第二条 DNA 链（正链 DNA）的 U3RU5 和 PBS 部分；⑦RNaseH 将 RNA 和 tRNA 切除掉；⑧正链上的 PBS 序列与负链上的 PBS 序列互补，产生了第二次跳跃（second jump）；⑨两条 DNA 链分别从 3′ 末端继续合成 DNA，最后产生出具有长末端重复序列 LTR 的双链线性 DNA。

五、病毒线性 DNA 整合到寄主细胞基因组

在细胞质中合成线性的原病毒 DNA 以后，DNA 进入细胞核。在细胞核内，除了线性 DNA，病毒 DNA 还以环状形式存在。有的环状分子含有一个 LTR，可能是通过线性双链 DNA 的两个 LTR 之间的同源重组后产生；有的环状分子含有紧密相连的同向 LTR，是通过线性双链 DNA 末端直接连接而产生的。虽然很长时间都认为环状 DNA 是整合到寄主染色体的中间体（与 λ 噬菌体的整合类似），但最近的研究表明反转录病毒是以线性 DNA 形式进行整合的。

体外实验证明，线性 DNA 可以整合到染色体基因组上，此过程可以被单一病毒产物整合酶所催化。病毒 DNA 的末端是很重要的，正如转座子一样，在末端的突变会阻止整合。

整合酶可作用于反转录病毒线性 DNA 和靶 DNA。整合酶把病毒线性 DNA 的两个

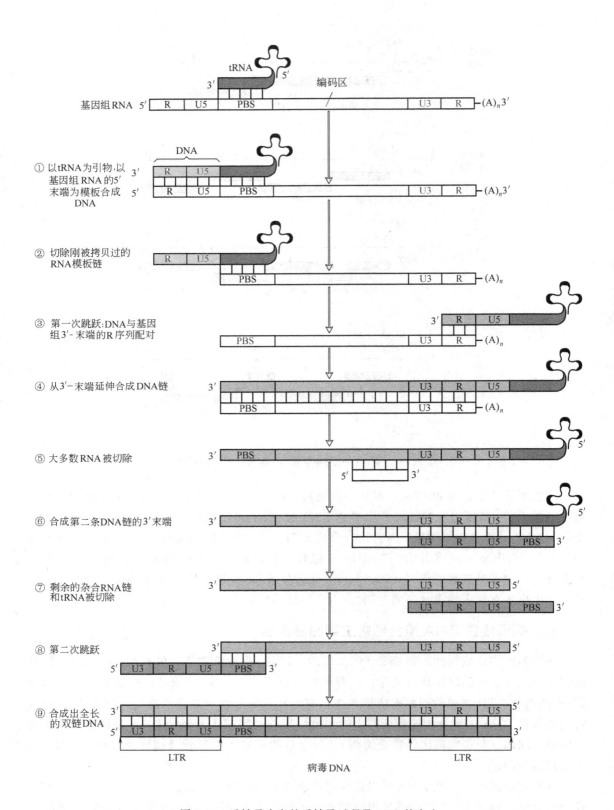

图 3-27 反转录病毒的反转录过程及 LTR 的产生

LTR 末端带到一起，并且除去每个 3′ 末端的 2 个碱基，把平头末端转化为黏性末端。与此同时，整合酶对寄主的靶位点进行交错切割，切点被 4～6 个碱基对所分离，这样就会在病毒 DNA 插入到寄主基因组后，产生 4～6 个碱基的正向重复（图 3-28）。靶位点重复序列的长度与病毒的种类有关。病毒 DNA 在寄主基因组的整合也是随机的。每个被侵染的细胞通常有 1～10 个原病毒整合在染色体基因组中。

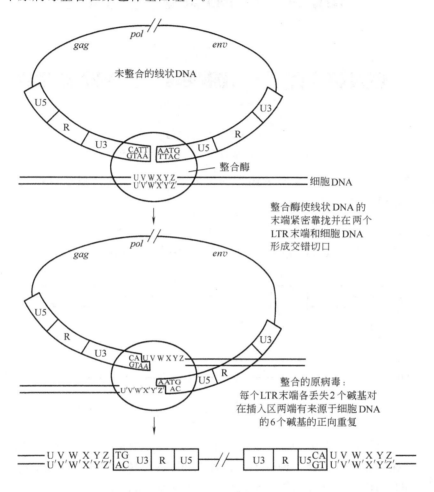

图 3-28　反转录病毒与宿主染色体的整合机制

图 3-29 是反转录病毒基因组（RNA）、病毒线性 DNA 及原病毒 DNA 的比较。

六、原病毒的基因表达

1. 病毒基因的转录

虽然未整合的游离原病毒 DNA 可以进行表达，但只有整合的原病毒才能进行持续表达。通常整合在宿主细胞 DNA 上的原病毒 DNA 能够利用细胞的转录系统如 RNA 聚合酶 Ⅱ 转录合成 mRNA。原病毒 DNA 的转录就像大部分其他真核细胞的转录一样，也需要启动子和增强子。LTR 不但提供了整合所必需的末端，而且提供了转录和转录后加工的信号。LTR 的 U3 序列中含很强的启动子，在 −25 和 −80 处有典型 TATA 序列和 CCAAT 序列，帽子位点位于 U3 和 R 交界处。在远上游有转录的增强子，常常以两个同向重复的长 70～

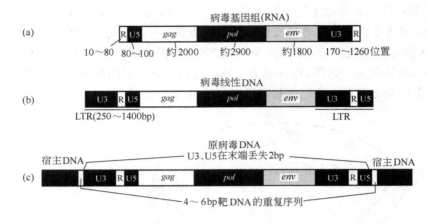

图 3-29 反转录病毒 RNA 形式、病毒线性
DNA 形式和原病毒 DNA 结构的比较

100bp 的序列存在（图 3-30）。反转录病毒的增强子与 SV40 的增强子有很高的同源性，有的甚至可以替代 SV40 的增强子。

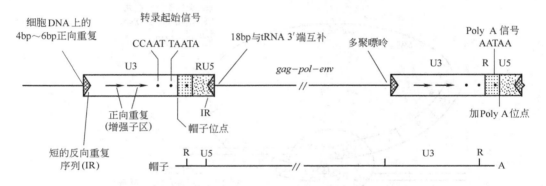

图 3-30 整合在宿主染色体上的原病毒 DNA 的结构

在病毒基因的转录过程中，原病毒仅利用 5′端 LTR 的启动子来启动病毒基因的转录，3′端 LTR 主要在转录终止方面行使功能。由原病毒 DNA 转录合成的 RNA 既可以作为指导病毒蛋白合成的 mRNA，也可以作为子代病毒的基因组 RNA。

2. 转录后加工

反转录病毒 RNA 基因组以及产生的大多数病毒 mRNA 是由一个初转录本经过加工形成的。原病毒 DNA 转录合成的初转录本是从同一帽子位点起始的，因此所有的反转录病毒 RNA 基因组和大多数 mRNA 都有相同的 5′端，并且在 5′端形成帽子结构（m⁷GpppGmp）。初转录本在 3′端 R 序列中含有加尾信号 AAUAAA，使初转录本的 3′端生成 poly（A）尾巴。加工后的 RNA 转运到细胞质中，一些作为子代病毒基因组 RNA，另一些是作为 mRNA 而翻译产生病毒所需的蛋白质。因此，反转录病毒被称为正链病毒（plus strand virus），因为病毒 RNA 编码自身蛋白产物。

3. 病毒 mRNA 的翻译

全长的 mRNA 转运到细胞质后被翻译时，所得产物为 Gag 和 Pol 多聚蛋白。当翻译开始于起始密码子而终止于第一个终止密码子时所得产物为 Gag 蛋白。如果要表达 Pol 蛋白，则必须要越过此终止密码子。

不同的病毒利用不同的机制可使翻译越过 *gag* 终止密码子而继续进行，这取决于 *gag* 和 *pol* 可读框的相互关系。当 *gag* 和 *pol* 密码相互连接时，一个可识别终止码的谷氨酰基-tRNA 可以抑制终止过程并合成一个单一蛋白。当 *gag* 和 *pol* 存在于不同的可读框时，一个核糖体的框架迁移可使单一蛋白得到合成。通常情况下，翻译可越过终止码的效率大约为 5%，因此产生的 Gag 蛋白大约为 Gag-Pol 蛋白的 20 倍（图 3-31）。

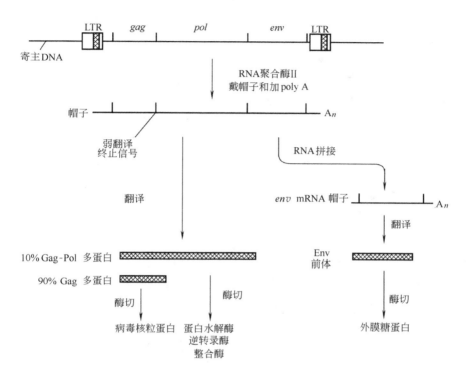

图 3-31　原病毒基因的转录和翻译

Env 多聚蛋白是通过另一种方式产生的：剪接产生一个短的亚基因组（subgenomic）的 mRNA，并通过它的表达产物产生 Env 产物。*gag* 基因提供病毒粒子核蛋白核心的蛋白组成成分。*pol* 基因编码参与核酸合成和重组的蛋白。*env* 基因编码参与病毒颗粒外膜成分的蛋白。Gag（或 Gag-Pol）和 Env 蛋白皆为多聚蛋白，它们要经过蛋白酶的切割才能最终形成在成熟病毒颗粒中所发现的单一蛋白质的形式。蛋白酶的活性被病毒以多种形式所编码：它可以是 *gag* 或 *pol* 的一部分，或有时以另一个独立的可读框形式存在。

主要参考文献

［1］侯云德. 分子病毒学. 北京：学苑出版社，1989.

［2］徐耀先，周晓峰，刘立德. 分子病毒学. 武汉：湖北科学技术出版社，1999.

［3］贾盘兴等. 噬菌体分子生物学. 北京：科学出版社，2001.

［4］李卓棣，胡正嘉. 微生物学. 北京：中国农业出版社，2000.

［5］阎隆飞，张玉麟. 分子生物学. 北京：中国农业大学出版社，1997.

［6］盛祖嘉. 微生物遗传学. 北京：科学出版社，1997.

[7] 吴乃虎. 基因工程原理. 第2版. 北京：科学出版社，2001.

[8] 王亚馥，戴灼华. 遗传学. 南京：高等教育出版社，1999.

[9] 孙乃恩，孙东旭，朱德熙. 分子遗传学. 南京：南京大学出版社，1990.

[10] Birge EA. Bacterial and Bacteriophage Genetics. 4th ed. New York：Springer-Verlag，2000.

[11] Snyder L，Champness W. Molecular Genetics of Bacteria. Washington DC：ASM Press，1997.

[12] Lodish H，Baltimore D，Berk A，et al. Molecular Cell Biology. New York：WH Freeman and Company，2000.

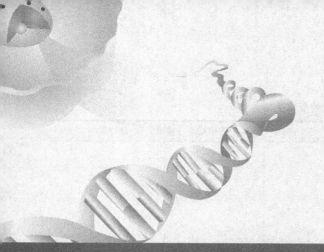

第四章
细菌基因转移和基因重组

在真核生物中，基因重组主要通过典型的有性生殖方式进行，即在减数分裂过程中的同源染色体间发生局部交换，结果造成基因的重组与交换。在原核生物中大都没有完全的有性生殖，它们的遗传重组作用只能在特定的条件下才能发生。在原核生物中，遗传重组是指受体细胞接受来自供体细胞的 DNA 片段，并把这种 DNA 片段整合成为受体细胞基因组的一部分。自然界条件下，原核生物基因从供体到受体的转移途径主要包括接合（conjugation）、转化（transformation）和转导（transduction）。本章主要以大肠杆菌为例讨论基因转移的方式、机制以及在基因定位中的应用。

第一节
转化 ●────────────────────────────

所谓转化一般是指某一基因型的细胞从周围介质中吸收来自另一基因型细胞的 DNA 而使受体的基因型和表型发生相应变化的现象。这种现象首先在细菌中发现，后来虽然在其他微生物中也发现了自然转化现象，但研究得较深入的仍然是细菌，特别是流感嗜血菌、肺炎链球菌、大肠杆菌、枯草芽孢杆菌等。随着对转化机制的了解以及 DNA 重组技术的建立，人们已可以对那些不能进行自然转化的细菌、真菌、放线菌乃至高等真核生物细胞进行人工处理而获得从周围介质中摄取 DNA 的能力，这些处理包括用高剂量的二价阳离子（如 Ca^{2+} 或 Mg^{2+} 等）、原生质体形成以及电穿孔等方法。

一、自然转化

如果不用特殊的化学方法或电击处理，大多数细菌都不能有效的吸收 DNA 分子。通常将不经特殊处理的细菌细胞从其环境中吸收外来 DNA 的过程称为自然转化。能进行自然转化的细菌包括革兰阳性细菌和革兰阴性细菌。表 4-1 是在实验室条件下，用具有抗性标记的质粒 DNA，对从自然界中分离到的微生物进行自然转化的实验结果。

自然转化一般可人为地分为下列三个阶段：①感受态的出现；②DNA 的结合与进入；

③DNA 的整合。

表 4-1　自然转化的原核生物种类

从陆地或水生环境中分离的微生物	转化效率（转化子数/活细胞数）
光能营养细菌（Photolithotrophic）	
巢状组囊蓝细菌（*Anacystis nidulans*）	8.0×10^{-4}
泥生绿菌（*Chlorobium limicola*）	1.0×10^{-5}
灰色念珠蓝细菌（*Nostoc muscorum*）	1.2×10^{-3}
集胞蓝细菌（*Synechocystis* sp.）6803	5.0×10^{-4}
集胞蓝细菌（*Synechocystis* sp.）OL50	2.0×10^{-3}
化能营养细菌（Chemolithotrophic）	
排硫硫杆菌（*Thiobacillus thioparus*）	$10^{-3} \sim 10^{-2}$
硫杆菌（*Thiobacillus* sp.）Y	1.7×10^{-3}
异养细菌（Heterotrophic）	
乙酸钙不动杆菌（*Acinetobacter calcoaceticus*）	7.0×10^{-3}
棕色固氮菌（*Azotobacter vinelandii*）	9.5×10^{-2}
枯草芽孢杆菌（*Bacillus subtilis*）	3.5×10^{-2}
地衣芽孢杆菌（*Bacillus licheniformis*）	1.2×10^{-2}
耐放射异常球菌（*Deinococcus radiodurans*）	2.1×10^{-2}
乳双歧杆菌（*Lactobacillus lactis*）	2.3×10^{-5}
耻垢分枝杆菌（*Mycobacterium smegmatis*）	$10^{-7} \sim 10^{-6}$
施氏假单胞菌和相关菌（*Pseudomonas stutzeri*）	7.0×10^{-5}
苜蓿中华根瘤菌（*Rhizobium meliloti*）	7.0×10^{-4}
普通小单胞菌（*Thermoactinomyces vulgaris*）	2.7×10^{-3}
嗜热栖热菌（*Thermus thermophilus*）	1.0×10^{-2}
黄栖热菌（*Thermus flavus*）	8.8×10^{-3}
栖热菌（*Thermus caldophilus*）	2.7×10^{-3}
水生栖热菌（*Thermus aquaticus*）	6.4×10^{-4}
弧菌（*Vibrio* sp.）DI9	2.0×10^{-7}
弧菌（*Vibrio* sp.）WJT-1C	2.5×10^{-4}
副溶血弧菌（*Vibrio parahaemolyticus*）	1.9×10^{-9}
甲基营养细菌（Methylotrophic）	
嗜有机甲烷杆菌（*Methanobacterium organophilum*）	5.3×10^{-3}
古细菌（Archaebacteria）	
沃氏甲烷球菌（*Methanococcus voltae*）	8.0×10^{-6}
病原细菌（Clinical isolates of pathogenic species）	
空肠弯曲杆菌（*Campylobacter jejuni*）	2.0×10^{-4}
大肠弯曲杆菌（*Campylobacter coli*）	1.2×10^{-3}
流感嗜血菌（*Haemophilus influenzae*）	7.0×10^{-3}
副流感嗜血菌（*Haemophilus parainfluenzae*）	8.6×10^{-3}
幽门螺杆菌（*Helicobacter pylori*）	5.0×10^{-4}
淋病奈瑟球菌（*Neisseria gonorrhoeae*）	1.0×10^{-4}
脑膜炎奈瑟球菌（*Neisseria meningitidis*）	1.1×10^{-2}
金黄色葡萄球菌（*Staphylococcus aureus*）	5.5×10^{-6}
肺炎链球菌（*Streptococcus pneumoniae*）	2.9×10^{-2}
血链球菌（*Streptococcus sanguis*）	2.0×10^{-2}
变异链球菌（*Streptococcus mutans*）	7.0×10^{-4}

1. 感受态的出现

自然界中并不是所有的细菌都能进行自然转化，能进行自然转化的细菌也并不是它们生长的任何阶段都具有吸收 DNA 的能力，而是生长到某一特定阶段的一种生理特性，把细菌能从周围环境中吸取 DNA 的生理状态称为感受态。因此，转化的第一步就需要使细菌处于感受态。关于感受态出现的时间和它持续的时间因微生物物种不同而有所不同，并且随生长条件而有所变化，如肺炎链球菌的感受态出现在对数生长期，枯草芽孢杆菌的感受态出现在对数生长期的后期。一个菌株能否出现感受态，不但由其遗传特性所决定，而且环境条件也起一定的作用。例如大肠杆菌在含有一定浓度 $CaCl_2$ 的环境中可诱发感受态的出现。

一般认为一旦群体中有少量感受态细胞出现，$3\sim5min$ 后，感受态细胞增加一倍，这是因为感受态是可以转移的，这是感受态的一个重要特征。已从许多细菌，如肺炎链球菌、枯草芽孢杆菌、链球菌等的感受态细胞的培养物中，分离出分子量为 $5\sim10$ kD 的小分子蛋白质，被称为感受态因子（competence factor，CF）。感受态因子可以诱导不处于感受态的细胞成为感受态，并具有一定的种属特性。由此提出一个模型：细菌细胞在特定时期产生一种感受态因子，这个因子与膜上受体结合，引起某些感受态-特异蛋白质（competence-specific protein）表达，其中一种是自溶素（autolysin），它的表达使细胞表面的 DNA 结合蛋白及核酸酶裸露出来，使其具有与 DNA 结合的活性。因此，可以说细菌表面出现许多 DNA 结合位点，意味着细菌出现了感受态。实验证明这些结合位点只能与双链 DNA 结合，而不能与单链 DNA 结合。例如曾经观察到肺炎链球菌的转化因子在 $100^{\circ}C$ 下逐渐失去转化活性（这时 DNA 发生变性，由双链 DNA 拆开成为单链 DNA）。在逐渐冷却过程中活性逐渐恢复（在逐渐冷却过程中，单链又并合成双链）。这一结果说明完整的 DNA 双链结构对于转化活性来说是必要的，但实验又表明 DNA 的进入和整合均为单链状态，不需要双链。因此转化需要双链 DNA，是转化的第一步，即与结合位点的结合时需要双链状态的 DNA。

感受态的形成也是受基因控制的，有关内容在枯草芽孢杆菌中研究得较为深入。枯草芽孢杆菌感受态形成涉及细菌染色体上 10 多个基因，在这里不做详细介绍。

2. 双链 DNA 的结合和进入

（1）革兰阳性菌（G^+）的转化　一般认为，革兰阳性菌和阴性菌在转化过程中的 DNA 结合和进入方面有些差异。肺炎链球菌属于革兰阳性细菌，其 DNA 的结合和进入的过程如图4-1所示。首先细胞在生长后期、细胞密度高时，细胞向外分泌感受态因子，诱导细胞出现感受态。然后双链 DNA 吸附在细胞表面的特异性受体上。吸附在细胞表面的双链 DNA 在两种 DNA 酶的作用下进入细胞内。第一种是核酸内切酶，它可将吸附在细胞壁上的 DNA 随机切割成大约 $4\sim5MD$ 长的片段；第二种是核酸外切酶，它将吸附着的双链 DNA 片段的一个单链分解掉，另一个单链与感受态-特异蛋白质结合，以这种形式进入细胞。枯草芽孢杆菌及其他阳性细菌也是以这种方式进行吸附 DNA 和使 DNA 进入的。在肺炎链球菌中，每个感受态细胞有 $30\sim80$ 个 DNA 结合和吸收位点；在枯草芽孢杆菌中，每个感受态细胞有约 50 个 DNA 结合和吸收位点。

（2）革兰阴性菌（G^-）的转化　流感嗜血菌（*Haemophilus influenzae*）属于革兰阴性细菌，与肺炎链球菌及枯草芽孢杆菌在 DNA 吸附和摄取上有所不同。首先表现在感受态细胞形成过程中，流感嗜血菌会形成一种能结合双链 DNA 的膜结构，称为转化小体（transformasome），该结构将双链 DNA 吸收后，能使 DNA 免受外源 DNA 酶的降解。转化小体位于细胞表面,与细胞的内外膜相融合。DNA 被吸收到转化小体后,在进入细胞质前,双链 DNA 被降解成为单链 DNA,只有单链 DNA 才能进入细胞内部并与宿主的染色体 DNA 进行整合(图 4-2)。在流感嗜血菌中,每个感受态细胞表面有 4～8 个 DNA 结合位点。

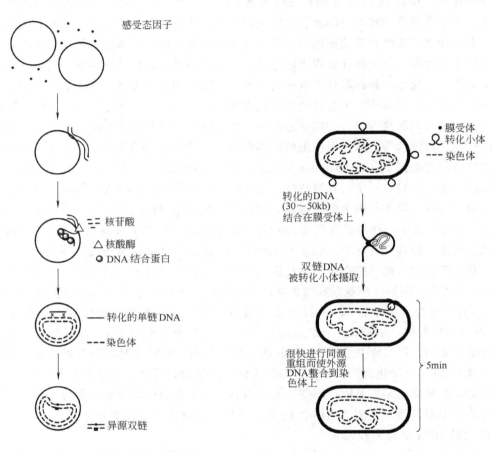

图 4-1 肺炎链球菌(G^+)的转化   图 4-2 流感嗜血菌(G^-)的转化

另外,流感嗜血菌只吸收和摄取来自同一物种或亲缘关系相近物种的 DNA,而枯草芽孢杆菌和肺炎链球菌则对外源 DNA 没有特异性要求(对大肠杆菌或 T7 的 DNA 都能进行吸收)。

为什么有些细菌对摄取的 DNA 有特异性要求呢?研究表明,流感嗜血菌和淋病奈瑟球菌之所以只吸收来自相同物种的 DNA,是由特异性摄取序列决定的。流感嗜血菌的特异性摄取序列是:5′AAGTGCGGTCA 3′;淋病奈瑟球菌的特异性摄取序列是:5′GCCGTCTCAA 3′。在流感嗜血菌的染色体上有 600 个拷贝的摄取序列。摄取序列虽然只有 10～12bp,但很少随机地出现在其他物种的 DNA 序列中,因此这些细菌对外源 DNA 的吸收具有选择性。近年来的研究表明,G^-菌和 G^+ 菌对单链 DNA 也能进行有效转化,但一般是在较低的 pH 值下进行的。

3. DNA 的整合

通过研究表明,无论枯草芽孢杆菌、肺炎链球菌还是嗜血流感菌,DNA 在细胞内的整合过程基本相同,即单链 DNA 进入细胞后,不经复制便以单链的形式与受体 DNA 的同源部分配对(可以设想受体 DNA 由于转录、复制或由于其他原因正处于解链状态)。然后供体 DNA 和受体 DNA 形成共价键，被交换下来的受体的一小段单链 DNA 为核酸酶所分解。在枯草芽孢杆菌中，约 70% 的被吸收到细胞质中的同源 DNA 被整合到染色体 DNA 上，被整合的 DNA 片段大小虽有差异，但一般平均长度为 8.5 kb。供体-受体 DNA 复合体的形成可能是类 RecA 蛋白催化作用的结果。

综上所述，可以看到转化的效率决定于下列三个内在因素：①受体细胞的感受态，它决定转化因子能否进入细胞；②受体细胞的限制系统，它决定转化因子在整合前是否被分解；③供体和受体 DNA 的同源性，它决定转化因子的整合。因为转化因子总是与碱基顺序相同的或相似的受体 DNA 配合，亲缘关系越近的其同源性也越强。

细菌感受态细胞的形成是细菌细胞许多基因产物共同作用的结果，说明细菌从周围环境中吸收 DNA 对细菌自身是有益的。转化为相同或相近物种之间的同源重组提供了可能性，是自然界中基因交换的一条重要途径，在生物变异和进化中起着重要作用。

二、人工转化

已知许多细菌包括大肠杆菌均无自然转化的能力，但经人工诱导可使它们形成感受态。如果通过二价阳离子处理，大肠杆菌和许多 G^- 细菌能产生感受态；对另一些细菌特别是某些 G^+ 细菌，则可通过制备原生质体实现 DNA 转化。

1. 大肠杆菌的转化

1970 年 Mandel 和 Higa 首先发现 DNA 在含有高浓度 Ca^{2+} 的条件下能够被受体细胞摄入和转化，随后的实验证明由 Ca^{2+} 诱导的人工转化的大肠杆菌中，其转化 DNA 必须是一种独立 DNA 复制子，例如质粒 DNA 和完整的病毒染色体具有高的转化效率，而线性的 DNA 片段则难以转化，其原因可能是线性 DNA 在进入细胞质之前被细胞周质内的 DNA 酶消化，缺乏这种 DNA 酶的大肠杆菌菌株能够高效地转化外源线性 DNA 片段的事实证实了这一点。

随着研究技术的改进和经验的积累，人们已经建立了用 Ca^{2+}、Mg^{2+} 等诱导转化的标准程序，能对大肠杆菌菌株 C600、JM101、JM109、DH5α 等进行有效的转化。最传统的转化方法是：先将大肠杆菌培养至 $OD_{600}=0.5\sim1$，接着用 $50\sim100$ mmol/L $CaCl_2$ 处理制备成感受态细胞；然后将 DNA 与感受态细胞混合，在冰浴中反应 $20\sim40$min 以后进行 42℃ 热击可增加 DNA 的吸收。每微克质粒 DNA 可获得 10^7 个转化子。由于异源的质粒 DNA 分子能够进入大肠杆菌细胞，所以大肠杆菌摄取 DNA 是非选择性的。

2. PEG 介导的转化

不能自然形成感受态的 G^+ 细菌如枯草芽孢杆菌和放线菌，可通过聚乙二醇（polyethylene glycol，PEG，一般用 PEG 6000）的作用实现转化。这类细菌必须首先用细胞壁降解酶完全除去它们的肽聚糖层，然后使其维持在等渗的培养基中，在 PEG 存在下，质粒或噬菌体 DNA 可被高效地导入原生质体。在已建立的成熟的转化系统中，例如枯草芽孢杆菌，利用 PEG 技术可使 80% 的细胞被转化，每微克质粒 DNA 可获得 10^7 转化子。其他微生物，包括那些缺乏细胞壁的类型，如支原体和 L-型细菌，现在也能用 PEG 进行转化。

3. 电穿孔法

在许多细菌和真核系统中，它们既无自然的感受态呈现也不能用上述的方法建立感受态。因此人们发展了一种新的将核酸分子导入细胞的方法，最突出的是电穿孔（electroporation）法和基因枪（biolistic）转化法。

电穿孔法对真核生物和原核生物都适用。现在已用这种技术对许多用其他方法不能导入

DNA 的 G⁻ 和 G⁺ 细菌成功地实现了转化。所谓电穿孔法是用高压脉冲电流击破细胞膜或将细胞膜击成小孔，使各种大分子（包括 DNA）能通过这些小孔进入细胞，所以又称电转化。该方法最初用于将 DNA 导入真核细胞，后来也逐渐用于转化包括大肠杆菌在内的原核细胞。在大肠杆菌中，通过优化各个参数，每微克 DNA 可以得到 $10^9 \sim 10^{10}$ 转化子，这些参数包括电场强度、电脉冲的长度和 DNA 浓度。电压更高或电脉冲更长，转化效率将会有所提高，但由于细胞生存率的降低，转化效率的提高将被抵消。

4. 基因枪（biolistic）转化

基因枪转化法首先由 Sanford 报道，该方法是将包裹有 DNA 的钨颗粒像子弹一样用高压射进细胞并使 DNA 留在细胞内，特别是留在细胞器中。用这种方法首次成功地将 DNA 导入酵母线粒体并引起线粒体遗传变化。基因枪转化现在被广泛地应用于植物的转化中。

三、利用转化绘制遗传图

1. 连锁检测

在转化中，如果转化因子的两个基因是连锁的，那么它们可以同时被转化，也称为共转化，连锁的两个基因距离越近，其共转化频率越高，反之则低。利用共转化率和连锁的二基因间的距离的反比关系可进行基因定位的工作。

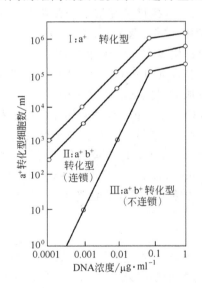

图 4-3　两个基因同时
转化是否由于连锁的实验判断

Ⅰ. a⁺ 或 b⁺ 的转化；

Ⅱ. a⁺b⁺ 同时转化，假定 a⁺ 和
    b⁺ 在同一 DNA 片段上；

Ⅲ. a⁺b⁺ 同时转化，假定 a⁺ 和
    b⁺ 不在同一 DNA 片段上

在转化过程中，两个连锁的基因可以同时转化，但是同时转化并不一定意味着基因连锁。因为包含着两个不连锁基因的两个 DNA 片段可以为同一个细菌所吸收。那么怎样判断两个基因是否连锁呢？一个可靠的证据是观察 DNA 浓度降低时的转化频率的改变。如果 a 和 b 是连锁的，那么当 DNA 浓度降低时，ab 转化频率的下降和 a 或 b 的转化频率的下降相同。假如 a 和 b 不连锁，那么 ab 转化频率的下降将远远超过 a 或 b 的转化频率（图 4-3）。这是因为在较低浓度范围内，转化频率和转化 DNA 的浓度成正比关系，如果两个基因在同一 DNA 分子上，那么浓度降低 10 倍时，两个基因同时转化的概率也将减少 10 倍。但是如果两个基因不在同一 DNA 分子上，那么 DNA 浓度下降时，两个基因同时转化的概率将减少 100 倍，而不是 10 倍，因此正像图 4-3 中的曲线 Ⅲ，它的斜率大于 Ⅰ 和 Ⅱ。

2. 遗传学图的绘制

如前所述，受体所摄取的外源 DNA 只是一个小的片段，如果两个基因在染色体上相距较远，那么它们就不可能为同一片段 DNA 分子所携带；如果两个基因紧密连锁时，它们就有很大的可能被同一个转化因子所携带，一同整合到受体细胞的染色体上。因此，也可以通过两个紧密连锁基因的共转化来绘制连锁图。例如，Lederberg 等人用枯草芽孢杆菌做了如下实验，即以 $trp2^+ his2^+ tyr1^+$ 为供体，以 $trp2^- his2^- tyr1^-$ 为受体进行转化，结果如表 4-2 所示。

表 4-2　$trp2^+$　$his2^+$　$tyr1^+$（供体）×$trp2^-$　$his2^-$　$tyr1^-$（受体）的转化类型

转 化 子	基 因 型			数　　目
	($trp2$	$his2$	$tyr1$）	
	+	+	+	11940
	−	+	+	3360
	−	−	+	685
	−	+	−	418
	+	−	−	2600
	+	−	+	107
	+	+	−	1180

	亲 本 类 型	重 组 类 型	重 组 值
$trp2\text{-}his2$	$\left.\begin{array}{l}11940\\1180\end{array}\right\}13120$	$\left.\begin{array}{l}2600+107\\3660+418\end{array}\right\}6785$	$\dfrac{6785}{19905}=0.34$
$trp2\text{-}tyr1$	$\left.\begin{array}{l}11940\\107\end{array}\right\}12047$	$\left.\begin{array}{l}2600+1180\\3660+685\end{array}\right\}8125$	$\dfrac{8125}{20172}=0.40$
$his2\text{-}tyr1$	$\left.\begin{array}{l}11940\\3660\end{array}\right\}15600$	$\left.\begin{array}{l}418+1180\\685+107\end{array}\right\}2390$	$\dfrac{2390}{17990}=0.13$

　　从上述资料可以看出，$trp2$、$his2$ 和 $tyr1$ 是连锁的，其中 $his2$ 和 $tyr1$ 连锁紧密，这是因为它们的共转化的频率最高。根据重组值计算结果。可知 $trp2\text{-}his2$ 的重组值为 0.34%，$trp2\text{-}tyr1$ 的重组值为 0.40%，$his2\text{-}tyr1$ 的重组值为 0.13%。因此，$trp2$、$his2$ 和 $tyr1$ 的排列顺序如图 4-4 所示。

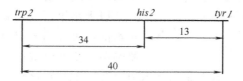

图 4-4　枯草芽孢杆菌中 $trp2$、$his2$ 及 $tyr1$ 的排列顺序

第二节
接合作用

　　在供体细胞和受体细胞直接接触后，质粒从供体细胞向受体细胞转移的过程称为接合作用。介导接合作用的质粒称为接合质粒（conjugative plasmid），也称自主转移质粒（self-transmissible plasmid）或性质粒（sex plasmid）。在接合作用中，质粒除能从供体细胞向受体细胞转移外，有些质粒还能带动供体的染色体向受体转移。接合作用普遍存在于 G^- 细菌和 G^+ 细菌中，但其接合作用机制可能有些差异。接合作用不同于细菌的转化和转导，其第一个特征是在接合作用中需要供体细胞与受体细胞之间的直接接触，这种直接接触在 G^- 细菌中是通过自主转移质粒编码的性菌毛而介导的，而在 G^+ 细菌中没有性菌毛，细胞的接触

是由于受体细胞分泌类似于性激素的短肽而刺激细胞接合；第二个特征是 G⁻ 细菌中的自主转移质粒一般分子量较大，有几十个 *tra* 基因参与 DNA 的转移，而 G⁺ 细菌中的自主转移质粒较小，只有几个 *tra* 基因参与 DNA 转移；第三个特征是无论在 G⁻ 细菌或 G⁺ 细菌中，自主转移质粒除自身能从供体细胞向受体细胞转移外，还能带动供体染色体向受体转移，因此接合作用也是自然界中物种间遗传物质交换的重要途径。细菌中的接合作用最早是在大肠杆菌中发现的，其自主转移质粒就是 F 因子。下面以大肠杆菌为例，介绍接合现象的发现、F 质粒的结构及接合作用的机制。

一、接合现象的发现与证实

1946 年，Lederberg 和 Tatum 在实验中成功地发现了细菌的接合现象。他们用大肠杆菌 K12 的两个营养缺陷型菌株混合培养，其中 A 菌株和 B 菌株的遗传标记如下。

图 4-5　细菌接合实验

A 菌株：$bio^- met^- thr^+ leu^+$（需要生物素和甲硫氨酸）。

B 菌株：$bio^+ met^+ thr^- leu^-$（需要苏氨酸和亮氨酸）。

将二者在完全培养基上混合培养过夜，然后离心除去培养基，再涂布于基本培养基平板上，结果原养型菌株可以以 $10^{-5} \sim 10^{-6}$ 的频率出现，该细胞的基因型应该是 $bio^+ met^+ thr^+ leu^+$；而将 A 菌株和 B 菌株单独培养在基本培养基平板上则没有菌落（图 4-5）。说明混合培养出现的原养型菌落是遗传重组体。

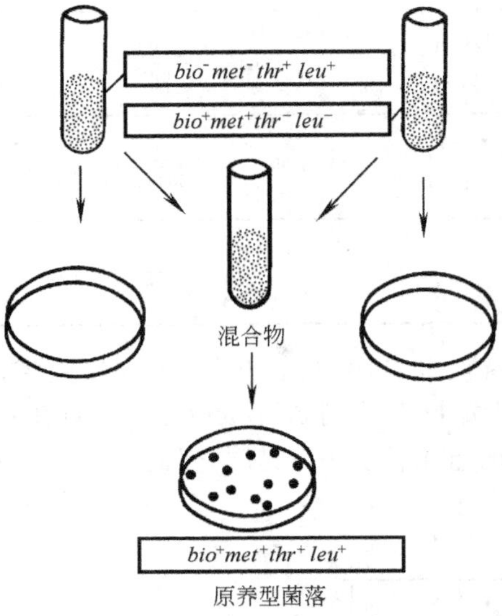

以上结果可以解释为细菌接合以后发生基因重组的结果，但是必须要排除下列几种解释：一是细菌细胞并没有接合，而是交换了 DNA（转化作用）；二是细胞并未接合，而是通过培养基交换了养料(互养)；三是细菌细胞并未接合而是亲本发生了回复突变。下面简单地说明如何排除这些解释。

1. 转化作用的排除

当时 Lederberg 和 Tatum 已经证明，当把 A 菌株的培养液经过灭菌，再加入到 B 菌株的培养液中，没有原养型菌落，这说明上述实验并非转化的结果。到了 1950 年，Davis 通过他的 U 形管试验进一步支持了 Lederberg 和 Tatum 的结论。Davis 把这两种缺陷型菌株 A 和 B 分别注入底部用烧结玻璃滤板隔开的 U 形管的两臂中（图 4-6）。这种滤板只允许培养基和大分子物质（包括 DNA）通过，但细菌细胞不能透过。培养一定时间后，从两端分别取样、离心和洗涤，再涂布于基本培养基平板上，结果未发现有原养型菌落出现。这一试验结果表明混合培养时得到的重组子不是转化的结果，同时也证明重组子的出现需要两亲本细胞的直接接触。

2. 互养的排除

营养缺陷型细菌通过培养基交换养料而生长的现象称为互养。如在 $A^- B^+ T1^s$ 和 $A^+ B^- T1^r$ 的杂交中，将基因型 $A^- B^+ T1^s$ 和 $A^+ B^- T1^r$ 两种细菌在基本培养基上混合培养，接触较短的一段时间以后，喷上噬菌体 $T1$，把 $A^- B^+$ $T1^s$ 细菌杀死。经培养以后仍有原养型菌落出现，这说明原养型菌落的出现并非由于互养。

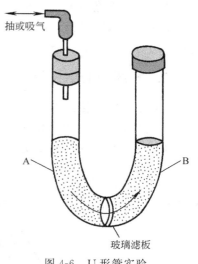

抽或吸气

A

B

玻璃滤板

图 4-6　U 形管实验

3. 回复突变的排除

因为大肠杆菌的突变率一般都 $<10^{-8}$，若两个基因同时回复突变，则其可能性只有 $<10^{-16}$（$10^{-8} \times 10^{-8}$），这种概率在平板上是很难检测到的，所以混合培养能出现 $10^{-5} \sim 10^{-6}$ 频率的菌落一定是重组的结果。

4. 遗传物质的单向转移

两种细菌只有接触才能产生重组子，这种重组子产生的过程是怎样的呢？最初人们设想：细菌重组也可能像真核生物一样伴随在减数分裂或某种染色体分离之后的核融合，形成完全的接合子，而且两个亲本在接合过程中都起了同样的作用。然而 Hayse（1952）用正反杂交实验证明，细菌重组的发生只是染色体单方向的转移，而且染色体的转移往往不完全。Hayse 利用 Lederberg 和 Tatum 所做的杂交实验（A）$met^- bio^-$（Str^r 或 Str^s）× （B）$thr^- leu^- thi^-$（Str^s 或 Str^r），在杂交 [正反实验实际上是（A）Str^s ×（B）Str^r] 完成以前用高剂量的链霉素将 A 菌株杀死，结果原养型重组体的数目变化不大；而在反交中 [实际是（A）Str^r ×（B）Str^s] 将 B 菌株杀死，则一个重组体也没有出现。这个正反交实验说明 A 和 B 两个菌株虽然同来自野生型 $E. coli$ K12，可是在杂交期间两个菌株所起的作用是不同的，因此大肠杆菌的遗传重组是一种单向过程。把 A 菌株认为是供体，而 B 菌株是受体。因为菌株 A 作为遗传物质的供体，当链霉素对它进行灭活以后，并未影响它传递遗传物质的能力，而 B 菌株作为遗传物质的受体，一旦被链霉素杀死以后，必然不能出现重组体。供体菌株又称为雄性细胞，受体菌株又称为雌性细胞。

5. F 质粒的发现

在证明了细菌的接合是遗传物质的单向转移后，Hayes 偶然发现了作为原始供体的 A 菌株，在冰箱里存放了一年之后会出现一种变种，这种变种在和正常的 B 菌株杂交时缺乏将遗传物质传给 B 菌株的能力。他将这个不育变种的一个 Str^r 突变型分离出来，并把它和可育的 Str^r A 菌株一起繁殖，将其涂布在含有链霉素的平板上，分离后再与 B 菌株杂交，结果使不育的变种恢复了可育性（大约有 1/3 恢复）。他们就大肠杆菌的可育性取得一致的解释。①大肠杆菌的供体或雄性细胞（如 A 菌株）记为 F^+，带有一个性因子或致育因子 F（fertility factor），而另一个不带性因子 F 的受体或雌性细胞（如 B 菌株）称为 F^-；②杂交 $F^+ \times F^-$ 是可育的，杂交 $F^- \times F^-$ 是不育的；③F 因子可以传递，从 F^+ 到 F^- 细菌，但必须通过细胞接触；④F 因子能够自发丧失，一旦丧失就不能再恢复，除非从另一个 F^+ 细胞再把它传递过来。以后的实验还证明 F^+ 细菌经低浓度的吖啶橙（这个浓度不足以抑制生长，大约 $30~\mu g/ml$）处理后 F 因子丧失，变为 F^- 菌株，F^+ 菌株也能偶尔自发地或经紫外线处理以后变为 F^- 菌株。

F^+ 是一种遗传性状，F 因子的存在使细菌成为 F^+，F 因子的丧失使细菌成为 F^-，F^+ 细菌分裂仍得到 F^+ 细胞。在这一点上 F 因子类似于染色体基因，F 因子能自我复制，F 因子一旦消失就不能再出现，正像缺失突变不能发生回复突变一样。但是 F 因子并不是染色体基因，因为染色体基因不那么容易消失，特别是染色体基因转移的频率不超过 10^{-6}，而 F 因子转移的频率可高达 70％以上，所以 F 因子是染色体外的一种遗传结构，也就是质粒（plasmid）。

二、F 质粒的结构及其在细胞中的存在状态

1. F 质粒的遗传结构

已经对 F 质粒的基因组进行了全序列测定。F 质粒为双链环状 DNA 分子，DNA 长度为 99159bp（约 100kb），约是大肠杆菌基因组的 2％，其中 1/3 的基因与接合作用有关。

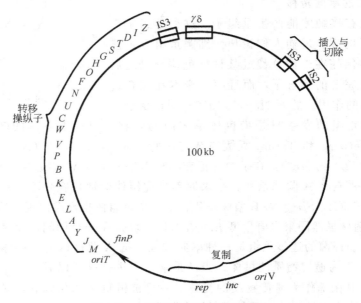

图 4-7　大肠杆菌 F 质粒的基因图

F 质粒的结构如图 4-7 所示，整个基因组由三个主要区段组成：转移区、复制区、插入区。下面分别介绍这三个区的主要功能。

（1）转移区（transfer region）　转移区的长度为 33 kb，由 23 个基因组成，构成一个 *tra* 操纵子（*tra* operon）。其中 *traA*、*traB*、*traC*、*traE*、*traF*、*traG*、*traH*、*traK*、*traL*、*traQ*、*traU*、*traV*、*traW* 与性菌毛的形成有关。*traY*、*traZ*、*traM*、*traI*、*traG*、*traD* 等与 F 因子的转移有关；*traG*、*traN* 影响杂交对的配对形成与否；*traI*、*traM* 决定 DNA 转移起始，*traI* 编码解旋酶Ⅰ（helicase Ⅰ），功能是在 DNA 链转移之前起解旋作用；*traD* 控制 DNA 转移；*traY*、*traZ* 编码的核酸内切酶能在转移起始区 *oriT* 上切开一个缺口。紧邻 *traM* 的是转移起始区 *oriT*，长度约 400 bp。当 F⁺×F⁻ 杂交时，供体 F 质粒的转移是从 *oriT* 位点开始的。由于 F 质粒的转移并不是双向复制过程，所以 *tra* 区总是最后进入受体细胞，特别是在 Hfr 菌株中，其特性可以明显地表现出来。

（2）复制区（replication region）　复制区负责 F 质粒的自我复制。为了与 F 质粒的转移复制 *oriT* 区分，通常称 F 质粒自主复制区为 *oriV*（Vegetative origin of replication），在 *oriV* 中包含有复制起点。F 质粒的复制是按 θ 型方式进行双向复制，它是一种严紧型质粒。一般地说，F 质粒的拷贝数能被精确地控制，一个寄主细胞约有 1～2 个 F 质粒。*Frp*（F replicative protein）编码一组与 F 质粒复制相关的蛋白质。*Inc*（incompatibility）基因产物使细胞具有不相容性。

（3）插入区（insertion region）　F 质粒插入区包含 4 个插入顺序：2 个 IS3，1 个 IS2 和 1 个 Tn1000（γδ）。它们与 F 质粒的整合、切除、易位有关（表 4-3）。

表 4-3　F 质粒的主要基因及其功能

基　　　因	功　　　能
ccdAB	抑制宿主细胞分裂
incBCF	不相容性
oriT	DNA 接合转移的起始位点
oriV	双向复制的起点
parABCL	质粒分配
traABCEFGHKLQUVW	性菌毛的生物合成和组装
traGN	杂交对的稳定
traI	特异性造成 *oriT* 缺口的 DNA 内切酶；DNA 解旋酶
tray	DNA 内切酶的亚基
traJ，finop	负责质粒转移性的调控
traST	表面排斥

2. F 质粒在细胞内的存在形式

根据大肠杆菌细胞内有无 F 质粒及 F 质粒在细胞内的存在状态可将细胞分为 4 种类型：F⁻、F⁺、Hfr 及 F′。F⁻ 是指细胞内不含 F 质粒；F⁺ 是指细胞内含有 F 质粒，而且 F 质粒以自主复制形式存在；Hfr 菌株（high frequency recombination strain）称为高频重组菌株，是指 F 质粒通过同源重组整合到宿主的染色体上，随着宿主染色体的复制而复制；F′ 是指携带了宿主的一部分染色体的 F 质粒。图 4-8 是 F 质粒的三种存在形式。

三、F 质粒与接合作用

1. F⁺×F⁻ 杂交

带有 F 质粒的细胞在形态学上可以与 F⁻ 明显区别。除了共有的大量表面菌毛以外，F⁺ 还有少量（通常在细胞对数生长期中只有 1～3 根）性菌毛。这些纤细的蛋白质性菌毛有的长数毫米，直径约为 8nm。性菌毛在细菌的接合过程中起着十分重要的

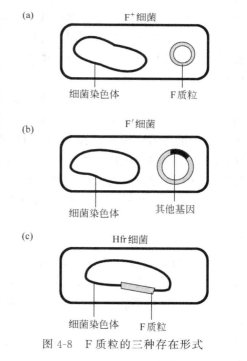

图 4-8　F 质粒的三种存在形式

作用。细菌的接合过程分为两步进行，即接合配对的形成和 DNA 转移。在 G⁻ 细菌中，F 质粒编码的性菌毛识别受体细胞。当性菌毛头部与受体细胞接触，使供体细胞和受体细胞连接到一块后，性菌毛可能通过供体或受体细胞膜中的解聚作用（disaggregating）和再溶解作用（redissolving）进行收缩，从而使供体和受体细胞紧密相连，很快在接触处形成胞质桥（图 4-9）。胞质桥才是 F 质粒转移的通道，而性菌毛并不是 F 质粒转移通道。紧接着便开

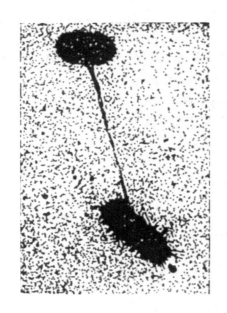

图 4-9　F⁺ 和 F⁻ 细胞通过性菌毛的接触

始接合过程的第二步——DNA 转移，此时 F 质粒上 *traYZ* 基因表达，产生的核酸内切酶在 *oriT* 处一条单链上切开一个切口，并以 5′ 末端为首通过胞质桥通道进入受体，而互补链留在供体。研究表明，在 37℃时，F 质粒 DNA 的转移速度约 $3.3×10^4$ bp/min，因此整个 F 质粒在 1～2min 内将全部核苷酸转移进受体（图 4-10）。一旦单链 DNA 进入受体细胞，DNA 分子两端再连接起来形成环状 DNA 分子，然后受体细胞和供体细胞中的单链 DNA 再分别以自己为模板进行复制，形成双链 DNA 分子。所以当接合作用完成后，受体细胞也变成了含有 F 因子的 F⁺ 细胞，即：F⁺×F⁻→2F⁺ 。

2. Hfr×F⁻ 杂交

上文已经阐述了大肠杆菌接合过程中 F DNA 的转移，这是 F⁺×F⁻ 细胞杂交的情况，杂交的结果是受体和供体都成为 F⁺ 细胞，这里显然不涉及到供体染色体 DNA 的转移。F 质粒除了自身转移外，也能介导寄主 DNA 的传递，在这类基因转移过程中，F 质粒只起着遗传载体作用。把 F 质粒介导的基因转移称为 F 转导或 F 性导（sexduction）。F 性导有两种形式：供体染色体的部分甚至全部转移（Hfr×F⁻ 杂交）；供体的一个或少数基因转移（F′×F⁻ 杂交）。

Hfr 菌株是怎样形成的呢？质粒能通过几种不同的机理整合到染色体上，包括质粒和染色体序列的同源重组。正常的同源重组需要两个 DNA 之间有同源性，但大多数质粒的序列具有不同于宿主染色体的独特性。但另一方面，有时质粒和染色体都共有插入序列和转座子，这些转座因子间的同源重组可导致质粒的整合。大肠杆菌染色体基因组有 7 个 IS1、13 个 IS2 及 6 个 IS3；F 质粒有 1 个 IS2 和 2 个 IS3。图4-11 是 F 质粒与染色体上的 IS2 之间通过同源重组产生 Hfr 菌株的示意图。因此大肠杆菌染色体上有 19 个 IS 介导的 Hfr 形成位点。F 质粒插入到染色体上的频率约为每代 $10^{-5}～10^{-7}$，由于 F 质粒在插入染色体时，插入的位置是随机的（但在 *E. coli* 染色体上也有一些 IS 的插入热点），插入的方向也是随机的，结果就会出现许多不同的 Hfr 菌株。因此就会出现 Hfr 菌株高频传递的标记不相同、传递的方向也不相同的现象。Hfr 细胞仍然保持着性细胞特征，具有 F 性菌毛，并且像 F⁺ 细胞一样与 F⁻ 细胞进行接合。

Hfr×F⁻ 杂交与 F⁺×F⁻ 杂交有着相同的过程，

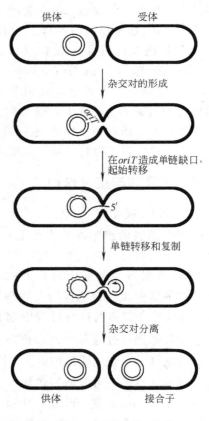

图 4-10　F⁺×F⁻ 杂交

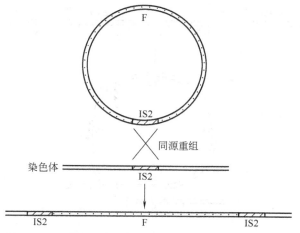

图 4-11 F 质粒和染色体之间的同源重组而产生 Hfr 菌株

包括细胞间接触、胞质桥形成、链的断裂、单链 DNA 从供体向受体转移。因为 F 质粒在 Hfr 细胞中已和染色体结合成一个复制子，所以 F 质粒在接合时能带动染色体 DNA 进入受体。但其先后顺序决定于 F 质粒和染色体整合的位置，由于 F 质粒可以整合在大肠杆菌的几个不同部位上，转移时首先是 F 因子的 *oriT* 和小部分 F DNA 先进入受体，然后是染色体 DNA，最后才是剩下的大部分 F 因子的 DNA。Hfr 细胞推动完整的大肠杆菌染色体的转移大约需要 100min。但由于转移过程中常因外界干扰或细菌自身的活动而中途停止，因此让全部的 Hfr DNA 进入受体相当困难。于是在 Hfr×F⁻ 杂交中，杂交结果仍是 Hfr 细胞和 F⁻ 细胞（图4-12）。

3. F′×F⁻ 杂交

与温和噬菌体一样，F 质粒在脱离 Hfr 细胞的染色体时也会发生差错，从而形成带有细菌染色体基因的 F′ 质粒（图 4-13）。而 F′ 因子又可通过交换整合到细菌染色体的原来位置上，回复到原来的 Hfr 状态。由于在 F′×F⁻ 接合作用中能专一性地向 F⁻ 转移 F′ 质粒携带的供体基因，因而也有人把通过 F′ 因子的转移而使受体菌改变其遗传性状的现象称为 F 遗传转导或性因子转导。

四、中断杂交试验和基因定位

1. 中断杂交试验

Hfr 细菌与 F⁻ 细菌接合以后，在 F 质粒的影响下，染色体是按一定方向和均匀速度逐渐进

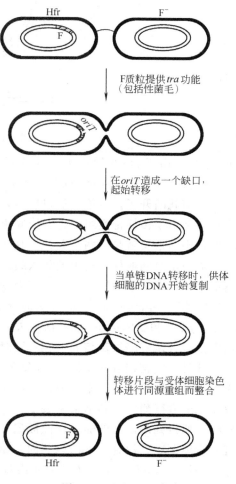

图 4-12　Hfr×F⁻ 杂交

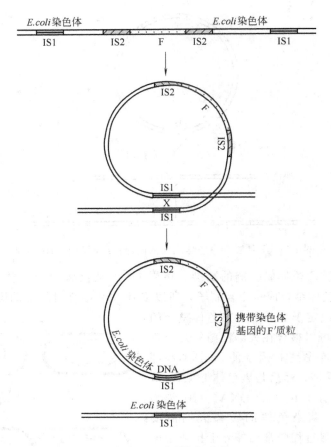

图 4-13 F′质粒的形成

入 F⁻ 细菌。由于 DNA 转移从 *oriT* 起始，F 质粒的主要部分应该在最后进入受体，但 Hfr ×F⁻ 杂交后，F⁻ 并不转变为 F⁺，这说明大部分 F 因子并没有进入受体，而接合对在 DNA 转移完成前就断开了。这给人们以启示，如果人为地中断正在进行基因转移的杂交对，然后测定受体菌里遗传标记重组率，就能知道基因连锁情况。

所谓中断杂交就是将两个菌株（例如 Hfr *a*⁺ *str*ˢ ×F⁻ *a*⁻ *str*ʳ）在培养液中进行通风培养，每隔一定时间取样，把菌液放入组织捣碎器里搅拌以中断杂交，经过稀释接种到鉴别培养基上，待形成菌落后鉴定它们的基因型。

1957 年 Wollman 和 Jacob 首次进行中断杂交实验，采用供体菌 HfrH *str*ˢ *thr*⁺ *leu*⁺ *azi*ˢ *ton*ˢ *lac*⁺ *gal*⁺ 和受体菌 F⁻ *str*ʳ *thr*⁻ *leu*⁻ *azi*ʳ *ton*ʳ *lac*⁻ *gal*⁻，将大约 10 倍的 F⁻ 菌与 Hfr 对数期菌混合，轻轻振荡培养，在不同时间间隔取样，然后在组织搅拌器中剧烈振荡，目的在于分开已经紧密接合的供体-受体杂交对。振荡后的培养物涂布于加了链霉素的基本培养基上，筛选不同于两个亲本的 *thr*⁺ *leu*⁺ *str*ʳ 重组子。再对每一个重组子的非选择性标记 *azi ton lac gal* 进行测定。其结果见表 4-4，并用图 4-14 表示。从图中可以看到在混合 5min 后取样时，所得到的菌落的非选择性标记全部和 F⁻ 菌株相同，说明还没有任何 Hfr 细菌的基因进入受体菌中。混合 10min 取样时，重组体中有 10% 含 Hfr 的 *azi* 基因，但几乎没有 *ton* 和 *gal* 基因，25min 时，*gal* 基因才出现。在 60min 后，依据图 4-14 的动力学，*thr*⁺ *leu*⁺ *str*ʳ 重组体的数目达到最高点，而非选择性供体标记也趋于平衡，在这些重组体之间，非选

择性供体标记从 *azi* 基因的 90% 到 *gal* 基因的 25%，因此，HfrH 和 F⁻ 杂交建立起稳定的接合对时，供体的染色体的转移是从一个固定点（0 点）开始的，并以 0→*thr*→*leu*→*azi*→*ton*→*lac*→*gal* 的次序转移进入 F⁻ 受体中去，供体的基因组是以 3.3×10^4 bp/min 的匀速转移进入受体的。那么每个供体的基因进入受体的时间便成为遗传图距的一种量度，换句话说，这个时间就可以表示一张遗传连锁图。

表 4-4　Hfr×F⁻ 杂交中的中断杂交结果

取样时间/min	*thr⁺leu⁺* 重组型的构成/%									
	未振荡处理样品					振荡处理样品				
	thr⁺leu⁺	*aziˢ*	*tonˢ*	*lac⁺*	*gal⁺*	*thr⁺leu⁺*	*aziˢ*	*tonˢ*	*lac⁺*	*gal⁺*
5	100	90	73	34	17	0	0	0	0	0
10	100	89	74	38	18	100	12	3	0	0
15	100	90	75	32	19	100	70	31	0	0
20	100	91	74	34	18	100	88	71	12	20
40	100	90	80	42	19	100	90	75	33	20

2. 大肠杆菌的环状基因图

F 质粒能够完全整合到染色体的许多位置，所以从 F⁺ 菌可以获得各种 Hfr。每个 Hfr 菌中的 F 质粒整合方向又是不同的，它们转移 DNA 的 0 点和方向也不一样。Wollman 和 Jacob 用分离到的一系列 Hfr 菌株进行了中断杂交实验。正是通过以一系列 Hfr 菌株进行的中断杂交实验，才首次推断大肠杆菌的染色体基因组是环状的（图 4-15）（6 年后 Cairns 才证明细菌染色体确实是环状分子）。这就是说无论是哪一种 Hfr 菌，如果不考虑基因座位与转移起点的关系，那么所有 Hfr 菌的基因转移序列完全是一样的。

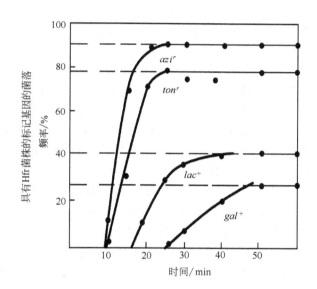

图 4-14　中断杂交实验

五、其他细菌中的接合作用

质粒介导的接合作用和基因重组最初是在大肠杆菌 K12 中发现的，后来发现接合作用广泛存在于其他许多 G⁻ 和 G⁺ 细菌中。下面介绍几种代表性细菌的接合作用。

1. 沙门菌

沙门菌是和大肠杆菌同属于肠道杆菌科的一种细菌，可以通过细菌接合而将大肠杆菌的 F 质粒转移到沙门菌中去，大肠杆菌的 F 质粒进入鼠伤寒沙门菌后，也能产生 Hfr 菌株，从而使沙门菌也像大肠杆菌一样能通过接合而导致基因重组。鼠伤寒沙门菌的遗传学图便是通过类似于大肠杆菌的中断杂交方法而绘制出来的。类似的情况包括一些和大肠杆菌具有相近亲缘关系的细菌如弗氏柠檬酸杆菌（*Citrobacter freundii*）、菊花欧杆菌（*Erwinia chrysan-*

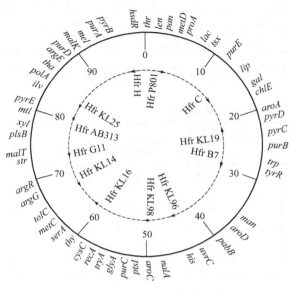

图 4-15 大肠杆菌环状染色体
及其 Hfr 菌株的梯度转移方向

themi）等。

2. 假单胞菌

假单胞菌属是营养要求差异很大的一类细菌，这种特性可能与该属含有许多不同种类的质粒有关。据报道，铜绿假单胞菌（*Pseudomonas aeruginosa*）PAO、恶臭假单胞菌（*P. putida*）、荧光假单胞菌（*P. fluorescens*）、大豆假单胞菌（*P. glycinea*）、丁香假单胞菌（*P. syringae*）等都含有类似于大肠杆菌 F 质粒的质粒，能进行接合作用。如铜绿假单胞菌 PAO 含有三个类似于 F 质粒的质粒：FP2、FP39 和 FP110，它们能引起铜绿假单胞菌 PAO 通过接合而导致基因重组。用带有质粒 FP2 的铜绿假单胞菌作为材料，曾绘制出它的遗传学图。但假单胞菌的接合作用机制还不太清楚，一般来说不能产生 Hfr 菌株。

3. 粪肠球菌（*Enterococcus faecalis*）

（1）粪肠球菌中两种接合系统　粪肠球菌，1987 年以前被称为粪链球菌（*Streptococcus faecalis*），属于 G⁺细菌，兼性厌气，不运动，能引起人的肠道疾病。该菌具有很多不同的菌株，其中大多数菌株含有一种或一种以上的质粒，而且大多数质粒都属于接合质粒。该菌的四环素抗性、氯霉素抗性、红霉素抗性、溶血素等特征就是由质粒携带的基因决定的。粪肠球菌中的接合质粒分为两大类：一类是性信息素-响应质粒（sex phero-mone-response plasmid），如 pAD1、pOB1、pPD3、pJH2、pAMr1、pAMr2、pAMr3 等，它们在肉汤培养基中以较高的频率（$10^{-3} \sim 10^{-1}$）从供体细胞向受体细胞转移，这种接合转移是由受体细胞分泌的性信息素所诱导的；第二类属于广寄主范围质粒，如 pAMβ1、pAC1、pIP501 和 pSM1536 等，它们在肉汤培养基中的转移频率较低（通常 $< 10^{-6}$），而在固体表面（滤膜）杂交时有较高的转移频率（$10^{-4} \sim 10^{-2}$）。如 pAMβ1 的寄主范围广泛，除能在粪肠球菌种内很多不同的菌株间转移外，还能转移到干酪乳杆菌、金黄色葡萄球菌、枯草芽孢杆菌等不同种的细菌内。第一类质粒在肉汤培养基中容易进行接合转移，是利用可扩散的性信息素促进细胞与细胞之间的接触，而后者的转移并不依赖于性信息素。

（2）性信息素-响应质粒介导的接合作用机制　含有性信息素-响应质粒的粪肠球菌称为供体，不含该质粒的粪肠球菌称为受体。受体细胞向培养基中分泌许多不同种类的短肽（性信息素）。当含有性信息素-响应质粒的细胞（供体）与相应的信息素接触后，性信息素诱导供体细胞中的质粒基因表达，结果是带有质粒的供体细胞表面合成出一种黏性物质，称为凝集物质（aggregation substance）。由于大多数粪肠球菌（包括供体和受体）细胞表面具有结合物质（binding substance），因此供体细胞与受体细胞相遇后，凝集物质黏着在受体细胞表面的结合物质上，引起细胞凝集。在试管内，细胞凝集成为细菌块而沉在试管的底部，形成可见的沉积物。通过一个尚还不了解的机制，性信息素-响应质粒从供体细胞向受体细胞转移。一旦受体细胞获得这种特殊的质粒后，相应性信息素的合成就会关闭（图 4-16）。这种接合系统主要存在于粪肠球菌中，具有较高的杂交效率，它在滤膜杂交和肉汤杂交中都能引起质粒的转移。

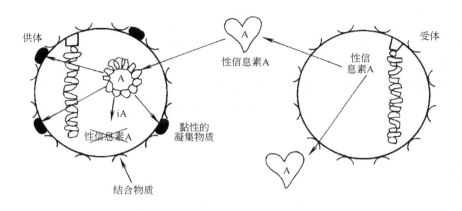

图 4-16　粪肠球菌性信息素-响应接合系统

（3）性信息素-响应质粒和性信息素的特征　目前，在粪肠球菌中已经发现十几种性信息素-响应质粒，它们的一些基本特征见表 4-5。

表 4-5　已知的一些性信息素-响应质粒

质　粒	大　小/kb	原寄主	表　型	相应的性信息素
pAD1	60	DS16	Hly/Bac, uv	cAD1
pPD1	56	39-5	Bac	cPD1
pAM373	36	RC73	?	cAM373
pCF10	54	SF-7	Tet^r（Tn925）	cCF10
pAMγ1	60	DS5	Hly/Bac, uv	cAD1
pAMγ2	约 60	DS5	Bac	cAMγ2
pAMγ3	约 60	DS5	?	cAMγ3
pOB1	71	5952	Hly/Bac	cOB1
pJH2	59	JH1	Hly/Bac	cAD1
pBEM10	70	HH22	Pen^r, Gen^r, Kan^r, Tm^r	cAD1
pAM323	66	HH22	Ery^r	cAM323
pAM324	53	HH22	?	cAM324

注：Hly（溶血素），Bac（细菌素），uv（紫外线抗性），Tet^r（四环素抗性），Pen^r（青霉素抗性），Gen^r（庆大霉素抗性），Kan^r（卡那霉素抗性），Tm^r（妥布拉霉素抗性），Ery^r（红霉素抗性）。

含有特定性信息素-响应质粒的细胞只受相应的性信息素诱导而呈现接合反应的特征，即在细胞表面产生黏性物质。一些性信息素已经被纯化，而且其结构已经测定（表 4-6）。

表 4-6　一些性信息素的结构

性信息素（相对分子质量）	短 肽 结 构
cPD1（912）	H-Phe-Leu-Val-Met-Phe-Leu-Ser-Gly-OH
cAD1（818）	H-Leu-Phe-Ser-Leu-Val-Leu-Ala-Gly-OH
cAM373（733）	H-Ala-Ile-Phe-Ile-Leu-Ala-Ser-OH
cCF10（789）	H-Leu-Val-Thr-Leu-Val-Phe-Val-OH

研究表明，一个粪肠球菌细胞能产生至少 5 种不同的性信息素，所以该菌中的一些菌株带有 1 种以上的质粒，如 DS5 菌株和 HH22 菌株都分别含有 3 种性信息素-响应质粒。人工合成的性信息素具有与天然性信息素一样的活性，也能特异地诱导含有相应质粒的细胞发生接合反应。

第三节
转导 •

转导是利用噬菌体为媒介，将供体菌的部分 DNA 转移到受体菌内的现象。因为绝大多数细菌都有噬菌体，所以转导作用较普遍。另外，转导 DNA 位于噬菌体蛋白外壳内，不易被外界的 DNA 水解酶所破坏，所以比较稳定。

转导可分为普遍性转导（generalized transduction）和局限性转导（specialized transduction）两种类型。在普遍性转导中，任何供体的染色体都可以转移至受体细胞。而在局限性转导中，被转导的 DNA 片段仅仅是那些靠近染色体上溶源化位点的基因，因为这些基因常常在原噬菌体反常切除时被错误地带到噬菌体基因组中。这两种类型的转导惟一相似之处是，它们均用噬菌体作为转导 DNA 载体，不同点在于转导颗粒的形成机制、转导 DNA 整合到受体染色体中的机制不同。下面分别介绍这两种类型的转导。

一、普遍性转导

1. 转导现象的发现

1952 年 Lederberg 和他的学生 Zinder 把鼠伤寒沙门菌的一个突变菌株 LT22（trp^-）和另一个突变菌株 LT2（his^-）在基本培养基上进行混合培养，结果在 10^7 细胞中得到大约 100 个原养型菌落。

为了进一步验证鼠伤寒沙门菌是否通过细胞接合而产生重组体又进行了 U 形管实验，即将 LT2 和 LT22 菌分别接种于 U 形管的两臂，中间用滤板隔开。出乎意料，在接种 LT22 的一端出现了原养型细菌。这一事实说明沙门菌的基因重组并不是通过细胞接合，而是通过某些可过滤因子而发生的。

通过一系列的实验，发现可过滤因子具有下列一些特性：①可过滤因子并不由于 DNA 酶的处理而失活；②可过滤因子和从溶源性的 LT22 菌株得来的噬菌体（称为 P22）具有相同的大小和质量；③可过滤因子加热后失活，用抗 P22 血清处理后也失活；④把 P22 的 LT2 和 LT22 菌株混合培养，在基本培养基上不出现原养型菌落。这些结果证实了可过滤因子是温和噬菌体 P22。这就是最早发现的转导现象。随后在许多其他细菌中也发现了由噬菌体介导的遗传物质转移，包括大肠杆菌、黏球菌、根瘤菌、柄杆菌和假单胞菌。目前在普遍性转导中研究最多的仍然是沙门菌噬菌体 P22 和大肠杆菌噬菌体 P1。

2. 普遍性转导噬菌体

普遍性转导噬菌体包括许多温和噬菌体和一些烈性噬菌体，但是并不是所有噬菌体都能进行普遍性转导。噬菌体能否进行普遍性转导与噬菌体对宿主 DNA 的降解机制和噬菌体对 DNA 的包装机制有关。如果宿主 DNA 被噬菌体完全降解，则不能进行有效的包装。另外，噬菌体包装位点（packaging site，简称 pac 位点）的特异性不能太高，否则也不能将宿主 DNA 包被在噬菌体内。

鼠伤寒沙门菌的 P22 和大肠杆菌的 P1 是研究最多的普遍性转导噬菌体，这两种噬菌体既能溶源又能裂解。

（1）P22 的代谢及转导颗粒的形成

① P22 噬菌体的结构和代谢。P22 噬菌体的 DNA 具有末端冗余（terminally redundant）和环状排列（circularly permuted）结构。所谓末端冗余是指 P22 DNA 分子的两端有少数相同的核苷酸重复（约 2%）；所谓环状排列是指各个 P22 DNA 分子的核苷酸排列虽然是不变的，可是从哪一核苷酸开始则有种种可能。P22 DNA 的这种结构是由 P22 所使用的包装 DNA 的机制决定的，此包装机制称之为"headful"（图 4-17）。headful 的含义是指单个噬菌体头部所含的 DNA 量。

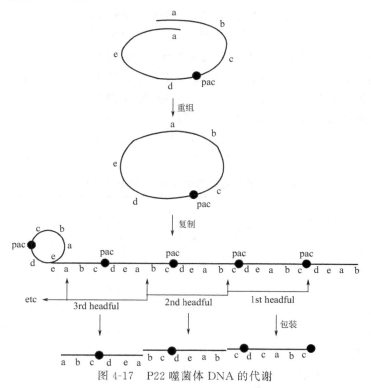

图 4-17　P22 噬菌体 DNA 的代谢

当 P22 感染细胞时，DNA 分子重复末端之间通过同源重组而环化，P22 DNA 的冗余末端提供了环化反应的基质，环化的 DNA 才能产生感染和进行复制。环状分子进行滚环复制从而产生一个多联体分子（concatemer），这是一个含有多个基因组拷贝的长 DNA 分子。DNA 的包装从基因组的一个 pac 位点开始，用噬菌体编码的酶按顺序进行切割，并以

"headful"的长度进行包装，当第一次切割的DNA被包装的时候，第二次切割又开始，按顺序切割下去。

② 转导颗粒的形成。在P22噬菌体感染过程中，宿主DNA不降解（这与烈性噬菌体不同），噬菌体产生的酶同样可以识别染色体DNA上类似pac位点并进行切割，以"headful"的包装机制进行包装，但是这种颗粒内的DNA不是噬菌体基因组而是同样大小的宿主染色体DNA片段，这种颗粒便是转导噬菌体（图4-18）。据估计，在沙门菌染色体上大约有10～15个类似pac的位点。从单个pac位点开始，约有10个"headful"的DNA能被包装，另外P22对pac位点的特异性要求也不太高，因此P22能以较高的频率转导宿主染色体的某些区域。

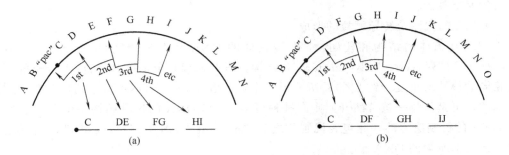

图4-18　宿主DNA通过P22噬菌体headful包装机制的包装
(a) 野生型染色体；(b) E缺失的染色体

（2）P1噬菌体　P1噬菌体是大肠杆菌普遍性转导噬菌体，其pac位点的特异性比其他噬菌体要低，也是以"headful"的包装机制进行包装，能有效地包装宿主DNA片段，约10^{-6}噬菌体P1颗粒就能转导一个特殊标记，另外P1噬菌体的宿主范围较广，能将大肠杆菌的DNA转导到其他许多G^-细菌如克氏杆菌属（*Klebsiella*）和黏球菌属（*Myxococcus*）中。P1 DNA的分子量为66 MD，是P22基因组的2.4倍，所以P1转导的DNA片段比P22要大（表4-7）。

表4-7　普遍性转导噬菌体P1和P22的特征

特　　征	噬菌体	
	P1	P22
被包装的DNA长度/kb	100	44
被转导的宿主染色体比例/%	2	1
包装机制	顺序headful	顺序headful
被转导的遗传标记的特异性	几乎没有	有些遗传标记能以低频率转导
宿主DNA的包装	从末端进行包装	从pac-like序列进行包装
裂解液中所含的转导颗粒/%	1	2
转导DNA与受体染色体的重组率/%	1～2	1～2
宿主	大肠杆菌	鼠伤寒沙门菌

（3）其他噬菌体　其他噬菌体虽然不是天然转导噬菌体，但经特殊改造后会成为转导噬菌体。如T4噬菌体侵染宿主后一般会将宿主DNA降解，因此认为T4噬菌体是不能转导的。但将T4噬菌体的降解宿主DNA的基因失活后，则可转变成非常好的转导噬菌体，这

是因为 T4 噬菌体不需要 pac 位点，对任何 DNA 包括宿主 DNA 能进行高效率包装。1979年 Wilson 等人通过多位点突变获得了能进行普遍性转导的 T4 噬菌体，称为 T4GT7。

相反，λ 噬菌体不能很好地进行普遍性转导，因为 λ 噬菌体不是按 headful 机制进行包装，而是对两个 cos 位点间的 DNA 进行包装。另外，λ 噬菌体很少会错误的将宿主 DNA 包装在病毒颗粒内，即使 DNA 被错误的包装，如果在大小适当的 DNA 片段上没有 cos 位点也很难对宿主 DNA 进行适当的切割。

3. 普遍性转导的过程

所谓普遍性转导，就是在噬菌体感染的末期，细菌染色体被断裂成许多小片段。在形成噬菌体颗粒时，少数噬菌体将细菌的 DNA 误认作是它们自己的 DNA 而包被在蛋白外壳内，从而形成转导噬菌体。在这一过程中，噬菌体外壳蛋白只包被一段与噬菌体 DNA 长度大致相等的细菌 DNA，而无法区分这段细菌 DNA 的基因组成，所以细菌 DNA 的任何部分都可被包被，因此形成的是普遍性转导噬菌体。当携带供体基因的噬菌体侵染受体菌时，噬菌体便将供体基因注入受体菌中。如果噬菌体携带的是细菌染色体 DNA，则可能与受体细胞内的染色体 DNA 发生同源重组，而将此片段整合到受体菌的染色体上，形成一个稳定的转导子（transductant）；如果携带的是质粒 DNA，则可能会在受体细胞中进行自我复制而稳定地保留下来；如果携带的是含有转座子的 DNA 片段，则转座子可能整合到受体细胞的染色体或质粒上。

如图 4-19 所示，P1 噬菌体感染 E. coli Trp$^+$ 后，进行繁殖，同时使宿主的 DNA 降解成小片段，P1 噬菌体包装时有部分错误地将宿主的 DNA 包装到头部，细胞裂解后一并释放出来。当带有 trp$^+$ 基因的转导颗粒再去感染 E. coli Trp$^-$ 时，因其不含 P1 DNA，所以不能复制、繁殖和裂解，只是将含 trp$^+$ 的 DNA 片段注入新的 Trp$^-$ 受体，经双交换发生重组使 Trp$^-$ 细胞转导成 Trp$^+$，被交换下来的带有 trp$^-$ 的片段，则被降解掉。对于任何特定的基因来说，大约以 10^{-5} 的频率形成转导颗粒。

转导频率可用以下方法来计算：

$$
\text{P1} \xrightarrow{\text{侵染}} \text{供 体} \xrightarrow{\text{裂解}} \text{收集子代噬菌体} \xrightarrow{\text{侵染}}
\begin{cases}
\text{受 体} \xrightarrow{\text{(基本培养基)}} \text{选出重组子} \\
\text{(缺陷型 E. coli)} \quad\quad\quad\quad \text{(转导子)} \\
\text{菌苔计数噬菌斑} \\
\text{(完全培养基)}
\end{cases}
$$

（野生型 E. coli）

因转导颗粒不能裂解，所以不形成噬菌斑，因此侵染受体总的 P1 应为噬菌斑数加转导子数。故转导频率为：

$$
\text{转导频率} = \frac{\text{转导子数}}{\text{侵染受体的 P1 颗粒数}} \times 100\% = \frac{\text{转导子数}}{\text{噬菌斑数} + \text{转导子数}} \times 100\%
$$

4. 普遍性转导在遗传学研究中的应用

虽然在许多细菌中发现了普遍性转导噬菌体，普遍性转导噬菌体在细菌的遗传性状分析中也起了很大作用。但是，如果有些细菌中没有已知的普遍性转导噬菌体，要寻找普遍性转导噬菌体则非常费时费力。因此在后来的遗传性状的分析中，还是以接合作用、基因转化、转座子诱变等方法为主。

（1）共转导 普遍性转导的重要应用之一是通过测定共转导的频率进行基因定位，所谓

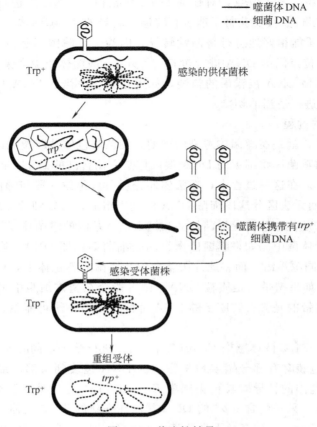

图 4-19　普遍性转导

共转导（cotransduction）是指两个处在一个转导片段上的基因一起整合进受体染色体中。显然被共转导的两个基因之间的距离不能超过转导噬菌体所能包装的 DNA 长度，而且越是紧密连锁的基因其共转导频率也越高。

P1 噬菌体被广泛应用于大肠杆菌遗传分析中。1955 年，Lennox 发现 P1 噬菌体能在大肠杆菌中将供体的遗传性状传递给受体细菌。也就是说，先使 P1 噬菌体感染野生型的大肠杆菌，收集菌体裂解液，然后再使菌体裂解液与营养缺陷型（thr^-，leu^-）混合，便可获得 thr^+ 和 leu^+ 的转导子。经研究发现，P1 噬菌体可以转导许多不同的基因，而且每一个受体细胞一般只能通过转导改变一个性状。此外，P1 噬菌体还可以将染色体上紧密连锁的几个基因同时转导到受体细胞中去，即所谓的共转导。例如，在以 $thr^+ leu^+$ 为供体，以 thr^- leu^- 为受体的转导实验中，可以得到大约 1% 的 $thr^+ leu^+$ 转导子，也就是说可以得到 1% 的共转导。

P1 噬菌体的基因组约为大肠杆菌染色体长度的 2.4%，P1 噬菌体感染大肠杆菌后，可以随意包被寄主 DNA 片段，只要这个片段包含的基因座位不超过大肠杆菌遗传图谱的 2 分钟距离均可一起被转导。当转导的 DNA 片段进入受体后，与受体同源分子进行重组，当另一个基因的标记被选择时，那么另一个邻近基因的出现频率随着它们二者之间的距离的缩小而增大，这个频率称共转导频率（cotransduction frequency）。用下式表示：

$$F = (1 - d/L)^3$$

式中，d 为两个基因间的距离；L 为 P1 基因组或转导片段的长度（在遗传图谱上用分钟表示）。图 4-20 显示了转导频率与标记基因之间的函数关系，通过测量共转导的频率，可以知道基因之间的距离。

（2）三点杂交法　通过 P1 噬菌体所进行的共转导被广泛应用于大肠杆菌的基因定位中。为了更好地理解这一点，我们看这样一个例子：1955 年 Lennox 用 P1 噬菌体转导寄主大肠杆菌染色体，研究基因连锁关系时发现，thr 和 leu 有时能、有时不能与第三个基因 ara 一起转导。他用 P1 噬菌体感染供体（thr^+ leu^+ ara^+），用所得到的噬菌体裂解液去感染受体菌（thr^- leu^- ara^-），得到表 4-8 的结果。

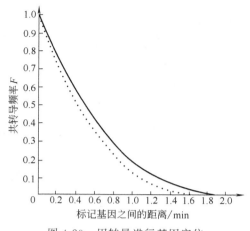

图 4-20　用转导进行基因定位

表 4-8　大肠杆菌转导实验结果

实　　验	选择的标记基因	未选择的标记基因
1	ara^+	75％ leu^+，0 thr^+
2	$thr^+ leu^+$	85％ara^+

由实验 1 可知，ara 基因与 leu 基因靠得较近，而与 thr 基因相距较远，所以 ara、leu 和 thr 基因的排列顺序是 thr-ara-leu 或 thr-leu-ara。如果是前一种情况，则 thr^+ leu^+ 转导子应该大都是 ara^+；如果是后一种形式，则 thr^+ leu^+ 转导子应该很少同时是 ara^+，或者根本没有。而由实验 2 可知，thr^+ leu^+ 转导子同时又是 ara^+ 的占 85％，所以上述 3 个基因的排列顺序是第 1 种。

根据中断杂交实验和 P1 噬菌体的转导实验，截至 1979 年已经弄清了大肠杆菌 1000 多个基因的位置。

二、局限性转导

以噬菌体为媒介，只能使供体的一个或少数几个基因转移到受体的转导作用称为局限性转导。能进行局限性转导的噬菌体一般都是温和性噬菌体。

1956 年 Morse 和 Lederberg 夫妇以大肠杆菌为材料寻找转导噬菌体时，发现噬菌体 λ 也具有转导功能，只是它的转导活性只局限在 gal 基因和 bio 基因。例如，野生型大肠杆菌作为 λ 噬菌体介导转导的供体，将使受体 Gal⁻ 突变转为 Gal⁺，但从来不会转导其他基因，像 thr、trp、lac 等，这种局限性转导现象尽管在其他细菌中也观察到了，但研究最清楚的还是大肠杆菌体系。利用 λ 转导噬菌体感染受体细菌，需要 EMB-半乳糖平板来检测 Gal⁺ 转导子，在这种平板上 Gal⁺ 菌显黑暗色，Gal⁻ 菌落为明亮的颜色。

前面已经讲过，λ 在感染寄主细胞后先环化，环化的 DNA 分子以它的附着位点 $attP$ 和细菌染色体的同源位点 $attB$ 发生联会，然后通过一次交换而整合到寄主染色体上。这时的 λ 称为原噬菌体，正好插在 gal 和 bio 基因之间（图 4-21）。经 UV 等诱导后，λ 可以脱离寄主染色体而成为游离的噬菌体。但是如果在这过程中发生交换的位置稍有偏差，那么就形成

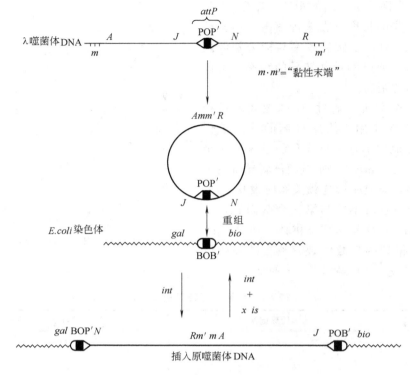

图 4-21　λ 噬菌体的可逆性整合和切离

了带有 *gal* 基因或带有 *bio* 基因的噬菌体，这些就是转导噬菌体（图 4-22）。一种噬菌体的头部有一定的大小，能够容纳一定量的 DNA（对于 λ 来讲是正常量的 75%～109%），所以转导噬菌体在带有寄主一部分 DNA 的同时必然失去了它自己的一部分 DNA，从而使它失去了某些功能而不能形成正常的噬菌体。如果重组错误发生在原噬菌体 DNA 的左边，则噬菌体的头部、尾部基因就会被丢失而被 *gal* 所取代；如果重组错误发生在右边，则噬菌体的 *int* 和 *xis* 基因就会被 *bio* 基因取代。携带 *gal* 基因的转导噬菌体称为 λdgal 或 λdg，携带 *bio* 基因的转导噬菌体称为 λdbio 或 λdb，这里 d 表示缺陷的意思。

如果用含有 λdgal 的裂解液感染非溶源性的 Gal$^-$ 细菌时，有些细胞接受了 λdgDNA，即获得了供体的 *gal*$^+$ 基因，可使 Gal$^-$ 变为 Gal$^+$ 细胞。由于整合的 λ 原噬菌体发生错误切割的几率约为 10^{-6}，也就是说大约 10^6 个 λ 中才出现一个转导噬菌体，因此用诱导 λ 溶源性菌株得来的噬菌体进行转导时转导率不超过 10^{-6}，这种转导称为低频转导。低频转导通常有两种结果。①稳定的转导：λdgal 携带的 *gal* 基因与受体上发生突变的 *gal* 发生双交换而取代了突变基因，这样 *gal* 基因就会稳定的随染色体一起复制，这种频率只占全部转导子的 1/3。②不稳定的转导：转导噬菌体 λdgal 与受体染色体不发生交换而仅以附加体的形式游离于受体细胞中，使受体细胞成为既有 *gal*$^+$ 基因也有 *gal*$^-$ 基因的杂基因子（杂合二倍体），用 *gal*$^+$/*gal*$^-$ 表示。

在大肠杆菌中还发现了另一类局限性转导噬菌体 φ80，φ80 的整合部位靠近色氨酸基因（*trp*），可以用制备 λdgal 的方法得到转导噬菌体 φ80dt，而对 *trp* 基因进行转导。

另外，还发现了其他一些局限性转导噬菌体，如 P2 是大肠杆菌的另一个溶源性噬菌体，但 P2 不同于 λ 噬菌体，λ 噬菌体只整合在大肠杆菌染色体的同一个位点，而 P2 可整合

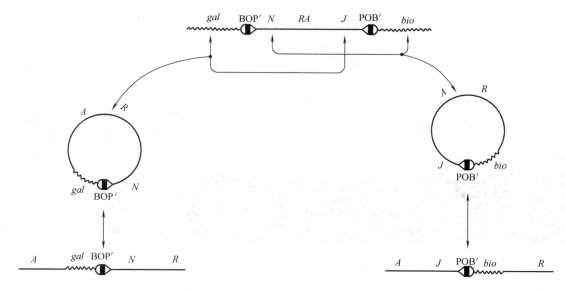

图 4-22　异常交换和切离产生的不同转导噬菌体

在大肠杆菌染色体的许多位点，而且 P2 原噬菌体不像 λ 噬菌体那样易受 UV 的诱导。

主要参考文献

［1］ 盛祖嘉. 微生物遗传学. 北京：科学出版社，1997.

［2］ 沈萍. 微生物遗传学. 武汉：武汉大学出版社，1994.

［3］ 丁友吡，陈宁. 普通微生物遗传学. 天津：南开大学出版社，1990.

［4］ 周俊初. 微生物遗传学. 北京：中国农业出版社，1994.

［5］ 崔涛. 细菌遗传学. 合肥：中国科技大学出版社，1991.

［6］ 徐耀先，周晓峰，刘立德. 分子病毒学. 长沙：湖北科学技术出版社，1999.

［7］ Birge E A. Bacterial and Bacteriophage Genetics. 4th ed. New York：Springer-Verlag，2000.

［8］ Clewell D B. Movable genetic elements and antibiotic resistance in enterococci. Eur J Clin Microbiol Infect Dis，1990，9：90-102.

［9］ Elsas J P，Govaert J M，Johannes A V. Transfer of plasmid pTF30 between *bacilli* in soil as influenced by bacterial population dynamics and soil conditions. Soil Biol Biochem，1987，19：639-647.

［10］ Krasovsky V N，Stotzky G. Conjugation and genetic recombination in *Escherichia coli* in sterile and nonsterile soil. Soil Biol Biochem，1987，19：631-638.

［11］ Shizuya H，Birren B，Kim U J，et al. Cloning and stable maintenance of 300-kilobase-pair fragments of human DNA in *Escherichia coli* using an F-factor-based vector. Proc Natl Acad Sci USA，1992，89：8794-8797.

［12］ Snyder L，Champness W. Molecular Genetics of Bacteria. Washington D C：ASM Press，1997.

［13］ Wamsley R H. Temprature dependence of mating pair formation in *Escherichia coli*. J Bacteriol，1976，126：222-224.

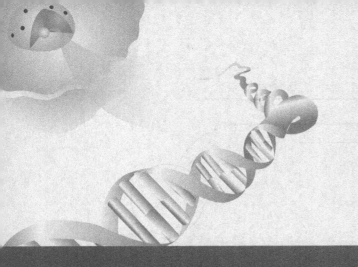

第五章
质粒

质粒（plasmid）一般是指存在于细菌、真菌等微生物细胞中、独立于染色体外、能进行自我复制的遗传因子。但有些可以整合到染色体上，作为染色体的一部分而进行复制，又可以再游离出来并携带一些寄主的染色体基因，这类质粒被称为附加体。质粒（特别是细菌质粒）通常是共价、闭合、环状双链 DNA（covalent closed circular DNA，简称 cccDNA），其分子大小范围从 1kb 左右到 1000kb。但目前在链霉菌、酵母、丝状真菌等微生物中都发现了线状 DNA 质粒，甚至还有 RNA 质粒。

一般来说，质粒对宿主细胞是非必需的，但在某些条件下，质粒能赋予宿主细胞以特殊的机能，从而使宿主得到生长的优势。如抗药性质粒和降解性质粒就能使宿主细胞在有相应药物或化学毒物的环境中生存。质粒也像染色体一样携带编码多种遗传性状的基因，并授予宿主细胞一定的遗传特性，许多与医学、农业、工业和环境密切相关的重要细菌的特殊特征便是由质粒编码的，如植物结瘤、生物固氮、对有机物的代谢等。

在遗传工程和分子生物学的发展过程中，质粒也起着非常重要的作用。以质粒为载体进行的基因克隆技术，以质粒为载体在原核生物和真核生物中表达外源蛋白的方法和技术已在工、农、医各个领域中得到广泛应用。因此，对质粒的研究无论在理论上或应用上均具有十分重要的意义，是现代生物学研究中的重要课题之一。

第一节
质粒的发现和命名

一、质粒的发现

大肠杆菌的 F 因子是第一个被发现（1946 年）的细菌质粒，是基于它能够诱导染色体在菌株间的转移而得以揭示的。它的发现对细菌遗传学的发展产生了深远的影响，但当时在学术界并未受到足够的重视。20 世纪 50 年代，日本学者报道了志贺菌（*Shigella*）中质粒介导抗生素抗性的转移现象。在以后的 20 多年中，人们集中研究了抗性质粒，尤其是流行病学和抗性的机制。同时也陆续发现各种细菌携带质粒，且它们的表型特征已远远超过了致育性和药物抗性的范围。70 年代末，随着遗传工程的崛起，质粒作为载体已被广泛应用在遗传工程和分子生物学的研究中。同时，也用遗传工程和分子生物学的研究方法，对很多不同微生物中的质粒进行了基因克隆和生物学功能分析，使质粒的生物学跨入了空前繁荣的研究时期。

二、质粒的命名原则

质粒可以依据其表型效应、大小、复制特性、转移性或亲和性差异划分为不同的类型。最初发现的质粒均由研究者根据表型、大小等特征自行命名，如 F 因子（fertility factor，致育因子）、R 质粒（resistance factor，抗性质粒）和 Col 质粒（colicin，大肠杆菌毒素质粒）等。随着研究工作的深入和发展，愈来愈多的含有质粒的微生物新类群和新质粒被发现，由于缺乏统一的命名规则而导致文献中质粒名称的混乱。直至 1976 年 Novick 等才提出并逐渐形成了一个可为质粒研究者普遍接受和遵循的命名原则，其规则是：质粒的名称一般由三个英文字母及编号组成，第一个字母一律用小写 p 表示，后两个字母应大写，可以采用发现者人名、实验室名称、表型性状或其他特征的英文缩写。编号为阿拉伯数字，用于区分属于同一类型的不同质粒，如 pUC18 和 pUC19 等。

第二节
质粒编码的遗传表型 •————————————————

大多数的质粒均控制着宿主细胞的一种或几种特殊性状，即具有一定的表型，质粒可依其表型的不同主要划分为以下几种类型。

一、致育质粒

F 质粒是最先发现的一种控制大肠杆菌致育性的质粒。含有 F 质粒的菌株代号为 F^+，具有性菌毛，能经接合作用将 F 质粒转入 F^- 细胞并使之成为 F^+ 细胞。目前已在志贺菌（*Shigella*）、沙门菌（*Salmonella*）和链球菌（*Streptococcus*）等其他细菌中也发现了与大肠杆菌类似的致育因子。

在放线菌中，天蓝色链霉菌含有 SCP1 和 SCP2 两种致育质粒，SCP1 还携带次甲基霉素基因，大小为 350kb，SCP2 大小为 31kb。这两种质粒在天蓝色链霉菌的接合作用中起作用，带动染色体从供体细胞向受体细胞转移。

二、抗药性质粒

这类质粒（R 质粒）能使宿主微生物对抗生素、化学药物或重金属离子等杀菌剂表现出抗性。R 质粒是 1957 年在一次突发性痢疾蔓延期间，从痢疾志贺菌（*Shigella dysenteriae*）中被发现的。以后在许多细菌，如大肠杆菌、沙门菌、欧文菌（*Erwinia*）、流感嗜血菌（*Haemophilus influenzae*）、霍乱弧菌（*Vibrio cholerae*）、根瘤菌（*Rhizobium*）、荧光假单胞菌（*Pseudomonas fluorescens*）、铜绿假单胞菌（*P. aeruginosa*）等 100 多种细菌中发现了这类质粒。

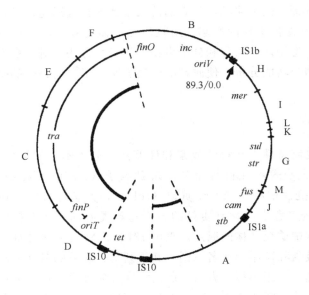

图 5-1 R100 质粒的遗传图谱

带有耐药性因子的细菌有时对于几种抗生素或其他药物均呈现耐药性。例如 R100 质粒（89.3kb）可使宿主对下列 6 种抗生素和重金属离子具有抗性：汞离子（mer）、磺胺（sul）、链霉素（str）、梭链孢酸（fus）、氯霉素（cam）和四环素（tet）。R100 质粒由两部分组成：抗性决定子（r determinant）和转移区（tra）（图5-1）。转移区与 F 因子类似，这组基因具有调控质粒自身复制、质粒在细胞中的拷贝数以及转移等功能。抗性决定子部分的两侧是由相同的插入序列（IS）组成。研究表明四环素（tet）抗性基因和两侧的 IS10 共同构成 Tn10 转座子；IS1b 和 IS1a 及其中央 5 个抗性基因构

成 Tn2671 转座子。研究还证明，R 质粒上成簇的多种耐药性因子是通过单个转座子的积累而产生的。质粒授予宿主细胞的耐药性遗传性状是通过下列 4 种机制中的一种而实现的：①改变抗生素作用的靶位点；②修饰抗生素使其失活；③阻止抗生素进入细胞；④产生一种酶，这种酶能代替宿主细胞中被抗生素作用的靶酶。

除了使宿主细胞对于抗生素和磺胺等药物呈抗性表型以外，还发现许多质粒能使宿主细胞对许多金属离子呈现抗性，包括碲（Te^{6+}）、砷（As^{3+}）、汞（Hg^{2+}）、镍（Ni^{2+}）、钴（Co^{2+}）、银（Ag^+）、镉（Cd^{2+}）等。在肠道细菌中发现的 R 质粒中，约有 25% 是抗汞离子的，而在铜绿假单胞菌中约占 75%。这种对汞离子的抗性可能是由质粒编码的一种还原酶引起的，这种酶使 Hg^{2+} 还原成易挥发的 $Hg°$，$Hg°$ 不溶于水。当抗汞的细菌在含有汞离子的液体培养基中生长时，汞离子很迅速地像蒸气一样释放出来，释放出的汞蒸气可以被收集在冷凝器中产生液体的金属汞。

三、产生抗生素的质粒和产生细菌素的质粒

抗生素和细菌素都属于抗菌物质。有很多放线菌能够产生抗生素，其中有些抗生素的产生决定于质粒，有些决定于染色体。SCP1 质粒是能使宿主产生抗生素的典型代表，与次甲基霉素 A(methylen-omycin A)生物合成有关的基因（包括抗性、调节和结构基因）都位于这个巨型的线性质粒上。此外，也发现其他许多抗生素的合成也与质粒有关，如氯霉素、春雷霉素等。

细菌素（bacteriocin）是细菌产生的一般只能抑制或杀死种内不同亚种或菌株中敏感细菌的特殊多肽类代谢产物。细菌素能与敏感细菌细胞壁上的专一性受体蛋白相结合，进而抑制或杀死敏感细菌。细菌素产生菌株因含有免疫基因（imm）而不受其产物的危害。目前研究得最深入的是大肠杆菌产生的大肠杆菌素，已知它是由 Col 质粒决定的。大肠杆菌的 Col 质粒有 10 多种，根据其是否具有转移能力可将 Col 质粒分成两大类：第一种类型是非接合型的，ColE1、ColE2、ColE3 是这一类型的代表，它们的分子量较小，大

约在 5MD，它们缺乏自身传递的遗传结构。如 ColE1 的分子量为 4.2MD，大小为 6.6kb，长度为 3μm，在细胞内为多拷贝存在，也没有自主转移能力，但细胞中如果有另一个接合型质粒存在，如 F 或 R64-11，ColE1 质粒便能被诱动转移到受体细胞。第二种类型是接合型的，其分子量是约在 50～80MD，有的还编码一种以上的细菌素。它们像 F 质粒一样，具有编码性菌毛的基因，使宿主表面具有性菌毛。ColB、ColV、ColIb 等均属于这一类型。如 ColIb 大小为 110kb、长度 30μm，在细胞内只有 1～2 个拷贝数并具有自主转移能力，能产生性菌毛，并能通过与染色体 DNA 的整合来推动宿主细胞染色体基因的转移。

除了大肠杆菌含有 Col 质粒外，已知其他一些细菌也含有 Col 质粒，产生细菌素。例如乳酸杆菌（*Lactobacillus*）能产生乳酸菌素（*Lactocin*），根瘤菌能产生根瘤菌素（*Rhizo-toxin*）等。

四、产生毒素的质粒

有些使昆虫致病乃至死亡的细菌毒素也是由质粒编码的。在苏云金芽孢杆菌（*Bacillus thuringiensis*）种群中，质粒 DNA 可占细胞总 DNA 的 10%～20%。目前研究的比较多而且应用也十分广泛的苏云金芽孢杆菌的毒素蛋白基因大多也定位在质粒上，消除质粒的苏云金芽孢杆菌同时也失去了对昆虫的毒力。目前已经成功地将克隆的毒素蛋白基因转移到大肠杆菌、假单胞菌等微生物中。带有 Bt 的抗虫的转基因植物，如棉花、玉米等已在大田中大面积种植，取得了较好的抗虫效果。此外，引起人和动物疾病的某些毒素可由质粒编码，有关内容我们将在致病性质粒中做简单介绍。

五、降解质粒

假单胞菌属是一类能十分广泛地利用有机化合物进行生长的细菌，它们能将复杂的有机化合物（包括许多化学毒物）降解成能够被微生物作为碳源和能源进行利用的简单形式。研究表明，假单胞菌（还有一些其他细菌，如产碱菌、黄杆菌等）对一些特殊的有机物，如樟脑（CAM）、水杨酸（SAL）、二甲苯（XYL）、辛烷（OCT）等的降解主要是在质粒编码的降解酶的作用下进行的。这类质粒通常又被称为降解性质粒，它们在自然界物质循环、环境保护和污染治理等方面有重要的应用前景。

降解性质粒一般也具有接合能力和大的分子量。有的降解质粒，例如恶臭假单胞（*Pseudomonas putida*）中降解甲苯和二甲苯的 TOL 质粒和降解萘的 NAH 质粒，有很广的寄主范围，并能通过接合作用在假单胞菌种间转移，也能转移到大肠杆菌中。带有 TOL 或 NAH 质粒的大肠杆菌也能像假单胞菌一样可以利用甲苯、二甲苯或萘，作为碳源进行生长，但由于来自假单胞菌的基因在大肠杆菌中不能有效表达，所以生长比较缓慢。

六、致病性质粒

有些微生物对人、动物和植物有致病性，而其中部分致病性也是由质粒决定的。如能引起植物病害的根癌土壤农杆菌（*Agrobacterium tumefaciens*）侵染双子叶植物根、茎部产生肿瘤，称为冠瘿瘤（crown gall）。诱发这种冠瘿瘤的物质就是由 Ti 质粒编码的酶合成的，所有致癌的根癌农杆菌均含有这种质粒。若细菌丧失了这种质粒，就不能诱发肿瘤的产生。如果向原来没有致癌能力且不含这种质粒的根癌农杆菌中导入这种 Ti 质粒，该菌株便有了致癌性。Ti 质粒经过遗传改造，已成功的作为遗传工程载体而广泛地应用在植物基因工程中。

此外，质粒还与破伤风梭菌（*Clostridium tetani*）、肉毒梭菌（*C. botulinum*）和大肠杆菌等病原微生物对人和动物的致病性有关。如产毒素大肠杆菌是引起人类和动物腹泻的主要病原菌之一，其中许多菌株含有编码一种或多种肠毒素的质粒。

七、共生固氮质粒

根瘤菌普遍含有质粒，其质粒数目有 1～10 个不等，其分子大小多在 100～300kb 之间，还有少数＞1000kb 的质粒称为巨大质粒。根瘤菌的质粒有共生质粒和非共生质粒。共生质粒（pSym）含有与共生有关的基因，与结瘤（*nod*）和固氮（*nif*）有关的基因均位于共生质粒中。共生质粒的消除或特定基因片段的缺失均导致共生作用的完全丧失。目前研究较深入的有苜蓿根瘤菌（*Rhizobium meliloti*）、豌豆根瘤菌（*R. leguminosarum* bv. *viceae*）和三叶草根瘤菌（*R. leg.* bv. *trifolii*）的共生质粒。研究表明，多数快生型根瘤菌的结瘤基因（包括 *nod*、*nol* 和 *hsn* 等）、固氮酶基因（*nif*）和共生固氮基因（*fix*）等均定位在共生大质粒上。少数共生固氮质粒（如豌豆根瘤菌的 pRL1JI 和菜豆根瘤菌的 pJB5JI）还能经自主接合作用向其他根瘤菌或农杆菌转移，其他大多数根瘤菌的共生固氮质粒虽然没有自主转移能力，但经改造导入诱动基因（*mob*）后，也可以被带有 *tra* 基因的其他自主性转移质粒（如 RP4）诱动转移。除了共生质粒以外，大多数菌株也同时含有非形成共生关系必需的质粒，称之为非共生质粒（non-pSym）或隐性质粒，非共生质粒对共生作用可有正或负的调节作用。已知百脉根瘤菌（*Rzobihium loti*）、慢生根瘤菌（*Bradyrhizobium*）以及根瘤菌（*Rhizobium* sp.）的少数菌株含有大质粒但不含共生质粒，其共生基因分布在染色体上。

八、隐蔽质粒

隐蔽质粒（cryptic plasmid）是指已经从微生物细胞中检测和分离出来，但其表型效应尚未确定的质粒。随着研究工作的深入，它们对宿主细胞的功能将逐步被认识。

应当指出，按表型性状来区分质粒并不是绝对的，因为有些质粒具有多种表型效应。如 R 质粒、ColIb 和 CAM 质粒同时也具有与 F 质粒相似的致育性；天蓝色链霉菌的致育因子 SCP1 同时也与抗生素的产生有关。所以上述按表型性状进行的质粒分类并不理想，但由于应用方便而仍为大多数质粒研究者所接受。

第三节
质粒的检测 ●━━━━━━━━━━━━━━━━━━━━━━━━━━━━

质粒 DNA 与宿主染色体 DNA 共存于同一细胞中，并携带多种编码某些遗传特性的基因。那么细菌表现的某种遗传性状究竟是染色体基因还是质粒基因编码的呢？目前用来检测质粒的方法主要是根据质粒两方面的特性，即遗传学特性和分子结构特性。所谓遗传特性是指质粒具有与染色体 DNA 不同的特征，如质粒具有独特的表型效应、能独立地从一个细胞转移至另一个细胞、能人为地被消除而不影响宿主的生存等。根据这些遗传学特性，可采用质粒消除、遗传转移、分子杂交等方法初步检测菌株是否含有质粒。另外，从分子结构上来讲，由于质粒 DNA 在细胞中处于共价、闭合、环状的超螺旋状态，因而与染色体相比，它们对碱、高温等理化因子处理有更强的抗性。因此根据这些特性可很容易地对宿主中的质粒进行检测、分离和纯化。

一、质粒消除

所谓消除（curing），是用理化因子或生物学方法消除质粒，观察寄主细胞是否丧失某些性状。消除质粒的方法目前主要有两种：一种是用物理化学因子；另一种是生物学方法，即原生质体形成与再生。

1. 理化因子消除法

细菌质粒能经某些理化因子的处理而消除，从而有效地获得失去了质粒的细菌。具有消除作用的理化因子有吖啶橙、溴化乙锭、利福平、亚硝基胍、高温、紫外线等（表 5-1）。常用的试剂是吖啶橙，但吖啶橙的应用范围很窄，有时还应用其他化合物和手段。

表 5-1　消除质粒的化合物和因素

化合物和因素		化合物和因素	
染料类	吖啶类（吖啶橙等）	表面活性剂	苯硫酚
	菲啶类（溴化乙锭等）		
	二苯甲烷类（结晶紫等）		某些脂肪酸等
抗生素	氟化脱氧尿苷、利福平、大炭霉素	其他	胸腺嘧啶饥饿处理
表面活性剂	十二烷基磺酸钠（SLS 或 SDS）		高温、紫外线辐射

上述消除质粒的理化因子实际上也是引起染色体基因突变的诱变剂，因此用这些因子处理细胞后，某一遗传性状的丧失，既有可能是质粒消除的结果，也可能是染色体基因突变的结果。那么如何区别呢？通常根据以下两点。①回复突变：质粒的消除是不可逆的，也就是说通过消除质粒而丧失的性状不能发生回复突变，而基因突变（缺失突变除外）可以经回复突变而恢复原有性状。②突变率：质粒消除的效率可从菌体数的百分之几到百分之百，而基因突变的频率要低得多。

质粒的消除受多种因素的影响，例如消除剂是否合适、宿主状态、消除条件等。如 F$^+$ 质粒用吖啶橙消除时，如果在 42℃ 条件下，消除率可达 100%，如在常温下消除率很低，但对整合状态的 Hfr 则基本无效。质粒的消除也和宿主有关，曾经报道在某些宿主中 F 因子不能被消除。吖啶橙对 ColE1、ColV、ColV3 的消除几乎无效。

消除作用并不是药物对于质粒 DNA 的破坏作用，它有两种作用机制：一种是对质粒本身的复制和分离产生抑制作用，从而在细菌生长繁殖过程中逐步淘汰；另一种是选择性抑制带有质粒的菌生长。研究表明，吖啶橙染料等是质粒复制子的复制抑制剂；大炭霉素、SDS 等是选择性杀菌剂，它们对有性菌毛的菌产生作用。

2. 原生质体诱导的质粒消除

上述用理化因子的质粒消除对某些高度稳定的质粒往往不易获得成功，高剂量的消除剂可能导致 DNA 片段的重排，而不是简单的质粒消除。对于这种难以消除的质粒，可采用原生质体诱导法进行消除。所谓原生质体诱导消除法是使待消除质粒的菌株在一定条件下（如用溶菌酶处理）形成原生质体，在再生后生长的菌株中可出现高频率（约 94%）质粒消除菌。这种方法已在其他许多菌的质粒消除中获得应用。如葡萄球菌、枯草杆菌、链霉菌、沙门菌等。有关原生质体诱导的质粒消除机制目前还不十分清楚，有人认为细菌去掉细胞壁形成原生质体时导致了质粒消除。因为有实验表明，用高浓度的溶菌酶长时间处理细胞，可导致质粒消除。另外也有人认为质粒是在原生质体再生过程中丢失的。根据目前的各种实验表明这两种看法在原生质体诱导质粒的消除中都起着某些作用。

二、遗传转移

有些质粒（如 F 质粒和 R 质粒）带有转移基因，能够通过接合作用向受体菌转移。小质粒（如 ColE1）受基因容量的限制一般没有自我转移能力，但却可以通过转化、诱动转移或电转化等特殊手段来进行质粒的转移。质粒转移的成功与否，还取决于供、受体菌之间的接合作用能力及质粒在受体菌中复制存在的可能性。

将质粒导入已经消除了该质粒的原宿主细胞，比较导入前后表型性状的差异或恢复程度，可以从正、反两方面证实质粒与表型性状的关系。

三、分子杂交

在初步确定某菌株可能含有质粒的情况下，利用已知表型性状的基因片段作探针进行分子杂交，来检测其菌株是否含有该种质粒，这也是目前用于质粒检测的重要手段。例如，Kronstad 等人用克隆了的苏云金杆菌晶体毒素蛋白基因的限制酶切片段作探针与各菌株总体质粒制备物进行杂交，研究了 14 个亚种 22 个菌株的晶体蛋白质基因的定位，证实有 9 个亚种 17 个菌株的晶体蛋白质由质粒编码。

四、质粒的分离、 检测与纯化

质粒的消除或转移试验只能间接地证明质粒的存在并用于分析质粒与其控制的表型性状的相关性。质粒存在的直接证明取决于从宿主细胞中直接检测、分离和纯化出质粒 DNA。由于质粒 DNA 在细胞中处于共价、闭合、环状的超螺旋状态，因而与染色体相比，它们对碱、高温等理化因子处理有更强的抗性。常用的质粒分离方法主要是碱变性法。其主要步骤包括：①菌体的培养和收集：一般采用丰富培养基对菌体进行培养，当细胞生长到对数后期离心收集细胞。②溶菌：一般用溶菌酶去壁以形成原生质球或原生质体。③碱变性处理：在 SDS 等表面活性剂存在下加 NaOH 液使 pH 升至 12.4 可使菌体蛋白质和染色体 DNA 均不可逆变性而与质粒 DNA 分开。④离心分离：经高速离心可以使细胞碎片和已变性的菌体蛋白和染色体 DNA 一道沉淀，上清液中主要是质粒 DNA，经乙醇沉淀后，可获得质粒 DNA。质粒 DNA 的进一步纯化和检测可以采用以下三种不同的方法。

1. 琼脂糖凝胶电泳

琼脂糖凝胶电泳是根据分子量的大小和电泳后呈现的带型将质粒 DNA 和染色体 DNA 区分开来。琼脂糖凝胶电泳是实验室最常采用、也是最简单的一种检测和纯化质粒 DNA 的方法，操作简便迅速，用低浓度的溴化乙锭（EB）染色，可以直接确定 DNA 片段在凝胶上的位置，分辨率很高，即使 2ng DNA 也可被检测出来。研究表明，DNA 在电场作用下的移动速度和距离与分子大小、构型等有关。从分子量上来说，其移动速度与分子量的大小成反比，即分子量越大，移动速度越慢。从 DNA 构型上来说，一般同一分子量、不同构型的 DNA 的电泳速度排列是：超螺旋、共价、闭合环状 DNA（cccDNA）＞缺刻环状 DNA（oc DNA）＞线性 DNA（L DNA），图 5-2 是超螺旋、共价、闭合环状质粒 DNA 与开环环状质粒 DNA 及线性质粒 DNA 的结构比较。从电压与电流强度上看，一般电压愈高、电流强度愈大时，DNA 的电泳速度愈快；但电泳速度过快会降低琼脂糖凝胶的有效分离范围，并由于电泳过程中放热而使凝胶升温。从琼脂糖凝胶的浓度来说，常用的琼脂糖浓度为 0.3%～2.0%。一般地说，琼脂糖凝胶浓度越大，不同分子量 DNA 的电泳距离差异越小。因此检测小质粒或 DNA 分子宜用较高浓度的琼脂糖，检测大质粒或大的 DNA 分子宜用低浓度的琼脂糖，常用琼脂糖浓度与分离 DNA 大小的关系见表 5-2。

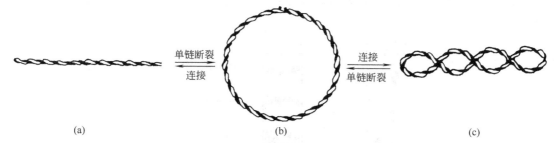

(a)　　　　　　　　　　(b)　　　　　　　　　　(c)

图 5-2　质粒 DNA 的三种分子构型的结构比较

（a）线性质粒；（b）环形质粒；（c）超螺旋质粒

表 5-2　不同琼脂糖浓度的凝胶的分离范围

琼脂糖浓度/%	线性 DNA 分子的有效分离范围/kb	琼脂糖浓度/%	线性 DNA 分子的有效分离范围/kb
0.3	5～60	1.2	0.4～6
0.6	1～20	1.5	0.2～3
0.7	0.8～10	2.0	0.1～2
0.9	0.5～7		

电泳后的凝胶一般用 0.5μg/ml 的荧光染料溴化乙锭（ethidium bromide，EB）染色，EB 具有特殊的扁平构型，能通过与碱基的交联作用而与 DNA 结合。在 UV 照射下，它能发出橙红色可见光而显示出 DNA 区带的电泳位置。琼脂糖凝胶电泳不仅可以检测某菌株是否含有质粒，而且也可以用来测定质粒分子量的大小，即在进行电泳时，用已知分子量的质粒做标准，根据移动距离判断分子量的大小。

2. 氯化铯-溴化乙锭密度梯度离心

氯化铯-溴化乙锭密度梯度离心是根据密度的不同将质粒 DNA 和染色体 DNA 区分开来。由于氯化铯（CsCl）溶液在超速离心力的作用下能形成密度从 1.15～1.80g/ml 的连续密度，因而常用于分离纯化 DNA 和进行 DNA 的（G+C）含量的测定。考虑到同一微生物细胞内的染色体 DNA 和质粒 DNA 的（G+C）含量的差异有限，需要在 CsCl 溶液中加入适量的溴化乙锭，以扩大染色体与质粒 DNA 在密度上的区别。溴化乙锭可插入 DNA 分子而降低其密度。质粒 DNA 在分离过程中一般仍保持共价、闭合的环状状态，DNA 分子无自由末端，所以与 EB 染料的结合量较少，其密度降低也较少；再加上 EB 的结合还会通过增加质粒 DNA 分子的内聚力而使构型进一步扭曲并转为更紧密的缠结状态，因而能减少梯度离心时的沉降阻力而使质粒 DNA 成为离心时的重带。相反染色体 DNA 被从细胞中提取后由于断裂呈线状，其两端可以自由转动而使分子内的紧张状态完全松弛，所结合的 EB 染料也多，密度更小，离心时的沉降阻力加大而形成位于质粒 DNA 之上的轻带。

另外，CsCl-EB 密度梯度离心也是提纯质粒的最常用的方法。用这种方法可以很好地将分子量相同的超螺旋环状、带切口环状及线状质粒分开（图 5-3）。因此，CsCl-EB 密度梯度离心不但可用于分离、纯化和检测质粒 DNA，而且还适用于大量制备高纯度的质粒 DNA，以满足进一步的酶切、转化及制备 DNA 探针等研究工作的需要。本法由于需要较昂贵的超速（＞35000r/min）离心机、较长的离心时间（＞18h）、较昂贵的 CsCl 药品等而在普及应用中受到限制。

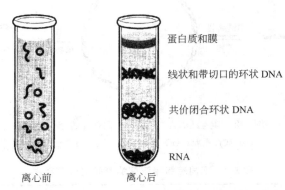

图 5-3　细菌质粒 DNA 的 CsCl-EB 密度梯度离心

3. 电镜观察

经纯化后的质粒 DNA 经电镜样品的特殊制片、重金属离子染色等处理后可用于透射或扫描电镜观察。在高倍放大条件下，可在电镜下直接观察到呈环状双链的质粒 DNA 分子，并很容易与线状的染色体 DNA 片段分开。通过仔细测量电镜照片中标准质粒 DNA 与供试质粒 DNA 在相同放大倍数下的长度，可以较准确地推算出其分子量大小。

第四节
质粒的复制和调节 •

质粒在细胞中的复制决定了质粒的拷贝数，复制起始的控制与质粒的拷贝数的控制是完全一致的。

一、质粒的大小和拷贝数

1. 质粒大小的测定

质粒的大小常用分子质量 MD 或碱基对数 kb 来表示。1MD 的双链 DNA≈1.65kb。未知质粒的大小通常可以在相同条件下与已知其大小的几个标准质粒比较并依其电泳距离作图来估算。也可以将提纯的质粒经限制性内切酶分解后，与标准 DNA（如 λDNA）的酶切片段在同一电泳条件下比较计算。也可以通过精确测定未知与已知质粒 DNA 电镜照片上的 DNA 链长度来推算。最精确的测定需要对质粒 DNA 作序列分析，然后从所含碱基数目来直接推算出其大小和分子质量。常见质粒大小的范围为 1～200kb，个别大质粒可达800～1000kb。

2. 质粒的拷贝数

质粒的数量亦称为质粒在每一细胞中存在的拷贝数（copy number），不同质粒在细胞中的拷贝数各异。质粒拷贝数是确定某种质粒特性的一个重要参数，从中也可获得其复制本质的基本信息。一般而言，质粒的拷贝数与其分子质量成反比关系，分子质量大的拷贝数低，分子质量小的拷贝数高。如 F 因子这一类质粒，每个细胞中只有 1～2 个拷贝，说明它们的复制受到严格控制，称为严紧型质粒（stringent plasmid）或低拷贝质粒。分子质量小的质粒（如 ColE1）拷贝数高，每个细胞中有 10～100 个拷贝，说明它们的复制不受到严格控制，称为松弛型质粒（relaxed plasmid）或高拷贝质粒。含有这一类型质粒的菌株在含有氯霉素的培养液中细胞分裂受到抑制，染色体 DNA 也停止了复制，但所含的 ColE1 质粒可持续复制 10～15h，直到每一个细胞中含有 1 000～3 000 个质粒。基因工程中为获得大量的基因产物所用的载体质粒便是这类松弛型质粒。表 5-3 是一些质粒的拷贝数。

表 5-3　一些质粒的拷贝数

质　粒	分子大小/bp	拷贝数	质　粒	分子大小/bp	拷贝数
F	100 000	1	pBR322	4363	＞25
P1 原噬菌体	约 100 000	1	pACYC	4000	约 10
RK2	60 000	4～7(在大肠杆菌中)	pSC101	9000	约 6
ColE1	6646	＞15	pUC	2700	100～300

二、质粒的复制

1. 质粒复制的方式

复制子（replicon）是一个复制单位，细菌染色体是一个复制子，每一个质粒也是一个复制子。复制起点是复制子起始复制的部位，作为一个复制子，至少需要有一个复制起点，即 ori 位点。大肠杆菌染色体的复制起点称为 oriC，质粒的复制起点称为 oriV。质粒的复制主要是通过 θ 型复制和滚环复制两种方式之一进行的，其中以 θ 型复制为主。在 θ 型复制中，有单向复制和双向复制两种类型（图 5-4），如 R1、R100 等的复制是单向的，而 F 和 R6k 是双向复制类型。质粒只编码一种或少数几种与复制有关的蛋白质，而复制所需的其他蛋白，如 DNA 聚合酶、引物酶、连接酶、RNA-H 酶、旋转酶（gyrase）和拓扑异构酶 I、DnaB 和 DnaC 等都是利用寄主的复制酶体系。

2. 复制起点（ori）区的功能

在大多数质粒中，与复制有关的蛋白质基因位于它们的作用位点——ori 序列附近，因此 ori 位点周围的小范围 DNA 是质粒复制所必需的。如果质粒 DNA 的大部分区域被去掉，而只保留质粒的 ori 序列，而且质粒是环状的，则质粒仍然能进行复制。另外，将 ori 区克隆到一个不能自主复制的环状双链 DNA 分子上并引入到原核细胞后，该重组 DNA 具有自主复制能力。分子克隆中常用的质粒载体就是以这种方法构建的，同时用这种方法可以确定哪部分 DNA 是 ori 区并研究 ori 区的功能。

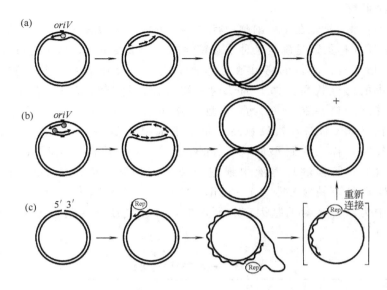

图 5-4　质粒的复制方式

(a) θ 型单向复制；(b) θ 型双向复制；(c) 滚环复制

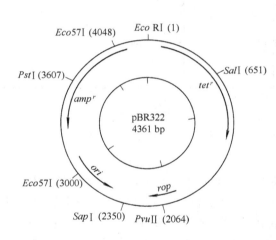

图 5-5　pBR322 质粒的遗传图谱

大家熟悉的质粒 pBR322 就是通过将下面几部分不同来源的 DNA 片段连接起来而构成的环状质粒，这几部分 DNA 包括：第一部分来源于 pMB1 质粒（ColE1 的衍生质粒）的 DNA 复制起点（*ori*）及 *rop* 区；第二部分来源于质粒 pSC101 的四环素抗性基因（*tet*ʳ）；第三部分来源于转座子 Tn3 的氨苄青霉素抗性基因（*amp*ʳ）（图 5-5）。pBR322 的拷贝数平均为 10～30/细胞，属于中等拷贝质粒。这是因为该质粒含有来自 pMB1 质粒中编码 ROP 蛋白的 *rop* 基因，ROP 蛋白对质粒的复制起负调控作用。pMB1 质粒的特征与 ColE1 类似，因此有些文献中又常把 pBR322 的复制起点称为 ColE1。pMB1 的拷贝数的调控类似于 ColE1 质粒，在后面的章节中我们会详细介绍 ColE1 质粒的复制调控。

表 5-4 是几种常见质粒的复制起点的来源。需要说明的是 pUC 类的质粒，属于高拷贝数质粒，其复制起点也是来源于 pMB1 质粒，但复制起点附近的对复制起负调控作用的 *rop* 基因已被删除，因此这类质粒属于高拷贝质粒。

表 5-4　几种大肠杆菌质粒的复制起点

质　粒	复制起点（*ori*）	拷贝数	质　粒	复制起点（*ori*）	拷贝数
pBR322	pMB1	10～30	pBluscript	pMB1 突变体	100～300
pUC	pMB1 突变体	100～300	pSC101	pSC101	5
pET	pMB1 突变体	100～300			

另外，*ori* 区域常决定了质粒的许多特性，如质粒的寄主范围和质粒的拷贝数。质粒的寄主是指质粒能在其中自我复制的生物种类。质粒的寄主范围通常是由 *ori* 区决定的。有些质粒如 ColE1 类型的质粒，包括 pBR322、pET 和 pUC 具有较窄的寄主范围，这些质粒只在 *E.coli* 及一些亲缘关系较近的如沙门菌和克氏杆菌（*Klebsiella*）中复制。相反，RP4、RK2 和 RSF1010 及从 G⁺ 细菌中分离的滚环复制的质粒都属于广寄主范围（broad host range）质粒。广寄主范围的质粒一般能编码与复制起始有关的所有蛋白，这样就不依赖于寄主的功能。*ori* 区的另一个特征是与质粒的拷贝数有关，下面将做详细介绍。

三、质粒复制的调控

质粒的复制机理与细菌染色体的复制基本相同，但质粒 DNA 的复制调控与染色体 DNA 的复制调控有区别。至今所研究的质粒，其复制调控一般采用直接或间接的负调控机制，负调控因子可以是蛋白质、RNA 或 DNA 重复序列。目前关于质粒复制的调控大致可分为两种类型：第一种类型是抑制物-靶位调控（inhibitor-target regulation），第二种类型是重复子-竞争结合调控（iteron-binding regulation）。

1. 抑制物-靶位调控

其特点是依赖一小段反向转录的 RNA 作为抑制物，通过它与目标 RNA 的互补结合以阻止质粒复制的起始。目标 RNA 是质粒 DNA 复制的引物或是用于编码复制所需的 Rep 蛋白的 mR-NA。属于这一复制调控类型的质粒包括 ColE1、pT181、p15A、pMB1、RSF1010、CloDF13、R1 等。下面以 ColE1 和 R1 质粒为例加以说明。

（1）ColE1 质粒复制调控　ColE1 是一个大小为 6.6kb 的小质粒，拷贝数为 10～20。ColE1 DNA 复制不需要质粒编码的蛋白质，而是依赖于宿主的复制酶体系。ColE1 的复制是从一个固定原点 *oriV* 开始，进行单向复制（图 5-6）。

ColE1 的复制起始机制如图 5-7 所示。ColE1 的复制需要一个 RNA 引物。质粒编码两个负调控因子 Rop 蛋白质和反义 RNA（RNAⅠ），这两个负调控因子控制了 DNA 复制过程中所必需的引物的合成。

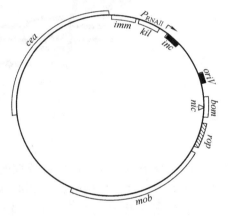

图 5-6　ColE1 质粒的遗传图谱

RNAⅡ是质粒复制的引物前体，$P_{RNAⅡ}$ 是转录 RNAⅡ的启动子。RNAⅡ的转录是在 RNA 聚合酶作用下，从复制原点上游方向 555bp 处起始（将 RNA 与 DNA 的转换处定为复制原点）。当这个 RNAⅡ延伸至复制原点 *oriV* 时，由 RNaseH 将 RNA 切断，从而产生 3′-OH 末端。然后 DNA 聚合酶以此为引物合成 DNA，复制从起始点 *oriV* 开始向右进行。

在 ColE1 复制原点上游方向 445 bp 处（相当于 RNAⅡ的第 111 个碱基的位置）起始转录另一个 RNA 分子，其转录方向与 RNAⅡ相反，它是以双链 DNA 链上的另一条链（C-链）为模板进行转录的，这个 RNA 分子称为 RNAⅠ，属于反义 RNA。这个反义 RNAⅠ有 111 个碱基与 RNAⅡ的 5′末端互补，这样，RNAⅠ与 RNAⅡ互补形成双链 RNA 结构，使之不能为 RNaseH 所识别（人们通常认为 RNase H 只识别 DNA-RNA 杂合双链，而不识别双链 RNA 结构。因此其细微机制仍有待于做进一步的研究）。于是，RNAⅡ的转录继续进

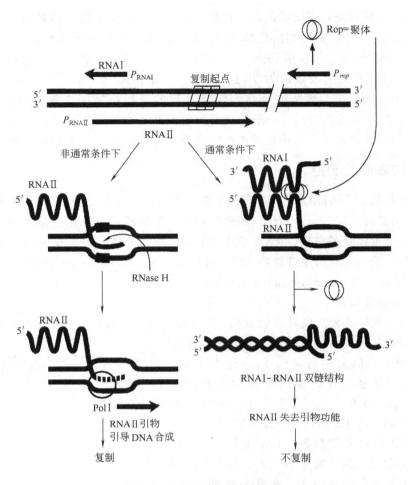

图 5-7　ColE1 质粒的复制调控

行，不能在分子原点区域产生有活性的引物而对复制起负调控作用。因此，RNA I 控制着质粒的拷贝数。这个机理解释了 ColE 质粒的拷贝数的调控，由于 RNA I 是由质粒编码合成的，当质粒的浓度高时，就会产生较多的 RNA I 分子，而高浓度的 RNA I 就会来干扰 RNA II 的加工，从而抑制复制。一般当一个细胞中 ColE 的拷贝数达到 16 时，就会几乎完全抑制质粒的复制。

　　除 RNA I 外，质粒编码的 Rop 蛋白（有的文献称为 Rom 蛋白）也参与质粒拷贝数的调控。Rop 蛋白由 63 个氨基酸组成，属于负调控蛋白，rop 基因位于 ColE1 复制原点下游方向不远处。Rop 蛋白增强了 RNA I 和 RNA II 的相互作用，从而加强了 RNA I 的抑制作用。

　　反义 RNA 对质粒复制的抑制作用，控制着质粒的拷贝数，反义基因发生突变将会增进引物的形成和质粒的复制，即增加其拷贝数。野生型细胞中 ColE1 的拷贝数约是 20 个，当反义基因发生缺陷时，其拷贝数超过 250 个，如果这种缺陷更强时，其拷贝数高得使质粒甚至在选择压力下也无法被细胞保持。在所发现的所谓拷贝数突变型（copy number mutant）中，均可检测到碱基发生变化的小分子 RNA。因此质粒复制突变型的获得与反义 RNA 的调节有关。

　　肠道杆菌中许多小质粒的复制调控机制与 ColE1 相似，如大肠杆菌质粒 pMB1

和pA15 等。

（2）R1 质粒的复制调控　R1 质粒是 IncF Ⅱ 类型的代表质粒，其调控机理研究得较为清楚。像 ColE1 一样，R1 质粒的复制调控是在 RNA 和蛋白质的作用下进行的，但在 R1 质粒中 RNA 是通过间接作用进行调控的。

图 5-8 是 R1 质粒的复制调控模型。R1 质粒编码的 RepA 蛋白是质粒复制起始所必需的。编码 RepA 蛋白的 repA 基因能在 2 个启动子的作用下进行转录，一个启动子为 P_{copB}，其转录产物包括 CopB 和 RepA 两种产物；另一个启动子是 repA 自身的启动子，即 P_{repA}。CopB 蛋白是 P_{repA} 启动子的阻遏蛋白，因此在质粒刚进入细胞而尚没有产生 CopB 蛋白时，RepA 蛋白在 P_{repA} 启动子下迅速转录；当达到适当的拷贝数时，P_{repA} 启动子被 CopB 蛋白所阻遏，RepA 蛋白只能从 P_{copB} 启动子转录。

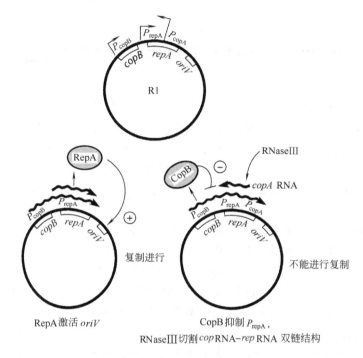

图 5-8　R1 质粒的复制调控模型

ColE 质粒的复制区还含有 copA 基因。copA 基因在自身启动子带动下开始转录，而且是从 repA 基因的互补链进行转录。因此，copA 基因转录的 RNA 与 repA 基因的翻译起始区重叠但转录方向相反。这样，尽管 P_{copB} 启动子可以继续转录 repA 基因，但 copA RNA 会与 repA RNA 形成双链结构，染色体编码的切割双链 RNA 的 RNase Ⅲ 能将这种双链 RNA 结构进行切割，则用于合成 RepA 蛋白的 mRNA 被降解，RepA 蛋白则无法合成，这样就抑制了质粒的复制。

2. 重复子-竞争结合调控

最常用于研究的质粒如：F、P1、R6k、RK2、RP4 和 pSC101 等，是通过蛋白质即 RepA 蛋白进行复制调控的。这些质粒在复制起始位点（ori）和复制基因（rep）附近存在着多个长度为 17～22 bp 的 DNA 短片段，这些短片段被称为重复子（iteron），它们能与复制必需的 Rep 蛋白竞争性结合，从而抑制了质粒的复制和拷贝数的增加。由于含有重复子序列，这些质粒也叫重复子质粒（iteron plasmid）。重复子质粒通常在 *ori* 区有 3～7 个重复子，除此之外，通常在离 *ori* 区不远处还有这些重复序列。

pSC101 是最简单的重复子质粒，该质粒的 *ori* 区和 *repA* 基因的结构见图 5-9。*repA* 基因编码的 RepA 蛋白是复制起始所必需的。*ori* 区有 3 个重复子序列：R1、R2 和 R3，RepA 就是通过与它们的结合而控制质粒的拷贝数。

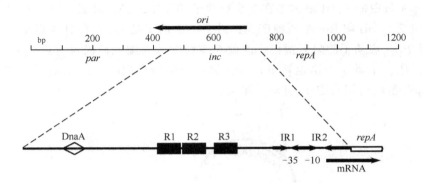

图 5-9　pSC101 质粒 *ori* 区和 *repA* 基因的结构

重复子质粒的复制是通过两种机制进行调控的。第一种，RepA 蛋白通过与自身启动子区（反向重复序列 IR1 和 IR2）的结合而抑制自身的合成，这种调控方式被称为转录自体调控（transcriptional autoregulation）。质粒的浓度越高，合成的 RepA 蛋白就越多，相应地就越多的抑制自身的合成。因此，RepA 蛋白的浓度总是维持在一定的范围内，复制的起始受到严格的调控。

第二种调控机理是由于重复子序列间的相互作用使两个质粒偶联在一起，从而抑制了质粒复制的起始，这种调控方式被称为偶联模型（coupling or handcuffing model）（图 5-10）。这种模型的要点是：质粒浓度较低时，RepA 蛋白只与一个质粒分子结合；质粒浓度高时，RepA 蛋白通过与重复子序列的结合使两个质粒联结在一起，因此阻止了质粒的复制。这个模型是基于下面的实验数据：重复子质粒的复制不仅受 RepA 蛋白浓度的调控，而且还受质粒浓度，更确切地说是重复子序列浓度的调控。如果将含有几个重复子序列的一段 DNA 连接到一个质粒上，然后将该质粒引入到含有重复子质粒的细胞中，则重复子质粒的拷贝数就会下降。

与 pSC101 质粒一样，F 质粒的复制区也含有 19～22bp 的重复序列，*repE* 基因编码的 RepE 蛋白也是质粒复制所必需的。RepE 蛋白是一种自体调控蛋白，可能也是通过与自身启动子结合对自身浓度进行调控。RepE 蛋白通过与重复子序列的结合抑制质粒复制（图 5-11）。

四、质粒之间的不相容性

1. 不相容质粒的分配模型

不相容性（incompatibility）通常是指亲缘关系相近的两种质粒，在非选择性条件下常不能稳定地存在于同一个细胞中，经过若干代的培养，只含有同一种质粒的细胞越来越多，而含有两种质粒的细胞相对减少。所有天然分离的质粒，不管拷贝数如何，都显示这一特征。一般来说，同种质粒衍生物总是不相容的，而不同质粒的衍生物则可能是相容性的，也

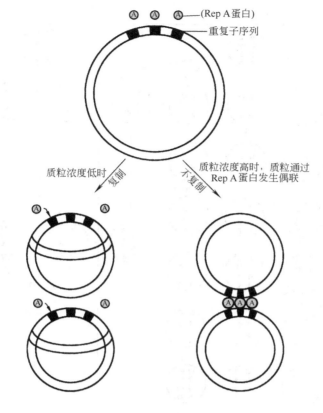

图 5-10　重复子质粒复制调控的偶联模型

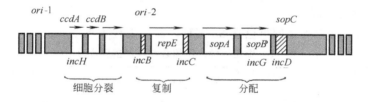

图 5-11　F 质粒的复制区和分配区的结构

▨表示 19~22bp 的重复序列；▢表示编码区

可能是不相容性的。

　　质粒的不相容性也是与质粒复制起始的控制密切相关的。由于性状相近的质粒通常具有相同或相似的复制调控机制，其阻遏物（抑制物或重复序列）亦相似，在调控时，它们也能随机地与其中的任一质粒的复制区结合而阻遏了其复制过程，并进而使之在子代细胞中丢失。由于阻遏物的结合是随机的，因此两个质粒在子代细胞中出现的概率相等，即各占 50%。对于高拷贝数质粒而言，质粒在子代细胞中的丢失需要多次分裂才能实现。有些质粒能够稳定地存在于同一细胞中，那是因为控制拷贝数的机制完全不同。例如，F 质粒和 ColE1 质粒二者是相容的，也就是说，它们分别属于不同的不相容群（different incompatibility group）。如图 5-12 所示相容质粒与不相容质粒在细胞分裂过程中的分配模型。

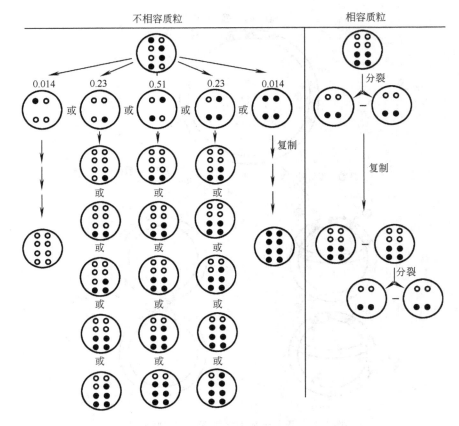

图 5-12　相容和不相容质粒的分配模型

2. 不相容质粒的类群

目前发现的细菌质粒不相容群已达 30 多种，其主要代表见表 5-5。

表 5-5　细菌质粒的不相容群及其主要代表

细菌种类	质粒不相容群	代表性质粒
G⁻细菌	IncF I	F，R386，R455，ColV
	IncF II	R1，R100
	IncF III	ColB-K98
	IncF IV	R124
	IncA	RA1
	IncC	R40a，R55
	IncH	R27，R726
	IncI	Colb-P9，R144，R483，R64，R621a
	IncM	R69，R466b
	IncN	R46，R15，N3，pKM101
	IncO	R16，R723
	IncP	RP1，RP4，R68，R751，R690，RK2，pRK404，pRK310，pVK100，pLAFR1，pLA2917
	IncQ	RSF1010，pKT212，pKT230，pGSS，pKT211，pSUP204，pSUP106，pMMB31
	IncT	R394，R401，Rts1
	IncW	R7K，R388，pSA747
	IncX	R6K
G⁺细菌	pT181	pT181，pC221，pS194，pC223，pUB112，pE194
	pUB110	pUB110，pBC16
	pSN2	pSN2，pE12，pIM13

五、质粒的稳定性（细胞分裂中的质粒分配）

通常所说的质粒的不稳定性（plasmid instability），包括分离的不稳定性（segregation instability）和结构的不稳定性（structural instability）两个方面。前者是指在细胞分裂过程中，有一个子细胞没有获得质粒 DNA，并最终增殖成为无质粒的优势群体；而后者则主要是指由于转座作用或重组作用引起的质粒 DNA 的重排或缺失。我们这里主要讨论前一种情况。

在细胞分裂过程中发生的质粒不平均的分配，也是导致质粒不稳定性的重要原因。众所周知，要使质粒能够保持稳定的遗传，至少需要满足下面两个方面的条件：第一是每个世代每个质粒平均都必须至少发生一次复制；第二是当细胞分裂时，复制产生的质粒拷贝必须平均分配到两个子细胞中去。在细胞分裂过程中，质粒分配到子细胞的途径可分成随机分配（random distribution）和主动分配（active distribution）两种不同方式。

1. 主动分配的机理

对低拷贝质粒而言，则需要某种特定机制，将细胞分裂与质粒复制协调起来，以保证每个细胞至少获得一个拷贝。目前已对 F、R1 和 P1（P1 噬菌体在溶源状态下可看做是一个 100kb 的大质粒）这些低拷贝质粒的分配机制进行了深入研究，从这些研究中使人们对原核生物中 DNA 的分配机制有所了解。这些质粒的稳定性是通过质粒编码的基因产物来实现的，如质粒编码的致死蛋白来抑制不含质粒的子细胞。除致死基因外，质粒结构中还存在编码主动分配体系的 par 区。

par 区被称为分配区（partition region）或分配座位（partition locus），是指在细胞分裂过程中使质粒拷贝数均等的分配到子细胞中的质粒 DNA 序列。在 F 质粒中 par 区是同复制起点紧密相邻的，而在 R1 质粒中则是远离其复制起点。质粒的复制与分配是分开独立进行的，而且还观察到了 par 区还会使无亲缘关系的其他质粒保持稳定。

不同质粒的 par 区结构不尽相同。研究最详尽的是 F 质粒和 P1 原噬菌体的 par 区。两者的遗传结构极为相似，都编码有两个反式作用的蛋白和一个顺式作用位点。在 P1 原噬菌体中，par 区由 parA、parB 和 parS 组成，其中 parA、parB 编码反式作用蛋白，parS 是顺式作用位点。在 F 质粒中，par 区由 sopA 和 sopB 两个基因及 sopC 区组成，这三个因素是质粒分配的基本因素，其结构见图 5-13，其中 sopA 和 sopB 称为反式作用基因（trans-acting gene），编码反式作用蛋白；sopC 称为顺式作用位点（cis-acting site）。

顺式作用位点 sopC 由 12 个 43 bp 的正向重复序列组成，在每个 43 bp 的正向重复序列中，又有一对 7 bp 的反向重复序列（图 5-13）。sopC 区的功能类似于真核染色体上的着丝粒，所以 sopC 区也称类着丝粒位点（centromere-like site）。反式作用蛋白 SopB 与顺式作用位点 sopC 区结合，形成称为分配复合体（partition complex）的蛋白-核酸复合物，该复合物参与质粒的分配。如果 F 质粒缺失 sopABC 片段，则质粒进行随机分配而不是有规则的分配。

反式作用基因 sopA 和 sopB 构成一个转录单位，其产物 SopA 和 SopB 两种蛋白协同抑制 sopAB 操纵子的转录，属于自体阻遏蛋白。其中 SopA 蛋白与 sopAB 转录单位的启动子区的操纵基因结合，对其转录进行调控；SopB 蛋白虽不能与 sopAB 操纵子的启动子结合，但它能促进 SopA 蛋白的结合能力。实验证明，如果细胞只有 sopB 基因而无 sopA 基因，则

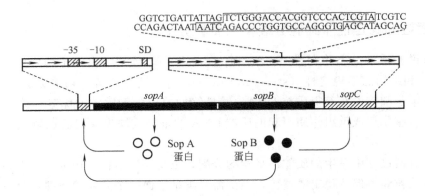

GGTCTGATTATTAG TCTGGGACCACGGTCCCACTCGTA TCGTC
CCAGACTAAT AATCAGACCCTGGTGCCAGGGTG AGCATAGCAG

图 5-13　F 质粒的 *sop* 区的结构

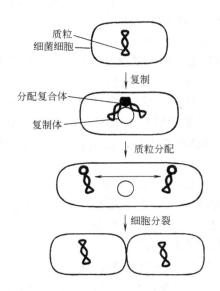

图 5-14　细菌中质粒 DNA 的分配模型

会抑制细胞内 mini-F 质粒和携带有 *sopABC* 片段的 *oriC* 质粒两者共存的稳定性，说明了 *sopC* 区与质粒的不相容性有关。这种抑制性也说明 SopB 蛋白必须维持在适当的浓度，才能保证 F 质粒在细胞内的稳定性。

细菌中质粒 DNA 的分配模型见图 5-14。质粒 DNA 在位于细胞中央的复制体（replisome）的作用下进行复制。质粒复制后，分配蛋白与类着丝粒位点结合形成分配复合物。然后，一种尚未知的结构很快地将质粒拷贝移向细胞的两极，使复制后的质粒 DNA 均等地分配到两个子细胞中。接着可能是在分配蛋白的作用下，使分配后的质粒限定于细胞的特定区域。

此外，在低拷贝的质粒中广泛存在着寄主致死体系（host-killing mechanism），其中研究得较为详尽的有 F 质粒的 *ccd* 体系和 R1 质粒的 *parB*（*hok-sok*）体系。寄主致死体系是通过杀死细胞分裂后出现的无质粒子细胞的方式，提高了质粒的稳定性。

F 质粒基因组中控制寄主致死功能的基因 *ccdA* 和 *ccdB*，属于同一个自我调节的操纵子，分别编码分子量为 8.3kD 和 11.7kD 的两种蛋白。在含质粒的细胞中，CcdA 蛋白作为解毒剂专门与毒剂 CcdB 蛋白结合，并使之失效。在没有 CcdA 蛋白的情况下，CcdB 蛋白通过抑制 DNA 解旋酶的活性，或是通过引发解旋酶诱导寄主染色体 DNA 发生双链断裂，从而使染色体在细胞分裂过程中无法进行正确的分配。在新产生的无质粒的子细胞中，开始的时候是含有 CcdA 和 CcdB 这两种蛋白质的。但由于无 *ccd* 操纵子可发生进一步的转录，因此随后这两种蛋白质的浓度便逐渐下降稀释。毒剂 CcdB 和解毒剂 CcdA 具有不同的稳定性，是导致分裂后细胞致死的关键因素。也就是说，CcdA 蛋白质不稳定，易被蛋白水解酶（protease）降解，于是较稳定的 CcdB 蛋白质便可行使其对寄主细胞的致死作用。

与 F 质粒寄主致死体系相比，R1 质粒的 *par* 区编码着功能相似但作用机理截然不同的另一种寄主致死体系，我们就不在这里详细介绍了。

总之，低拷贝质粒如 F、R1、RK2 等质粒的稳定性，一般是通过质粒编码的致死蛋白来抑制不含质粒的分离子和质粒上的分配体系（*par*）这两种机制来决定的。

2. 随机分配机制（random distribution）

随机分配与主动分配截然相反。顾名思义，它是指在细胞分裂过程中质粒拷贝数在两个子细胞之间是随机分配的（图 5-15）。在一般情况下，通过随机分配质粒也能够得到稳定的遗传，但在分裂中也会出现无质粒的子细胞。

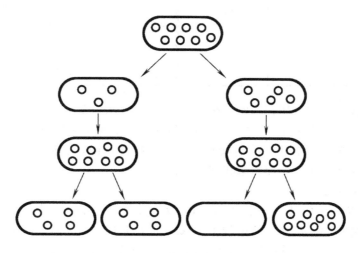

图 5-15 质粒的随机分配

ColE1 等多数高拷贝质粒一般没有专门的 *par* 基因，它们可以依赖于高拷贝质粒的随机分配来实现分裂过程中的稳定性。但在某些情况下，尤其是在 *recA*+ 的宿主细胞中，ColE1 常能彼此重组而形成多聚体（multimer），从而使单个细胞内质粒的拷贝数减少并将增加无质粒细胞产生的可能性。已知 ColE1 质粒上另有不依赖于 *recA* 的 *cer* 基因专门负责多聚体的解聚作用，使之重新转变为单体质粒以保证质粒在细胞分裂时的稳定性。

另外，人工构建的质粒载体如 pBR322 等，在构建过程中并不携带 *par* 区，因此它们在细胞分裂过程中是被随机分配的。尽管在大肠杆菌培养物中出现无 pBR322 质粒载体的细胞的可能性是很低的，但在一定的条件下，如培养基耗尽或是寄主细胞快速生长分裂的过程中，仍有可能产生出无质粒载体的细胞。当然这个问题可以通过保持抗生素选择压力的培养方法予以克服。

六、质粒的转移性

就转移性而言，可以将质粒分为转移性和非转移性两大类型。所谓转移性质粒是指质粒能自动地从一个细胞转移到另一个细胞，甚至还能带动供体细胞的染色体 DNA 向受体细胞转移，这类质粒常常被称为自主转移质粒（self-transmissible plasmid）。质粒在细菌间的转移，需要供体和受体细胞间的直接接触才能进行，就是所谓的接合作用（conjugation），因此这类质粒又被称为接合质粒（conjugative plasmid）。有些质粒虽然不能自主转移，但能被其他一些自主转移质粒所转移，这类质粒又被称为可移动质粒（mobilizable plasmid）。表5-6是几种不同质粒的转移性能。

表 5-6 几种不同质粒的转移性能

质 粒	拷贝数/染色体	自主转移能力	质 粒	拷贝数/染色体	自主转移能力
Col 质粒			R 质粒		
ColE1	10~18	不能	R100	1~2	能
ColE2	10~18	不能	R6k	12	能
ColE3	10~18	不能	RP4	4~7	能
性质粒			人工重组质粒		
			pBR322	约 20	不能
F	1~2	能	pBR325	约 20	不能

质粒的接合转移通常只能在相同或相近的供、受体细菌之间进行，导入受体的质粒也要受到新宿主细胞的限制修饰作用。实验表明，供、受体之间亲缘关系愈近，质粒接合转移的频率也就愈高。许多 R 质粒由于含有转移操纵子和抗性基因，它们也能在较广的宿主范围内转移，从而给疾病的化学治疗带来相当大的困难。

1. 自主转移质粒的特点

已知大肠杆菌的 F 质粒、R1、R100、ColV、ColIb-P9、R6k、RP4 等均属于自主转移质粒，它们是低拷贝的大质粒，其中较小的 R6k 质粒也有 38kb。G⁺ 细菌如链霉菌中的自主转移质粒，除 SCP1 是巨大质粒外，很多都是 10kb 左右的小质粒，而且真正参与转移的区域只有 2kb 左右。自主转移质粒的大小差异可能是因为它们的转移机制不同，G⁺ 细菌中质粒的转移不需要性菌毛，因此质粒的容量就较小。

许多 G⁻ 细菌中的自主转移质粒需要大于 30kb 的 DNA 来编码与接合转移有关的蛋白质，如 F 质粒的转移操纵子（*tra*）就包含 23 个基因，大小为 33 kb。在接合过程中，并不是整个 F 质粒进行转移，而是首先依靠质粒编码的性菌毛使供体细胞与受体细胞接触并进一步形成胞质桥，接着 *tra* 基因编码的核酸内切酶作用于转移起点（origin of transfer，*oriT*），将质粒的一条 DNA 链切开，再在其他 *tra* 基因的作用下将切开的单链 DNA 转移到受体细胞中。一旦单链 DNA 进入受体细胞，DNA 两端再连接起来形成环状 DNA 分子，这样受体和供体细胞中的单链 DNA 再分别以自己为模板进行复制，形成双链质粒 DNA 分子。从转移率上来讲，有些自主转移质粒在细胞接触的情况下，几乎 100% 地能从供体细胞转移到受体细胞中。因此，*tra* 基因和 *oriT* 在自主转移质粒的接合转移过程中起着重要作用，所以大多数自主转移质粒都有 *tra* 基因和 *oriT* 位点。

（1）*tra* 基因 正如前面讲到的 F 质粒一样，大多数 *tra* 基因的产物与性菌毛的形成有关（F、RP4 和 pKM101 都编码一根性菌毛）、杂交对的形成有关；有些 *tra* 基因编码作用于 *oriT* 位点的内切酶，使质粒中的一条 DNA 链产生切口，从而开始转移；有些 *tra* 基因则与质粒转移调控等有关。

（2）*oriT* 位点 *oriT* 位点不仅是质粒转移的起始位点，也是质粒转移后 DNA 末端再环化的位点，因此质粒必须具有 *oriT* 位点才能进行自主转移。自主转移质粒能诱导含有与自己相同或相似的 *oriT* 位点的非自主转移质粒进行转移，如将自主转移质粒整合到染色体上后，带动染色体转移也是从质粒的 *oriT* 位点开始的。*oriT* 位点的基本特征正在研究之中。已知 F 质粒的 *oriT* 位点的序列小于 300bp，含有反向重复序列，并富含 AT 碱基。

2. 可移动质粒的特点

G⁻ 细菌中可移动质粒缺少与性菌毛合成有关的约 10 个左右的基因。因此，可移动质粒进行转移时，必须利用位于同一细胞内的自主转移质粒编码合成的性菌毛才能进行。由于可移动质粒的转移依赖于其他质粒，所以可移动质粒比自主转移质粒在体积上都要小一些。

天然的可移动质粒如 ColE1 具有独特的 *bom* 位点和负责 DNA 转移的 *mob* 基因。ColE1 的 *bom* 位点类似于 F 质粒的 *oriT*。*mob* 基因的功能类似于 *tra* 基因，*mob* 基因也能编码特异的核酸内切酶，在 *bom* 位点进行切割，还编码其他一些与 DNA 转移有关的蛋白质。因此，虽然 ColE1 等小质粒由于缺少转移基因（*tra*）而不能自主转移，但由于它们含有与 F 质粒的 *oriT* 类似的 *bom* 位点和可移动基因 *mob*（mobilization），因而能够被带有 *tra* 基因的转移质粒如 F 质粒等诱动转移。以同时含有 F 质粒和 ColE1 质粒的 *E.coli* 为供体菌，与 F⁻ 菌株进行接合转移试验，获得的 90% 以上的 F⁺ 受体菌同时带有 ColE1 和 F 质粒，并有 5% 的受体菌接受了 ColE1 后仍为 F⁻，表明诱动并不需要接合质粒的共转移。F 质粒诱动 ColE1 转移的模型见图 5-16，当 ColE1 和 F 质粒共存时，F 质粒编码的性菌毛使大肠杆菌的供体细胞和受体细胞在细胞接触处融合形成胞质桥，为质粒的转移创造必要的条件。然后，ColE1 质粒中的 *mob* 基因编码的一种松弛蛋白使 ColE1 质粒开始解螺旋，然后内切酶在 *bom* 位点上造成一个缺口，使超螺旋 DNA 转为松弛的开环结构，并在 F 质粒转移基因产物的帮助下经接合作用转移到受体细胞中。当 ColE1 处在 F⁻ 细胞时，虽然 *mob* 基因产物也能作用于 *bom* 位点，但由于 ColE1 不具有形成性菌毛的功能，不能形成杂交对，ColE1 不能转移。如果 ColE1 质粒中 *mob* 基因突变成 *mob*⁻，则 ColE1 质粒不能转移；*bom* 位点缺失，ColE1 质粒也不能转移。

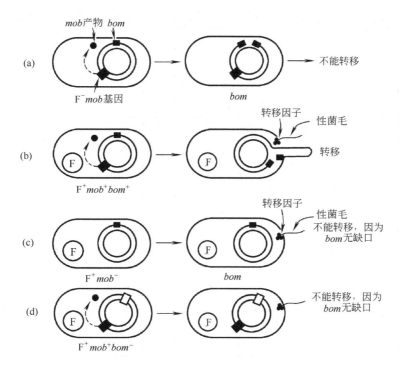

图 5-16　F 质粒诱动 ColE1 质粒转移的模型

七、IncP 组质粒的特征和接合转移

从前面的章节中可以知道，F 质粒不仅能在大肠杆菌细胞间自主转移，而且还能带动供体细胞的染色体向受体细胞转移，也能带动 ColE 质粒的转移。但 F 质粒的转移只限于亲缘关系较近的肠杆菌，其寄主范围较窄。IncP、IncN、IncQ、IncW 组的质粒寄主范围广泛，属于广寄主范围质粒（broad host range plasmid）。所谓广寄主范围质粒是指质粒能通过接合转作用转移到很多不同种甚至不同属的寄主内，并能稳定地存在于这些寄主细胞内。下面以 IncP 为例对这一类质粒进行介绍。

1. IncP 质粒的特征及其接合转移

IncP 组的质粒的寄主较广，IncP 质粒自身或带动其他质粒能从大肠杆菌转移到几乎所有的 G⁻ 细菌中，最近的研究表明 IncP 质粒还能接合转移到 G⁺ 细菌、酵母、植物细胞中。IncP 质粒虽然能通过接合作用转移到酵母、植物等这些寄主中，但质粒却不能在这些寄主中复制，属于转移寄主。

大肠杆菌 IncP 组包括很多种天然质粒，大小在 60～90kb，具有多种抗性基因，可以对卡那霉素（Kan）、四环素（Tet）、氨苄青霉素（Amp）、链霉素（Str）、磺胺（Sul）、汞离子（mer）、氯霉素（Cam）、庆大霉素（Gen）、甲氧苄二氨嘧啶（Tp）、环丝氨酸（Ox）等产生抗性。这些质粒最初分离自不同的地理位置。IncP 组的质粒又分为 3 个亚组：α、β 及其他。α 和 β 亚组在进化上处于不同的分支，而第三个亚组则不同于 α 和 β 组，寄主范围较窄（表 5-7）。

表 5-7　大肠杆菌 IncP 组天然质粒的特征

质粒	抗性										大小/kb	起源地
	Kan	Tet	Amp	Str	Sul	mer	Cam	Gen	Tp	Ox		
α												
RK2	+	+	+								60	英国
RP4	+	+	+								60	英国
RP1	+	+	+								60	英国
R18	+	+	+								60	英国
R68	+	+	+								60	英国
R26	+	+	+	+	+	+	+	+			72	西班牙
R527	+	+	+	+	+	+		+	+		72	西班牙
R702	+	+		+	+	+					77	美国
R839	+	+	+	+	+	+					87	英国
R938	+	+	+	+				+			84	法国
R995	+	+									57	香港
R934	+	+	+			+					72	法国
R1033	+	+	+	+	+	+	+	+			75	西班牙
pUZ8	+	+				+					58	西班牙
β												
R751								+			53	英国
R772	+										61	美国
R906				+	+					+	58	日本
其他												
pAV1					+						—	英国
pHH502		+				+		+			71	英国

在 IncP 组中，RK2、RP1、RP4 的特征极为类似，也是 IncP 组中研究最深入的质粒。图 5-17 是这几种质粒的酶切和遗传图谱。这类质粒的大小为 60kb，在大肠杆菌中的拷贝数

为 4～7 个，*oriV* 是质粒的营养复制区，这类质粒也具有与接合转移有关的 *tra* 基因和 *oriT* 位点，含有氨苄青霉素抗性、卡那霉素抗性及四环素抗性。另外，质粒上还携带有转座子 Tn1 和插入序列 IS21。

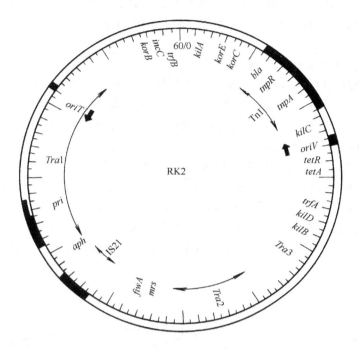

图 5-17　RK2/RP4/RP1 的遗传图谱

RK2 和 RP4 质粒的接合转移机制类似于 F 质粒，即接合转移需要两个功能区：*oriT* 区和 *tra* 区。*tra* 基因编码性菌毛、DNA 内切酶等与质粒转移有关的蛋白。*oriT* 是质粒 DNA 转移的起始位点，当质粒转移时 *tra* 基因编码的内切酶在 *oriT* 位点造成缺口，质粒的一条 DNA 开始从供体细胞向受体细胞转移。

2. IncP 质粒的寄主范围

IncP 质粒的寄主范围广泛，表 5-8 列出了天然 IncP 质粒的一些常见寄主。

表 5-8　IncP 质粒的寄主范围

木状醋杆菌（*Acetobacter xylinum*）	土壤杆菌（*Agrobacterium spp.*）
极小无色杆菌（*Achromobacter parvulus*）	产碱菌（*Alcaligenes spp.*）
不动杆菌（*Acinetobacter spp.*）	鱼腥蓝细菌（*Anabaena spp.*）
气单胞菌（*Aeromonas spp.*）	巴西固氮螺菌（*Azospirillum brasilense*）
固氮菌（*Azotoobacter spp.*）	黄色黏球菌（*Nlyxococcus xanthus*）
博德特菌（*Bordetella spp.*）	奈瑟球菌（*Neisseria spp.*）
柄杆菌（*Caulobacter spp.*）	脱氮副球菌（*Paracoccus denitrificans*）
紫色色杆菌（*Chromobacterium violaceum*）	假单胞菌（*Pseudomonas spp.*）
肠杆菌科（*Enterobacteriaceae*）	根瘤菌（*Rhizobium spp.*）
生丝微菌（*Hyphomicrobium*）	红假单胞菌（*Rhodopseudomonas spp.*）
侵肺军团菌（*Legionella pneumophila*）	红螺菌（*Rhodospirillum spp.*）
嗜有机甲基杆菌（*Methylobacterium organophilum*）	硫杆菌（*Thiobacillus spp.*）
甲基球菌（*Methylococcus spp.*）	霍乱弧菌（*Vibrio cholerae*）
食甲基嗜甲基菌（*Methylophillus methylotrophus*）	黄单胞菌（*Xanthomonas spp.*）
发孢甲基弯菌（*Methylosinus trichosporium*）	发酵单胞菌（*Zymomonas mobilis*）

八、广寄主范围质粒载体

在基因操作中，需要一系列广寄主范围质粒载体进行基因克隆和基因转移。科学家们以 RK2 和 RP4 等为出发质粒，构建了一系列广寄主范围的质粒载体，被广泛的应用在分子生物学的研究中。

1. 广寄主范围质粒载体的构建

广寄主范围质粒载体的构建，是根据自主转移质粒能自主转移及其能带动可移动质粒的转移这两个特征而设计的。从理论上讲，可移动质粒只要含有与自主转移质粒相同的 *oriT* 位点就能被转移。在自然界中不会自然形成只包含自主转移质粒 *oriT* 位点的质粒，但可在实验室内人工构建这种类型的质粒。

一般把 RP4 或 RK2 质粒中 DNA 转移位点，即 *oriT* DNA 序列称为 *mob*-site。常用的大肠杆菌质粒载体如 pBR322、pBR325、pACYC184，既不能自主转移也不能被高效诱动。如果这些质粒上带有 RP4 质粒或其他质粒的 *mob*-site，则能被 RP4 质粒诱动转移到不含质粒的大肠杆菌或其他 G⁻ 细菌中。图 5-18 是在 pBR325 和 pACYC177 质粒上通过插入 RP4 质粒的 *mob*-site 后，构建成的几种 pSUP 可移动质粒系列载体，又称为广寄主范围质粒载体。

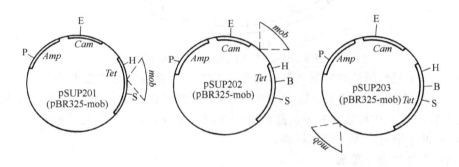

图 5-18 带有 *mob* 位点的 pSUP 系列质粒

表 5-9 是一些人工构建的带有 *mob* 位点的广寄主范围质粒载体。由于它们的 *ori* 序列来源不同，则分属于不同的相容组。如 pRK290 是大小为 20.0kb，带有 *mob* 位点和四环素抗性的质粒载体。pRK290 是以 RK2 质粒为基础，通过对 RK2 质粒缺失、保留有 RK2 复制起点区（*oriV*）和转移位点（*oriT*）区而构建的质粒载体。

2. 广寄主范围质粒载体的接合转移

广寄主范围质粒载体虽然含有 *mob* 位点，但不具有自主转移能力，需要在自主转移质粒的帮助下才能进行转移。如 pSUP204 质粒在 RP4 质粒或其衍生质粒的诱动下，能从大肠杆菌转移到其他细菌，如根瘤菌、巴西固氮螺菌、假单胞菌等。将 pSUP204 质粒转移到受体菌如根瘤菌的方法有双质粒转移系统和质粒/诱动菌株系统。

（1）分别含有 *tra* 和 *oriT* 的双质粒接合转移系统　这一系统是利用广寄主范围质粒载体和自主转移质粒或其衍生质粒进行转移。它可通过双亲杂交和三亲杂交方法进行。让我们以 pSUP204 为例进行介绍。

表 5-9　一些常用广寄主范围质粒载体

载　体	大小/kb	选择标记	特　征
IncP1 克隆载体			
pRK290	20.0	Tet	Mob$^+$
pRK404	10.6	Tet	Mob$^+$，含有 lacZ，在有些菌株中不稳定
pRK310	20.4	Tet	Mob$^+$，含有 lacZ
Cosmid 载体			
pVK100	23.0	Tet，Kan	Mob$^+$，cos
pLAFR1	21.6	Tet	Mob$^+$，cos
pLA2917	21.0	Tet，Kan	Mob$^+$，cos
Inc Q 克隆载体			
RSF1010	8.9	Str，Sul	Mob$^+$
pKT212	15.8	Cm，Str，Tet	Mob$^+$
pGSS8	9.5	Str，Tet	Mob$^+$
pAYC30	17.0	Hg，Str，Sul	Mob$^+$
pKT211	12.5	Str，Tet	Mob$^+$，含有 pBR322 复制子
pKT230	11.9	Str，Kan	Mob$^+$，含有 pACYC177 复制子
pSUP204	12.0	Amp，Cam，Tet	Mob$^+$，含有 pBR322 复制子
IncW 克隆载体			
pGV1106	8.7	Kan，Str	Mob$^+$
pS9152	15.0	Cam，Kan，Str	Mob$^+$
Cosmid 载体			
pSa747	15.0	Kan，Str	Mob$^+$，cos

由于 pSUP204 质粒和 RP4 带有不同来源的复制原点（ori），属于相容质粒。因此可先通过转化方法将它们共同导入大肠杆菌细胞（HB101）。当带有 pSUP204/RP4 双质粒的大肠杆菌 HB101 菌株与受体菌（如根瘤菌）杂交时，pSUP204 就能以高频率转移到受体菌中。与 F 质粒和 ColE1 质粒共存时的转移一样，约 85% 的接合子同时含有 pSUP204 和 RP4 两种质粒，约 15% 的接合子只含有 pSUP204 质粒，这就是所谓的双亲杂交。

所谓三亲杂交就是先将 pSUP204 和 RP4 分别导入大肠杆菌细胞（HB101），然后将 HB101（pSUP204）、HB101（RP4）及受体菌三个不同的菌株混合培养，RP4 可以转移到 HB101（pSUP204）菌株中。接着 pSUP204 在 RP4 的诱动下，从 HB101 转移到受体菌，这样就完成了质粒的转移（图 5-19）。

（2）tra 整合到染色体上的接合转移系统

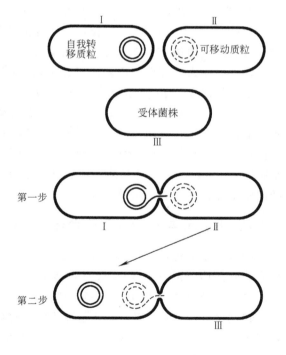

图 5-19　三亲杂交示意图

从上面可以看出，不论是在双亲杂交还是三亲杂交中，自主转移质粒与可移动质粒的同时转移，给实验结果的分析带来复杂性。而将自主转移质粒整合到染色体上就可以解决这一问题。

一般将整合有自主转移质粒（如 RP4 质粒或其衍生质粒）的大肠杆菌供体菌称为诱动菌株。大肠杆菌 S17-1、SM10 及 S68-7 就是含有 RP4 或其衍生质粒的诱动菌株，其诱动菌株的示意图见图 5-20。

在大肠杆菌菌株间的接合实验中，RP4 或其衍生质粒能诱导含有与其相同或相似 *mob-site* 的质粒载体以接近 100% 的频率进行转移。当将 RP4 质粒整合到供体菌的染色体上后，其诱导频率与野生型 RP4 相仿。其优点是 RP4 本身不转移，只有可诱动质粒进行转移。

在进行接合转移时，先将可移动质粒载体如 pSUP204 通过转化导入诱动菌株（如大肠杆菌 S17-1），然后将含有 pSUP204 的 S17-1 菌株与受体菌混合，这样就能使 pSUP204 从大肠杆菌向受体转移。这种方法也属于双亲杂交。

3. 接合作用在遗传分析中的应用（双亲杂交）

接合转移是将外源质粒导入受体菌的一种常用的实验方法。下面以巴西固氮螺菌为例进行介绍。

图 5-20　大肠杆菌的染色体上整合有 *tra* 基因

巴西固氮螺菌（*Azospirillum brasilense*）是一种联合固氮菌，属于假单胞菌科。将外源基因导入巴西固氮螺菌的方法主要是依靠接合作用和电转化方法。

通过接合作用将外源基因导入巴西固氮螺菌时，需要先将外源基因连接在 pSUP204 或 pVK290 这类质粒上，然后将含有外源基因的重组 pSUP201 质粒或重组 pVK290 质粒通过转化的方式，先导入大肠杆菌 S17-1（基因组中整合有 RP4 质粒）中作为供体菌株，而野生型巴西固氮螺菌作为受体菌株。

分别将大肠杆菌供体菌株和巴西固氮螺菌受体菌株接种在 1ml 液体培养基中培养到对数生长期，然后将大肠杆菌与巴西固氮螺菌以 1:5~1:1 的比例混合并离心收集菌体，接着将混合菌体悬浮在 50μl 液体培养基中，然后滴加到放置于固体培养基平板（LB 平板）上的滤膜上，30℃下静置 1~16h 进行杂交，杂交后经过稀释后在抗性培养基上涂板筛选巴西固氮螺菌的接合子。在这里需要指出的是，pVK290 载体含有 RK2 质粒的复制起点（*ori*）和转移位点（*oriT*），因此在大肠杆菌和受体细胞中都能稳定存在。而 pSUP204 含有 pBR325 的复制原点（*ori*），因此它只能在大肠杆菌中自我复制并稳定存在，而在巴西固氮螺菌及其他细菌中不能存活，属于自杀型质粒。

九、F 质粒与细菌人工染色体（BAC）

细菌人工染色体（bacterial artificial chromosome，BAC），是 1992 年 Shizuya 等以 F 质粒为基础而构建的具有大容量克隆能力的载体。BAC 的复制子来源于单拷贝 F 质粒，故 BAC 在宿主菌内拷贝数低，可稳定遗传，无缺失、重组和嵌合现象。BAC 以大肠杆菌为宿主，转化率高，常规方法（碱裂解）即可分离 BAC；蓝白斑、抗生素、菌落原位杂交等均可用于目的基因筛选。BAC 对外源 DNA 的包容量可达 300kb 以上，而且可对克隆在 BAC 的外源 DNA 直接测序等。

Shizuya 等构建的第一代 BAC 载体 pBAC108L 的大小为 6.9kb，其物理图谱如图 5-21。BAC 的构建是将 F 质粒的转移区和插入区切除，保留 F 质粒的复制子和调节基因 *oriS*、*repE*、*parA*、*parB*，其中 *oriS* 和 *repE* 调节 F 质粒的单向复制，*parA* 和 *parB* 保持 F 质粒

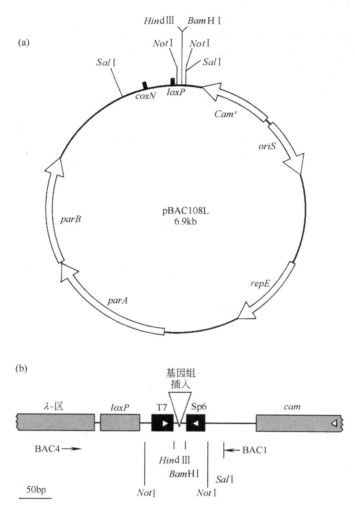

图 5-21　细菌人工染色体(pBAC108L)的结构图
(a) 及其克隆位点示意图 (b)

的1~2个拷贝数。同时 BAC 载体还包括：①λ 噬菌体的 cosN 位点和 P1 噬菌体的 loxP 位点；②2 个克隆位点 (HindⅢ和 BamHⅠ)；③一系列限制性内切酶位点 (NotⅠ、EagⅠ、XmaⅠ、SmaⅠ、BglⅡ和 SfiⅠ)，这些限制性内切酶位点可将插入的外源片段切割下来。克隆位点两侧是 T7 和 SP6 启动子序列，便于用步行法测定插入的外源 DNA 序列。cosN 位点为 λ 噬菌体的 terminase 提供作用位点，从而使 BAC 载体线性化；loxP 位点为 Cre 蛋白提供重组位点，当存在 loxP 寡核苷酸 (60bp) 时可以发生重组，也可以使 BAC 线性化。第一代 BAC 载体 (pBAC108L) 具有氯霉素 (cam) 抗性基因作为选择标记；第二代 BAC 载体 (pBeloBAC11) 与 pBAC108L 的区别在于：pBeloBAC11 的克隆位点位于 lacZ 基因内，因此可以用蓝白斑进行筛选。

主要参考文献

[1] 沈萍. 微生物遗传学. 武汉：武汉大学出版社，1994.

［2］ 周俊初. 微生物遗传学. 北京：中国农业出版社，1994.

［3］ 崔涛. 细菌遗传学. 北京：中国科技大学出版社，1991.

［4］ 吴乃虎. 基因工程原理. 第2版. 北京：科学出版社，2001.

［5］ Lodish H，Baltimore D，Berk A，et al. Molecular Cell Biology. New York：W. H. Freeman and Company，2000.

［6］ Moller Jensen J，Jensen R B，Gerdes K. Plasmid and chromosome segregation in prokaryotes. Trends in Microbiology，2000，8（7）：313-320.

［7］ Snyder L，Champness W. Molecular Genetics of Bacteria. Washington D C：ASM Press，1997.

［8］ Shizuya H，Birren B，Kim U J，et al. Cloning and stable maintenance of 300-kilobase-pair fragments of human DNA in Escherichia coli using an F-factor-based vector. Proc Natl Acad Sci USA，1992，89：8794-8797.

［9］ Birge E A. Bacterial and Bacteriophage Genetics. 4th ed. New York：Springer Verlag，2000.

第六章
微生物中的转座因子

　　转座因子（transposable element，TE）是细胞中能改变自身座位的一段 DNA 序列，它可以从复制子的一个座位跳跃到另一个座位，亦可从同一个细胞的一个复制子跳跃到另一个复制子，DNA 片段的这种运动称为转座。

　　第一个转座因子是美国遗传学家 McClintock 于 20 世纪 50 年代通过对玉米遗传现象的细微研究而发现的，她称之为控制成分（controlling element），因为它不仅能在基因组内不同区域转移，而且也能改变基因的活性并引起功能改变。但在当时，这些发现并未引起足够的重视（McClintock 于 1951 年发表她的发现到 1983 年才获得诺贝尔奖金，相隔达 32 年之久）。直到 1968 年，由于在大肠杆菌中也发现了转座因子的存在，这才引起科学家们的重视并在国际上引发了研究转座因子的热潮。现在已经证明，几乎所有生物包括细菌、放线菌、酵母、丝状真菌、植物、果蝇、哺乳动物、人等都有转座因子存在。此外还证明大肠杆菌 Mu 噬菌体与脊椎动物的反转录病毒（retrovirus）的原病毒 DNA 也是转座因子。最近几年，除了在一些生物中找到新的转座因子外，在转座因子的结构、转座机理、对基因表达的调控作用以及转座因子的应用等研究方面，也都取得了很大的进展。

　　转座因子的共同特征是：插入寄主 DNA 后，导致基因失活；插入时在靶 DNA 位点产生一个短的正向重复顺序。根据转座因子的转座机理，将转座因子分为两类：第一类是 DNA 转座子（DNA transposon），其转座过程是从 DNA → DNA，这类转座因子存在于原核生物和真

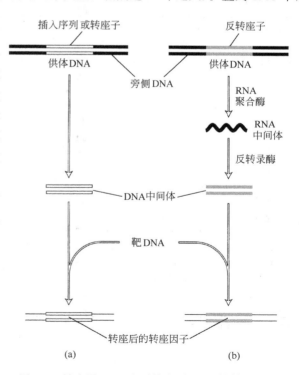

图 6-1　转座子（a）和反转座子（b）的转座过程

核生物中，如细菌的转座子和插入序列；第二类是反转座子（retrotransposon），其转座过程是以 RNA 为中间体，即从 DNA→RNA→DNA 转座（图 6-1）。

第一节
细菌转座因子的类型和结构 •————————————————

细菌中可转座的遗传因子大致可分为四类：插入序列（insertion sequence，IS）、转座子（transposon，Tn）、接合型转座子及某些温和性噬菌体（如 Mu、D108）。

一、插入序列

插入序列 IS 是首先从大肠杆菌半乳糖操纵子中鉴定出的转座因子，是转座因子中最简单的一种。插入序列的长度一般是 0.7～2.5 kb。插入序列和转座子的表示法一般是按发现顺序先后或发现人的意愿，用阿拉伯数字表示，如 IS1、IS2、IS3 等，而与目前所分离的转座因子的总数无关。据统计，1989 年报道的细菌中的插入序列有 50 种，1998 年已达到 500 种，这 500 种 IS 分离自 156 种不同的细菌和古菌。插入序列已成为细菌染色体、质粒和某些噬菌体的正常组分而存在。例如，大肠杆菌染色体上有 8 个 IS1、5 个 IS2 和 5 个 IS3。大肠杆菌 F 质粒含有一个 IS2 及两个 IS3 等。P1 噬菌体含有 IS1，其他噬菌体也含有插入序列。表 6-1 列出了细菌中一些常见的 IS 因子。

表 6-1　细菌中一些常见的 IS 因子

IS 种类	长度/bp	末端反向重复/bp	靶点正向重复/bp	编码蛋白质的可能数目	来　源
来源于 G⁻ 细菌的 IS					
IS1	768	20/23	9	2	大肠杆菌
IS2	1327	32/41	5	2	大肠杆菌
IS3	1258	29/40	3	2	大肠杆菌
IS4	1426	16/18	11～13	1	大肠杆菌
IS5	1195	15/16	4	1	大肠杆菌
IS6	820	14/14	8	1	Tn6（肠杆菌）
IS10	1329	17/22	9	3	R100（Tn10）（肠杆菌）
IS21	2132	10/11	4	2	R68-45（铜绿假单胞菌）
IS50	1534	8/9	9	3	Tn5（肠杆菌）
IS51	1311	26/26	3	2	萨氏假单胞菌
IS91	1800	8/9	0	1	pSU233（肠杆菌）
IS150	1443	19/24	3	2	大肠杆菌
IS426	1313	30/32	9	2	根癌土壤杆菌
IS476	1225	13/13	4	2	野油菜黄单胞杆菌
IS903	1057	18/18	9	2	Tn903（肠杆菌）
ISRm2	2700	24/25	8	不详	苜蓿根瘤菌
来源于 G⁺ 细菌的 IS					
IS110	1550	10/15	0	1	天蓝色链霉菌
IS231	1656	20	11	1	苏云金芽孢杆菌

IS 种类	长度/bp	末端反向重复/bp	靶点正向重复/bp	编码蛋白质的可能数目	来源
IS431L	800	22	不详	1	金黄色葡萄球菌
IS431R	786	14	不详	1	金黄色葡萄球菌
IS904	1241	32/39	4	2	乳酸乳球菌
ISL1	1256	21/40	3	2	干酪乳杆菌
ISS1	820	18	8	1	乳酸乳球菌
来源于古细菌的 IS					
ISH1	1118	8/9	8	1	盐生盐杆菌
来源于古细菌的 IS					
ISH2	520	19	10~12	1	盐生盐杆菌
ISH23	1000	23/29	9	不详	盐生盐杆菌
ISH51	1371	15/16	3	1	沃氏富盐菌
ISM1	1381	29	8	不详	史氏甲烷短杆菌

插入序列的结构如图 6-2 所示，有以下 3 个特点。①在 IS 的两端含有长度为 10～40bp 反向重复序列（inverted repeat sequence，IR）。两端的反向重复序列在 IS 的切割和 DNA 链转移中起作用。②大多数 IS 都含有一个编码转座酶（transposnase，简称 Tnp）的长编码区，其启动子位于一端的反向重复序列之内，而刚好终止于另一端的反向重复序列之前或之内。转座酶负责识别切割转座子的两端以及在靶位点造成切口。有些 IS 含有 2 个或 2 个以上的开放阅读框架，它们除编码转座酶外，还编码用于调控转座酶活性的调节蛋白。③在 IS 插入时，在靶 DNA 位点产生一个短的、长度一般为 3～9bp 正向重复顺序（direct repeat sequence，DR），分布在 IS 的两侧。但在插入之前靶部位只有这两个重复序列中的一个。由于插入序列不编码可检测的表型性状，因此根据上述 IS 的特点，就可进行判断和鉴定。

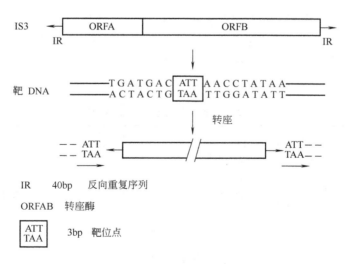

图 6-2　IS3 的结构及其在靶位点的插入

二、细菌转座子

几乎就在发现 IS 因子的同时，另一些微生物学家和遗传学家注意到细菌中某些对抗生素产生抗性的基因能从一种 DNA 分子转移到另一种 DNA 分子。因此，将带有抗性基因并能在不同的 DNA 分子之间移动的遗传单位称为细菌转座子（bacterial transposon，Tn）。Tn 与 IS 的主要区别是携带与转座无关的药物抗性或其他特性的基因。Tn 一般具有抗生素抗性的基因，因为这些基因容易鉴别，故研究得较为广泛和深入。Tn 还编码其他特性的蛋白，例如 Tn951 带有乳糖发酵基因；Tn1681 编码胞外肠毒素（enterotoxin），是某些大肠杆菌菌株致肠病的因子。除此以外，不少转座子决定着细菌对汞离子、镉离子和砷离子等金属离子的抗性。

细菌耐药性转座子一般可分为两类，即复合转座子（composite transposon）和复杂转座子（complex transposon）。

1. 复合转座子

复合转座子是由两个完全相同或类似的插入序列 IS 和某种耐药性基因组成的复合因子，IS 作为 Tn 的两个臂或称两个末端，两个 IS 在 Tn 中做正向或反向排列。在这类转座子中，IS 可以带动整个 Tn 的转座，也可单独进行转座。

表 6-2 是一些复合转座子的基本特征。从中可以看出，Tn9、Tn903 和 Tn1681 中两个 IS 完全相同，而 Tn10 的左臂（IS10L）和右臂（IS10R）之间有 2.5% 的碱基序列差异，不过 IS10L 和 IS10R 的末端反向重复序列是完全相同的。一般来说，一个功能性的 IS 结构单位能转座它本身或整个转座子。当一个复合转座子的两个 IS 不同时，该转座子的转座主要依靠其中一个 IS 的功能（如 Tn10 中的 IS10R 和 Tn5 中的 IS50R）；当两侧 IS 完全相同时，其中任何一个都能行使该复合转座子转座的功能。图 6-3 是复合转座子 Tn5、Tn9 和 Tn10 的结构示意图。

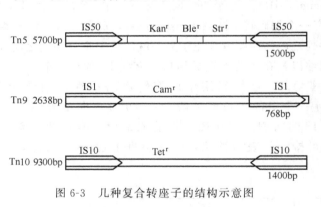

图 6-3　几种复合转座子的结构示意图

表 6-2　一些复合转座子的基本特征

转座子	长度/bp	遗传标记	末端特征	末端两个 IS 排向	IS 关系	IS 功能	来源
Tn10	9300	Tet^r	IS10R IS10L	反向	2.5% 差异	完整功能 功能减弱	G$^-$ 细菌
Tn5	5700	Kan^{r}Ble^{r}Str^r	IS50R IS50L	反向	1bp 差异	完整功能 无功能	G$^-$ 细菌
Tn903	3100	Kan^r	IS903	反向	相同	两者都有功能	G$^-$ 细菌
Tn9	2500	Cam^r	IS1	同向	相同	两者都有功能	G$^-$ 细菌
Tn1681	2086	胞外肠毒素	IS1	反向	相同	两者都有功能	G$^-$ 细菌

2. 复杂转座子（TnA 转座子）

复杂转座子的长度约 5000bp，它的两端是长度为 30～40bp 的末端反向重复序列（IR）或正向重复序列（DR），中央是转座酶基因和抗药性基因。这类转座子总是作为一个单位转座，而不是像复合转座子那样，其 IS 末端本身就能独立转座。由于复杂转座子性质和结构非常相似，其 IR 顺序大小接近，而且大部分具有同源性，因此为了讨论方便，常将这类转座子统称为 TnA 转座子。

TnA 转座子广泛存在于细菌中，人们曾比较过从不同地区不同菌种分离到的质粒，如南非的鼠伤寒沙门菌的 R1 质粒、英国铜绿假单胞菌的 RP1 质粒、鼠伤寒沙门菌质粒 R648、大肠杆菌 R6k 质粒等。尽管这些质粒互不相关，复制系统和转移系统都差异很大，但每个质粒都带有 TnA 转座子。现在已经知道，TnA 能转座到大多数质粒、噬菌体及革兰阴性菌的染色体上。TnA 转座子的基本特征见表 6-3。图 6-4 是几种 TnA 转座子的结构示意图。

表 6-3 一些 TnA 家族转座子的基本特征

转座子	长度/bp	遗传标记	末端反向重复/bp	两侧靶点正向重复/bp	来　源
来源于 G⁻ 细菌					
Tn1	5000	Amp^r	38	5	铜绿假单胞菌
Tn3	4957	Amp^r	38	5	副伤寒沙门菌
Tn21	19600	Mer^r Str^r Sul^r	38	5	弗氏志贺菌
Tn501	8200	Hg^r	38	5	铜绿假单胞菌
Tn1000 （γδ）	5800	无	37	5	大肠杆菌
来源于 G⁺ 细菌					
Tn551	5300	Ery^r（红霉素）	35	5	金黄色葡萄球菌
Tn4430	4200	无	38	5	苏云金芽孢杆菌
Tn4451	6200	Cam^r	12	不详	产气荚膜梭菌
Tn4556	6800	无	38	5	弗氏链霉菌

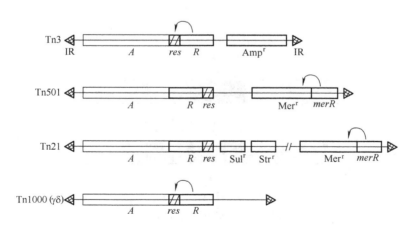

图 6-4　几种复杂转座子（TnA）的结构示意图

◁▷ 末端反向重复；*A* 转座酶；*R* 解离酶，转座酶(A)和解离酶(R)的转录阻遏物；*res* 表示重组位点；*merR* 表示 Mer 和转座酶的调节物；Mer^r 表示汞离子抗性

三、细菌转座因子的插入机制、转座模型

1. 细菌转座因子的插入机制

转座因子不同于噬菌体和质粒，它们不是独立的复制子，不能独立存在。所有转座因子，包括插入序列、复合转座子、TnA 及 Mu 噬菌体等的转座机制都很相似。转座因子插入到一个新的部位的通常步骤是：在靶 DNA 序列两侧各一条单链上造成一个切口，切口之间的距离决定了将来转座子两侧正向重复单位的长度，然后转座子插入带有突出单链末端的切口之间，二者共价连接起来，由此形成的两段靶序列单链区由 DNA 聚合酶 I 或其他类似的酶填充，再由连接酶将端口连接起来（图 6-5）。交错末端的产生和填充解释了在插入部位产生靶 DNA 正向重复的原因。

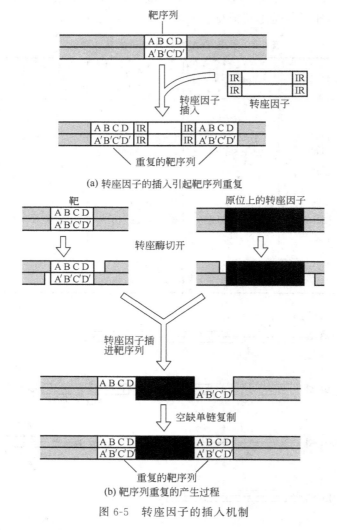

图 6-5　转座因子的插入机制

2. 细菌转座因子的转座模型

根据转座因子在转座过程中是否有复制而分为两种类型：复制型转座和非复制型转座；又可根据转座过程中是否有共整合体，而分为：剪-贴型转座、保守型转座和复制型转座等。

（1）剪-贴型转座（cut-and-paste transposition）　这类转座又称简单插入，是一种非复

制型转座过程。在该过程中转座酶识别转座因子的两个末端，在转座因子的两个末端进行双链平端切割，则完整的转座因子从供体 DNA 中释放出来。同时转座酶在受体的靶部位进行交错切割。然后转座子与靶部位的切口末端相连接。这种类型的转座只需要转座酶。在非复制型转座发生之后，供体的命运如何呢？一般认为供体被破坏，另一种可能是宿主修复系统识别了断裂的双链并对它进行了修复（图 6-6）。很多插入序列（IS）和复合型转座子，如 IS10、IS50、Tn5、Tn10 等就是以这种方式进行转座的。

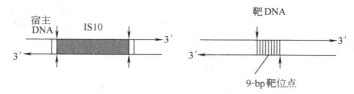

① 转座酶在转座子的两端进行平端切割,在靶 DNA 两端进行交错切割

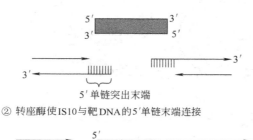

② 转座酶使 IS10 与靶 DNA 的 5′单链末端连接

③ 细胞内的 DNA 聚合酶填充空隙,然后在连接酶的作用下使靶序列与 IS10 的 5′末端连接

9-bp靶位点正向重复

图 6-6　剪-贴型转座模型

　　（2）复制型转座和保守型转座　所谓复制型转座（replicative transposition）是指在转座过程中，供体分子上的转座子首先被转座酶在其两端被交错切开，使转座子的两个 DNA 链都带有游离的 3′-OH 末端。转座酶在对转座子两端进行切割的同时也对靶部位的两个链进行交错切割，然后供体上的转座子和靶链在切口处连接，即转座子的每个 DNA 链的 3′-OH 与靶位点单链突出的 5′-磷酸基团共价连接，从而产生一种交叉结构。在交叉结构中，其交错末端都含有单链区，此单链区是为 DNA 合成提供模板的假复制叉（pseudoreplication fork），如果复制从两个假复制叉继续进行，那么将通过转座子并在其末端终止，从而形成两个拷贝的转座子。复制可能是由宿主编码的功能完成的。供体和受体形成的这种结构称为共整合体（cointegrate）。所谓共整合体，就是两个或两个以上的复制子通过共价键连接在一起。共整合体在原来两个分子之间结合处含有两个转座子的拷贝，方向为正向重复。然后，两个拷贝的转座子之间可通过解离酶在解离位点进行的特异性位点重组而将两个分子分开（图 6-7）。

　　因此，在复制型转座反应过程中，转座因子被复制，一个拷贝仍保留在原来的位置上，而另一个则插入到一个新的部位，这样转座过程伴随着转座子拷贝数的增加。另一个特点

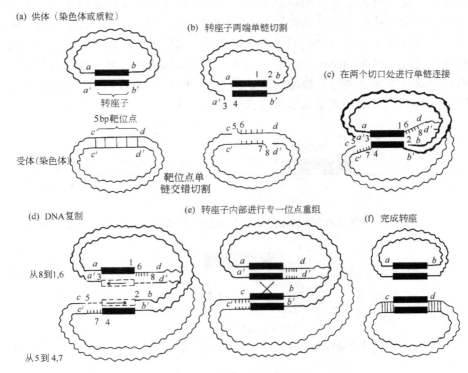

(a) 供体（染色体或质粒）
转座子
5bp靶位点
受体（染色体）
靶位点单链交错切割

(b) 转座子两端单链切割

(c) 在两个切口处进行单链连接

(d) DNA复制
从8到1,6
从5到4,7

(e) 转座子内部进行专一位点重组

(f) 完成转座

图 6-7　复制型转座模型

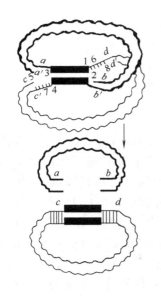

图 6-8　保守型转座模型

是，在复制型转座过程中，有共整合体的出现。复制型转座涉及到两种类型的酶：一种是转座酶，它作用于原来的转座子的两个末端；另一种是解离酶（resolvase），它作用于复制拷贝的转座因子的拆分上，TnA 转座子就是以这种方式进行转座。

保守型转座（conservative transposition）属于非复制型转座，但是在转座过程中有同复制型转座过程中类似的交叉结构的出现，但不形成共整合体。即在转座过程中，供体分子上的转座子首先被转座酶在其两端被交错切开，同时也对靶部位的两个链进行交错切割，然后供体和靶链在切口处连接，从而产生一种交叉结构。接着，转座酶通过交错切割，将转座子从供体分子上切割下来。通过交错切割产生的单链必须通过修复合成反应填充。反应的结果为转座子被插入到受体的靶位点 DNA 中，并且其两侧为由原来的单链切口所产生的重复序列（图6-8）。供体 DNA 在原来转座子处留下一个大的缺口。有些插入序列和转座子是以这种方式进行转座。

总之，转座因子的转座机制可分为复制型和非复制型两种类型，一些转座子只利用一种类型的转座途径，但也有些转座因子如 Mu 噬菌体利用复制型和非复制型转座两种途径，即在开始侵染宿主时，依靠非复制型转座，而在侵染后的裂解循环中，依靠复制型转座。

3. 几个常见转座子的转座

（1）Tn5 的转座　Tn5 最早发现于肺炎克氏杆菌的 JR67 质粒，大小为 5.7kb，左、右两端均为 1534bp 的插入因子 IS50。Tn5 的中央区为 2.6kb DNA 片段,含有编码卡那霉素(Kan)、博来霉素(Ble)和链霉素(Str)的抗性基因,三个基因共同组成一个操纵子,从左向右转录成多顺反子 mRNA。位于左端的 IS50L 与右端的 IS50R 仅有一对碱基的区别(GC→AT),但只有 IS50R 编码的转座酶(Tnp)才有活性,其大小为 476 个氨基酸;IS50R 同时还从转座酶基因的稍后位置开始编码产生抑制蛋白(Inh),Inh 比转座酶在 N 端少 55 个氨基酸,用于调节 Tn5 的转座作用。而左侧的 IS50L 在一个碱基差异处形成赭石突变(ocher),即无义突变,IS50L 中的碱基代换一方面使转座酶和抑制蛋白的翻译提前终止,不再具有转座能力和调控能力;另一方面它的出现也形成了一个能够起始 Tn5 中心区域抗生素基因的启动子。因此这一碱基替换是 Tn5 转座子表达其耐药性功能所必需的。

Inh 是转座过程中的主要调控因子,通过调控转座酶的活性而起作用。这是因为 Inh 和 Tnp 是利用相同的阅读框架进行翻译的,只是 Inh 缺少 Tnp N-端的 55 个氨基酸,结果是 Inh 失去了起始转座的能力。因此,Inh 和 Tnp 可以形成异源二聚体,则抑制了 Tnp 的活性。另外,Tnp 还易受蛋白酶的降解使 Tnp 的 N-端被切除,如果 Tnp 的 N-端被切除,则就被称为 Tnpα。Tnpα 会与 Inh 一样,与 Tnp 结合形成异源二聚体,使 Tnp 失去与 DNA 的结合能力。

Tn5 的转座过程如图 6-9 所示:第一步是两个 Tn5 转座酶单体分子的 N-端分别与转座子的两个末端(19bp)结合;第二步是两个单体酶分子二聚体化,将转座子从宿主 DNA 上切割出来;第三步是选择寄主 DNA 靶位点,在转座酶的催化下使靶 DNA 序列产生交错切割,然后转座子的游离 3′-OH 整合到寄主 DNA 上;第四步是 Tn5 转座子整合到寄主 DNA 上后,在转座子两端形成的各 9bp 单链缺口,由寄主酶体系进行填充反应;第五步转座酶被释放出来。

(2)Tn3 的转座 TnA 以 Tn3 为代表,研究得最为详细。Tn3 全长为 4957bp,两端各有由 38 个碱基对组成的反向重复序列,其间含有三个结构基因,*bla* 基因编码 β-内酰胺酶,使寄主对氨苄青霉素产生抗性,但在转座中不起作用。*tnpA* 基因是一个大基因,占 Tn3 长度的 60% 以上,编码 1021 个氨基酸的转座酶,分子质量为 120kD。*tnpR* 基因编码含有 185 个氨基酸的(23kD)蛋白质,具有解离酶活性,还具有调控 *tnqA* 基因及自身基因转录的阻遏蛋白活性,*tnpA* 和 *tnpR* 基因之间是解离位点(*res*)或称为重组位点,它是 TnpR 解离酶的作用位点(图 6-10)。

实验证明,当带有两个质粒(其中一个质粒含 Tn3)的细胞经过一段时间培养后,可以以 10^{-7} 的概率发现两个质粒融合形成的中间体,即共整合体。Tn3 在共整合体中复制,从一个拷贝变成两个。共整合体是不稳定的中间体,TnpR 解离酶作用于 *tnpA* 和 *tnpR* 之间的 *res* 位点,催化共整合体通过两个 Tn3 拷贝进行的专一位点重组,使共整合体解离成为各带一个 Tn3 的两个质粒,从而实现了 Tn3 向另一质粒的转座(图 6-11)。如果突变破坏了 TnpR 解离酶的活性,则细胞内只形成共整合体而无法使之拆分。

Tn3 所形成的共整合体的拆分与 λ 噬菌体的位点专一性重组非常相似。这种相似性表现在以下几个方面:二者都对重组位点有特异性要求,都需要特异性的酶参加。

如图 6-10 所示,*res* 位点位于 *tnpA* 和 *tnpR* 之间,它实际上包括 3 个 TnpR 结合点(Ⅰ、Ⅱ、Ⅲ),每个位点约长 30~40bp,TnpR 对它们的结合相互独立。结合点 Ⅰ 包括遗传学上鉴定的 *res* 位点,它的缺失完全妨碍了以 TnpR 为媒介的拆分。但如果只有结合点 Ⅰ 存

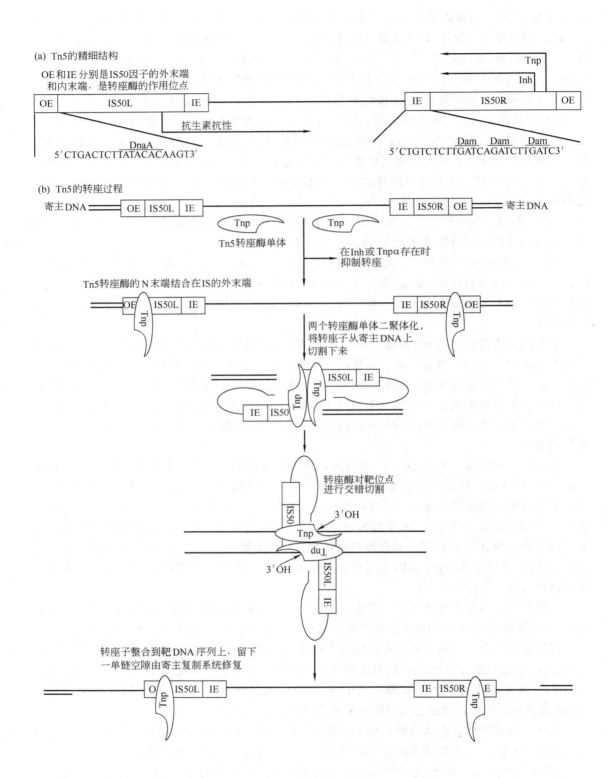

图 6-9　Tn5 的精细结构和转座过程

在而没有结合点Ⅱ或Ⅲ，则拆分虽可发生，但效率较低。因此野生型水平的拆分效率需要Ⅰ、Ⅱ、Ⅲ三个结合点同时被 TnpR 占据。结合点Ⅰ与 tnpA 基因的转录区部分重叠。结合点Ⅱ和Ⅲ与 tnpR 基因的转录区重叠。因此 TnpR 在这些结合点处的结合影响了这两个基因的转录。Tn3 上的三个结合点序列有一定的同源性。这些序列中都含有一个对称的反向重复区。

四、Mu 噬菌体的转座

转座噬菌体是具有转座功能的一类可引起突变的溶源性噬菌体。这类噬菌体不论是进入裂解循环还是处于溶源状态，均可整合到寄主染色体上。其中研究得较多的是 Mu 噬菌体。

Mu 噬菌体（mutator phage），即突变者的意思，是由 Taylor 在 1963 年发现的一种大肠杆菌的温和噬菌体。按理每一种温和噬菌体应整合到宿主染色体的特定位点上，如 λ 噬菌体那样。可是 Mu DNA 几乎可插入到宿主染色体的任何一个位点上，而且游离 Mu DNA 和已经插入的 Mu DNA 的基因次序是相同的，这是有别于 λ 噬菌体的。另外它的两端没有黏性末端，插入到基因中引起该基因突变。这些都说明它的整合方式不同于 λ 噬菌体，而类似于转座因子的作用。当 Mu 噬菌体发生转座插入到宿主染色体上时，可像其他转座因子一样引起突变。

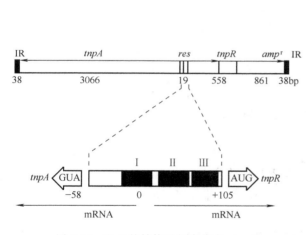

图 6-10 Tn3 的结构及解离位点（res）

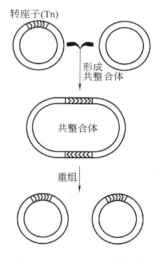

图 6-11 Tn3 的转座过程

与 IS 因子和转座子相比较，转座噬菌体 Mu 具有以下两个优点：①它不是细菌基因组的正常组分，因而易于识别；②它可经诱导产生，易于制备。

1. Mu 噬菌体的遗传图

Mu 噬菌体的遗传图见图 6-12。它的 DNA 为线状双链分子，长度为 37kb。Mu 噬菌体 DNA 不含末端反向重复序列，这是和其他转座子不同的地方。游离 Mu 噬菌体 DNA 的两端连接着一段寄主 DNA，左端的约长 100bp，右端的约长 1500bp。这两段寄主 DNA 序列在不同 Mu 噬菌体 DNA 上各不相同，因为它们是在噬菌体成熟阶段，将整合在寄主 DNA 中的原噬菌体 Mu 两端进行切割和包装时获得的。当 Mu 噬菌体再一次整合到寄主 DNA 中时这两段序列则消失。Mu 噬菌体的基因图主要有下列特征：

① 基因 A 和 B 编码转座酶，其中 A 蛋白是所有转座过程中都必需的，而 B 蛋白只是复

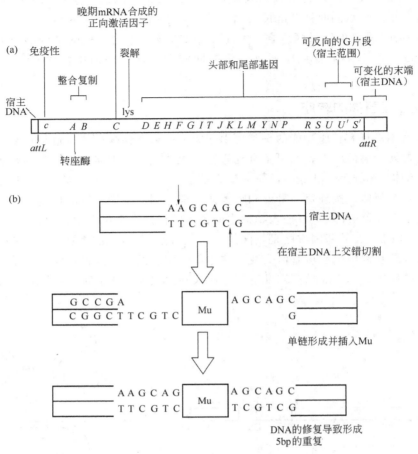

图 6-12　Mu 噬菌体的基因图谱（a）及其插入（b）

制型转座所必需的；

② *C* 基因产物对转座酶基因的表达起阻遏抑制作用；

③ 转座时需要 Mu 噬菌体 DNA 的两个末端，即 *attL* 和 *attR*（有时称为 MuL 和 MuR）；

④ 当 Mu 噬菌体 DNA 被包被在噬菌体头部时，DNA 的左末端带有约长 100bp 的寄主 DNA，右末端带有约长 1500bp 的寄主 DNA。

2. Mu 噬菌体的转座及其生活史

当 Mu 噬菌体侵染寄主时，其线性 DNA 进入细胞后，Mu 噬菌体 DNA（不包括左右两端的寄主 DNA）通过"剪-贴"型的非复制方式，插入到寄主染色体上形成原噬菌体。原噬菌体两侧各有一个 5bp 的靶点序列重复，这一点和其他转座子的转座作用相似。

溶源化的野生型 Mu 噬菌体相当稳定，不易被 UV 和其他 DNA 诱变剂所诱导。然而，Mu 噬菌体的突变体，如温度敏感抑制型——MuCts，可以通过将温度提高到 42℃ 而诱导其进入裂解循环。这是因为该突变体中的阻遏基因 *C* 失活，则噬菌体基因组中的 A 和 B 蛋白大量表达，表达的 A 转座酶和 B 转座酶通过复制型转座机制使 Mu 插入到寄主染色体上 50～100 个新的位点。同时，噬菌体的晚期基因，如编码噬菌体头部、尾部、裂解蛋白等的基因也开始表达，然后从 Mu 噬菌体 DNA 左端约 50～150bp 处的寄主 DNA 进行切割，以 "headful mechanism" 方式进行包装，右末端也带有约 1～2kb 的寄主 DNA。Mu 噬菌体 DNA 的长度为 37kb，加上两端的寄主 DNA，这样被包装的 DNA 长约 39kb（图 6-13）。噬菌体组装完成后，寄主裂解，释放出 50～100 个噬菌体颗粒。

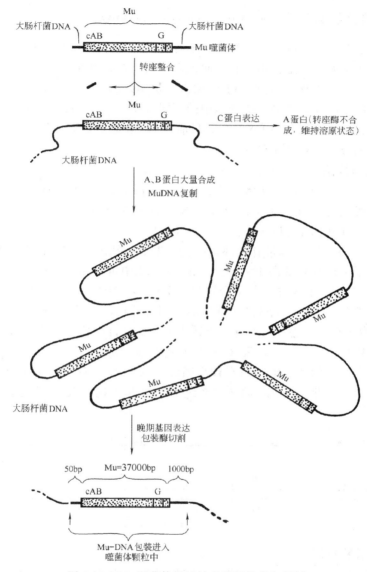

图 6-13 Mu 噬菌体通过转座进行整合和复制

3. Mu 噬菌体的寄主范围

Mu 噬菌体 DNA 右侧的一段 3kb 长的序列在不同分子中以相反的走向存在，这段序列称为 G 片段，它的两端各有一个 34bp 长的反向重复序列。G 片段含有编码负责噬菌体吸附寄主细胞的尾丝蛋白质，G 的不同走向导致了不同的寄主特异性。G（＋）走向倒位后形成 G（－）走向，G 片段的倒位需要 Mu 噬菌体 *gin* 基因的产物，寄主的逆转刺激因子能提高倒位的效率。

当处于 G(＋)走向时，S 基因和 U 基因表达，分别产生 56kD 的 S 蛋白质和 21kD 的 U 蛋白质，这类 Mu 噬菌体能够侵染大肠杆菌 K12 菌株，而不能侵染大肠杆菌 C 菌株。当处于 G(－)走向时，S′基因和 U′基因表达，分别产生 48kD 的 S′蛋白质和 26kD 的 U′蛋白质。这类 Mu 能够侵染 C 菌株而不能侵染 K12 菌株。

五、细菌接合型转座子 （conjugative transposon）

除前面讲过的几种转座因子外，细菌中还有一类具有特殊性质的转座因子，即接合型转座子。接合型转座子的特点是：不具有反向重复序列，在转座时不引起靶 DNA 上核苷酸序列产生正向重复，转座过程是通过"切除-插入"机制来实现的，在转移过程中，会形成共价、闭合、环状的中间体，在同一个细胞中的不同 DNA 位点进行整合或是通过接合作用进入受体细胞后整合到受体细胞的 DNA 上。目前在 G⁺ 和 G⁻ 细菌中都发现了接合型转座子，其中研究最深入的接合型转座子是 Tn916。

1. Tn916 的结构图

Tn916 是于 1981 年在粪肠球菌 （*Enterococcus faecalis*） 中发现的第一个接合型转座子。自此后又从粪肠球菌及其相关细菌中发现了许多接合型转座子，如 Tn919、Tn3702、Tn1545 等，它们与 Tn916 有相关性。

Tn916 长度为 18.5kb，携带有四环素抗性 （Tet^r） 基因 *tetM*。转座子的左右两端并不像其他典型转座子那样具有反向重复序列。从图 6-14 中可看出，Tn916 的左末端是与整合有关的 *int* 和 *xis* 基因，右末端是与接合转移有关的移动蛋白基因 （*mbeA*）。近左端的中间区域是四环素抗性基因 *tetM*。序列分析和 DNA 同源性比较表明，Tn916 有 24 个 ORF，但有些 ORF 的功能还有待于进一步鉴定。用转座子诱变进行的功能分析，可将 Tn916 划分成不同的区域：转座区 （Tn）、转移区 （Tra） 和抗性区 （Tet^r）。在 Tn916 的转移区 （*tra*），并没有发现与接合质粒的性菌毛基因有较高同源性的 ORF，而且转移区的基因数量要比接合质粒的相对较少。因此，Tn916 的转移系统可能比 F 质粒或 RP4 质粒的简单，不编码性菌毛。

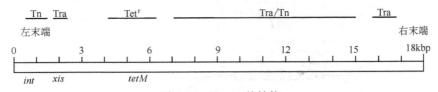

图 6-14　Tn916 的结构

2. Tn916 的转移机制

接合型转座子一般整合在染色体上，它们的转座和转移机理如图 6-15 所示。第一步是接合型转座子从染色体上切割下来，形成共价、闭合、环状的转座中间体。该中间体在细胞中并不能复制。第二步是中间体在同一细胞内的不同的 DNA 位点进行整合或向其他细胞转移：图 6-15 （a） 所示环状中间体整合到染色体的其他部位或整合到质粒上。图 6-15 （b） 所示，在中间体双链 DNA 的一条单链上产生缺口，并以单链 DNA 向受体细胞进行转移，转移到受体细胞后再进行环化，然后以受体和供体细胞中的单链为模板进行自我复制形成双链 DNA 分子。环状的 DNA 分子再分别整合到供体和受体细胞的染色体上。

(a) 细胞内转移

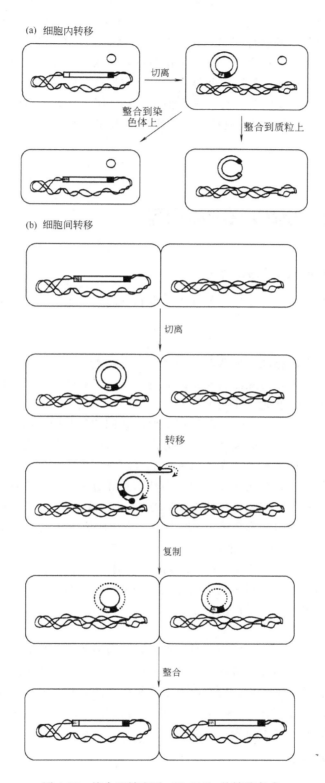

图 6-15　接合型转座子（Tn916）的转移方式

接合型转座子综合了转座子、质粒和噬菌体三方面的特征，它们是真正的基因转移因子，能引起抗性基因在许多重要细菌中的扩散。接合型转座子在切割和整合上类似于转座子，但其机理不同于典型的转座子如 Tn5 和 Tn10 等。如接合型转座子可以形成共价、闭合、环状的中间体，而且在整合部位不产生正向重复序列。接合型转座子与质粒的相似之处是能形成共价、闭合、环状的转移中间体，靠接合作用进行转移，与质粒不同的是其不能独立复制。接合型转座子在切割和整合方面类似于温和性噬菌体，接合型转座子的整合酶属于 λ 整合酶家族；与 λ 噬菌体不同的是接合型转座子不形成病毒颗粒，靠接合作用进行转移而不是靠噬菌体进行转移。

第二节
细菌转座因子的遗传效应和应用

一、转座因子的遗传效应

转座因子能引起许多遗传变异，如插入突变和基因重排等。

1. 插入突变

各种 IS、Tn 都可以引起插入突变。当它们插入到一个基因时，该基因的功能受到破坏，其表型和一般突变体相同，如营养缺陷型、酶活性丧失等。另外，由于 Tn 总是带有耐药性基因，所以转座子插入后除能引起基因突变外，还具有转座子带来的耐药性。

2. DNA 重排（缺失、扩增和倒位）

许多研究表明，几乎所有的转座因子都能促进它们相邻基因的缺失。当转座因子插入某一基因后，一方面引起该基因的失活，另一方面也引起插入部位邻近片段的不稳定而产生缺失，该现象首先在 IS1 中发现。以后在 IS2、Tn3、Tn9 等转座因子中都发现了这一现象。缺失发生的原因推测是首先转座子以相同方向转座到邻近位置上，在两个正向重复转座因子之间发生同源重组，就导致宿主染色体 DNA 缺失。如果转座因子以相反方向转座到邻近位置上，然后发生重组，则引起染色体 DNA 倒位。由于转座因子的存在而促使发生倒位的现象在 Mu、IS1 等转座因子中都有报道。同样，由于转座子之间的同源重组，可使两个不同的 DNA 片段连接在一起，从而引起 DNA 的扩增（图 6-16）。由于转座作用，使一些原来在染色体上相距甚远的基因组合到一起，构建成一个操纵子或表达单元，也可能产生一些具有新的生物学功能的基因和新的蛋白质分子。

3. 极性效应

与转座因子有关的另一个特殊现象是它们的插入具有极性效应，即当转座因子插入到一个操纵子的上游基因时，不仅能破坏被插入的基因，而且也能大大降低位于远离启动子一端的基因的表达。现已发现绝大多数转座因子都有极性效应，而且正、反向插入时都有这种现象。几乎所有 IS 的可阅读框内（IS1 除外），都含有依赖于 Rho 的转录终止信号和终止密码子，这是造成极性突变的根本原因。

二、转座子的应用

前面已经讲到，转座子通常在一些被称为靶序列（target sequence）的特定序列上插

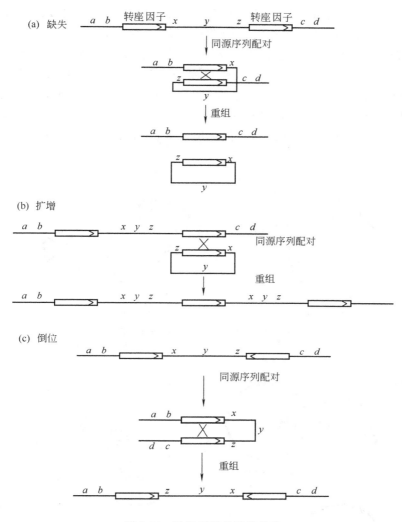

图 6-16 转座因子的遗传效应

入，这些短序列在基因组上的排列是相对随机的，它的插入导致被插入基因的突变。因此，可以利用转座子的这一特性进行基因诱变。

用于诱变的转座子一般都是复合型转座子，如 Tn5、Tn9、Tn10 等，其中用的较多的是 Tn5 和 Tn10。它们的转座频率高，对目标序列特异性要求低，而且转座子不需要与细菌的基因组存在同源性等优点，因而被广泛用于许多革兰阴性菌的转座诱变中。利用转座子可进行随机诱变和定位诱变。

1. 随机诱变

因为转座子不像质粒那样能独立存在并自主复制，因此要利用转座子进行诱变时，首先需要先将转座子构建在适当的载体上，通常所用的载体主要是质粒。

转座子载体应具有下面两个功能：①能通过转化或接合作用导入受体菌；②在受体菌中不能自我复制，即必须为自杀型质粒载体，从而使转座子存在转座压力，且保证通过抗性筛选得到的转化子或接合子都为转座子整合于基因组上的。

在分子生物学的研究中，已经构建了许多自杀型质粒，如 pSUP101、pSUP201、

pSUP202 等，它们是在 pACYC184、pACYC177、pBR325 等质粒载体上插入诱动位点（*mob*-site）而获得的，都具有在非肠道细菌中不能自主复制的特性。用于转座诱变的自杀型质粒载体，是在自杀型质粒上插入转座子而获得的。图 6-17 中的转座诱变载体 pSUP2021 是在 pSUP202 质粒上通过插入 Tn5 而获得的，其复制子来源于 pBR325；图中的 pSUP5011 的复制子也来源于 pBR322，但 *mob* 位点是插入在 Tn5 的 *Bam*H I 位点。pSUP5011 的构建过程如图 6-18 所示。类似的转座质粒，如 pGS9（Tn5）、pGS8（Tn1）、pGS27（Tn9）等都被用于固氮螺菌、苜蓿根瘤菌、大豆根瘤菌等的随机诱变。

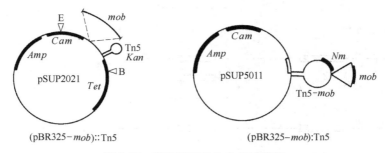

图 6-17　带有转座子的自杀型质粒

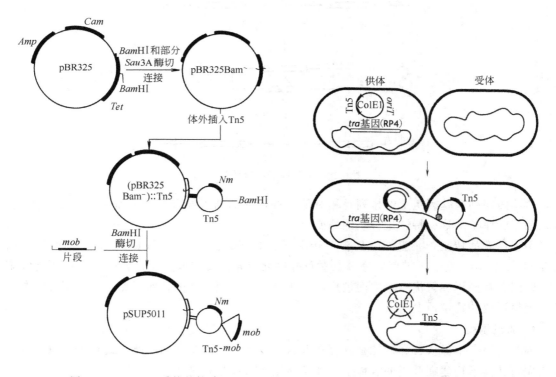

图 6-18　Tn-*mob* 质粒的构建

图 6-19　Tn5 的随机诱变作用

随机诱变的具体操作较简单，只要将含有转座子的自杀型质粒通过接合作用或转化作用引入目标菌株中，则 Tn 会随机插入到受体菌的基因组中，然后在抗性平板上筛选所需要的突变菌株。图 6-19 是通过接合作用将带有 Tn5 转座子的自杀型质粒引入受体细胞中，进行诱变的示意图。

对转座子诱变所获得的突变体，可用 PCR 等分子生物学的方法进行鉴定，也可利用转座子在插入位点形成的重复序列进行鉴定。

2. 定位诱变

定位诱变与随机诱变的原理类似，但诱变中首先需要将转座子，如 Tn5，整合在基因组上，然后将要诱变的目的基因克隆到质粒如 F 质粒上，接着将含有目的基因的 F′ 质粒转入基因组已整合有 Tn5 的大肠杆菌中，然后与受体菌杂交进行诱变，最后筛选突变型接合子。如图 6-20 所示，供体菌的染色体上带有 Tn5，染色体外含有 F′ lac^+ pro^+ 因子，可以设想 Tn5 会以一定的频率插入到 F′ 因子上的 lac^+ 基因，引起 lac^- 突变。由于染色体带有缺失 $\Delta(lac\ pro)$，可防止 F′ 因子在此区段发生同源重组。然后通过杂交让供体菌的 F′ 因子进入基

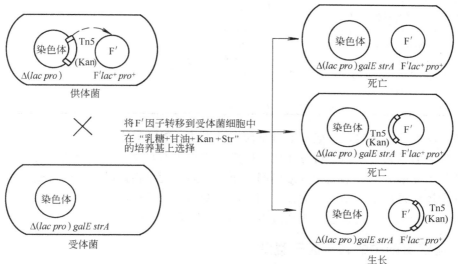

图 6-20　转座子 Tn5 诱发 F′ 因子 lac^-
突变的筛选方法（定位诱变）

因型为 F^- $\Delta(lac\ pro)galE\ str^r$ 的受体细胞，并观察 F′ 因子上的 lac^+ 基因发生插入突变的频率。该实验中所用培养基 "乳糖＋甘油＋Kan＋Str" 是一种选择性培养基，只允许含有 F′ lac^-::Tn5 pro^+ 因子（lac^+ 基因由于 Tn5 的插入而成为 lac^- 突变基因）的接合子生长，而其他接合子、供体菌及受体菌均不能生长。

第三节
丝状真菌中的转座因子

一、　丝状真菌中的转座现象

自从 1989 年首次在脉孢菌中发现 Tad 转座因子以来，已经先后从尖孢镰刀菌、白粉病菌、稻瘟病菌、曲霉菌等不同的真菌中发现转座因子。含有转座因子的这些真菌大多是植物病原真菌、工业真菌或直接从田间分离的真菌，实验室内保存的菌株很少有转座因子；另外

这些含有转座因子的真菌的遗传变异较大，一般都不能进行有性生殖。表 6-4 是几种真菌及其它们的转座因子。

表 6-4　几种真菌及其转座因子

微 生 物 名 称	转 座 因 子
尖孢镰刀菌（*Fusarium oxysporum*）	Foret，Skippy，Palm，Fot1，Impala，Fot2，Hop
稻瘟病菌（*Magnaporthe grisea*）	Grh，Maggy（fosbury），MGR，MGSR1，Mg-SINE，Pot2，MGR586
埋生粪盘菌（*Ascobolus immersus*）	Mars1，Mars2，Mars4，Tasco，Ascot
粗糙脉孢菌（*Neurospora crassa*）	Tad，Punt，Guest
黑曲霉（*Aspergillus niger*）	Ant1，Tan/Vader
烟曲霉（*Aspergillus fumigatus*）	Afut
灰葡萄孢菌（*Botrytis cinerea*）	Boty，Flipper
番茄芽枝霉（*Cladosporium fulvum*）	CfT-1
柑橘炭疽刺盘孢菌（*Collecotrichum gloeosporioides*）	CgT1
赤球丛赤壳菌（*Nectria haematococca*）	Nrs1
禾白粉菌（*Erysiphe graminis*）	Eg-R1，EGH
旋孢腔菌（*Cochliobolus carbonum*）	Fcc1
（*Phanaerochete chrysosporium*）	Pce1
（*Tolypocladium inflatum*）	Restless

真菌转座因子的鉴定，一般是通过下面四种方法。①克隆真菌中的重复序列，然后通过与其他生物中的已知转座因子进行比较来确定。②根据真菌的缺陷型表型来鉴定转座因子，这是一种最可靠的方法。如尖孢镰刀菌的一个转座因子就是在硝酸还原酶突变体中鉴定出来的，该突变体就是由于转座因子的插入而引起突变的。③通过同源杂交，即以别的生物中的转座因子为探针进行杂交筛选。④通过 DNA 序列分析。

二、丝状真菌中的转座因子类型

丝状真菌中的转座因子种类繁多，大小差异也较大。与其他真核生物的转座因子的分类一样，根据转座机理，可将丝状真菌的转座因子分为两大类：第一类是类似反转录病毒的反转座子，其转座过程是以 RNA 为中间体，即从 DNA→RNA→DNA 的转座；第二类是类似于细菌转座因子的 DNA 转座子，其转座过程是从 DNA 到 DNA。图 6-21 是丝状真菌转座因子的结构图和所发现的转座子种类。

1. 反转座子

反转座子的特征是在转座过程中，需要经过一个 RNA 阶段，即在转座过程中在 RNA 聚合酶的作用下先合成 RNA，接着在反转录酶的作用下合成双链 DNA，然后再将 DNA 插入到靶位上。根据反转座子的两端是否具有类似反转录病毒原病毒的长末端重复序列 LTR 而分为两种类型：LTR-反转座子（LTR-retrotransposon）和非 LTR-反转座子（non LTR-retrotransposon）。

（1）LTR-反转座子　LTR-反转座子的结构类似于反转录病毒原病毒，与反转录病毒原病毒的主要区别是反转座子不具有侵染性和不带有病毒外膜基因（*env*）。LTR-反转座子具有长的末端正向重复序列（LTR），中央含有 1～3 个大的阅读框架：*gag* 编码核酸结合蛋白；*pol* 编码蛋白酶（PR）、整合酶（IN）、反转录酶（RT）及 RNase H（RH）。根据 *pol* 中的基因产物顺序，又可将 LTR-反转座子分为两个组：copia 组和 gypsy 组。这两个组的主要区别是整合酶（IN）和反转录酶（RT）的排列顺序不同，另外 gypsy 组编码区通常还有

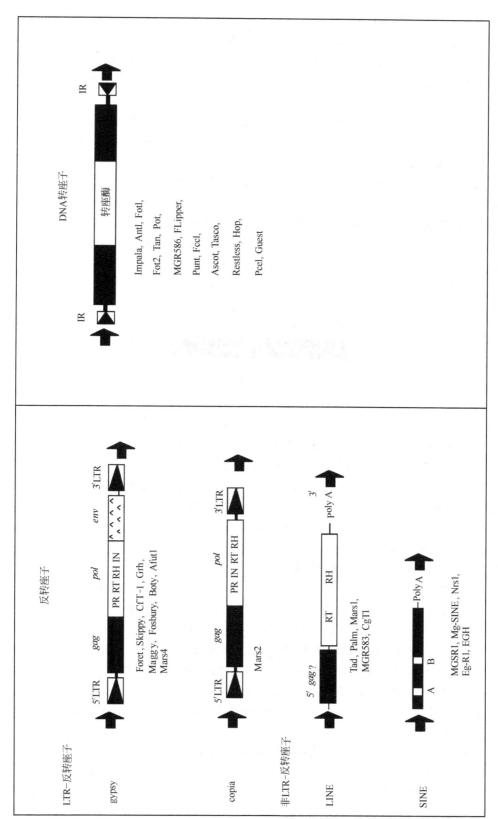

图6-21 丝状真菌转座因子的结构图和一些代表性转座子

一个"*env*"区，但与反转录病毒的 *env* 序列不同。

丝状真菌中的很多转座因子都属于这个类群，如 Foret（尖孢镰刀菌）、Skippy（尖孢镰刀菌）、CfT-1（番茄芽枝霉）、Maggy（稻瘟病菌）、Boty（灰葡萄孢菌）、Afult1（烟曲霉）等。这类转座子还包括：酵母的 Ty、果蝇中的 copia 和 gypsy、啮齿动物的 IAP 和 VL30、人类的 THE、玉米的 BS1 等。

（2）非 LTR-反转座子　这类反转座子在结构上与反转录病毒有很大的不同，它们没有长末端重复序列，但大多数在 3′末端具有富含腺嘌呤（A）的序列。在转座时，使靶位点产生 7～21bp 正向重复。哺乳动物的 LINE 和 SINE 是这一类反转座子中最先发现而且是研究最为深入的两个类型。因此，其他真核生物中具有类似结构的反转座子都归入 LINE 和 SINE 组。

① LINE。这是一类拷贝数很多、序列很长的反转座子，称为长散布重复序列（long interspersed repeated sequence，LINE）。这类反转座子最先发现于动物基因组中。哺乳动物基因组包含 2 万～5 万个 LINE1 序列，简称 L1。L1 长 6～7kb，3′末端有富含 A 的序列，含有两个各长 1137bp 和 3900bp 的开放阅读框架（ORF），这两个 ORF 之间有 14bp 的重

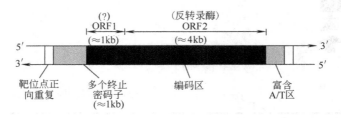

图 6-22　L1 的结构

叠。第 1 个 ORF 的功能还不清楚，第 2 个 ORF 编码反转录酶（RT）（图6-22）。L1 在靶位点具有正向重复序列。对 L1 的研究表明，LINE 的转座是通过 RNA 中间体进行的，其机理是：在 RNA 聚合酶Ⅲ的作用下从 L1 的 5′末端开始转录，RNA 聚合酶Ⅲ在遇到一串 T 后终止转录，结果是转录出的 RNA 在 3′末端含有一串 U，如果这个 RNA 转录物的末端回折，则 U 与 A 配对，可作为反转录酶的引物合成 cDNA；接着以 cDNA 为模板合成双链 L1 DNA，然后通过一种未知的方式插入到寄主 DNA 中（图 6-23）。

丝状真菌中的转座子 Tad（粗糙脉孢菌）、Palm（尖孢镰刀菌）、CgT1（柑橘炭刺盘孢菌）等，都属于 LINE 组的反转座子。以 Tad 为例来介绍真菌中的 LINE 类的转座子。在粗糙脉孢菌的基因组中，存在多拷贝的 Tad 因子。Tad 的长度为 7000bp，两端没有重复序列，在靶位点有 14bp 或 17bp 的正向重复序列。Tad 有两个 ORF，ORF1 和 ORF2 与 LINE 组的 ORF1 和 ORF2 有同源性，其中 ORF2 具有反转录酶（RT）的特征。1993 年，Kinsey 将粗糙脉孢菌 *am* 基因（编码谷氨酸脱氢酶）中的内含子（长度为 66bp）人工构建到 Tad 的 ORF1 上，然后将其引入到不含 Tad 的菌株中，结果发现 Tad 的转录物中缺少内含子，说明 Tad 的转座经过 RNA/cDNA 中间阶段的加工，也说明 Tad 是属于反转座子。

② SINE。这类反转座子也是最先在哺乳动物中发现，后来在真菌中也发现这类反转座子。SINE 一般都比较短，大约 70～300bp，但是拷贝数极高，通常在哺乳动物中的拷贝数达 10 万以上，丝状真菌中的拷贝数从几十到几百。这些反转座子称为短散布重复序列（short interspersed repeated sequence，SINE）。SINE 的特征是：具有 RNA 聚合酶Ⅲ启动

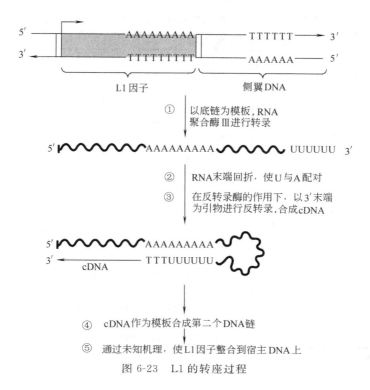

图 6-23　L1 的转座过程

子，3′末端有 8～50bp 多聚 A 尾巴，两端具有 7～21bp 正向重复序列，中间没有 ORF，转座时需要经过反转座过程。

人类的 Alu 家族可以作为 SINE 的代表。Alu 因子长约 300bp，在人类基因组中约有 50 万个拷贝，占人类基因组的 5%～6%。Alu 因子是因为该片段中有限制性内切酶 Alu I 位点而被称为 Alu 因子的。Alu 因子与 7SL RNA（长度为 294bp）非常相似，7SL RNA 是细胞质内核糖体蛋白粒子（信号识别粒子）的一部分，帮助新生的多肽从内质网膜中分泌出来。7SL RNA 在果蝇、老鼠和人中都高度保守。最近对大肠杆菌中的小分子 RNA（约 100bp）的序列分析表明，这种小分子 RNA 与 7SL RNA 具有相似性。

Alu 因子和 7SL RNA 都具有两个 RNA 聚合酶Ⅲ启动子。在 Alu 的 3′端，有一串 A，Alu 因子的两端是正向重复序列。正向重复序列的 3′下游有一串 T，是 RNA 聚合酶Ⅲ的转录终止点。Alu 的位置没有固定场所，可以出现在基因的 5′端或 3′端，也可出现在外显子区和内含子区。研究表明，SINE 的反转座机理与 L1 类似，其反转座过程中利用了 LINE 的反转录酶和其他蛋白。

丝状真菌中也有很多这种 SINE 类型的反转座子，如 MGSR1 和 Mg-SINE（稻瘟病菌）、Eg-R1 和 EGH（小麦白粉菌）等。稻瘟病菌中的 Mg-SINE 属于 SINE 类型的转座因子，长度为 472bp，具有 A 和 B 两个 RNA 聚合酶Ⅲ结合位点，末端具有 8～50bp 的多聚 A，中间无 ORF，两端有长度为 16bp 的正向重复序列，其在寄主基因组中的拷贝数是 100。根据其序列推测的二级结构也像 tRNA 那样，具有三叶草型的二级结构。

总之，与真核生物的反转座子一样，丝状真菌的反转座子分为 LTR-反转座子和非 LTR-反转座子两大类型，而每一类型的反转座子又可分为不同的组。表 6-5 列出了一些真菌反转座子的特征如大小、拷贝数和寄主来源等。

表 6-5　一些真菌中的 LTR-反转座子和非 LTR-反转座子

LTR-反转座子	长度/bp	LTR	靶序列重复	拷贝数	寄　主　来　源
gypsy 组					
Foret	约 8000	不详	不详	多拷贝	尖孢镰刀菌（F. oxysporum）
Skippy	7846	429	5	多拷贝	尖孢镰刀菌（F. oxysporum）
CfT-1	6968	427	5	25	番茄芽枝霉（C. fulvum）
Maggy	5638	253	?[①]	多拷贝	稻瘟病菌（M. grisea）
Boty	约 6000	596	?[①]	多拷贝	灰葡萄孢菌（B. cinerea）
Afult1	6914	282	5	多拷贝	烟曲霉（A. fumigatus）
copia 组					
Mars3	5800	不详	不详	60	埋生粪盘菌（A. immersus）
LINE 组					
Tad	7000		14/17	多拷贝	粗糙脉孢菌（N. crassa）
Palm	不详		不详	不详	尖孢镰刀菌（F. oxysporum）
CgT1	5700		13	30	柑橘炭疽刺盘孢菌（C. gloeosporiodes）
SINE 组					
MGSR1	800		不详	分散在基因组中	稻瘟病菌（M. grisea）
Mg-SINE	470		不详	100	稻瘟病菌（M. grisea）
Nrs1	约 500~600		不详	分散在基因组中	赤球丛赤壳菌（N. haematococca）
Eg-R1	700		不详	50	小麦白粉菌（E. graminis）
EGH	903		13	分散在基因组	小麦白粉菌（E. graminis）

① ? 表示尚不清楚。

2. DNA 转座子

这是真核生物中的第二类转座子，它们通过 DNA→DNA 方式转座。它们的结构特征与细菌转座子类似，转座子的两端具有反向重复序列，中间有编码转座酶的开放阅读框架，在寄主的靶位点有正向重复序列，其转座机制不太清楚，它们可能是通过复制性转座机制进行转座。很多丝状真菌的转座子、果蝇的 P 因子、玉米的 Ac/Ds 和 Spm/En 因子、金鱼草（Antirrbinum majus）中的 Tam、Caenorbaditis elegans 中的 Tc1 等都属于这一类型。

表 6-6 列出了几种丝状真菌转座子的特征。从表中可看出，尖孢镰刀菌中类似细菌的转座子有：Fot1、Fot2、Impala、Hop，它们的特征与细菌转座子类似，在转座子的两端是长度为 27~96bp 的反向重复序列，中间有一个编码转座酶的开放阅读框架，在寄主的靶位点有 2~7bp 的正向重复序列，这四个转座子的大小依次为：1928bp、2100bp、3500bp 和 1280bp。Fot1、Fot2、Impala、Hop 这 4 个转座子都是通过对野生型菌株和硝酸还原酶缺陷型突变菌株中的硝酸还原酶基因（nia）进行比较而鉴定出来的。将烟曲霉（A. nidulans）的硝酸还原酶基因（niaD）转移到尖孢镰刀菌硝酸还原酶缺陷型中则可恢复其硝酸还原酶的功能。

表 6-6　一些真菌中的 DNA 转座子

转座子	长度/bP	IR	靶序列重复	拷贝数	来　源
Fot1	1928	44	2	100	尖孢镰刀菌（F. oxysporum）
Fot2	2100	66	2	100	尖孢镰刀菌（F. oxysporum）
Hop	3500	96	7	多拷贝	尖孢镰刀菌（F. oxysporum）
Impala	1280	27	2	6	尖孢镰刀菌（F. oxysporum）
Ant1	4798	37	2	?[①]	黑曲霉（A. niger）
Pot2	1857	43	2	100	稻瘟病菌（M. grisea）
MGR586	1860	42	?[①]	?[①]	稻瘟病菌（M. grisea）
Flipper	1842	48	?[①]	0~20	灰葡萄孢菌（B. cinerea）

① ? 表示尚不清楚。

曾用 Fot1、Fot2、Impala、Hop 这 4 个转座子，对烟曲霉硝酸还原酶结构基因（*niaD*）和尖孢镰刀菌硝酸还原酶结构基因（*nia*）进行诱变，在获得的 13 个突变体中，Fot1、Fot2、Impala 总是插入在寄主的 TA 位点。其中 5 个 Fot1 插入在 *niaD* 的第 3 个内含子上；3 个 Fot1 和 1 个 Fot2 插入在 *nia* 的外显子上。Impala 插入在 *niaD* 的翻译起点上游（图6-24）。说明这类转座子的插入是随机的，但也具有一定的插入热点。

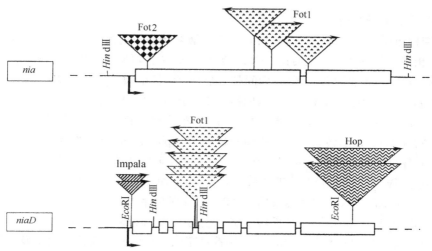

图 6-24　尖孢镰刀菌中的几个转座因子在靶基因：*niaD* 和 *nia* 的插入位点

第四节
酵母中的转座因子

当细菌中的转座因子被鉴定出来以后，人们也开始在酵母的染色体上寻找转座因子，不久就在一些突变基因中找到了称为 Ty 因子的酵母转座因子。Ty 是酵母转座子（transposon in yeast，Ty）的缩写。Ty 与果蝇中的转座子及反转录病毒原病毒类似，能插入染色体的许多位点，在被插入的 Ty 因子两侧靶 DNA 各有 5 个碱基对长的重复序列。Ty 转座子的转座频率要比细菌转座子的低，大约 $10^{-8} \sim 10^{-7}$。另外，酿酒酵母中只有 Ty 因子，而无其他种类的转座因子。

一、Ty 因子在酵母基因组中的分布情况

1996 年完成的酵母全基因组的测序工作，这一巨大科研成果使对 Ty 转座子的研究更加深入。研究表明，酿酒酵母（*S. cerevisiae*）中有 5 类酵母反转座子，即 Ty1-Ty5。在酿酒酵母基因组中，Ty 插入占整个基因组的 3.1%，其中主要是单个 LTR（Solo LTR），它是由于 LTR-LTR 间的重组使 Ty 的中央区缺少后产生的。在酿酒酵母基因组中存在的 5 类 Ty 中，Ty1 和 Ty2 是数量最多的反转座子，Ty3、Ty4 和 Ty5 数量较少。其中 Ty1/2 是由于 Ty1 和 Ty2 间的重组而产生的杂合体，见表 6-7。

表 6-7　酿酒酵母基因组中 Ty 转座子插入的数目

类　型	Ty 因子的数量	单个 LTR(不含有 ORF)	类　型	Ty 因子的数量	单个 LTR(不含有 ORF)
Ty1 和 Ty1/2	32	185	Ty4	3	29
Ty2	13	21	Ty5	1	6
Ty3	2	39			

二、Ty 因子的分子结构和转录

1. Ty 因子的分子结构

　　Ty 的结构与反转录病毒原病毒的相似性比与细菌转座子的高。酵母中这 5 类转座子的遗传结构基本相同，每一结构单位约长 6.3kb，转座子的左右两端是长度约为 330bp 的长末端正向重复序列 LTR（以前被称为 δ 区），中间是 2 个开放阅读框架 TyA 和 TyB。TyA 类似于反转录病毒中的 *gag*，主要编码结构蛋白，如核酸结合蛋白（NA）；TyB 类似于反转录病毒中的 *pol*，编码参与反转录的酶蛋白，如蛋白酶（PR）、整合酶（IN）、反转录酶（RT）、RNase H（RH）等（图 6-25）。以反转录病毒、果蝇的转座子 copia 和 gypsy 等作为参照对象，对 LTR、TyB 氨基酸顺序分别进行聚类分析，分析表明这 5 类 Ty 反转座子属于两个组，即 copia 组和 gypsy 组。其中 Ty1、Ty2、Ty4 及 Ty5 属于 copia 组，而 Ty3 属于 gyspy 组。这两个组的主要区别是 TyB 中整合酶（IN）和反转录酶（RT）的排列顺序不同。在每个 Ty 中，其左右两端的 LTR 一般是相同的，是由同一种反转录酶产生的。Ty1 转座子总长度为 6.2kb，中间区域的长度为 5.6kb，两端是一对长 300bp 的末端重复序列，与反转录病毒原病毒及果蝇的转座因子相似，能插入染色体的许多位点。Ty3 的中央区长度 4.7kb，两端是 340bp 的 LTR。这里需要说明的是，在比较早的教科书中，只将 Ty 分为 Ty1 和 Ty912 两种类型。

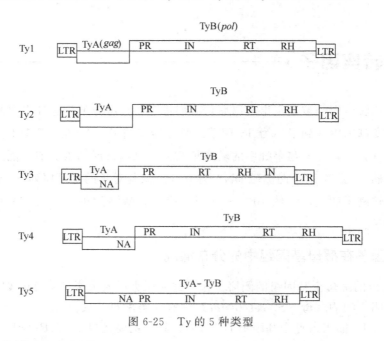

图 6-25　Ty 的 5 种类型

2. Ty 因子的转录和翻译

　　Ty 因子从左侧 LTR 结构的启动子内开始转录，转录成两种 mRNA 序列，一种 RNA 的长度为 5kb；另一种 RNA 的长度为 5.7kb（终止于右侧的 LTR 内）。

TyA 和 TyB 的可读框以两种方式表达（图
6-26）。TyA 蛋白代表 TyA 可读框，并且在其末
端终止。但是 TyB 可读框只有连接蛋白（TyA-
TyB）的一部分被表达，在这里 TyA 和 TyB 区
被一个特殊的框架迁移所连接，这使终止密码子
被绕过（与反转录病毒的 *gal-pol* 翻译相似）。

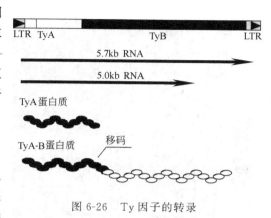

图 6-26　Ty 因子的转录

三、Ty 因子的转座机制

Ty 因子的分子结构从总的方面来看，与反
转病毒原病毒及果蝇中的 copia 组反转座因子很
相似，因此 Temin 等推测 Ty 因子与反转录病毒
可能有共同的演化来源。那么 Ty 因子的转座机制是与细菌中的一些转座因子相似，即转座
因子 DNA 经过复制而整合的靶位上；还是与反转录病毒相似，即要经过一个 RNA 阶段，
再经反转录成 DNA 后插到靶位上呢？科学家曾设计了一个巧妙的检测方法，通过实验证明
了 Ty 因子转座时是经过了 RNA 中间体这一步，所以 Ty 因子的转座机制是由 DNA→RNA
→DNA，而不像某些细菌转座因子那样是由 DNA→DNA 方式。

图 6-27 是 Ty 反转座子经过 RNA 中间体的转座过程的实验流程。首先将 Ty 反转座子

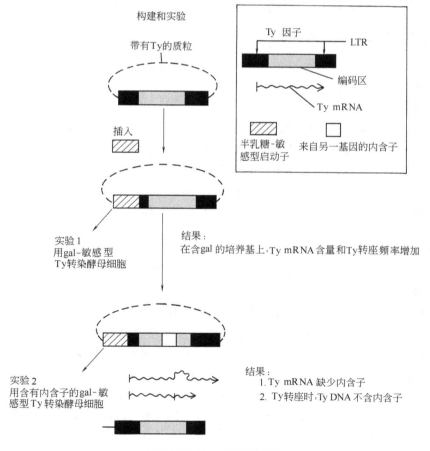

图 6-27　Ty 的转座过程

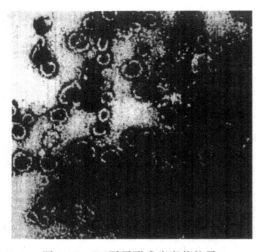
图 6-28　Ty 因子形成病毒状粒子

克隆到质粒载体上。然后将其他基因的一个内含子插入到 Ty 的编码区内，并使这个杂合的 Ty 因子置于 gal 启动子下，接着将这个重组质粒引入到酵母细胞中。转座的结果是在酵母基因组中出现许多拷贝的 Ty 反转座子，但它们都不含内含子。

只有一种去除内含子的方法：RNA 剪接。这表明其转座与反转录病毒的转座机制是相同的。Ty 因子先被转录成 RNA，然后由剪接系统所识别。被剪接的 RNA 为反转录酶所识别并产生双链 DNA 拷贝。

Ty 因子经诱导发生转座后，在其宿主细胞中出现许多直径约 60nm 的圆形与卵形的病毒状粒子，这种粒子被称为 Ty-VLPs（Ty-virus-like Particles）（图6-28）。Ty-VLPs 与反转录酶的活力在分离提取中总是在同一个部分（co-frac-tionation），因此，Mellor 推测 Ty-VLPs 与啮齿动物中的 IAPS（intracisternal A-type parti-cles）以及与果蝇组织培养细胞中发现的 copia 粒子很相似，它们都是从反转座子所产生出来的。不过它们与反转录病毒不同，是无感染性的，总留在细胞内。

四、Ty 因子转座的遗传效应

与细菌转座因子一样，酵母中的 Ty 因子不仅能影响所在寄主部位基因的表达，而且能引起寄主染色体 DNA 的重排。

1. 插入失活

酿酒酵母中有一些 his4 突变株，如 his4-912 与 his4-917，它们是组氨酸营养缺陷型，在培养基中需要加入组氨酸，酵母细胞才能生长。经比较突变株 his4 基因与野生型 his4 基因的结构，发现在突变株 his4 基因的 5′调节顺序中插入了一个 Ty 因子，此插入的因子阻碍了 his4 基因的转录，所以细胞成为营养缺陷型，不再能够合成出组氨酸。由于插在 his4-912 与 his4-917 突变基因上的 Ty 因子的分子结构不完全相同，所以它们被分别称为 Ty912 因子与 Ty917 因子。

2. 增强效应

在有些 Ty 因子中含有增强子顺序，这类因子使其附近基因的表达有明显的增强效应。

3. DNA 重排

（1）切离　his4-917 是 Ty917 因子插在 his4 基因的调控区上造成的突变，曾从 his4-917 突变株中分离到 his4 基因中 Ty917 因子已经切离，但在原插入位点上仍留有 LTR 顺序的 his4 突变基因的突变株。据推测这是由于在 Ty 因子两端的 LTR 顺序间发生了正反交换，其结果是在原插入位点上留下一个拷贝的 LTR，Ty 的其余顺序从原插入位点上消失。这种重组的频率据测算每个 Ty 因子在 $10^5 \sim 10^6$ 细胞中约发生一次。酵母染色体上分散着 200 多个单个的 LTR 顺序，可能也是由于在 Ty 因子内发生这种 LTR-LTR 同源重组所造成，但是还未观察到完整的 Ty 因子从插入位点切离的事例（图 6-29）。

（2）缺失　酿酒酵母第 10 号染色体上的 SUP4 区域内有 6 个单独形式存在的 LTR，在

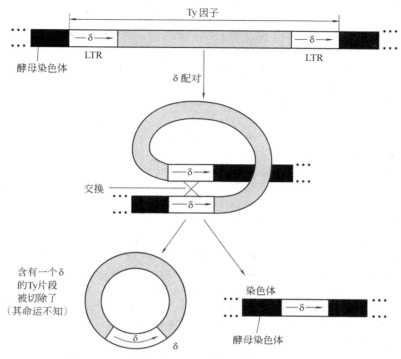

图 6-29　Ty 因子通过 LTR 之间的同源重组而被切除

LTR-LTR 之间发生正反交换，使得 $sup4$ 基因被缺失掉，此种缺失的自发频率为 3×10^{-7}。又如在第 10 号染色体的 CYCI 区域内有两个 Ty 因子，此两个 Ty 因子之间有 CYC1、OSM1 与 RAD7 三个基因，菌株以 $10^{-6} \sim 10^{-5}$ 的频率在此两个 Ty 因子之间发生正反交换，使得这三个基因都缺失掉。

（3）转位　此外还发现第 1 号染色体上的 Ty912 与第 3 号染色体上的 Ty912 之间发生正反交换，这样除了在理论上可能产生的致死突变外，还发生了一条染色体上 Ty912 旁边的一段染色体转位（translocation）到另一条染色体上 Ty912 因子的旁边。

（4）倒位　如果在同一条染色体上的两个以相反方向排列的 Ty 因子之间发生正交换，则这两个 Ty 因子之间的染色体片段便会在原地发生倒位。

总之，转座因子造成宿主细胞染色体发生缺失、加倍、转让或倒位等染色体重排事件，这不仅是 Ty 因子的性质，也是所有生物中各类转座因子的共同特性，在大肠杆菌的各种转座因子性质研究中，也发现了各种方式的染色体重排。一般认为，由于染色体重排会给生物带来新的遗传信息，所以转座因子在生物的进化中起着重要的作用。

主要参考文献

［1］孙乃恩，孙东旭，朱德熙. 分子遗传学. 南京：南京大学出版社，1990.

［2］张玉静. 分子遗传学. 北京：科学出版社，2000.

［3］徐晋麟，徐沁，陈淳. 现代遗传学原理. 北京：科学出版社，2001.

［4］马迪根等. 微生物生物学.（杨文博等译）. 北京：科学出版社，2001.

［5］宋大新，范长胜，徐德强，陆妙康. 微生物学实验技术教程. 上海：复旦大学出版社，1993.

［6］ Berg D E，Berg C M，Sasakawa C. Bacterial transposon Tn5：Evolutionary inferences. Mol Biol Evol，1984，1（5）：411-422.

［7］ Daboussi M J，Langin T. Transposable elements in the fungal plant pathogen *Fusarium oxysporum*. Genetica，1994，93：49-59.

［8］ Daboussi M J. Fungal transposable elements and genome evolution. Genetica，1997，100：253-260.

［9］ Grandbastien M A. Retroelements in higher plants. Trends in Genetics，1992，8：103-108.

［10］ Jordan K，McDonald J F. Comparative genomics and evolutionary dynamics of *Saccharomyces cerevisiae* Ty elements. Genetica，1999，107：3-13.

［11］ Kachroo P，Leong S，Chattoo B B. Mg－SINE：A short interspersed nuclear element from the ice blast fungus. *Magnaporthe grisea*. Proc Natl Acad Sci USA，1995，92：11125-11129.

［12］ Laten H M. Phylogenetic evidence for Ty1-copia-like endogenous retroviruses in plant genomes. Genetica，1999，107：87-93.

［13］ Lodish H，Berk A，et al. Molecular Cell Biology. 4th ed. New York：W H Freeman and Company，2000.

［14］ Mahillon J，Chandler M. Insertion sequences. Microbiology and Molecular Biology Reviews，1998，62：725-774.

［15］ Rasmussen M，Rossen L，Giese H. SINE-like properties of a highly repetitive element in the genome of the obligate parasitic fungus *Erysiphe graminis f*. sp. *hordei*. Mol Gen Genet，1993，239：298-303.

［16］ Salyers A A，Shoemaker N B，Stevens A M，Li L Y. Conjugative transposons：an unusual and diverse set of integrated gene transfer elements. Microbiological Reviews，1995，59：579-590.

［17］ Streips U N，Yasbin R E. Modern Microbial Genetics. New York：John Wiley & Sons，Inc，1990.

［18］ Synder L，Charmpness W. Molecular Genetics of Bacteria. Washington D C：ASM press，1997.

［19］ Voytas D F，Boeke J D. Yeast retrotransposons and tRNAs. Trends in Genetics，1993，9（12）：421-427.

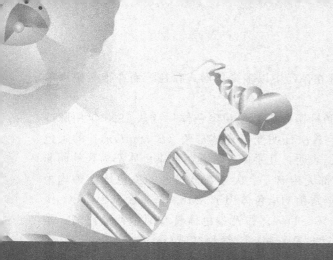

第七章
放线菌遗传

在放线菌遗传学研究中，以链霉菌属（*Streptomyces*）为主要研究对象。链霉菌属是革兰阳性、多细胞、丝状土壤细菌。具有复杂的形态分化周期，包括孢子萌发产生分支状的基质菌丝，基质菌丝再发育成气生菌丝和孢子。除形态分化外，链霉菌属的最显著特征是产生广泛的、具有重要价值的次级代谢产物，如抗生素、水解酶、酶的抑制剂、免疫调节剂和色素等。在自然界已发现的近万种抗生素中，约70%是由链霉菌产生的，如链霉素、红霉素、四环素、利福霉素、多氧霉素、阿维菌素、井冈霉素等，这些抗生素已广泛用于医药、农业和畜牧业。

20世纪50年代中期，是细菌遗传学迅猛发展时期。那时，细菌基因转移的三种模式：转化、转导和接合作用被建立起来，并开始了细菌分子生物学方面的研究。同期，对放线菌遗传的研究也开始起步，1955年塞蒙梯（Semonti）夫妇首先发现天蓝色链霉菌［*Streptomyces coelicolor* A3（2）］可通过遗传交换产生重组体。接着霍普伍德（Hopwood）也在*S. coelicolor* A3（2）菌株中证实了这一重组作用。从1955年直到20世纪70年代早期，所有研究都集中在描述遗传特征和染色体特性上，后来（1973～1978年）研究重点转移到放线菌的性别体系和遗传重组方面。同期，还利用遗传方法对抗生素合成、形态分化、噬菌体等开展了全方位的研究。20世纪80年代，将重组DNA技术和原生质体融合技术应用在该属的研究中。20世纪90年代，用分子生物学方法开展了对放线菌的基因组、形态分化的分子机制等方面的研究。

第一节
链霉菌的染色体 •——————————————

一、链霉菌的染色体 DNA

光学显微镜和电镜观察表明，像其他细菌的染色体一样，天蓝色链霉菌 A3(2)的染色体DNA在细胞中以致密的、拟核状态存在。链霉菌的染色体DNA也是形成许多超螺旋区域，并与蛋白质和 RNA 分子结合在一起。染色体在菌丝中以多拷贝形式存在，而在孢子中以单拷贝形式存在。

以前，一直认为链霉菌属的染色体与大肠杆菌一样是环状染色体。自从 1993 年用脉冲电泳 （PFGE） 和酶切物理图谱等研究方法，首次证明变铅青链霉菌 （S. lividans） 的染色体是线性而非环状以来，越来越多的研究证据表明：几乎所有链霉菌的染色体都为线性而非环状，链霉菌只有一条染色体，而且基因内部无内含子。大多数链霉菌的染色体大约均为 8Mb，几乎是大肠杆菌染色体的 2 倍，少数链霉菌的染色体小于 8Mb。链霉菌基因组 （G＋C） 含量为 73%～75%，重复 DNA 序列为 4%～11%。线性染色体具有两个特征：第一是染色体的两个末端具有长度为 24～600kb 的反向重复序列，简称 TIR(terminal inverted repeat)，如天蓝色链霉菌 A3(2)M145 的 TIR 为 61kb，变铅青链霉菌的 TIR 为 30kb，灰色链霉菌 （S. griseus） 的 TIR 为 24kb；第二个特征是每个 DNA 链的 5′末端都有共价结合蛋白，简称 TP(terminal protein)。

1997 年 8 月英国开始了对天蓝色链霉菌 A3(2)M145 菌株的基因组进行全序列测定，并于 2001 年全部完成。天蓝色链霉菌 A3(2)M145 菌株基因组全长 8Mb，含有约 7000 个基因，平均每个基因编码区的长度为 1.14kb。天蓝色链霉菌 A3(2)M145 和变青铅链霉菌的染色体中央有复制起点 oriC，一般认为链霉菌线性染色体的复制通过 oriC 复制原点进行双向复制，末端蛋白作为引物 （TP-primesed） 引导染色体末端后随链冈崎片段的合成。图 7-1 是天蓝色链霉菌 A3(2)M145 的染色体图谱。

二、链霉菌染色体的缺失、扩增和重排

几乎所有链霉菌的染色体都具有高度的遗传不稳定性，常发生缺失和扩增，从而引起染色体重排。染色体缺失是指链霉菌在生长发育过程中，由于丢失部分染色体而使某些基因的功能丧失。缺失的范围可高达 2000kb 以上。染色体扩增是指某些染色体 DNA 序列的拷贝数专一地大量增加的现象。在描述染色体扩增时常用到 AUD 和 ADS 这两个术语。AUD （amplified unit of DNA） 是指扩增单位，来定义 DNA 扩增的区域，AUD 的长度通常是 5～25kb，两侧是 1～2kb 的重复序列。ADS(amplified DNA sequence) 是用来定义实际扩增的 DNA 序列，它是扩增单位通过串联重复而形成的。在基因扩增的突变体中，扩增的 DNA 序列 （ADS） 很容易检测，因为在染色体酶切电泳图谱中，ADS 呈很强的带型。在有些突变体中，ADS 是染色体的重要组成成分，含量可高达染色体 DNA 的 30%。

链霉菌染色体的缺失和扩增引起的自发突变可高达 0.1%～1%，用 UV 照射或生长条件中加入溴化乙锭后，突变率可达 10% 甚至更高。

1. 变铅青链霉菌的氯霉素和精氨酸 （Cml^{s}Arg$^-$） 双突变株

在变铅青链霉菌 66 和天蓝色链霉菌 A3(2) 中，最常发生缺失的染色体片段是位于染色体末端的氯霉素抗性基因。末端的氯霉素抗性基因缺失后，缺失末端重组而环化形成环状染色体，因此许多氯霉素敏感突变株具有环状的染色体末端。在变铅青链霉菌中，以大约为总孢子数 0.5% 的频率分离出氯霉素敏感菌株 （Cml^s），Cml^s 菌株表现得更不稳定，又以大约为总孢子数 25% 的频率分离出精氨酸缺陷型变种 （Arg$^-$），这种缺陷型是由于编码精氨酰琥珀酸合成酶 argG(argininosuccinate synthetase) 的基因缺失造成的。通常 Cml^s Arg$^-$ 双突变株携带着特定 DNA 片段的扩增，4.7kb 的 AUD1 就是其中之一。AUD1 是由 1kb-

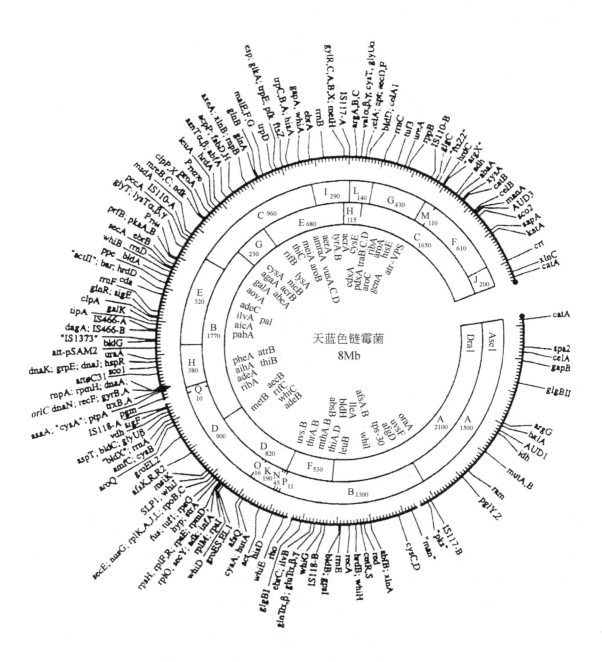

图 7-1　天蓝色链霉菌 A3(2)M145 基因组图谱

· 染色体"端粒"；　◆ 复制起点（oriC）

4.7kb-4.7kb-1kb 组成。AUD1 位于距离线性染色体的末端约 800kb。在 Cml^s Arg$^-$ 双突变株中，与 AUD1 一起被扩增的还有 AUD2，AUD2 距离染色体末端约 300kb。AUD2 携带编码汞离子抗性的基因，大小为 70kb（图 7-2）。

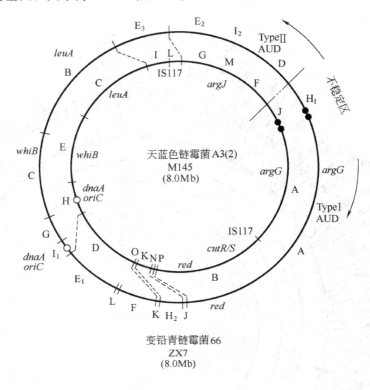

图 7-2 天蓝色链霉菌 A3(2)和变铅青链霉菌 66 染色体的
比较及其染色体不稳定区的示意图

2. 灰色链霉菌染色体缺失使 afsA 位点丢失

灰色链霉菌 2247 的染色体是 7.8Mb 的线性染色体。A 因子（A factor）是一种细菌激素，对链霉素（Strepotmycin）的产生和孢子形成起着正调节作用，而 afsA 基因产物是 A 因子生物合成的一个关键酶。afsA 基因距离染色体左末端 150kb。afsA 基因在高温条件下培养或用 UV 照射后，以高频率丢失。通过亚硝基胍（NTG）和高温诱变获得了 2 个 afsA$^-$ 突变株，即 404-23 和 N2。对这 2 个突变株进行分子生物学鉴定，发现突变株的染色体（包括 afsA 位点）发生了缺失：404-23 突变株的染色体左末端 180kb 和右末端 20kb 发生缺失，而 N2 突变株的染色体左末端 350kb 和右末端 130kb 发生了缺失。这 2 个突变株的缺失染色体都再环化形成环状染色体。对环状染色体的接头（junction）进行克隆和序列分析，并与亲本 2247 菌株进行比较，发现接头处并无大范围的同源区，而只有 6bp 的小同源区，说明染色体的环化是由于非同源重组引起的，属于异常重组。环状染色体在这两个突变株中都能稳定存在。

3. 产二素链霉菌中的缺失突变体

产二素链霉菌（S.ambofaciens）野生型菌株的染色体是 8000kb 的线性 DNA，末端 TIR 的长度为 210kb，与蛋白质共价结合。产二素链霉菌遗传极不稳定，在培养过程或菌株保藏中，常发生变异。对不产色素的 8 个自发性突变株的研究发现，这些突变株的染色体都有不同程度的缺失，可将其归为 3 种类型（见图 7-3）。①缺失位于染色体一条臂的近末端，包括部分 TIR 序列，但染色体仍呈线性。②染色体两端的 TIR-L 和 TIR-R 完全缺失，然后再环化形成环状染色体。对再环化后的子代染色体稳定性研究表明，环化后的染色体并不稳定，又进一步发生缺失。这说明缺失与染色体的环化无直接的相关性。③缺失发生在染色体的一端，并终止在扩增部位，即突变体同时具有缺失和扩增，染色体仍呈线性。图 6-3 标出了在常发生缺失的部位有 2 个扩增单位：AUD90 和 AUD6。AUD90 和 AUD6 的长度分别为 15kb 和 1.9kb。由于很多缺失突变体的缺失点位于 AUD6 附近，因此 AUD6 被称作染色体重排热点。AUD6 片段的核苷酸长度为 1.9kb，包含 2 个阅读框架，即 ORF1 和 ORF2。这两个 ORFs 在野生型中能被正常转录，而在扩增突变体中，只有 ORF1 的转录水平增高，而 ORF2 并不转录。ORF1 的功能尚不清楚，但与编码调节蛋白的基因具有相似性。

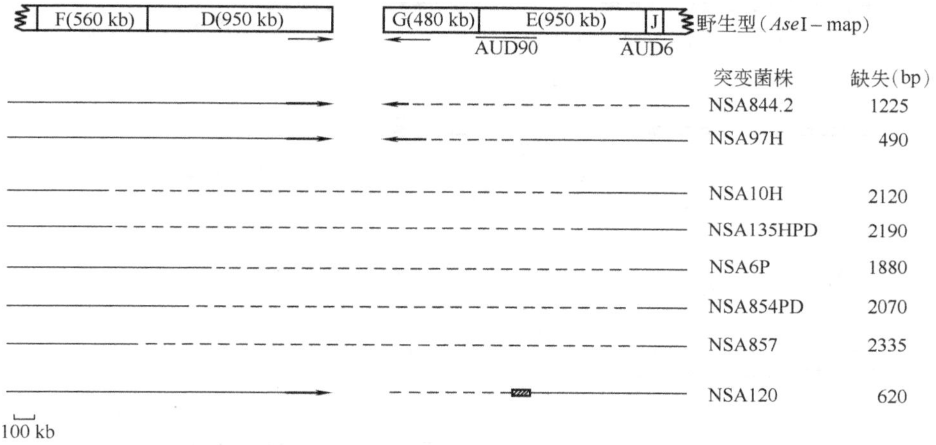

图 7-3　产二素链霉菌的缺失突变体的缺失范围

4. 不产色链霉菌红迪变种的染色体扩增

在不产色链霉菌红迪变种（S. achromogenes subsp. rubradiris）的野生型菌株中有一个 8.0kb 的 AUD 序列，该 AUD 含有对链霉素有微弱抗性的基因。而在扩增突变体中，有 200～300 个拷贝的 8.0kb AUD 串联重复形成的扩增区域（ADS），而且突变体对链霉素具有较强的抗性。伴随着基因扩增的是，位于 ADS 附近约 10kbDNA 的缺失。扩增突变体怎样能稳定下来呢？不产色链霉菌红迪变种中的 AUD 具有对链霉素的抗性，扩增能强化这种抗性，即使在无选择压力下（培养基中不加入链霉素），ADS 依然存在。然而突变株很快丧失了形成孢子或原生质体的能力。链霉菌属染色体的高度不稳定性，表明高度遗传变异不是致命的，相反能够被细菌很好地忍耐下来，并稳定地与染色体共存。

在弗氏链霉菌（S. fradiae）中，野生型菌株只有一个 AUD，由 8.3kb 和两侧各一个 2.2kb 正向重复序列组成。而在它的扩增突变体中，据 DNA 杂交的动力学表明，有 500 多个拷贝的 10.5kb AUD，即扩增长度达到 5000kb。

总之，缺失和扩增是链霉菌中的一种普遍现象。不稳定的结构基因常与染色体的扩增单位 AUD 相连，这些不稳定的结构基因被广泛的缺失而丢掉，缺失终止在 ADS 附近。通过对变铅青链霉菌 66 的突变型菌株及其他链霉菌的突变型菌株的研究，已揭示出链霉菌染色体重排主要有三种类型：①线状染色体的两个末端都发生缺失，缺失末端重组后环化形成环状染色体；②缺失和扩增都发生在染色体的一个末端，另一个末端保持完整，因此染色体仍是线状的；③在染色体内部发生大范围的缺失，染色体的两个末端仍是完整的（图7-4）。

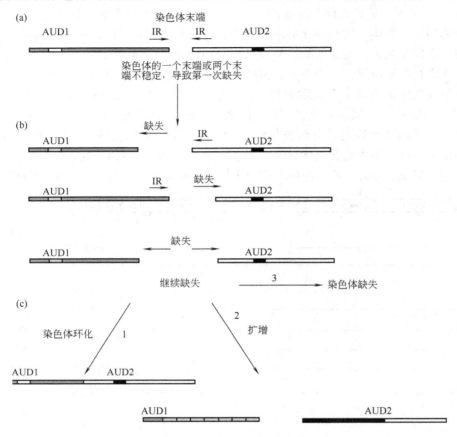

图 7-4 链霉菌染色体的缺失和扩增

第二节
链霉菌中的质粒、转座因子和噬菌体 •

一、链霉菌中的质粒

1. 链霉菌中的质粒类型

大多数链霉菌都含有质粒，几乎都是自主转移质粒（也称致育质粒、性质粒、接合质粒），它们在链霉菌的接合过程中起着重要作用。少数质粒与抗生素的产生、形态分化等有关。链霉菌中的质粒，大小从 4kb 到 600kb，拷贝数从几个到几百个，有线性和环状两种类型。

（1）线性质粒 链霉菌中有很多质粒在形态上是线性的，如 SCP1、pSLA2 等。链霉菌中的线性质粒与链霉菌的线性染色体一样，在 DNA 两端具有 TIR 和 5′末端蛋白。

（2）环状质粒 传统的、非整合的共价、闭合、环状质粒（ccc 质粒）也普遍存在于链霉菌中，其中较大的如 SCP2 质粒，其拷贝数低，可能通过 θ 型方式进行双向复制。较小的如 pIJ101（8.9kb），每个细胞具有 300 个拷贝，依靠滚环方式进行复制。

有些环状的链霉菌质粒具有像 λ 噬菌体那样的 *int* 和 *xis* 基因，因此能特异性的整合到宿主中高度保守的 tRNA 基因中。天蓝色链霉菌的 SLP1（17kb）和产二素链霉菌的 pSAM2（11kb）就是这种类型的质粒。这些质粒正常情况下位于染色体上，当它们从宿主染色体上切割下来时，通过接合作用能独立地转移到不含这种质粒的菌株中。当这些质粒从寄主染色体上切割时或切割后，其 *int* 或 *att* 位点

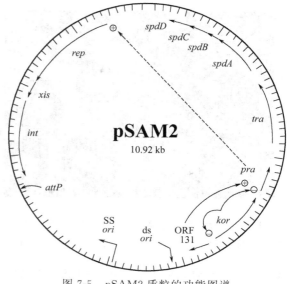

图 7-5　pSAM2 质粒的功能图谱

发生突变或缺失，则这些质粒能在这些菌株中以中等拷贝、自主复制的 ccc 质粒的形式存在（图 7-5）。

2. 质粒与致死接合反应（lethal zygosis，lez[+]）

自然条件下，链霉菌的遗传重组主要是通过自主转移质粒介导的接合作用而进行的。大多数链霉菌的自主转移质粒都具有致死接合反应的特征，在表型上产生"麻点"（pock）。所谓麻点是指将含有自主转移质粒的菌株，接种到不含该质粒的菌株的"菌丝坪"上培养时，所产生的环状晕圈，类似于噬菌斑。这种现象最早在天蓝色链霉菌中发现，即当含有 SCP2* 质粒或 SCP2 质粒的天蓝色链霉菌培养物影印到 SCP2⁻ 菌株的"菌丝坪"上培养时，能产生环状晕圈，即麻点（图 7-6）。麻点的形成是由于 SCP2* 质粒或 SCP2 质粒转移到 SCP2⁻ 菌株后，导致 SCP2⁻ 菌株暂时发育迟缓而造成的，这种现象也叫致死接合反应。后来发现，链霉菌的所有接合质粒，都能产生致死接合反应。通过 SCP2* 在 SCP2⁻ 不产生麻点，就很容易的分离到 SCP2⁻ 衍生物。因此，麻点可以作为一个接合质粒的表型特征，用来鉴定链霉菌中的接合质粒。通过致死接合反应，已在其他链霉菌中发现了一系列接合质粒。

3. 几种重要的自主转移质粒

除 SCP1 外，大多数链霉菌的自主转移质粒体积都较小。但即使像 pIJ101 这样的小质粒，它本身含有自主转移机制能进行自我转移，而不依靠大质粒进行转移。也就是说，链霉菌中与接合作用有关的质粒的体积一般都较小，这可能与链霉菌的接合方式有关，链霉菌细胞之间的接合不需要性菌毛，而大肠杆菌的接合作用则依赖于质粒编码的性菌毛的作用。大多数链霉菌的质粒的接合效率能达到 100%。

（1）天蓝色链霉菌 SCP1 质粒　1971 年，首次通过遗传研究证明，SCP1 质粒控制着寄主天蓝色链霉菌的致育性，但由于它是一种巨大质粒，难于分离和进行深入研究。直到 20 世纪 80 年代末和 90 年代初，才对它的分子结构有了深入了解。

SCP1 是线性、双链 DNA、长 363kb 的巨大质粒，携带次甲基霉素的生物合成基因。质粒 DNA 两端有长末端反向重复序列（TIR）。左末端重复序列（TIR-L）和右末端重复序

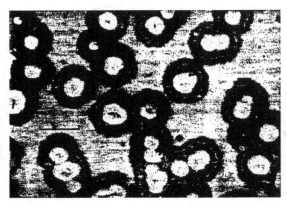

图 7-6　天蓝色链霉菌 M111 （SCP1$^+$ SCP2*）
在 M138 （SCP1$^+$ SCP2$^-$）菌丝坪上产生的麻点

列 （TIR-R） 长度均为 80kb，而且 TIR-R 内侧含有插入因子 IS466 ［图 7-7(a)］。图 7-7(b) 是 SCP1 的球拍框架 （racket frame） 结构，该结构是 Sakaguchi 等人提出的线性染色体或线性质粒的结构模型。如图所示，球拍柄是由染色体 DNA 的反向重复序列区域组成，这一结构的形成是 TIR 及其结合蛋白的相互作用的结果。

SCP1 质粒具有下列特征。①编码几种与产孢有关的蛋白质。②携带合成次甲基霉素的基因簇。③在天蓝色链霉菌中有下列几种存在形式： a. 自主复制质粒 (SCP1)； b. 整合到寄主染色体上的整合型 (SCP1-NF)； c. 带有染色体片段的自主复制质粒 (SCP1$'$-cysB 和 SCP1$'$-argAuraB)。

(2) 天蓝色链霉菌 SCP2 质粒　SCP2 是存在于天蓝色链霉菌中的第二种致育质粒，于 1975 年通过遗传鉴定而发现。SCP2 是 31kb、共价、闭合的环状双链 DNA （图 7-8）。SCP2 的一个高致育突变体，被定名为 SCP2*，引起的重组率可高达 10^{-3}。SCP2* 是在大多数研究中用得最多的 SCP2 形式。SCP2* 和 SCP2 依据酶切图谱可区分出来。SCP2* 或 SCP2 在每个细胞的拷贝数是 1～2 个，能稳定遗传。在经过一个"孢子-孢子"循环后，99.5% 子代孢子都保留 SCP2 质粒。SCP2* 或 SCP2 不仅作为质粒可稳定遗传，而且在与 SCP2$^-$ 菌株杂交中，能促进染色体从供体向受体的转移。已成功的对 SCP2* 进行了遗传改造，改造后的 SCP2* 作为链霉菌的克隆载体和链霉菌与大肠杆菌间的穿梭载体而被广泛应用。

(3) 变铅青链霉菌 pIJ101 质粒　pIJ101 是变铅青链霉菌中大小为 8.9kb、拷贝数高达 300 个的环状质粒，属于自主转移质粒，能以很高的频率转移到受体菌中 （图 7-9）。对其进行功能分析表明，质粒携带的 6 个基因与质粒的转移和麻点的形成有关。其中 kilA 和 kilB 是致死基因，与质粒的接合致死反应有关，这两个基因突变，则不能形成麻点。korA 和 korB 是致死抑制基因 （killoverride），抑制致死基因 kilA 和 kilB 的过量表达。tra (transfer) 基因负责质粒在菌丝间的转移，而 spd （spead） 基因负责质粒在菌丝内的转移。tra 和 spd 突变后，也不能产生麻点。因此，认为 kilA、kilB、tra、spd 这四个基因与质粒的转移和致死接合反应有关，而 korA 和 korB 对 kilA 和 kilB 的作用进行调控。因此，麻点的形成是质粒转移至受体细胞后，由于 kil 基因的暂时表达而使细胞生长受到抑制的结果。

对链霉菌属的其他许多质粒的研究也表明，tra 基因负责质粒在菌丝间的转移，而 spd 基因负责质粒在菌丝内的转移和麻点的形成，它们的作用模型见图 7-10。

(4) 变铅青链霉菌 SLP2 质粒　SLP2 是变铅青链霉菌 66 的一个重要的接合质粒，线性，长度为 50kb，属于低拷贝质粒。变铅青链霉菌 66 带有 SLP2 性质粒是在下列研究中发现的。当天蓝色链霉菌的两个 SCP1$^-$ SCP2$^-$ 菌株 M130 和 M124 杂交时，如果添加变铅青链霉菌 66 1326 菌株的孢子液，则重组率会提高 300 倍。后来证明该菌株带有 SLP2 和 SLP3

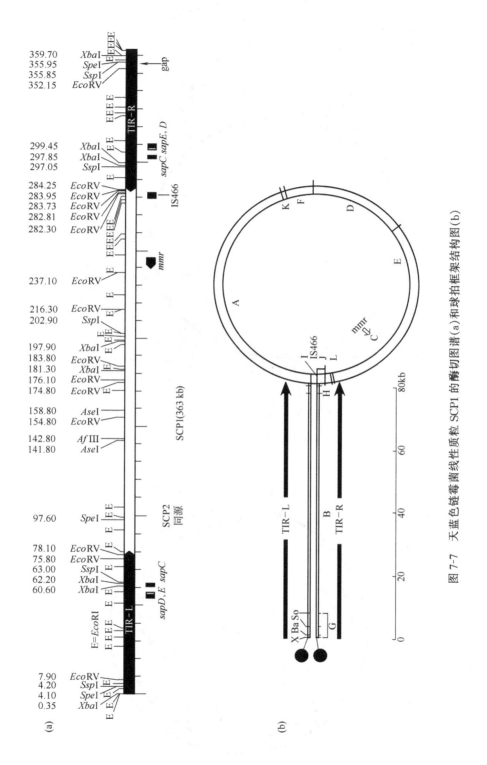

图 7-7　天蓝色链霉菌线性质粒 SCP1 的酶切图谱 (a) 和球拍框架结构图 (b)

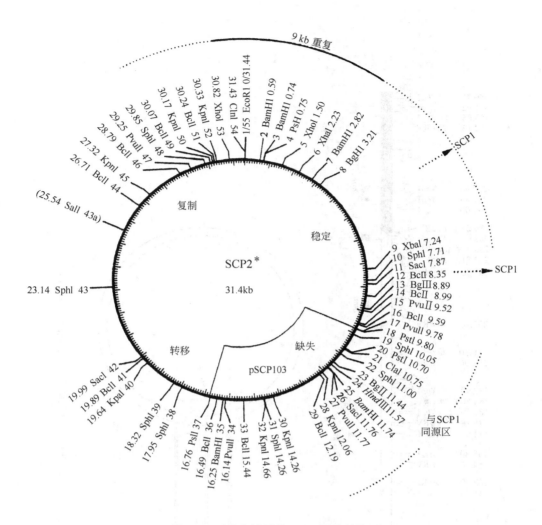

图 7-8　天蓝色链霉菌 SCP2 质粒结构图

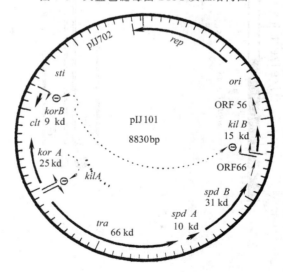

图 7-9　变铅青链霉菌 pIJ101 质粒的物理和遗传图谱

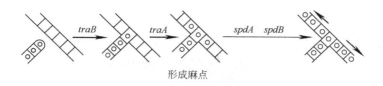

形成麻点

图 7-10　线性质粒的转移模式

质粒，这两个质粒都是接合质粒，都能产生致死接合反应。SLP2 也可在种间进行转移，在天蓝色链霉菌和 *S. paevulus* 中的转移率分别是 7%～38% 和 4%～59%，而且 SLP2 能促进染色体的转移，而 SLP3 却不能带动染色体的转移。SLP2 的结构见图 7-11，对 SLP3 的结构尚未鉴定。

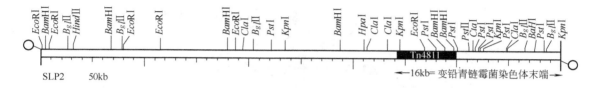

图 7-11　变铅青链霉菌线性质粒 SLP2 的物理图谱

4. 线性质粒和线状染色体的复制和转移

（1）TP 作为引物引导 DNA 复制　无论是从链霉菌、酵母菌或其他真菌还是从玉米中发现的线性质粒都具有两个共同特征：第一是线性 DNA 的两个末端具有反向重复序列；第二是 DNA 的 5′ 端结合着末端蛋白。腺病毒（Adenovirus）和枯草芽孢杆菌噬菌体 φ29 的基因组 DNA 具有与链霉菌线性质粒及线性染色 DNA 体相似的特征。而且，已经知道娄彻链霉菌（*S. rochei*）中的 pSLA2 质粒，通过位于质粒 DNA 中央的复制起点进行双向复制，在 3′ 端留下 280bp 的单链空隙，然后靠 TP 作为引物进行复制而补齐。天蓝色链霉菌的染色体也是从 oriC 开始进行双向复制，可能在 3′ 端留下的单链空隙，也是依靠 TP 作为引物而完成复制。

TP 是怎样作为引物，引导 DNA 复制的呢？TP 作为引物引导 DNA 复制机理在 φ29 噬菌体和腺病毒中研究得较为深入，下面以 φ29 噬菌体为例，对此进行介绍。

φ29 噬菌体的基因组 DNA 呈线性，末端蛋白 TP 共价结合于 DNA 的 5′ 末端。DNA 两端具有 6bp 的反向重复序列（3′-TTTCAT-5′）和几个不连续的由 2～6bp 核苷酸组成的反向同源区。φ29DNA 的复制包括起始、延伸和终止三个阶段（图 7-12）。①起始阶段。病毒编码的 p6 蛋白和 p17 蛋白与复制起点结合形成蛋白-核酸复合物，使双链 DNA 的末端解螺旋，产生单链区。一分子游离的 TP 与特异的 DNA 聚合酶（由噬菌体编码的 DNA 聚合酶 B 家族）结合形成 TP-DNA 聚合酶复合物，然后 TP-DNA 聚合酶复合物识别复制起点并与之结合。接着 DNA 聚合酶催化 TP 蛋白的丝氨酸残基上的 OH 基团与 dAMP 共价结合。②延伸阶段。DNA 复制起始后，在相同的 DNA 聚合酶的作用下，通过"链弃置机理"（strand-displacement mechanism）进行 DNA 链的延伸，即合成新链的同时使带有 TP 的亲本链游离出来，单链结合蛋白 p5 结合在被弃置的母链上，同时起始蛋白从 DNA 链上脱离下来。复制是连续进行的，没有冈崎片段的出现。在 DNA 一端起始合成后，另一端也以同样的方式开始复制，形成所谓的 TypeⅠ复制中间体，即全长的双链 DNA、并带有 1 个或 2 个单链分

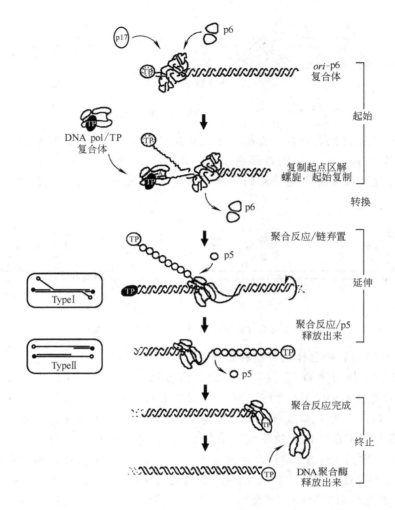

图 7-12　TP 引导的 DNA 复制方式

枝。当复制继续进行，两个复制叉相遇时，TypeⅠ复制中间体在空间上相互分开，形成 2 个 TypeⅡ复制中间体。每个 TypeⅡ复制中间体，都具有全长 DNA，并且起始合成的一端是双链 DNA，尚未完成复制的另一端是单链 DNA。③终止阶段。随着单链结合蛋白 p5 从单链 DNA 上的移去，复制继续进行到 DNA 的另一端，完成复制。一旦合成全长双链 DNA 分子，DNA 聚合酶就会与另一个 TP 结合，开始新一轮 DNA 复制。

　　（2）线性质粒和线性染色体的接合转移的比较　大肠杆菌的环状质粒和环状染色体的接合转移已经研究得很清楚。如 F 质粒的转移，是在核酸内切酶的作用下，在质粒 DNA 的 *oriT* 处造成缺口，转移蛋白 TraⅠ与 DNA 的 5′端结合，然后 DNA 从 5′→3′方向进行转移，并以滚环方式复制。Hfr 菌株中 F 质粒介导的染色体的转移与 F 质粒的转移原理类似 [图 7-13 （a）]。

　　在放线菌中，线性质粒和线性染色体的接合转移方式可能与 F 质粒的方式类似。结合着末端蛋白 TP 的 DNA 的 5′端作为转移起点(*oriT*)。在转移起点处，TP 作为引物起始 DNA 的复制，被弃置的带有 TP 的亲本链开始向受体细胞转移，其过程类似于 F/Hfr 转移 [图7-13(b)]。

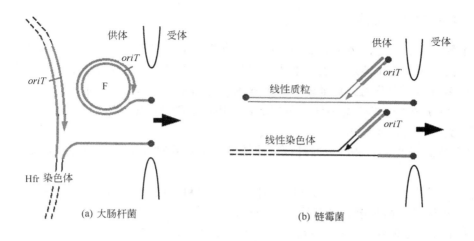

图 7-13　环状复制子和线性复制子的接合转移

● 5'-结合蛋白;　　━━━ 染色体上携带的质粒序列;

──── 质粒序列;　　━━ 染色体

二、链霉菌中的转座因子

链霉菌中的转座因子包括插入序列（IS）、转座子（transposon）及可转座的噬菌体。在已经发现的转座因子中，都不含天然选择标记。表 7-1 是天蓝色链霉菌和变铅青链霉菌中的转座因子，这些转座因子有的位于染色体上，有的位于质粒上。需要指出的是，天蓝色链霉菌的 IS117 是 2.5kb 的 "mini-circle"，能整合在染色体的特异位点上，具有环状的转座中间体，其具有抗性标记的衍生物被用做整合型载体。变铅青链霉菌 66 中的 IS493 和弗氏链霉菌中的 Tn4556 是两个随机整合的转座因子，被改造后用来进行转座诱变。从偶然分枝杆菌（*Mycobacterium fortuitum*）中分离到的 IS6100 有时也用来对链霉菌进行转座诱变。

表 7-1　天蓝色链霉菌和变铅青链霉菌中的转座因子

转 座 因 子	在染色体或质粒上的拷贝数	
	染 色 体	质 粒
天蓝色链霉菌		
IS110(1.55kb)	3	0
IS117(2.5kb mini-circle)	2（整合）	0
	0.1ccc 形式/染色体	0
IS118(1kb)	≥2	1(SCP2 质粒)
类 IS281(1.4kb)	1	
IS466(1.6kb)	2	1(SCP1 质粒)
变铅青链霉菌		
IS113(2kb)	1	
变铅青链霉菌		
IS493(1.6kb)	3	
类 IS281(1.4kb)	1	
Tn4811(5.4kb)	2	1(SLP2 质粒)
IS1372(1.3kb)	5～7	
IS1373(846bp)	2	

三、链霉菌中的噬菌体

链霉菌中既有温和性噬菌体也有烈性噬菌体,有些噬菌体的寄主范围窄,而有些噬菌体的寄主范围广泛。由于链霉菌属于土壤细菌,因此链霉菌的噬菌体最容易从土壤中分离而得到。已经从很多链霉菌中分离到噬菌体,如天蓝色链霉菌中的 φC31 噬菌体、委内瑞拉链霉菌 (S. venezuelae) 中的 φSV1 噬菌体、龟裂链霉菌中的 RP2 和 RP3 噬菌体。这些噬菌体在链霉菌的基因交换中起重要作用。

φSV1 噬菌体经过改造后被用来进行普遍性转导,能介导对许多营养缺陷型菌株转导产生原养型菌落。

φC31 是链霉菌的广寄主范围的温和噬菌体,在形态和其他特征上与大肠杆菌 λ 噬菌体类似。φC31 既能溶源又能裂解,噬菌体通过 att 位点整合到宿主染色体的特异位点上而形成原噬菌体。其 DNA 长度为 41.4kb,(G+C) 含量为 63%,具有黏性末端,全序列已被测定。通过对 φC31 的一系列改造,已经构建了一系列克隆载体,被广泛地应用在链霉菌的基因克隆中。

第三节
链霉菌的接合作用 •————————————————————

自然条件下,链霉菌间的遗传重组主要通过质粒介导的接合作用进行,如天蓝色链霉菌 A3(2)、变铅青链霉菌 66、龟裂链霉菌、庆丰链霉菌等都能进行接合作用,其中对天蓝色链霉菌和变铅青链霉菌的研究较为深入。

一、链霉菌基因重组的发现

链霉菌在适宜的培养基上生长时,形成基质菌丝和气生菌丝,在气生菌丝上形成排列和形态各异的分生孢子。1955 年塞蒙梯 (Sermonti) 夫妇首先发现天蓝色链霉菌可通过遗传重组交换产生重组体。接着霍普伍德 (Hopwood) 也在天蓝色链霉菌 A3(2) 菌株中证实了这一重组作用。他们的实验过程大致可以分为以下三个阶段。

① 将两个不同的营养缺陷型菌株混合培养,使基质菌丝相融合。

② 一个菌丝的部分染色体通过菌丝间的连接而进入另一菌丝形成局部杂合核。这样的杂合核具有两套染色体,其中作为受体的染色体是完整的,而作为供体的染色体是不完整的,只是一个染色体区段。

③ 局部杂合核在分裂过程中发生染色体交换和减数,结果在同一菌丝体上形成各种单倍重组体孢子。这样由一个杂合核演化繁殖形成的菌落称为异质系克隆 (heteroclone)。由异质系克隆产生的孢子大多不能在基本培养基上生长,采用不同的选择性培养基可以鉴别出不同类型的单倍重组体。异质系是放线菌基因重组所特有的现象。

二、天蓝色链霉菌中的性别体制和遗传重组

1. 天蓝色链霉菌 A3(2) 的性别体制

SCP1 是在链霉菌中最早发现的第一个与遗传重组有关的性因子。SCP1 控制着寄主天蓝色

链霉菌的各种致育状态，不含 SCP1 质粒的菌株称为 UF(Ultrafertility，超致育型)；携带 SCP1 质粒的菌株称为 IF(Initial Fertility，原始致育型)；SCP1 整合在寄主染色体上的菌株称为 NF (Normal Fertility，正常致育型)。它们分别相当于大肠杆菌的 F⁻、F⁺ 和 Hfr（表 7-2）。

表 7-2　天蓝色链霉菌类似于大肠杆菌的性别体制

天蓝色链霉菌		相当于大肠杆菌	最初的称呼
SCP1⁻	缺乏	F⁻	UF(超致育型)
SCP1⁺	自主状态	F⁺	IF(原始致育型)
SCP1-NF	整合状态	Hfr	NF(正常致育型)
SCP1′	携带有染色体基因	F′	—

虽然天蓝色链霉菌的三种致育类型与大肠杆菌的三种致育类型类似，但是二者之间也有区别。①在大肠杆菌中 F⁻×F⁻ 是不育的，但是在天蓝色链霉菌中可以从 UF×UF 杂交中得到少数的重组子，表明它们是可育的。这一事实说明还有另外的致育因子，后来果然发现在天蓝色链霉菌中除 SCP1 外，还有另一种致育因子（SCP2）。②在大肠杆菌中 F⁺×F⁺ 或 Hfr×Hfr 杂交一般是不可育的，而在天蓝色链霉菌中，NF×NF 和 IF×IF 杂交都是高度可育的。③在大肠杆菌中，F⁺×F⁻ 杂交都是 F⁺，但是 Hfr×F⁻ 杂交绝大多数都是 F⁻。在天蓝色链霉菌中，则 IF×UF 杂交子代是 IF，而 NF×UF 杂交子代是 NF。说明虽然 NF 中的致育因子和染色体整合，但每次染色体的转移都必须包括致育因子，所以二者杂交子代的基因型是有区别的。

如上所述，SCP1 的这三种存在形式是根据其所表现的遗传特征而鉴定出来的。1993 年，用脉冲电泳方法对早期鉴定的一系列天蓝色链霉菌 A3(2) 菌株的 SCP1 质粒状况进行了分析，证明了 SCP1 的存在状态与早期遗传鉴定的特征相吻合（表 7-3）。

表 7-3　根据脉冲场凝胶电泳（PFGE）和遗传特征分析的一些天蓝色链霉
A3(2) 的衍生菌株的遗传特征

菌　　株	PFGE 分析	遗传分析
SCP1⁺		
1147	SCP1，350kb	SCP1⁺，SCP2⁺
M138	SCP1，350kb	SCP1⁺，SCP2⁻
M146	SCP1，350kb	SCP1⁺，SCP2⁻
SCP1′		
1984	SCP1′-cysB，供体 550kb	SCP1′-cysB，SCP2⁺
2106	SCP1′-cysD，供体 1700kb	SCP1′-cysD，SCP2⁻
SCP1-NF		
2612	整合	SCP1-NF(SCP2⁺)
SCP1-NF		
A317	整合	SCP1-NF(SCP2*)
A332	整合	SCP1-NF(SCP2*)
A608	整合	pabA⁺供体
A634	整合	NF-like
SCP1⁻		
1098	SCP2，31kb，环状	SCP1⁺，SCP2⁺
M124	—	SCP1⁺，SCP2⁻
M130	—	SCP1⁺，SCP2⁻

早期在链霉菌的遗传研究中所采用的菌株是天蓝色链霉菌 A3(2)，现在已经有上千个具有不同遗传标记的天蓝色链霉菌 A3(2) 的衍生菌株。表 7-4 是常用的一些具有三个不同遗传表型和携带有不同的 SCP1、SCP2 和 SCP2* 质粒组合的菌株。

表 7-4　带有不同质粒和遗传标记的天蓝色链霉菌 A3(2) 的衍生菌株

质粒状况	染色体标记		
	无	*hisA1 uraA1 strA1*	*argA1 proA1 cysD18*
SCP1⁻ SCP2⁻	M145，M600，MT1101	M130	M124
SCP1⁻ SCP2⁺	J800	1190	A700
SCP1⁻ SCP2*	M144	M110	M107
SCP1⁺ SCP2⁻	J841	M146	M138
SCP1⁺ SCP2⁺	1147	104	2278
SCP1⁺ SCP2*	—	M111	M108
NF(SCP2⁺)	—	—	2612
NF(SCP2*?)	J801	A317	

注：M145，M600，MT1101 是三个不携带任何质粒的原养型菌株，其中 M145 被用来进行基因组测序。大多数 NF 菌株都带有 SCP2* 质粒。

2. SCP1 和 SCP2（或 SCP2*）在遗传重组中的相互作用

SCP1 与 SCP2（或 SCP2*）这两种不同的致育因子，在天蓝色链霉菌的遗传重组中的作用及相互关系是怎样的呢？通过研究表明，SCP1 和 SCP2 或 SCP2* 在质粒转移方面是独立的，即 SCP1 的转移不依赖于 SCP2 的作用，反之也同理。在致育性方面，它们的作用也是独立的，相互之间无干扰作用。当 SCP1 和 SCP2 或 SCP2* 共同存在时，在促进染色体重组方面的作用是累加的。表 7-5 是两个亲本型菌株 *proA1 argA1 cysD18* 和 *hisA1 uraA1 strA1* 的杂交结果。

表 7-5　含有 SCP1、SCP2（SCP2*）的杂交后代的重组频率

项目	SCP1⁻ SCP2⁻	SCP1⁻ SCP2⁺	SCP1⁻ SCP2*	SCP1⁺ SCP2⁻	SCP1⁺ SCP2⁺	SCP1⁺ SCP2*
SCP1⁻ SCP2⁻	10^{-8}	—	—	—	—	—
SCP1⁻ SCP2⁺	10^{-6}	10^{-7}	—	—	—	—
SCP1⁻ SCP2*	10^{-3}	10^{-5}	10^{-3}	—	—	—
SCP1⁺ SCP2⁻	10^{-6}	10^{-5}	$10^{-2}\sim10^{-3}$	10^{-5}	—	—
SCP1⁺ SCP2⁺	10^{-5}	10^{-6}	10^{-3}	10^{-5}	10^{-5}	—
SCP1⁺ SCP2*	$10^{-2}\sim10^{-3}$	10^{-4}	$10^{-2}\sim10^{-3}$	$10^{-2}\sim10^{-3}$	10^{-3}	10^{-3}

3. 携带相同质粒的两个菌株之间的遗传重组

由于许多链霉菌如天蓝色链霉菌、变铅青链霉菌等天然携带自主转移质粒，因此由出发菌株突变所衍生的具有遗传标记的菌株在进行杂交时，常常以相当高的频率（$10^{-6}\sim10^{-3}$）产生重组子。然而，有些菌株之间的重组频率较低（$<10^{-6}$）。分析造成这种重组率低的原因，可以用质粒"进入劣势（entry disadvantage）"来解释，即当参加杂交的两个亲本都带有一种相同的质粒时，重组的频率就非常低；而当只有一个亲本带有这种质粒时，重组率就会提高。这种现象最早见于变铅青链霉菌 66 中，当对一个亲本的 SLP2 质粒进行消除后，再与含有 SLP2 的亲本杂交，即 SLP2⁺×SLP2⁻ 杂交时，重组率会提高。类似的现象也见报道于龟裂链霉菌，该菌中 SRP1 有质粒"进入劣势"。有些链霉菌缺乏性质粒，但将广寄

主范围的性质粒（broad host-range sex plasmid）引入后，也能成为可育的。表 7-6 是天蓝色链霉菌和变铅青链霉菌中各种质粒诱导的重组率的例子。

表 7-6　一些常用质粒诱导的重组率

寄　主	质粒状况		c.m.a.（染色体转移能力）	说　　明
	亲本 1	亲本 2		
天蓝色链霉菌	—	—	10^{-8}	c.m.a. 可能是由 SLP1 引起
	SCP1	SCP1	10^{-5}	没有质粒"进入劣势"；双亲都含 SCP1
	SCP1	—	10^{-6}	实际上提高了染色体转移率
	SCP2	SCP2	10^{-7}	稍有质粒"进入劣势"，SCP2 的存在降
	SCP2	—	10^{-6}	低了染色体转移能力
	SCP2*	SCP2*	10^{-3}	没有质粒"进入劣势"；SCP2* 是一个好
	SCP2*	—	10^{-3}	的致育因子；能引起染色体的随机交换
	SCP2*	SCP2	10^{-5}	
	SCP1-NF	SCP1-NF	1%	随机染色体交换
	SCP1-NF	—	100%	染色体双向转移；子代全部都是 SCP1-NF
变铅青链霉菌	—	—	$<10^{-8}$	
	SLP2	SLP2	10^{-6}	质粒"进入劣势"，能强烈地抑制 SLP2
	SLP2	—	10^{-4}	引起的染色体转移能力
	SLP1	SLP1	10^{-4}	对 SLP1 没有"进入劣势"
	SLP1	—	10^{-4}	
	pIJ101	pIJ101	$\geqslant 10^{-3}$	没有"进入劣势"；pIJ101 是一个非常好
	pIJ101	—	$\geqslant 10^{-3}$	的致育因子
变铅青链霉菌	SCP2*	SCP2*	10^{-4}	对 SCP2* 没有"进入劣势"
	SCP2*	—	10^{-4}	
	pJV1	pJV1	$\leqslant 10^{-7}$	"进入劣势"降低了染色体的转移能力；
	pJV1	—	5×10^{-6}	pJV1 是一个较差的致育因子

注：染色体转移能力（chromosomal mobilization ability, c.m.a.）。

4. 天蓝色链霉菌 NF 菌株的形成及其杂交特征

（1）天蓝色链霉菌 NF 菌株的形成　大肠杆菌中 Hfr 菌株是由于 F 质粒整合到染色体上而产生的，其整合机理是通过位于 F 质粒和染色体上的插入序列 IS2 或 IS3 之间的同源重组而产生的。前面已经讲过，NF 菌株是 SCP1 整合到染色体上后而形成的，但 NF 菌株是怎样形成的呢？

从前面的表 7-3 中可以看出，3 个菌株（2612、A317 和 A332）属于典型的 SCP1-NF 菌株，即 SCP1 整合在染色体 9 o'clock 位置，SCP1 能带动染色体从供体细胞向受体细胞进行双向转移。对这三个典型的 NF 菌株中 SCP1 与染色体接头部位进行序列分析表明，SCP1 的左末端（TIR-L）完整而右末端（TIR-R）发生缺失。对另外两个非典型的 NF 菌株（A608 和 A634）的 SCP1 和染色体接头部位进行杂交研究表明，这两个菌株中 SCP1 两端都发生至少 4kb 的缺失。很可能 A608 和 A634 这两个菌株是在典型菌株 2612 基础上，两端进一步缺失后形成的。

已证明 SCP1 质粒含有一个插入因子 IS466，天蓝色链霉菌染色体含有 IS466 和其他插入因子。NF 菌株形成的一种可能是 SCP1 以球拍框架结构整合在染色体上，为了保持其稳定性，SCP1 质粒上的 IS466 和染色体上的 IS466 之间的重组，使 SCP1 的一端发生缺失（图 7-14）。

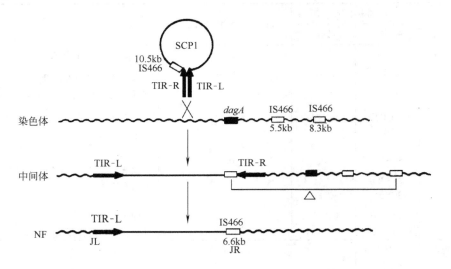

图 7-14　天蓝色链霉菌 NF 菌株可能的形成方式

（2）天蓝色链霉菌 NF×SCP1⁻ 杂交的特征　NF 菌株的特别之处是在接合过程中，它们能带动染色体基因以高频率双向转移，不同于大肠杆菌 Hfr 菌株的单向转移。在 NF 菌株中，SCP1 整合在环状染色体的 9 o'clock 位置，当与 SCP1⁻ 杂交时，供体的标记基因被双向梯度转移到受体中。基本上所有子代的重组子都继承了 NF 菌株染色体 9 o'clock 两端位置或附近的遗传标记。最简单的假说是，在 NF×SCP1⁻ 的杂交合子中，含有完整的 SCP1⁻ 染色体和 NF 染色体的部分片段，长度有变动，但总是包括 9 o'clock 区域，单倍重组体来自 9 o'clock 左右任何一端。因为未知的原因，只有继承 NF 亲本这一区域的重组体才能生存，这与次甲基素的选择无关，因为不产生抗生素的 NF 突变株也有同样的现象。图 7-15 是 NF×SCP1⁻ 杂交中，天蓝色链霉菌染色体基因的转移频率。

如何解释这种双向梯度转移的现象呢？从前面的介绍已知 NF×SCP1⁻ 的子代都是 NF，说明 SCP1 是 100% 地被转移，也说明在转移过程中，它处于染色体的前端。当发生染色体转移时，整合有 SCP1 的环状染色体可以在 SCP1 的这一端或那一端断裂，但不管从哪一端断裂，染色体都以含有 SCP1 的这一端进入 SCP1⁻ 细胞中去。因此，由于断裂的位置不同将出现顺时针和逆时针两个方向的转移，在转移过程中两个方向都随时发生断裂，每个 SCP1⁻ 细胞得到 NF 不同的片段，愈靠近转移起点的标记转移概率越高，愈远则愈低，因而形成梯度。

由于链霉菌菌丝的生长习性，对 NF 供体与 SCP1⁻ 杂交的染色体转移的动力学分析要比大肠杆菌困难得多。但也发现在这样的杂交中，通过中断杂交试验，也证明随着时间延长，染色体转移率增加。

三、链霉菌的遗传分析方法和基因连锁图的制作

链霉菌中还没有与大肠杆菌遗传学中大家熟悉的中断杂交相对应的研究方法，因此不可

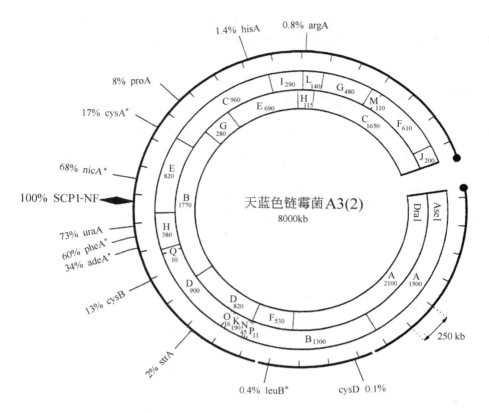

图 7-15　天蓝色链霉菌 NF×SCP1⁻ 杂交中，NF 菌株基因转移频率

能进行有实际意义的杂交过程的动力学分析。

　　链霉菌的杂交要求把两个带有不同遗传性状的营养缺陷型亲本菌株在琼脂平板上混合培养，在混合培养过程中就会发生接合作用，并伴随着遗传重组，然后对杂交好几天后所发生的一系列的最终产物涂布在选择性培养基上，根据筛选重组子进行遗传分析。

　　在天蓝色链霉菌及其他链霉菌的基因定位中，常用的方法是"4×4 杂交"方法、异质系克隆和平板杂交等。下面就分别介绍这几种方法的原理。

1. "4×4 杂交"方法（four-on-four cross）

　　通过对杂交子代的重组体的定量分析，是链霉菌属绘制基因连锁图谱的主要方法。最常用的一种分析方法被称作"4×4"方法（因为此方法包括 4 因子杂交，平行涂布在 4 种选择性培养基上）。该方法是将各含有 2 个缺陷型的两个亲本进行杂交，杂交后的孢子通常以不同的稀释度被涂布到含有抗生素或缺乏某些生长因子的 4 种选择性培养基上，这些培养基能使重组子生长而不能使亲本生长。然后通过对不同的培养基上进行菌落计数，即可计算各种重组或转移所发生的频率。这种方法最初于 1972 年由 Hopwood 在天蓝色链霉菌中开始应用，后来被广泛的用到其他链霉菌的杂交分析中，如淡青链霉菌、龟裂链霉菌、变铅青链霉菌、吖啶霉素链霉菌以及地中海诺卡氏菌等。

　　首先，看一个如下的实验。将基因型为 *ade his*＋＋菌株的孢子与基因型为＋＋*arg lys* 菌株的孢子混合接种于完全培养基中，25℃下培养 3～4 天。待形成孢子后，把单位体积的孢子悬浮液涂布在下列 4 种选择性培养基上：①腺嘌呤＋精氨酸；②腺嘌呤＋赖氨酸；③精氨酸＋组氨酸；④组氨酸＋赖氨酸。每种培养基上所长出的菌落（全部或抽样）就可参照于那种培养基上的非选择性标记而归类。这样在每一种培养基上即可有 4 种可能的基因型。根据那种培养基上的菌落总数，就可计算出单位体积中每个基因型的数目（表 7-7）。

表 7-7　4×4 杂交分析（*ade his* ＋＋×*arg lys* ＋＋）

后代基因型（按互补对排列）	单位体积内各基因型在选择性培养基上的数目				每对基因型平均出现频率
	腺嘌呤＋精氨酸	腺嘌呤＋赖氨酸	精氨酸＋组氨酸	组氨酸＋赖氨酸	
ade＋*his*＋ ＋*arg*＋*lys*	亲本基因型，在选择培养基上不生长				
＋＋＋＋ *ade arg his lys*	(14) 24 *	(45) 36 *	(14) 33 *	(6) 26 *	30
ade ＋＋＋ ＋ *arg his lys*	(17) 29 *	(30) 24 *	*	*	27
＋ *arg* ＋＋ *ade*＋ *his lys*	(42) 72 *	*	(48) 112 *	*	92
＋＋ *his* ＋ *ade arg*＋ *lys*	*	*	(86) 202 *	(92) 393 *	298
＋＋＋ *lys* *ade arg his* ＋	*	(51) 41 *	*	(3) 13 *	27
ade arg ＋＋ ＋＋ *his lys*	(76) 130 *	*	*	(16) 70 *	100
ade ＋＋ *lys* ＋ *arg his* ＋	*	(0) 0 *	(2) 5 *	*	3
异核子[①] 总数	(1) 2 (150) 257	(24) 19 (150) 120	(0) 0 (150) 352	(33) 142 (150) 644	

[①] 异核体即原养型菌落，只能产生两个亲本型的孢子，在分析时忽略不计；括号中的数是实际计数的菌落数量，表 7-8 中要用到。

注：＊表示重组子不生长，因为选择性培养基上不含有生长所需的所有生长因子。

对表 7-7 中的数据，有一种以上的方法来进行连锁分析。经典的方法是分析两对没有受到选择的基因是否独立遗传？例如，在含有腺嘌呤和精氨酸的培养基上，所有的后代都必然是 *his*＋ 和 *lys*＋（被选择基因）才能生长，但它们可能是 *arg*＋ 或 *arg*－ 和 *ade*＋ 或 *ade*－（未受到选择基因）。因此，就可以对 4 种培养基中的每一种不能选择的基因，分别按 4 种可能组合的频率画出 4 个 2×2 表（表 7-8）。从中可看出，例如 *arg*＋ 与 *arg*－ 菌落的比例是否和 *ade*＋ 与 *ade*＋ 菌落的比例相同。一个简单的统计学测验（χ^2），可以用来估测数据不可信的概率（这个测验需要使用抽样计数的实际数量，而不是使用每个单位体积基因型的频率）。在这个例子中比例是相同的，即 14：42 在统计学上与 17：76 相同，χ^2 值为 0.96，因此，*arg* 和 *ade* 可以说是独立分离的。同样，*lys* 和 *his* 基因也是独立分离的（$\chi^2=2.1$）。相反，*arg* 和 *his* 不是独立分离的（$\chi^2=27$），同样 *lys* 和 *ade* 也不是独立分离的（$\chi^2=92$）。

当 2 个非选择基因不相邻时，发生独立分离；当 2 个非选择基因相邻时，它们是非独立分离。综合所有 4 个 2×2 表的信息，4 个基因的环状排列就很清楚了，见图 7-16。为什么会这样呢？问题的关键是链霉菌的染色体是环状的，环状染色体与受体片段之间只有发生偶数次交换（2 或 4）才能产生一个可以成活的单倍体重组染色体。表 7-9 中的数字（1，2，3，4）表示各个可以发生交换而产生重组的间隔区。图 7-16 中的三角形标出受到选择的基因；圆圈表示两个菌株的染色体。

表7-8　4个2×2非选择等位基因间的分离（取表7-7括号中的数字）

未选择基因标记		选择标记			
		his^+/lys^+		arg^+/his^+	
		arg^+	arg^-	lys^+	lys^-
	ade^+	14	42	45	51
	ade^-	17	76	30	0
独立分离概率（χ^2）		0.30（0.96）（独立分离）		<0.001（27）（非独立分离）	

未选择基因标记		选择标记			
		ade^+/lys^+		arg^+/ade^+	
		arg^+	arg^-	lys^+	lys^-
	his^+	14	48	6	3
	his^-	86	2	92	16
独立分离概率（χ^2）		<0.001（92）（非独立分离）		0.15（2.1）（独立分离）	

注：下表是从给出的一套数值a、b、c、d，计算χ^2值的一个简单方法：

a	b	(a+b)
c	d	(c+d)
(a+c)	(b+d)	(a+b+c+d)

$$\chi^2=(ad-bc)^2(a+b+c+d)\div(a+b)(c+d)(a+c)(b+d)$$

χ^2值越小，独立分离的概率越高；χ^2值越大，独立分离的概率越低。一个关键值是$\chi^2=3.8$时，独立分离的概率是0.05。

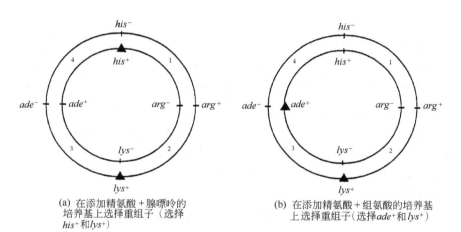

(a) 在添加精氨酸＋腺嘌呤的
培养基上选择重组子（选择
his^+和lys^+）

(b) 在添加精氨酸＋组氨酸的培养基
上选择重组子（选择ade^+和lys^+）

图7-16　基因的排列图

表7-9　产生各种可以检测的重组子所需要发生的交换的间隔区

(a) 在添加精氨酸＋腺嘌呤的培养基上，选择重组子（his^+和lys^+）			(b) 在添加精氨酸＋组氨酸的培养基上，选择重组子（ade^+和lys^+）		
	arg^+	arg^-		arg^+	arg^-
ade^+	1, 3（14）	2, 3（42）	his^+	1, 3（14）	2, 3（48）
ade^-	1, 4（17）	2, 4（76）	his^-	3, 4（86）	1, 2, 3, 4（2）

注：括号中的数字是重组子数量，取自表7-7。

在表 7-9（a）中，所有重组子类型都是通过两次交换而产生。因为 1，3∶2，3 的分离概率应该等于 1，4∶2，4 分离概率，因此等位基因独立分离。在表 7-9（b）中的情况则不同，有 3 类重组子是通过两次交换而产生的，有一类重组子是通过 4 次交换而产生的。很明显，1，3∶2，3 的分离概率不同于 3，4∶1，2，3，4 的分离概率，结果是等位基因呈非独立分离。*lys* 和 *his* 的分离类似于（a）；*ade* 和 *lys* 的分离类似于（b）。综上所述，就可知道 *ade*、*arg*、*his* 及 *lys* 这 4 个基因的顺序（图 7-17）。

虽然可以通过 χ^2 值来识别基因是独立分离还是非独立分离，但不能盲目地追求进行 χ^2 测验。通常有些基因型菌株在活力上处于不利地位，或者有些杂交有极性的趋势（即整个染色体偏向于来自一个亲本），当非选择标记不相邻时，这样就会引起分离偏离独立性。

最后一步是用成对互补基因型的平均频率（表 7-7 最右边那一栏的数字）来计算成对标记之间的相对重组频率，再根据相对重组频率来判断 4 个基因间的相对间隔距离（表 7-10）。例如，*ade* 和 *arg* 之间的重组，需要 *arg*$^+$ 与 *ade*$^+$ 或 *arg*$^-$ 与 *ade*$^-$ 之间的重组，即表 7-7 中的 2、5、6 及 7 的基因型，它们的重组频率总值为 455。用同样的方法，可以类推其他基因间的相对重组率（表 7-10）。

从表 7-10 中可看出，*arg* 与 *his* 的间隔要比其他基因之间的间隔要短。*arg/lys* 和 *his/lys* 的间隔比剩余 3 组（都包含 *ade*）的间隔都要短，说明 *his*、*arg* 及 *lys* 这 3 个基因形成一个类似群，位于染色体的一个区域，而与 *ade* 的距离则较远。

表 7-10　每对间隔之间的相对重组频率

ade/arg	*ade/his*	*ade/lys*	*arg/his*	*arg/lys*	*his/lys*
30	27	30	30	92	30
298	298	92	27	27	27
27	100	298	27	100	92
100	3	3	3	3	100
455	428	423	87	222	249

用上述的 4×4 杂交方法推断基因的连锁关系，似乎是费时费力，但这种方法非常经得起考验。在这里值得指出的是，虽然后来用分子生物学的方法证明链霉菌的染色体是线性的，但早期用遗传方法（包括 4×4 杂交）建立的遗传图谱与 DNA 测序的物理图谱基本上是一致的，这也是为什么在这里还要对传统的遗传方法做介绍的原因之一。

2. 异质系克隆（heteroclone）

在天蓝色链霉菌 A3(2) 及其他几个种链霉菌中，曾用过异质系克隆进行遗传定位。异质系克隆是指在某些放线菌中，两个多重标记的营养缺陷型亲本杂交时，供体染色体片段进入受体细胞后形成的局部杂合核在分裂过程中发生染色体交换和减数，结果在同一菌丝体上形成各种单倍重组体孢子。这样由一个杂合核演化繁殖形成的菌落称为异质系克隆（hetero-clone）。其产生的孢子是重组子和亲本基因型的总和。由于异质系克隆产生的孢子大多不能在基本培养基上生长，采用不同的选择性培养基可以鉴别出不同类型的单倍重组体，根据其频率就可用来做链霉菌的遗传图谱。然而，异质系是放线菌基因重组所特有的现象，分析异质克隆既费力，还可能导致解释上的麻烦，所以在此不深究。

举一个具体例子来看。在 ＋ *str* ＋＋＋ *pro hisC arg*（NF）×*tps* ＋ *ura nic cys* ＋ *hisA* ＋

（UF）杂交中，得到许多真正的重组体和异质系菌落，分析其中一个异质系菌落所产生的 138 个单孢子菌落的基因型，得到下列结果：

	tps	+	ura	nic	cys	+	hisA	+
UF 标记：	138	138	138	137	34	43	60	81
	+	str	+	+	+	pro	hisC	arg
NF 标记：	0	0	0	1	104	95	73	57

这一异质系菌落的来源可以用图 7-17 来解释，图中实线圆圈表示 UF 菌株的染色体，用外面的实线部分表示进入 UF 菌株的 NF 染色体片段［图 7-17（a）］。假定 NF 染色体片段进入 UF 细胞后，并不经过二次交换而整合到 UF 染色体上，而只在 b 区发生一次交换，这样就得到一个线状染色体［图 7-17（b）］。

异质系染色体在进行复制过程中，可以再次在 a、b、c……f 等各个区域中发生第二次染色体交换，通过这些交换可以形成环状的染色体。由于交换位置不同，UF 得到 NF 染色体的片段不同，因而就形成了不同基因型的分生孢子，由这些分生孢子便长成不同基因型的重组体。

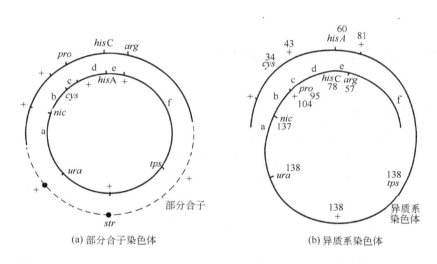

（a）部分合子染色体　　　　（b）异质系染色体

图 7-17　放线菌异质系的来源

3. 平板杂交

当要将许多菌株与同一个亲本进行杂交，以测定染色体重组或质粒转移的频率时，"平板杂交技术"就很适用。此方法通常包括两个步骤。第一步是把长有一系列待测菌株的母平板影印到接种有同一亲本且已长成孢子"坪"的非选择培养基（完全培养基或 R_2YE）平板上进行杂交。第二步是杂交平板长好孢子后，再影印到一种或多种选择培养基上，回收重组子。在一个平板上，常常可以测定多至 20 个菌株。这就开辟了利用平板杂交迅速定位基因位点的可能性。

总之，杂交除了制作连锁图以外，在构建菌株即制备染色体突变的新组合或不同菌株所携带的质粒的新组合方面也很有用处。杂交对研究接合性质粒也十分重要，即待测菌株与已鉴定菌株接合，如无质粒变铅青链霉菌 66 衍生物菌株之间的杂交，可用来检测新的具有形成麻点特性质粒的存在；杂交还可以用来确定接合时质粒转移的能力以及促进寄主染色体标记重组的能力。

四、链霉菌与大肠杆菌之间的接合作用

前面已经讲过,许多链霉菌天然地携带接合质粒,在实验室内只要将两个带有不同遗传型的亲本菌株在琼脂平板上混合培养即杂交,就会发生遗传重组。通过大肠杆菌进行接合作用时,需要首先人工构建能在大肠杆菌和链霉菌中都能进行复制的双功能载体(即穿梭载体),接着将外源基因连接在该载体上,然后通过大肠杆菌与链霉菌间的接合作用,就可将外源基因导入链霉菌中,这是进行种间杂交的一种有效方法。这种载体一般是含有革兰阴性菌质粒 RP4 的 $oriT$ 位点的可移动质粒,利用大肠杆菌供体提供的转移功能,能介导大肠杆菌和链霉菌杂交。常用的大肠杆菌是 S17-1(含有整合的 RP4 质粒)。

利用大肠杆菌进行的接合作用将外源 DNA 转移到链霉菌或其他放线菌有下列优点。①方法简单,不需要制备原生质体;②能够利用许多通用的 $oriT$ 载体,进行位点专一性或定向插入并与染色体整合;③由于这些载体能在大肠杆菌中复制,容易构建所需要的重组物。

第四节
链霉菌的转化和原生质体融合 ●————————————————

一、原生质体融合

通过原生质体融合而进行的遗传重组,是一种能使染色体基因发生高频重组的有效方法。将两个亲本株分别用酶法脱去细胞壁,在高渗介质中形成由细胞膜包裹的原生质体。等量相混,在聚乙二醇(PEG)存在下诱导融合,经过 DNA 交换、重组而产生重组子。融合后的原生质体在适宜的再生培养基中再生细胞壁回复成细胞形态。在最适条件下,种内融合重组子的数量可达非选择性再生菌落的 20%,种间融合重组率一般为 $10^{-5} \sim 10^{-6}$。原生质体融合包括种内、种间融合重组。

原生质体融合引起的遗传重组不依赖于质粒。原生质体融合可用来作图,特别适用于紧密连锁的遗传标记,然而这种方法特别适宜于重组菌株的构建,因为重组率太高,反而在后代的分析中有一定的困难。当然原生质体融合也能引起质粒在菌株间转移。

二、转化和转染

1. 质粒或噬菌体 DNA 通过原生质体进行转化或转染

虽然放线菌菌丝体很少能呈现感受态而吸收 DNA,但是当放线菌细胞用酶法脱壁形成原生质体,在 PEG 存在下,质粒、噬菌体 DNA 或染色体 DNA 很容易进入细胞得到转化子或转染子。而大肠杆菌转化中常用的冷击或氯化钙处理等关键技术,却不适用于链霉菌。在天蓝色链霉菌或变铅青链霉菌中,每微克 ccc 质粒,能产生 $10^6 \sim 10^7$ 转化子。开环质粒或具有互补末端的线性质粒其转化率比 ccc 质粒降低 $10 \sim 100$ 倍,每微克噬菌体 DNA 能产生 5×10^5 的转染子。

利用上述的转化/转染技术,并以链霉菌的质粒或噬菌体 DNA 做载体,已建立了链霉菌的基因克隆系统。从 pIJ101 衍生出来的高拷贝、宿主范围广泛的载体成为特别有用的通

用载体。φC31 是天蓝色链霉菌 A3(2) 的温和性噬菌体，对它已做了详尽的研究，并构建了具有广泛宿主范围的衍生载体。将质粒和噬菌体 DNA 经过改造，都已建成了可在大肠杆菌和链霉菌中表达的双功能载体。

克隆系统在变铅青链霉菌中的发展已相当成熟，变铅青链霉菌是迄今为止发展的所有质粒载体和 φC31 噬菌体载体的合适宿主，这个菌株的原生质体经过 DNA 转化、再生后，通常每微克完整的 DNA 可得到 $10^6 \sim 10^7$ 转化子，如果用供体 DNA 片段做成的连接混合物去转化或转染，每微克 DNA 可得到 $10^4 \sim 10^5$ 的转化子或转染子。迄今为止，用这种技术克隆成功的例子包括抗生素生物合成基因，如杀假丝菌素生物合成途径中对氨基苯甲酸合成酶基因、灵菌红素生物合成途径中氧甲基转移酶基因；一些有用酶基因的克隆，如琼脂酶 (agarase) 基因、α-淀粉酶、纤维素酶及胆固醇氧化酶等基因。

用 PEG 诱导链霉菌原生质体的质粒转化或噬菌体（转染）虽然十分有效，但却不能转化直线性的染色体 DNA，其原因可能是宿主核酸酶对外源 DNA 的限制作用。如果把染色体 DNA 用脂质包裹起来形成脂质体 (liposome)，并使之与受体菌原生质体相混合，以 PEG 诱导而实现转化，在某些链霉菌中可以以很高的频率获得转化子。所谓脂质体即是由两性类脂（如卵磷脂，这种两性类脂分子的一端为磷酸根的亲水基团，另一端则为脂肪烃链组成的疏水基团）在水溶液中，经过一定的物理方法处理，磷脂分子聚集在一起，整齐排列后形成一种亲水基团向外、疏水基团向内的双分子层结构的小泡囊，这种双分子层结构和天然的原生质膜相似，是一种人工模拟的原生质膜。当水溶液中有 DNA 存在时，小泡囊形成时包入 DNA 成为包有 DNA 的脂质体，相当于一个人造的原生质体，在 PEG 存在下和受体原生质体融合，使 DNA 进入受体细胞而发生重组。这种方法不仅能使线性 DNA 发生转化，而且也能使质粒或噬菌体 DNA 发生转化和转染。这种方法是较早报道的一种转化或转染方法，现在很少用。

2. 电转化

电转化是将细胞和 DNA 悬浮液进行电击，导致瞬间的细胞膜穿孔而使细胞吸收 DNA。一般用链霉菌菌丝进行电转化。这种方法的优点是不需要制备原生质体和进行原生质体的再生。

另外，随着分子生物学方法的飞速发展，还有很多新的转化方法不断涌现出来。如将环状或线状质粒制备成单链，可提高近 100 倍的转化频率。

主要参考文献

［1］盛祖嘉，陈永青. 微生物遗传学综述论文. 上海：复旦大学出版社，1993.

［2］周俊初. 微生物遗传学. 北京：中国农业出版社，1994.

［3］霍普伍德等. 链霉菌遗传操作手册. 长沙：湖南科学技术出版社，1988.

［4］Hopwood D A. Fourty years of genetics with *Streptomyces*：from *in vivo* throuth *in vitro* to *in silico*. Microbiolgy，1999，145：2183-2202.

［5］Redenbach M，Arnold A，et al. Structural instability of the *Streptomyces lividans* 66 chromosome and related effects. Actinomycetologica，1994，8（2）：97-102.

［6］Chen C W，Lin Y S，et al. The linear chromosome of *Streptomyces*：Structure and dynamics. Actinomycetologica，1994，8（2）：103-112.

［7］Dharmalingam K，Cullum J. Genetic instability in *Streptomyces*. J Biosci，1996，21：433-444.

［8］Eichenseer C H，Altenbuchner J. The very large amplifiable element AUD2 from *Streptomyces lividans* 66 has insertion-sequence-like repeats at its ends. J Bacteriology，1994，176：7107-7112.

[9] Volff J N, Altenbuchner J. Genetic instability of the *Streptomyces* chromosome. Mol Microbiolo, 1998, 27: 239-246.

[10] Chang P C, Cohen S N. Bidirectional replication from an internal origin in a linear *streptomyces* plasmid. Science, 1994, 265: 952-954.

[11] Kinashi H, et al. Integration of SCP1, a giant linear plasmid, into the *Streptomyces coelicolor* chromosome. Gene, 1992, 115: 35-41.

[12] Kendall K J, Cohen S N. Plasmid transfer in *Streptomyces lividans*: identification of a *kil-kor* system associated with the transfer region of pIJ101. J Bacteriol, 1987, 169 (4): 4177-4183.

[13] Chen C W, Yu T W, et al. The conjugative plasmid SLP2 of *Streptomyceslividans* is a 50 kb linear molecule. Molecular Microbiology, 1993, 7 (6): 925-932.

[14] Hopwood D A, et al. Plasmids, recombination and chromosome mapping in *Streptomyces lividans* 66. Journal of General Microbiolgy, 1983, 129: 2257-2269.

[15] Bibb M J, Hopwood D A. Genetic studies of the fertility plasmid SCP2 and its SCP2* variants in *Streptomyces coelicolor* A3(2). Journal of General Microbiology, 1981, 126: 427-442.

[16] Redenbach M, Kieser H M, et al. A set of ordered codsmids and a detailed genetic and physical map for the 8 MB *Streptomyces coelicolor* A3(2). Molecular Microbiology, 1996, 21 (1): 77-96.

[17] Leblond P, et al. Physical map of the *Streptomyces lividans* 66 genome and comparison with that of the related strain *Streptomyces coelicolor* A3(2). Journal of Bacteriology, 1993, 175 (11): 3422-3429.

[18] Yamasaki M, et al. A complex insertion sequence cluster at a point of interaction between the linear plasmid SCP1 and the linear chromosome of *Strep tomyces coelicolor* A3(2) .Journal of Bacteriology, 2000, 182 (11): 3104-3110.

[19] Kinashi H, et al. Structural analysis of the giant linear plasmid SCP1 in various *Streptomyces coelicolor* strains. Journal of General Microbiology, 1993, 139: 1261-1269.

[20] Fischer G, Decaris B and Leblond P. Occurrence of deletion, associated with genetic instability in *Streptomyces ambofaciens*, is independent of the linearity of the chromosomal DNA. Journal of Bacteriology, 1997, 179 (14): 4553-4558.

[21] Kataoka M, Seki T, Yoshida T. Five genes involved in self-transmission of pSN22, a *Streptomyces* plasmid. Journal of Bacteriology, 1991, 173 (13): 4220-4228.

[22] Oh S H, Chaster K F. Denature of circular or linear DNA facilitatestargeted intergrative transformation of *Streptomyces coelicoloe* A3(2): possible relevance to other organisms. J Bacteriolo, 1997, 179 (1): 122-127.

[23] Kieser T, Bibb M J, Buttner M J, Chater K F, Hopwood D A. Practical Streptomyces Genetics. Norwich: The John Innes Founation, 2000.

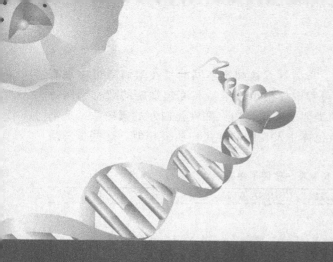

第八章
酵母菌遗传

酵母菌属于真核微生物，其细胞内除了具有与原核生物不同的由核膜包围的核以外，还像其他真核细胞一样，含有如下成分：内质网、高尔基体、线粒体、液泡和过氧化物体，各自执行不同的功能。但是酵母菌同时又具有原核生物的某些特征，如它们可以像细菌一样在平板上迅速生长形成单菌落，也可以像细菌一样进行分裂，更重要的是酿酒酵母（*Saccharomyces cerevisiae*）的基因组只是大肠杆菌的 2.6 倍，因此酿酒酵母已成为目前在分子水平上研究真核生物的重要材料。

第一节
酵母菌的基因组和染色体 •────────────────

一、酵母菌的基因组

1996 年完成了酿酒酵母菌的全基因组的测序工作，是当时完成测序的最大基因组，也是真核生物中第一个被测序的生物。酿酒酵母的单倍体细胞含有 16 条染色体，总长度为 12 068kb，其中第 I 条染色体最短，只有 230kb；第 IV 条染色体最长，长度为 1532kb，见表 8-1。基因组中没有明显的操纵子结构，有间隔区和内含子序列。酿酒酵母染色体基因组中，有 5885 个可能是编码蛋白质的 ORF，每个 ORF 约为 1.4kb，而基因间的平均间隔为 600bp。ORF 大约占整个基因组 70%，其中一半是已知的基因或与已知基因有关的基因，其余是新基因。酿酒酵母中约 4% 编码蛋白质的基因含有内含子，而在粟酒裂殖酵母（*Schizosaccharomyces pombe*）中，40% 编码蛋白质的基因具有内含子。

除此之外，约 140 个基因编码核糖体 RNA（rRNA），275 个基因编码 tRNA。编码 rRNA 的 140 个基因以串联形式全部排列在第 VII 染色体上；275 个 tRNA 基因（属于 43 个家族）分散于所有染色体中。基因组含有 52 个完整的 Ty 因子（反转座子）。

二、酵母菌的染色体结构

像其他的真核细胞一样，酵母菌的 DNA 也是与 4 种主要的组蛋白 H2A、H2B、H3 和

H4 结合形成核小体结构，进一步形成染色质。与高等真核细胞不同的是在酿酒酵母中没有 H1 组蛋白，而该蛋白在高等生物的有丝分裂过程中使染色质维持高度超螺旋的致密结构方面起着关键作用。但是酿酒酵母含有较大量的类似于非组蛋白（酸性蛋白）的蛋白质，这类蛋白质的氨基酸组成和电荷与高等真核生物染色体中发现的同样蛋白质极相似，这些蛋白质的功能目前仍然不清楚。

表 8-1　酵母基因组中染色体 DNA 的长度及一些因子在染色体上的分布情况

染色体	长度（kb）	基因数（编码蛋白质）	tRNA 基因数	rRNA 基因	Ty1	Ty2	Ty3	Ty4	Ty5
Ⅰ	230	107	2	0	1	0	0	0	0
Ⅱ	813	392	13	0	2	1	0	0	0
Ⅲ	315	160	10	0	0	1	0	0	1
Ⅳ	1532	747	27	0	6	3	0	0	0
Ⅴ	577	278	20	0	1	1	0	0	0
Ⅵ	270	130	10	0	1	0	0	0	0
Ⅶ	1091	515	36	140	4	1	1	0	0
Ⅷ	563	276	11	0	1	0	0	1	0
Ⅸ	440	220	10	0	0	0	1	0	0
Ⅹ	745	358	24	0	2	0	0	1	0
Ⅺ	667	314	16	0	0	0	0	0	0
Ⅻ	1078	506	22	0	4	2	0	0	0
ⅩⅢ	924	457	21	0	4	0	0	0	0
ⅩⅣ	784	398	16	0	2	1	0	0	0
ⅩⅤ	1091	566	20	0	2	2	0	0	0
ⅩⅥ	948	461	17	0	4	0	0	1	0
总数 16	12068	5885	275	140	33	13	2	3	1

任何真核生物染色体的生物学功能都严格依赖于三种 DNA 序列结构：着丝粒、端粒和复制起点，它们是染色体功能实现的三个基本要素。这一点已被酵母人工染色体的成功构建所证实。下面就从这三方面介绍酵母菌的染色体结构特征。

1. 着丝粒

着丝粒（centromere）是真核细胞染色体 DNA 上的一段特殊序列。在有丝分裂和减数分裂时，纺锤丝（着丝粒结合蛋白）与着丝粒结合，将染色体拉向细胞的两极。早在 20 年前，就以酿酒酵母为材料，从分子水平上对着丝粒的结构和功能开始了研究，通过染色体步行法（chromosome walking）确定了酵母染色体上的着丝粒序列。将着丝粒序列（centromeric sequence，CEN）插入到酵母质粒中，能使质粒在细胞有丝分裂和减数分裂期间表现出有规则地向子细胞中分配的行为。随着功能性着丝粒的分离和人工染色体的发展，对其他出芽酵母、粟酒裂殖酵母、果蝇、人的着丝粒也进行了深入研究。

通过对多种生物着丝粒的研究，发现着丝粒有两种主要类型。第一种类型的着丝粒序列很短（约 200bp），又称点着丝粒（point centromere），酿酒酵母的着丝粒就属于这种类型。第二种类型的着丝粒称区域着丝粒（regional centromere），其特征是着丝粒序列较长（从 40kb 到几个 Mb），含有很多重复序列，真菌（如脉孢菌）、果蝇、哺乳动物和人的着丝粒都具有这种结构特征（图 8-1）。

在酿酒酵母中，所有染色体的 CEN 序列的长度均大约为 130bp，由 $5' \rightarrow 3'$ 依次分为 CDE Ⅰ、CDE Ⅱ 和 CDE Ⅲ 三个区。CDE Ⅰ 和 CDE Ⅲ 是两个共有序列，位于两侧，中间是由 78～86 个核苷酸组成的 CDE Ⅱ，CDE Ⅱ 的核苷酸序列中（A＋T）含量超过 90%，所以容易弯曲（图 8-2）。

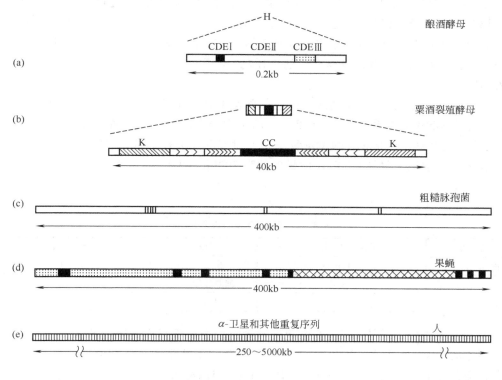

图 8-1　几种生物的着丝粒区

	CDE I	CDE II	CDE III
CEN3	ATAAGTCACATGAT	←88bp(93%AT)→	TGATTTCCGAA
CEN11	ATAAGTCACATGAT	←89bp(94%AT)→	TGATTTCCGAA
CEN4	AAAGGTCACATGCT	←82bp(93%AT)→	TGATTACCGAA

图 8-2　酵母的三个着丝粒序列

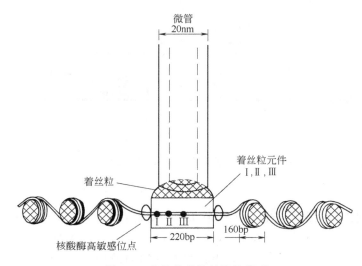

图 8-3　酵母着丝粒的结构模型

CEN 序列抗核酸酶消化的能力比其他染色质区域大。在 CEN 序列两侧，核小体单独沿 DNA 排列。从不易被核酸酶消化这个特征上判断，在 CEN 序列上结合着一个经修饰的核小体，或者有一个蛋白质复合体来保护着 CEN 序列。每个着丝粒上附着一条纺锤丝。从图 8-3 中可看出，着丝粒的直径和纺锤丝微管的直径非常匹配。

2. 端粒

端粒（telomere）是真核生物线性染色体两端的特殊 DNA-蛋白质复合体结构，这种复合体结构是由 DNA 重复序列和与之相结合的蛋白质分子构成的。在大多数生物中，端粒 DNA 只是由几个碱基组成的 DNA 重复单位通过串联重复而形成，长度从 20bp 到几个 kb 不等（表 8-2）。酿酒酵母端粒 DNA 的长度约为 300bp，其 DNA 重复单位为：

$5'C_{1\sim3}A$

$3'G_{1\sim3}T$。

表 8-2　端粒 DNA 的重复序列

生物种类	DNA 重复序列	生物种类	DNA 重复序列
拟南芥	TTTAGGG	四膜虫	TTGGGG
人	TTAGGG	酿酒酵母	$TG_{1\sim3}$
黏菌	TAGGG	脉孢菌	TTAGGG

在大多数生物中，端粒 DNA 的旁边还常含有由中等重复序列组成的 DNA。在酵母中，与端粒相连的 DNA 有两类：X 和 Y'。X 是保守性较差的序列，长度为 0.3～3.7kb，存在于大多数染色体上。Y' 高度保守，长度为 6.7kb。酿酒酵母中 2/3 的端粒含有 1～4 个拷贝的 Y'（图 8-4）。X 和 Y'对于端粒来说并不是必需的，但它们对端粒的稳定、染色体断裂后的修复以及在减数分裂中染色体联会方面都起辅助作用。

在 X 和 Y'之间还有一段长约 50～130bp 端粒重复序列，这一段端粒重复序列可能是"备用"端粒，当染色体断裂或从端粒处被降解时，这段序列可以作为端粒酶的引物延伸端粒。

另外，X 和 Y'序列中都含有自主复制序列（ARS），能使质粒 DNA 在酵母中自主复制，但对端粒的复制和功能不起很大作用。

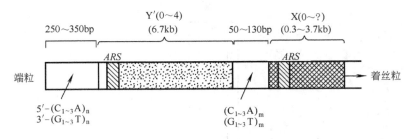

图 8-4　酵母端粒结构和相邻序列示意图

3. 复制起点

酵母的复制起点是指酵母染色体上控制 DNA 复制起始的一小段 DNA 序列，通常称为自主复制序列（autonomously replicatory sequence，ARS）。将 ARS 克隆到质粒中，能使质粒 DNA 在酵母中自主复制。自从 1979 年首次发现酿酒酵母的 ARS 以来，已经对 ARS 的结构和功能进行了深入研究。酿酒酵母基因组中约有 400 个 ARS，平均 40kb 的染色体

DNA 上有一个 *ARS*，但这些 *ARS* 的使用频率不同，变动在 0～100％之间。粟酒裂殖酵母基因组中，平均约每 20～50kb 的染色体 DNA 上有一个 *ARS*。

（1）自主复制序列 *ARS* 的结构　酿酒酵母中，*ARS* 是长度为 100～200bp、富含 AT 的 DNA 片段。根据其在质粒中稳定性的实验结果来看，可将 *ARS* 分为 A、B、C 三个结构域，其中 A 和 B 最为重要。A 是由 11bp 核苷酸（A/T）TTTAT（A/G）TTT（A/T）组成的保守序列，称为 *ARS* 共有序列（*ARS* consensus sequence，ACS）。所有的 *ARS* 都含有一个完全相同或非常相似的 ACS。ACS 内单一碱基的突变能降低或消除其起始功能。表 8-3 是酿酒酵母中 18 种 *ARS* 的 ACS 序列。

表 8-3　酿酒酵母中 18 种 ACS 序列的比较

ARS 因子	ACS 序列	*ARS* 因子	ACS 序列
ARS1	TTTTATGTTTA	*H4 ARS*	TTTTATGTTTT
HO ARS	TTTaATATTTT	*ARS307*	ATTTATGTTTT[a]
ARS307	TTTTtTATTTA[a]	*ARS604*	TTTTACGTTTT
ARS121	TgTTtTGTTTA	*ARS605*	AaTTACGTTTT
HMR E ARS	TTTTATATTTA	*ARS606*	ATTTATATTTT
ARS601	ATTTcCATTTT	*ARS607*	gTTTATATTTA
ARS602	TTaTACGTTTA	*ARS608*	TTTTACtTTTA
ARS603	TTTcATATTTT[a]	*ARS609*	TTTTATGTTTT
ARS603	TTTaAaGTTTT[a]	*RDNA ARS*	gTTTATGTTTT

注：小写字母表示与共有序列不同的核苷酸；a 表示 ARS307 和 ARS603 含有两个 ACS，这两个 ACS 都具有功能。

ACS 是自主复制序列的必需因子，但 *ARS* 的活性还需要 B 结构域。B 区位于 ACS 的 3′末端，长度约 80bp。ACS 的 5′末端一般是 C 结构域，这一结构域也是富含 AT，但 C 结构域之间不具有同源性，也不含共有序列。

（2）*ARS*-结合蛋白　酿酒酵母复制的起始可能是通过蛋白质与自主复制序列（*ARS*）相互作用而引起的。与 *ARS* 结合的蛋白质有 6 种，分子质量为 120kD、72kD、62kD、57kD、53kD 和 50kD，这些蛋白质以复合物的形式存在并与 ACS 结合，这种蛋白质复合体称为起始识别复合物（origin recognition complex，ORC）。ORC 与 A 区结合，也与 B 区结合（图 8-5）。可见 ORC 具有像原核生物 DnaA（复制起始蛋白）类似的一些特性，表明它可能是真核细胞中的复制起始蛋白。另外，Abf1p 也是一种主要的 *ARS* 结合的蛋白，能提高复制效率。

（3）*ARS* 启动染色体复制的活性　前面讲过，酿酒酵母基因组中约有 400 个 *ARS*，但并不是所有的 *ARS* 在原染色体上都具有自主复制活性。可是奇特的是，将这些染色体上的 *ARS* 克隆到质粒上后，却都具有自主复制的特性。曾对第Ⅲ染色体上长 200kb 的染色体片段（从染色体左臂端粒到接合性基因 *MAT*，占第Ⅲ染色体长度的 62％）上的 *ARS* 进行了系统分析，*ARS* 编号从 300 到 314。其中 305、306、307、309 和 310 在大多数细胞循环中都具有复制起始活性；*ARS308* 仅在 10％～20％的细胞循环中能起始复制；而其余的 *ARS* 则在染色体上无起始复制活性（图 8-6）。从使用的时序来看，大体可分为两类：一类是在 S 期的前期启动邻近序列的复制，另一类则在 S 后期使用。另外，靠近端粒的 *ARS* 一般不具有活性。为何 *ARS* 在质粒中具有活性，而在原染色体上却无活性，这一问题还有待于进一步探讨。

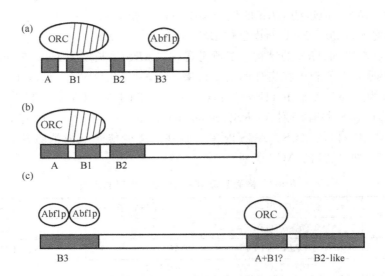

图 8-5　酵母的 ARS 结构

（a）ARS1 的结构；（b）ARS307 的结构；（c）ARS121 的结构

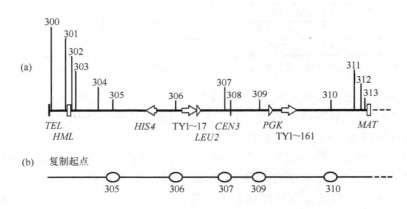

图 8-6　第Ⅲ染色体 200kb DNA 片段（从左末端着丝粒到
MAT 基因座位）上的 ARS（a）和具有活性的 ARS（b）

第二节
酵母线粒体基因组及其遗传

　　线粒体是真核细胞中广泛存在的一类细胞器，为细胞中重要的代谢中心之一。每个酵母细胞约含 10～50 个线粒体，分布于整个细胞质中。三羧酸循环、氧化磷酸化等反应都是在线粒体的不同部位上进行的。线粒体 DNA（mitochondrion DNA；mtDNA）编码线粒体自身所需的 rRNA、tRNA 以及某些蛋白质如细胞色素和 ATP 酶等。

一、呼吸缺陷突变株

　　酵母可以通过呼吸和发酵这两种代谢形式来取得能量，在有氧条件下进行呼吸，在氧缺少的条件下进行发酵。1949 年法国学者 Ephrussi 等人用吖啶黄处理野生型酵母，发现可以以很高的频率获得在好气条件下生长缓慢的突变株。该突变株由于生长缓慢，所以形成的是小菌落，因此称之为小菌落突变株（petite mutant）。对野生型和小菌落突变株的细胞色素系统进行了研究，发现小菌落突变株中缺少细胞色素 a、b 以及细胞色素 c 氧化酶。

后来的研究表明，小菌落突变共有三种不同的类型：第一类是由染色体上的基因突变产生的，它在与野生型菌株杂交后在 4 个子囊中表现为染色体基因的 2∶2 分配规律，故称为分离性小菌落。第二类突变株在与野生型杂交时全部产生野生型子囊孢子，突变型与野生型的比例为 0∶4，称为中性或营养性小菌落。第三类突变株与野生型杂交后立即接种到产子囊培养基上则全部为突变型子囊孢子，但若让合子生长一段时间后再接种到产子囊培养基上则全部产生野生型子囊孢子。考虑到第三类突变株的细胞质中的遗传物质对野生型菌株起显性或抑制作用，故将其称为抑制性小菌落。

研究表明，酿酒酵母的中性和抑制性小菌落突变均源于线粒体基因突变导致的代谢活力下降，当它们与野生型菌株杂交时，由于野生型配子细胞质中含有功能正常的线粒体而恢复成野生型。酵母的中性小菌落突变已完全丢失了线粒体 DNA，抑制性小菌落突变只丢失了部分线粒体 DNA 而影响了线粒体的呼吸功能。

二、酵母线粒体基因组的物理图谱及其特点

通过突变株之间的杂交和缺失定位等方法，已经绘出了酵母线粒体基因图（图 8-7）。酵母线粒体 DNA 是周长约 26μm 的环状 DNA 分子，其大小为 84kb。线粒体 DNA 编码蛋白质（细胞色素 b、细胞色素 c 氧化酶、ATP 酶等）、16 个 tRNA 基因和 2 个 rRNA 基因。还有抗性基因：氯霉素抗性基因（*cam*）、红霉素抗性基因（*ery*）、寡霉素抗性基因（*oli*）等。

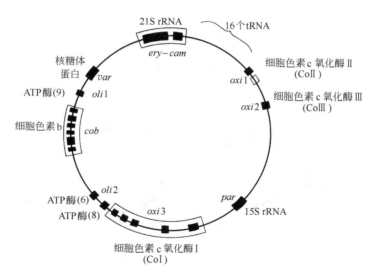

图 8-7　酿酒酵母线粒体 DNA 的遗传图谱

在线粒体 DNA 的组成方面，绝大多数的 mtDNA 中没有重复核苷酸序列，这是 mtDNA 一级结构的重要特点。线粒体是半自主性的，它们所含有的 DNA 不仅能复制并传递给后代，而且还能转录所编码的遗传信息，合成线粒体某些自身特有的多肽。线粒体遗传装置

由线粒体 DNA、tRNA、rRNA、核糖体以及有关的酶组成，能够单独进行复制、转录和蛋白质合成，甚至基因重组。这表明线粒体确有自主性。尽管如此，线粒体的遗传装置并不是自给自足的，线粒体除自身的少数成分外，大部分蛋白质是由核基因编码并在细胞质内的核糖体上合成的。这两种蛋白质合成机制中最为明显的区别是对某些抑制物的不同反应效应，如线粒体蛋白质合成受到红霉素、氯霉素等一类抗生素的抑制，而真核生物细胞质中的蛋白质合成却是受放线菌酮（cycloheximide）的影响。

第三节
酵母菌中的质粒

一、2μm 质粒

酵母中的 2μm 质粒是一个环状、周长 2μm 的 6kb 双链 DNA 分子。2μm 质粒存在于大多数酿酒酵母菌株中，位于酵母细胞核内，拷贝数为 50～100。该质粒只携带与复制和重组有关的 4 个蛋白质基因（*REP1*、*REP2*、*REP3* 和 *FLP*），不赋予宿主细胞任何遗传表型，属于隐蔽质粒。它的最显著特征是质粒上有两个 600bp 长的反向重复序列（IR），这两个 IR 中间由一个 2.7kb 的大单一区域和 2.3kb 的小单一区域所间隔。在两个 IR 上各有一个 FRT（专一性重组位点），由于这两个 FRT 间的相互重组，产生两种互变异构型的混合质粒，即 A 型和 B 型（图 8-8）。

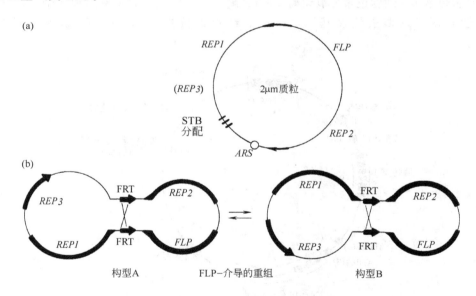

图 8-8　酵母 2μm 质粒（a）及其不同构型（b）

二、嗜杀现象

生物界中广泛存在着相互杀死的现象，借此以维持生物种属的特性。1963 年，Bevan 和 Makower 发现酿酒酵母中的某些菌株可以产生毒素而杀死其他酵母，这种现象被称为嗜杀现象。将产生毒素的酵母菌株称为嗜杀株（killer），对毒素敏感的菌株称为敏感株，既不产毒素又不对毒素敏感的菌株称为中性株。嗜杀株对毒素有免疫性，敏感株不产生毒素。通过各种自然途径和实验室培养，已经分离到许多嗜杀菌株。

一般的嗜杀酵母的嗜杀现象是由两种具有自我复制能力的细胞遗传因子——双链线状RNA（dsRNA）决定的，它们通常以蛋白质外壳包裹着的粒子状态存在于细胞质中，但不具有体外侵染的特性，与病毒粒子不同，故称之为嗜杀质粒。但又因为它们具有蛋白外壳，因此又被称为类病毒颗粒（virus-like particle）。

L型类病毒在外壳蛋白中含有 4.5kb 的双链 RNA 基因组，称为 L-dsRNA。L-dsRNA含有两个 ORF，编码 L 型和 M 型类病毒的蛋白外壳和复制病毒 RNA 的 RNA 聚合酶。因此，M 型类病毒和 L 型类病毒的蛋白外壳相同，都是由 L-dsRNA 编码的。M 型类病毒含有两个相同 1.8kb 的双链 RNA 基因组，称为 M-dsRNA。M-dsRNA 编码杀伤毒素蛋白，从细胞中分泌出去。这两种细胞质遗传因子不具有细胞外感染能力，但它们可以通过酵母的高频率接合而在酵母中广泛传播。

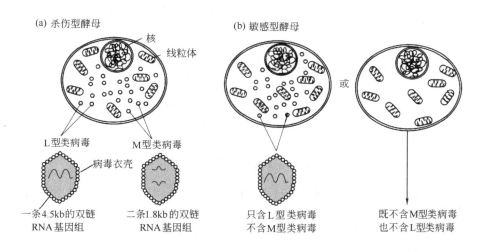

图 8-9　酵母中的嗜杀现象

在大多数嗜杀酵母菌中，dsRNA 只占酵母核苷酸总量的 0.1%，其中 L-dsRNA 占dsRNA总量的90%。几乎所有酵母菌都有 L 型类病毒。酵母只有 L 型类病毒而无 M 型类病毒，不具备嗜杀性，是嗜杀敏感型酵母；只有同时具备 L 型类病毒和 M 型类病毒，酵母才具有嗜杀性（图 8-9）。故有人称 M 型类病毒为嗜杀质粒，称 L 型类病毒为辅助颗粒。不同的嗜杀酵母菌株中有不同的 M 型类病毒，从而编码合成和分泌不同的毒素蛋白，表现出不同的嗜杀表型。

第四节
酵母基因表达的调控 •━━━━━━━━━━━━━

基因表达涉及许多生命现象，如细胞的生长和形态分化、多细胞的发育以及细胞对环境条件的反应等问题。因此，真核生物基因调控，根据其性质可分为两大类。第一类是瞬时调控或称可逆性调控，它相当于原核细胞对环境条件变化做出的反应。瞬时调控包括某种底物或激素水平升降，及细胞周期不同阶段中酶活性和浓度的调节。第二类是发育调控或称不可逆调控，是真核基因调控的精髓部分，它决定了真核细胞生长、分化、发育的全部进程。尽管真核基因的表达在多层次受不同的因子协同调控，但调控主要是发生在转录水平。关于真核基因转录调控的研究，目前正集中在顺式作用元件（*cis*-acting element）和反式作用因子（*trans*-acting factor）以及它们的相互作用等问题上。

一、酵母基因的启动子元件

酵母基因组含有约 6000 个编码蛋白质的基因，分布在 16 条染色体上。每个细胞周期中酵母基因平均转录 5～10 次，使得每个细胞中各种 mRNA 都维持在 1～2 个分子的稳定水平。许多基因具有平均水平的组成型转录，但是不同基因的 RNA 水平可相差 2～3 个数量级。另外，有些基因在不同的生理条件下转录的速率相差很大。尽管转录调控的特点各不相同，但所有启动子都包含 3 个基本的 DNA 序列元件（顺式作用元件），它们分别是上游激活序列（upstream activating sequence，UAS）、TATA 元件及转录起始位点（图 8-10）。

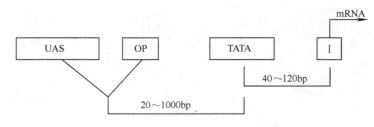

图 8-10　酵母中的启动子元件

上游激活序列（UAS）是长度为 10～30bp 的 DNA 序列，是基因转录所必需的。不同基因的上游激活序列可位于转录起始位点上游 100～1500bp 的任何位置。

TATA 元件是大多数酵母基因转录所必需的，TATA 元件的缺失会大大降低转录水平。酵母的 TATA 元件一般位于 mRNA 转录起始位点上游 40～120bp 处，而大多数真核生物的 TATA 元件几乎都位于 mRNA 起始位点上游 25～30bp 处。

转录起始位点主要决定从何处开始转录。高等真核生物 mRNA 起始位点是由与 TATA 元件的距离（25～30bp）决定的。酵母基因转录起始位点与 TATA 元件距离可变性较大，虽然它们也有可作用的距离限度（约 40～120bp），但没有严格的距离要求。当外源启动子元件处于与天然元件不同位置时，该启动子控制下的基因转录也能准确起始。

有些酵母基因的启动子还含有第四种元件，即沉默子。它的功能是抑制转录的起始，属于负调控元件。酵母交配型座位中的沉默子是第一个被发现的真核细胞沉默子。

二、酵母的转录调控因子

上述各种酵母启动子元件，都是反式蛋白质因子作用的靶位点。结合在 TATA 序列附近的蛋白质因子称为通用转录因子，有 TFⅡ-A、TFⅡ-B、TFⅡ-D、TFⅡ-E、TFⅡ-F 等。结合在启动子上游序列的蛋白质因子称为转录调控因子，如 GAL4、GCN4、PHO4、PHO2、HAP1、HAP2、HAP3、α1、α2、a1 等。转录调控蛋白常由两个独立的结构域组成：DNA 结合区和转录激活区。这两个功能区是很容易分开的，可以将一种蛋白质的 DNA

结合区与另一个蛋白质的转录激活区融合，组成一个有活性的杂合蛋白。酵母和其他真核细胞都存在这种互换的可能性。

1. TATA 区结合蛋白

真核生物中编码蛋白质的基因具有 TATA 序列特征的启动子，需要在 RNA 聚合酶Ⅱ的作用下进行转录。转录起始复合物由 TATA 元件附近序列及转录起始位点等顺式作用元件和多种通用转录因子及 RNA 聚合酶Ⅱ组成。在高等真核生物中，首先 TFⅡ-D 结合在 TATA 序列上，接着 TFⅡ-A 结合在 TFⅡ-D 的上游，然后 TFⅡ-B 结合在转录起始位点附近。只有这三个因子结合在 TATA 盒附近的 DNA 序列上后，RNA 聚合酶Ⅱ才能与它们形成一个新的复合物，最后 TFⅡ-F 和 TFⅡ-E 结合在 RNA 聚合酶Ⅱ的下游。在体外条件下，按上述程序依次加入不同的转录因子，可以得到与 DNA 序列一起形成的 5 种蛋白质构成的转录起始复合物的中间体。加入时若顺序颠倒，这些中间物就不能形成。酵母细胞的这种转录起始复合物的形成的研究尚未进行到如此详细，但一些初步研究结果表明，该过程与高等真核生物很相似。在体内和离体条件下，如果缺少基因上游的调控元件，这种转录起始复合物有低水平的基础转录。生理条件下基因的正常表达，需要上游调控序列和与其相作用的调控因子的参与。

TFⅡ-D 是一种由多个亚基组成的蛋白质，其中一个亚基与 TATA 结合，称为 TBP。酵母的 TBP 含有 240 个氨基酸残基，比较不同生物的 TBP，发现它们羧基端 180 个氨基酸是相当保守的，而它们 N 端的氨基酸数目和组成变化很大。前者具有完整的 TBP 功能，而后者在功能上作用不大。

一个基因的上游和下游调控序列，离启动子的距离有近有远，远的达几 kb。那么结合在不同部位上的蛋白质因子通过什么方式发生作用呢？得到广泛支持的是成环假说。这一假说认为，位于 DNA 上不同结合位点的蛋白质，可以通过两个位点间的 DNA 形成环而发生相互作用，以调节基因的转录过程。其中起作用的是结合在不同位点上的蛋白质因子，而不是环本身。蛋白质因子的激活转录区是怎样实现其功能的呢？有实验表明，结合在上游调控序列上的蛋白质的酸性激活区，能与结合在 TATA 序列上的 TFⅡ-D 相互作用，形成稳定的复合物。最近的一些报道指出，酵母中含有酸性激活区的 GAL4 与 TFⅡ-D 之间的作用，需要通过一种蛋白质接头（adaptor）才能相互作用。图 8-11 是真核基因转录起始过程中顺式作用元件与反式作用因子之间相互作用的示意图。

2. GAL4 转录因子和 *gal* 基因的表达调控

酵母半乳糖代谢酶基因（*gal*）表达可以被生长条件所控制。半乳糖是通过转化为 6-磷酸葡萄糖后进入糖酵解途径而被酵母利用的，其中至少有 5 种基因产物参与从半乳糖的运输到 6-磷酸葡萄糖的转化，这 5 种酶分别由 *gal2* 基因（透性酶）、*gal1* 基因（激酶）、*gal7* 基因（转移酶）、*gal10* 基因（差向异构酶）和 *gal5* 基因（变位酶）编码。研究表明，*gal* 基因的转录是被严格调控的。*gal1* 基因、*gal7* 基因、*gal10* 基因和 *gal2* 基因在没有半乳糖的条件下不表达，而在半乳糖存在条件下表达水平提高约 1000 倍，诱导的 *gal1*、*gal7* 和 *gal10* 基因产物占细胞总蛋白含量的 0.5%～1.5%。研究表明，*gal1*、*gal10* 和 *gal7* 是由各自的启动子分别转录的。

位于染色体ⅩⅥ上的 *gal4* 基因编码一个含 881 个氨基酸的蛋白质，是酵母半乳糖代谢酶基因（*gal*）转录必需的蛋白质因子。GAL4 蛋白以二聚体形式与上述 5 种基因上游激活序列中 17bp 反转对称结构结合，并激活这些基因的转录。而位于染色体ⅩⅢ上的 *gal80* 基

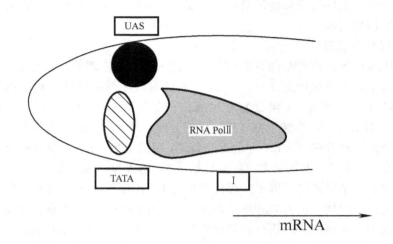

图 8-11　酵母转录过程中调控因子间的相互作用

因编码的 GAL80 蛋白则能和 GAL4 蛋白直接结合，从而抑制 GAL14 的转录激活功能。至于半乳糖产生诱导信号的作用机制还不清楚，但其发挥作用，至少在产生迅速诱导方面需要 *gal3* 基因产物（图 8-12）。

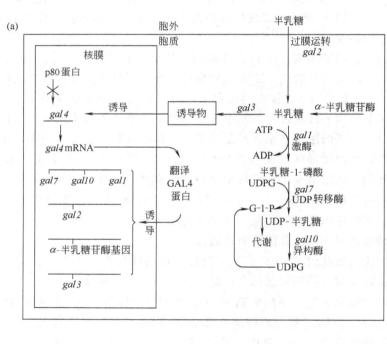

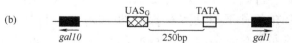

图 8-12　酵母半乳糖操纵子的调控（a）及 *gal* 启动区结构（b）

3. GCN4 转录调控因子

GCN4 最初的名称为 AAS3。氨基酸饥饿时，GCN4 能特异结合到许多氨基酸合成酶基因的启动子调控元件上，激活基因的转录。GCN4 基因编码的蛋白质由 281 个氨基酸组成，它能识别并结合一个 9bp 的反转对称的序列（ATGACTCAT），也说明它是以二聚体起作用的。

4. HAP1、HAP2 和 HAP3

HAP1、HAP2 和 HAP3 都是转录因子，它们控制酵母细胞色素 c 基因 *CYC1* 和 *CYC7* 的转录。在血红素缺乏时（厌氧条件下），*CYC1* 和 *CYC7* 都不表达。血红素存在时，反式作用因子 HAP1 与 *CYC1* UAS1 和 *CYC7* UAS 结合，并激活它们的转录。*CYC1* UAS 由 UAS1 和 UAS2 两个位点组成。单独的 UAS1 与葡萄糖抑制时基因的转录有关，而 UAS1 和 UAS2 共同作用是乳糖去阻遏时基因转录所必需的。HAP1 编码一个 1483 个氨基酸的蛋白质，其 N 端 1～148 位氨基酸的区域是具有半胱氨酸-锌指结构的 DNA 结合域；而高度酸性的 C 末端（1308～1483 位氨基酸区域）是激活基因转录所必需的；第 245～555 位氨基酸残基与血红素诱导有关，无诱导物时，该区可能遮盖了 DNA 结合区。值得指出的是，HAP1 可以和 *CYC1* UAS1 及 *CYC7* UAS 相结合，但这两个 UAS 的 DNA 序列完全不同。HAP2/HAP3 结合 *CYC1* 的 UAS2，它们以异源二聚体的形式发挥作用，其中任何一个单独存在时都没有与 DNA 结合的活性。

5. α1、α2 和 a1 调节蛋白

酵母细胞的单倍体类型是由接合型基因（*MAT*α 和 *MAT*a）决定的。*MAT*α 编码 α1 和 α2 两个蛋白调控因子，它们决定 α 型细胞的表型。*MAT*a 编码 a1 蛋白，控制 a 型细胞的表型。有关内容将在下一节中详细讨论。

第五节
接合型基因及其基因型转换 •━━━━━━━━━━━━━━━━

一、酿酒酵母的生活史

直接从自然界中分离到的酿酒酵母通常为二倍体细胞，在营养丰富的条件下，通过有丝分裂进行出芽繁殖；当营养缺乏时，则通过减数分裂形成单倍体的有性孢子。

图 8-13 是酿酒酵母的生活史。在酵母的生活史中有单倍体和二倍体两种状态，单倍体和二倍体都可以通过不对称的出芽方式进行营养体的增殖。单倍体细胞有 a 和 α 两种接合型，只有两个不同接合型的单倍体细胞才能发生细胞间的接合形成 a/α 杂合二倍体细胞，即接合子。接合子又可通过出芽的方式进行二倍体细胞的增殖。当环境条件变化时，二倍体细胞才发生减数分裂，形成 4 个子囊孢子。

二、酿酒酵母细胞分裂的遗传控制

酿酒酵母的细胞分裂有两种途径：减数分裂和有丝分裂。减数分裂过程包括：接合型遗传控制、细胞接合和染色体的减数分裂（包括孢子形成）。有丝分裂属于无性繁殖，这一过程称为细胞分裂周期。

酵母细胞接合反应取决于 a 和 α 两种细胞接合型，这两种不同接合型细胞间的接合是一种复杂的生物反应，它是由许许多多生物反应相互作用的结果。这过程包括 a 和 α 细胞相

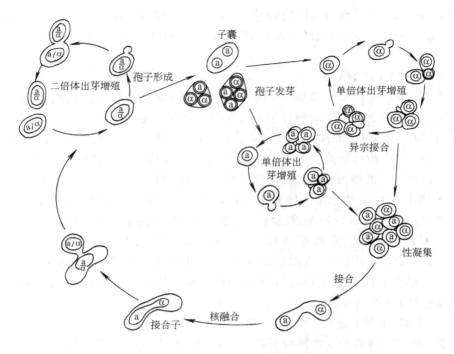

图 8-13　酿酒酵母的生活史

混，细胞停止繁殖生长形成接合管，细胞壁溶解，细胞融合，随后核融合形成二倍体，在这过程中有许多酶参与，故必然有许多基因参加。后来又获得一系列接合缺陷突变株（sterile mutant），更有利于详细研究细胞接合的遗传控制。通过对接合缺陷突变株的研究，明确了许多与接合过程有关的基因及其产物的功能（表 8-4）。

1. a 和 α 单倍体细胞

从表 8-4 中可看出，*asg*（a specific gene）是 a 细胞特异的基因，只在 a 细胞中表达，包括编码 a-因子的 *MFa1* 和 *MFa2* 基因及编码 α-因子受体的 *ste2* 基因等。*αsg*（α specific）是 α 细胞特异的基因，只在 α 细胞中表达，包括编码 α-因子的 *MFα1* 和 *MFα2* 基因及 a-因子受体基因 *ste3* 等。*hsg* 是单倍体特异基因，在 a 细胞和 α 细胞中都表达，包括 G 蛋白和一些转录因子。

表 8-4　酿酒酵母中与接合过程有关的基因

基　因	基因产物或功能	基　因	基因产物或功能
asg（a 型细胞特异的基因）		*hsg*（单倍体细胞的特异性基因）	
MFa1、*MFa2*	a-因子	*gpa1*	G 蛋白的 α-亚单位
ste2	α-因子受体	*ste4*	G 蛋白的 β-亚单位
ste6	分泌 a-因子所需基因	*ste18*	G 蛋白的 γ-亚单位
		ste5	激活 *asg*，*αsg*
αsg（α 型细胞特异的基因）		*ste12*	转录因子（激活 *asg*，*αsg*）
MFα1、*MFα2*	α-因子	*ste7*，*ste11*，*ste20*	激酶（蛋白磷酸化酶）
ste3	a-因子受体	*fus3*	激酶，关闭细胞周期，开通接合
ste13	α-因子加工	*kss1*	激酶
		fus1	细胞融合

a 细胞和 α 细胞的接合过程是通过可扩散性的 a-因子和α-因子两种信息素的相互交换而起始的。关于信息素有多种称呼，如α-因子（α-factor）、α-信息素（α-phero-mone）、α-接合信息素（α-mating pheromone）、α-因子信息素（α-factorpheromone）。同样，a-因子也有多种称呼。

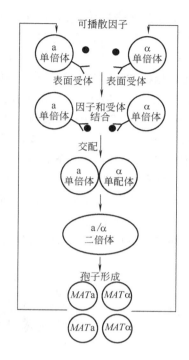

图 8-14　两个单倍体酵母细胞的
接合过程

a-因子是 a 细胞分泌的、由 12 个氨基酸组成的脂肽，即在 12 个氨基酸组成的寡肽的C-端法呢酯化。a-因子由 *MFa1* 和 *MFa2* 两个不同的基因编码，其基因产物分别是由 36 个氨基酸和 38 个氨基酸组成的前体肽。前体肽在其他基因产物，如 RAM1、RAM2、Ste14、Ste6 等的作用下，经过裂解、异戊烯化等过程形成成熟的脂肽信息素而分泌到体外。

α-因子是 α 细胞分泌的、由 13 个氨基酸组成的寡肽。α-因子是由 2 个独立的 *MFα1* 和 *MFα2* 基因编码的。*MFα1* 基因产物是由 165 个氨基酸组成的前体肽，在其编码区含有 4 个拷贝的 α-因子短肽序列（Trp His Trp Leu Gln Leu Lys Pro Gly Gln Pro Met Tyr）。*MFα2* 编码 120 个氨基酸的前体肽，其中含有两个拷贝的 α-因子寡肽序列。*MFα1* 和 *MFα2* 编码的前体肽运输到内质网内，经过裂解加工和糖基化，才形成成熟的、只含有 13 个氨基酸的α-因子。

2. 接合信息素信号的传递

α 细胞分泌的 α-因子与 a 细胞中 *ste2* 基因编码的受体蛋白结合。同样，a 细胞分泌的 a-因子与 α 细胞中 *ste3* 基因编码的受体蛋白结合。这种细胞外信号的相互交换，标志着两个不同接合型的单倍体细胞开始发生改变，与细胞凝聚有关的特异性基因开始表达（图 8-14）。

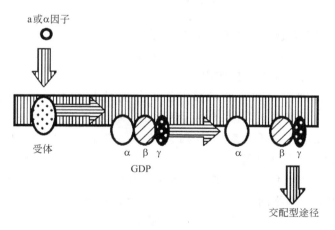

图 8-15　a 或 α因子与受体结合激活 G 蛋白

酵母接合反应的起始阶段总结于图 8-15。其组成成分类似于典型的受体 G 蛋白偶联系统。受体是镶嵌的膜蛋白（Ste2 是 a 细胞中的 α 受体，Ste3 是 α 细胞中的 a 受体），当任何一个受体被激活时，它与同样的 G 蛋白反应。G 蛋白是由 α、β 和 γ 亚单位组成的三聚体，这三个亚单位分别是由 *gpa1*、*ste4* 和 *ste18* 基因编码。在完整的 G 蛋白三聚体中，α 亚单位和鸟嘌呤核苷酸 GDP 相结合，当信息素与其受体结合后，GDP 被 GTP 取代，则导致 α 亚单位与 βγ 二聚体相分离。游离出来的 G 蛋白的 βγ 二聚体直接与 Ste5（骨架蛋白，scaffold-protein）及 Ste20（PAK 激酶）相结合，然后通过 Ste11（MAPKKK 激酶）-Ste7（MAPKK 激酶）-Fus3/Kss1（MAP 激酶）级联反应而使 Ste12 蛋白磷酸化，形成磷酸化的转录因子 Ste12。在酿酒酵母中，磷酸化的转录因子 Ste12 是一个控制不同发育过程起始的转录调节因子。在单倍体细胞中，Ste12 通过阻遏单倍体细胞特异性基因的表达和促进与接合有关的必需基因的表达，从而促进接合所需的生理反应，最终形成合子；在双倍体细胞中，Ste12 是细胞生长所必需的。总之，信息素作为酵母接合的信号，通过一系列传递途径，最终使两个不同接合型的酵母细胞融合形成合子，其信号传递途径见图 8-16。

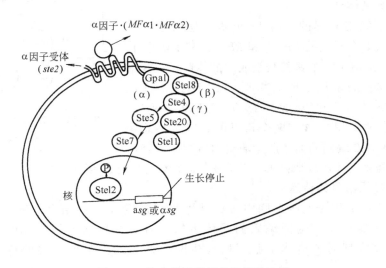

图 8-16　接合信息素信号的传递途径

3. 接合型基因 *MAT* 在接合过程中的调控作用

为了使 a 细胞和 α 细胞接合，除上述 *asg*、*αsg*、*hsg* 基因产物和 Ste12 蛋白之外，*MAT* 基因编码的蛋白质也起着重要的调控作用。

酿酒酵母的单倍体细胞 a 和 α 两种接合型，分别是由 *MATa* 和 *MATα* 基因决定的。*MATα* 编码 α1 和 α2 两种调节蛋白。α1 蛋白激活 *αsg* 基因的表达，而 α2 是一种同源结构域蛋白，阻遏性地抑制 *asg* 基因群的表达，因此，在 *MATα* 细胞中表现出 α 型细胞的表型性状。*MATa* 也编码 a1 和 a2 两种蛋白，但 a2 蛋白的功能不清楚，与接合作用的调控无关；a1 蛋白在单倍体细胞中不起作用，只在二倍体细胞中起作用。在 a 型细胞中，*asg* 基因可组成型地表达，表现出 a 型细胞的表型性状。当 a 和 α 细胞接合形成 a/α 二倍体细胞后，细胞内的接合型基因以 *MATa/MATα* 二倍体的形式存在。*MATα* 生成的 α2 蛋白抑制 *asg* 基因群的表达，同时 α2 和 a1 蛋白协同作用阻碍 α1 和所有 *hsg* 基因的表达。因此细胞不再具备接合能力，而是激活二倍体特异性基因的转录，同时信息素的信号系统也终止（表 8-5）。二倍体细胞在营养条件不良时，进行减数分裂以产生子囊孢子（图 8-17）。

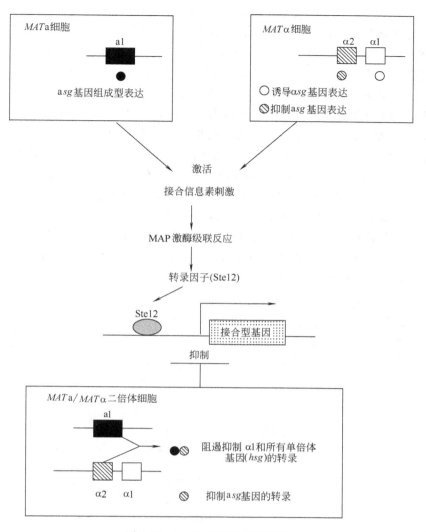

图 8-17 *MAT* 基因的调节功能

表 8-5 单倍体细胞 *MAT*a 和 *MAT*α 和二倍体细胞 *MAT*a/*MAT*α 的比较

项　　目	MATa	MATα	MATa/MATα
细胞类型	a	α	a/α
接合能力	+	+	−
孢子形成	−	−	+
信息素	a 因子	α 因子	−
受体特征	结合 α 因子	结合 a 因子	−

三、接合型基因的转换

1. 酵母接合型基因的结构

前面已经讲过，单倍体细胞有 a 和 α 两种接合型，分别由 *MATa* 和 *MATα* 两个基因控制。一个单倍体细胞不是 a 型就是 α 型。两个不同的接合型细胞可以接合形成合子，而相同的接合型细胞不能接合。但是 a 型可以转变成 α 型，α 型也可以转变成 a 型，这两者可以相互转变的现象称为接合型转变（mating type conversion）。接合型基因 *MAT* 位于酵母细胞的第Ⅲ染色体上，而接合型转换又依赖位于另一染色体上的一个显性基因 *HO*（homothallism，HO）。如果 *HO* 突变成为 *ho* 后，这种转换频率下降到 10^{-6}。由于 *HO* 基因的存在使酵母菌群基因型发生变化。一个只有一种接合型的酵母群体，无论起始的接合型是什么，在少数几代后，该群体即有大量的两种接合型的细胞，从而导致 *MATa/MATα* 二倍体的形成并成为该群体的主体，这就是酵母生活史中所谓的同宗配合。接合型转换的存在表明所有的细胞都含有成为 *MATa* 或 *MATα* 所需要的信息，但只有一种类型获得表达。

　　为什么会出现接合型的转变呢？这还得从酵母的接合型基因结构谈起。接合型基因 *MAT* 位于酵母细胞的第Ⅲ染色体上，在 *MAT* 基因的两侧有两个沉默基因座位 *HMLα* 和 *HMRa*，它们与 *MAT* 位于同一染色体上，与 *MAT* 的距离分别是 180kb 和 150kb（图 8-18）。HML 和 HMR 含有与 MAT 相同的交配型基因，但只有 MAT 座位的基因才组成型表达，而 *HMLα* 和 *HMRa* 不表达。

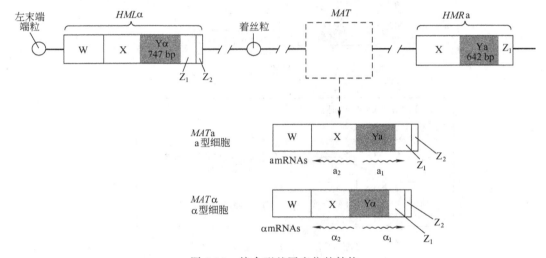

图 8-18　接合型基因座位的结构

　　将两个沉默基因座位（*HMLα* 和 *HMRα*）与两个活跃基因座位（*MATα* 和 *MATa*）的序列进行比较分析，结果表明 *HMLα*、*MATα* 和 *MATa* 均由 W、X、Y、Z_1、Z_2 五部分组成，而 *HMRα* 由 X、Y、Z 三部分组成（表 8-6）。*MATα* 和 *MATa* 除在 Y 区不同外，在 Y 区两侧的 W、X 和 Z 区都相同。Ya 的长度为 642bp，是 *MATa* 的特异性序列；Yα 的长度为 747bp，是 *MATα* 的特异性序列。*HMLα* 的序列与 *MATα* 完全相同，*HMRα* 与 *MATa* 的序列也相同，只是缺少 W 和 Z_2 区。

　　MATα 编码 α1 和 α2 两种调节蛋白，这两种蛋白的转录起始位点都是位于 Yα 区，但转录方向相反。推测 α1 蛋白由 175 个氨基酸组成，α2 蛋白由 210 个氨基酸组成。*MATa* 也编码 a1 和 a2 两种蛋白，转录起始位点位于 Ya 区，转录方向相反。a1 蛋白是一种调节蛋白，由 148 个氨基酸组成，在细胞的接合和产孢中起作用；a2 是一种短肽（26 个氨基酸），与细胞的接合无关，其作用还不清楚。这 4 种蛋白：a1、a2、α1 及 α2 之间无同源性。

表 8-6　酵母中四种与接合型相关盒序列的组成及长度

单位：bp

盒	W	X	Y	Z_1	Z_2	总长
HMLα	723	704	747	239	88	2501
MATα	723	704	747	239	88	2501
MATα	723	704	642	239	88	2369
HMRα		704	642	239		1585

上面已经讲过，活跃基因座位和沉默基因座位都含有 Y 区，但只有活跃基因座位能转录和表达，而沉默基因座位不能转录和表达。这就意味着沉默基因座位的表达调节不是直接依赖于识别启动子位点来完成的。通过缺失突变分析表明，在两个沉默基因座位 *HML* 和 *HMR* 的两侧各有抑制表达的沉默子（silencer），位于 *HML* 上游和下游的沉默子分别称为 E_L 和 I_L，位于 *HMR* 上游和下游的沉默子分别称为 E_R 和 I_R。沉默子对基因的表达起负调控作用，即抑制基因的表达。其中对 E 位点的研究较为深入，SIR1、SIR2、SIR3、SIR4 这几种蛋白通过与 E 位点的相互作用而抑制基因的转录。E 的行为类似于负增强子（negative enhancer），可在离启动子 2.5kb 远距离行使功能，且无方向性。而活跃座位上无 E 位点和 I 位点。E_L 与 *HML* 中接合型基因启动子的距离是 1.7kb，E_R 与 *HMR* 的接合型基因启动子的距离是 0.9kb；I_L 与 *HML* 中接合型基因启动子的距离和 I_R 与 *HMR* 的接合型基因启动子的距离都是 1.0kb（图 8-19）。

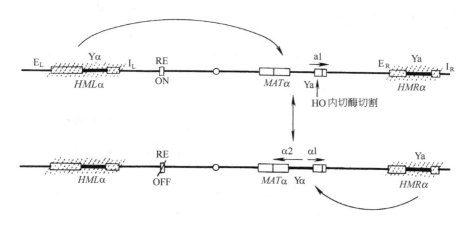

图 8-19　接合型基因的转换方式

HMR 的 E 位点和 I 位点的长度为分别 260bp 和 85bp。4 个 SIR 蛋白（silent information regulation）通过与 E 序列和 I 序列的相互作用，改变染色质结构，从而抑制基因的转录。E 是抑制 *HML* 和 *HMR* 交配型基因转录所必需的，如果 E 位点被消除，则 *HML* 和 *HMR* 中的交配型基因能转录出具有活性的 mRNA 产物。I 位点在对抑制 *HML* 和 *HMR* 交配型基因的转录中也起重要作用，如果 I 位点被缺失，则 *HML* 和 *HMR* 交配型基因会部分表达。除 E 和 I 这两个位点外，其他基因如 *sir*1～4 的产物也是抑制 *HML* 和 *HMR* 交配型基因转录所必需的，如果 4 个 *sir* 基因中的任何一个发生突变，都会引起 *HML* 和 *HMR* 的转录。

接合型的转换具有方向性，$MAT\alpha$ 总是与 $HML\alpha$ 进行重组，而 $MAT\alpha$ 与 $HMR\alpha$ 进行重组。研究表明，对供体的选择性并不是由沉默座位中的 Ya 或 Yα 序列决定的，而是通过重组增强子 RE 调控的，有关内容在这里不再介绍。

2. 接合型转换机理

接合型的转换说明发生了基因转变，这种转换是由于受体位点 MAT 的 Yα 或 Ya 被位于同一染色体上的 $HMR\alpha$ 中的 Ya 或 $HML\alpha$ 中的 Yα 序列所取代而完成的。位于左侧的 $HML\alpha$，是细胞由 a 型转变为 α 型所必需的；位于右侧的 $HMR\alpha$ 是细胞由 α 型转变为 a 型所必需的。这种基因转换是由 HO 内切酶所引发的。HO 内切酶只对 MAT 的 Y 区右侧的 Y-Z 交界处进行识别和切割，产生双链断裂，由此产生出一个 4 个碱基的单链末端（图 8-20）。通常 HO 内切酶在整个酵母基因组中只有一个切割位点，即 MAT 基因座位，而 HML 和 HMR 不是内切酶的作用位点。HO 内切酶引起的双链断裂，激发了 MAT 序列的转换过程，这种转换实际上是一种重组过程。

```
Y 区
TTTCAGCTTTC|CGCAACAGTATA
AAAGTCGAAAG|GCGTTGTCATAT


                              HO内切酶
TTTCAGCTTTC|CGCAACA          GTATA
AAAGTCGAAAG|GCG             TTGTCATAT
```

图 8-20　HO 内切酶在 Y 区的右侧交错切割

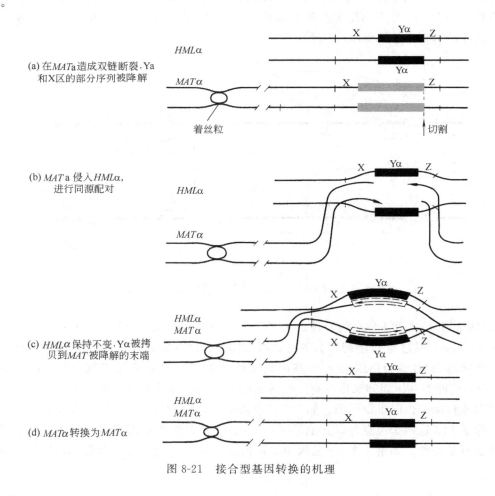

(a) 在 MATa 造成双链断裂，Ya 和 X 区的部分序列被降解

(b) MATa 侵入 $HML\alpha$，进行同源配对

(c) $HML\alpha$ 保持不变，Yα 被拷贝到 MAT 被降解的末端

(d) $MAT\alpha$ 转换为 $MAT\alpha$

图 8-21　接合型基因转换的机理

图 8-21 显示的是接合型基因转换的模型，该模型认为在 HO 内切酶的作用下，Y-Z₁ 交界处的双链断裂后，Y 区域就被降解（哪种酶降解这一区域还不清楚），一直进行到 Yₐ 和 Yα 都相同的部分或一直到 X 区域。这样 *MAT* 部分的 2 个游离的 3′ 末端就先后侵入供体座位（沉默座位）的同源部分并与其中的互补链配对。再以供体 DNA 为模板复制 Y 区域，形成 Holliday 连接体，然后通过拆分，产生新的 *MAT* 座位，而供体座位的序列保持不变。

为了更深入的了解接合型基因转换机制，科学家曾用 PCR 方法对基因转换过程进行检测，发现整个转变过程需要 1h。图 8-22 是 *MAT*a 转换成 *MAT*α 的过程，由于 Yₐ 序列中有 *Sty* I 酶切位点，而 Yα 序列中无此位点，因此可以用该酶切位点来检测基因型的转换。以供体 Yα 特异序列作为引物 1（P1），受体中离 Yₐ 较远的序列作为引物 2（P2），对基因型转换进行检测。HO 切割反应开始时，a 细胞中没有 PCR 产物，经过约 30min 后，开始出现 PCR 产物，说明细胞内正在进行由 *MAT*α→*MAT*α 的基因型转换。从 HO 切割后，到出现 *MAT*α 需要 1h，表明在这一过程中有很多缓慢的反应步骤。转换过程需要很多重组蛋白以及参与 DNA 复制的蛋白，如单链结合蛋白和 DNA 多聚酶。在转换过程中，还可以检测到高分子量的 DNA 酶切片段。从上面的研究可总结出，接合型基因转换是一种双链断裂引起的同源重组过程。HO 内切酶造成双链断裂后，HO-切割末端的 DNA 链沿 5′→3′ 方向降解，结果形成 3′-末端突出的单链 DNA。然后，3′-末端突出的单链 DNA 侵入供体 Yα 区，进行复制和同源重组。有关双链断裂同源重组模型见本书中的遗传重组一章。

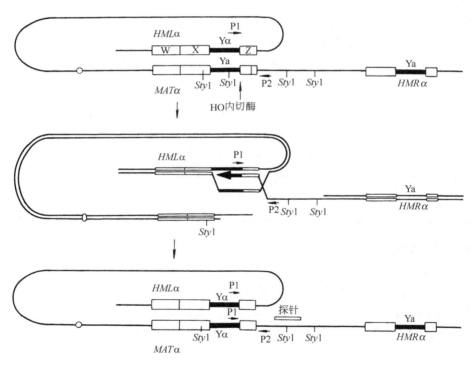

图 8-22　接合型基因转换

转换是由 *HO* 基因引发的，而 *HO* 基因本身以一种十分有趣的方式被调控，*HO* 基因的转录受几种调控影响。① *HO* 的转录受接合型基因的调控，它不在 *MAT*a/*MAT*α 二倍体细胞内合成。② *HO* 在亲代细胞里而不是子代细胞被转录。③ *HO* 的转录也与细胞周期相关，该基因只在亲代细胞 G1 期末表达。

第六节
酵母菌的载体系统

酵母菌的载体种类很多，根据其功能可分为三大类：克隆载体、表达载体及分泌载体。通过醋酸锂方法很容易将外源质粒导入到酿酒酵母细胞中。当然，电转化方法也是一种非常有效的转化方法。

一、克隆载体

克隆载体用于基因克隆，依据酵母菌质粒载体的构成和复制方式，而分为整合型载体（integrative plasmid vector，YIp）、附加体载体（episomal plasmid vector，YEp）、复制型载体（replicative plasmid vector，YRp）、着丝粒载体（centromere plasmid vector，YCp）（表 8-7）和酵母人工染色体（yeast artificial chromosome，YAC）五类。

表 8-7　酿酒酵母克隆载体的特性

克隆载体	存在形式	自主复制区来源	选择标记	转化频率	质粒稳定性（丢失）	
					有丝分裂	减数分裂 15～20 代
YIp (YIp5)	整合型 1～几个拷贝	无	$URA3$, Amp^r, Tet^r	$<10^{-6}$	$0\sim1\%$	$<1\%$
YEp (YEp13)	ARS 多拷贝（50～100）	$2\mu m$	$leu2$, Amp^r, Tet^r	$>10^{-3}\sim10^{-4}$	$10\%\sim25\%$	
YRp (YRp7)	ARS 多拷贝（30±）	染色体	$trp1$, Amp^r, Tet^r	$>10^{-3}\sim10^{-4}$	$>30\%$	
YCp (YCp19)	CEN 单拷贝或几个拷贝	ARS, CEN	$trp1$, $URA3$, Amp^r	$>10^{-3}\sim10^{-4}$	$<3\%$	3%

1. 酵母整合型载体（YIp）

这类载体只含有大肠杆菌的复制起点，不能在酵母菌中自主复制。但可以与酵母染色体进行同源重组，以低频率整合到酵母细胞染色体上。整合位点数取决于载体中的互补基因序列数。通常以单拷贝存在，少数发生多位点整合。大部分 YIp 质粒含酵母菌选择标记（如HIS3、LEU2、URA3 等）。这种质粒的转化子很稳定，可在无选择条件下培养很多代而不丢失，但其转化率很低（图 8-23）。

2. 酵母附加体质粒载体（YEp）

这类载体属于自主复制型质粒，除含有酿酒酵母 $2\mu m$ 质粒的复制起点（$2\mu m$ ori）和酵母选择标记如 URA3（尿嘧啶）外，还含有细菌的复制起点（ori）和抗性选择标记基因（如 Amp^r）。YEp 载体的拷贝数多（50～100）、稳定性好，是酵母遗传工程中应用最广泛的载体系统，常用于酵母菌中的一般基因克隆和基因表达的研究（图 8-23）。

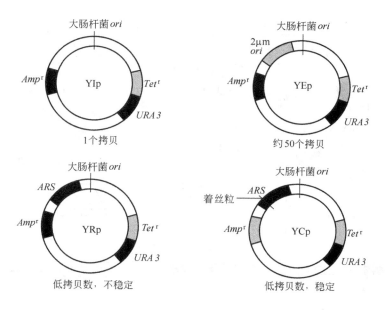

图 8-23　酵母载体图

3. 酵母菌复制载体（YRp）

YRp 含有酵母自主复制序列（ARS），可作为染色体外因子复制并保留下来。这类载体转化率高，拷贝数也高，但在减数分裂和有丝分裂中不稳定而使群体内的拷贝数变化很大（图 8-23）。

4. 酵母着丝粒载体（YCp）

这类载体除含酵母自主复制序列（ARS）外，还含有酵母染色体的着丝粒（CEN），因此能在染色体外自我复制。在细胞分裂时新复制的质粒均等分离，每一个细胞得到 1～3 个质粒，故拷贝数很低，但很稳定。由于 YCp 的高稳定性和低拷贝数，因此这类质粒适合做亚克隆载体和构建酵母基因组 DNA 文库，还可用于检测有丝分裂中染色体倍性变化和分析鉴定酵母基因突变等研究（图 8-23）。

5. 酵母的人工染色体（YAC）

YAC（yeast artificial chromosome）是人工构建的具有酵母染色体功能的人工染色体载体。1983 年 Murray 等人将酵母的着丝粒、自主复制序列及一些标记基因与四膜虫大核 rDNA 末端的端粒连接在一起，共同构成了长度为 55kb 的酵母人工染色体。1987 年，美国华盛顿大学的 Burke 等人构建了能克隆大片段的酵母人工染色体，这是真正意义上的第一代 YAC 载体系统。目前已根据不同用途构建了一系列 YAC 载体，其各成员间的主要差别是克隆位点不同。YAC 可以以环形形式在大肠杆菌中繁殖，在转化酵母后变成微型染色体，并稳定地保留下来。YAC 可将其他高等生物的染色体 DNA 大片段（50～2000kb）导入酵母菌并进行遗传操作，已成为构建高等生物基因组文库的首选载体，并且在动植物及其人类基因组的研究中发挥了巨大作用。

Burke 等人构建的 YAC 载体是以质粒 pBR322 为骨架，加入几个酵母染色体所必需的 DNA 片段而构建的（图 8-24）。载体 pYAC4 上的基本功能单位有下面几个。①CEN4 是酵母第四染色体着丝粒顺序。②ARS1 是酵母第四染色体自主复制序列。③TEL 是从四膜虫

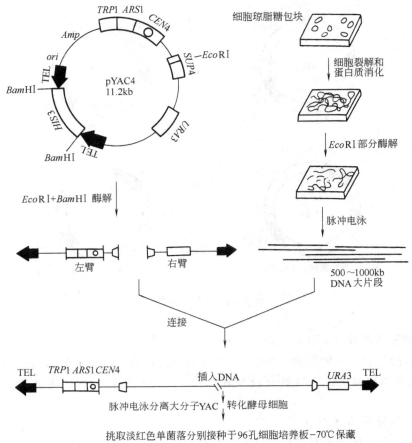

图 8-24　酵母人工染色体（YAC）

巨核核糖体 DNA(rDNA) 分子末端分离得到的顺序，它本身不是端粒顺序，但它可以作为一种"端粒接种顺序"以很高的频率形成有功能的端粒。④SUP4 是酵母 Trp-tRNA 基因的一个赭石突变校正基因，其中有多克隆位点，在发生 ade-2 赭石突变的宿主细胞中，如果没有外源基因插入，则突变基因表达受抑制，受体菌为 Ade$^+$，形成白色菌落；当外源 DNA 插入时，则 SUP4 表达被阻断，受体菌为 Ade$^-$，菌落为红色，从而便于重组子的筛选。⑤TRP1 和 URA3 分别是酵母色氨酸和尿嘧啶营养缺陷型 trp1 和 ura3 的野生型等位基因，在相应的营养缺陷型酵母宿主细胞中可作为选择标记，它们分别形成 YAC 的左臂和右臂。⑥ori 和Amp^r 是来源于 pBR322 的复制起点和氨苄青霉素抗性基因，可使 YAC 载体在大肠杆菌中存在和复制，便于制备载体 DNA。⑦HIS3 基因来源于酵母菌，在形成 YAC 克隆的过程中，可经 BamH I 酶切除去。将上述各种功能单位组装于 pBR322 的合适位点上，即构成了 pYAC4。

　　用 BamH I 酶切去除载体 pYAC4 上的 HIS3 顺序，再用 EcoR I 切开克隆位点，形成YAC 的左、右两臂。在制备待克隆的 DNA 时，需将细胞包埋在琼脂糖凝胶中进行细胞的裂解、蛋白质消化和 EcoR I 酶切。酶切片段通过脉冲电泳（PFGE）分离，可制备 100～1000kb 的 DNA 片段。将经 PFGE 分离的大片段 DNA 与 YAC 的左、右两臂用连接酶连接，转化酵母细胞即构成 YAC 克隆。在酵母细胞中，YAC 可以以线性分子的形式稳定地复制与扩增。将待研究的总 DNA 的所有 *Eco*R I 酶切片段在体外构建 YAC 并转化到酵母细胞中，则可构建总 DNA 的 YAC 分子克隆文库。由于 YAC 上带有 *ori* 序列，因此也可将 YAC 进一步亚克隆进行序列分析。

二、酵母菌的表达载体（YXp）

酵母的表达载体包括酵母菌的强启动子、多克隆位点、终止子。外源结构基因插入多克隆位点的适当酶切位点，在强启动子的调节下，外源基因就可进行高效表达。酵母的启动子至少含有 3 个成分：上游激活序列（UAS）、TATA 序列和起始密码子。酵母启动子分两大类：第一类是来自编码解糖酶基因的解糖启动子，如 ADHI、PGK、GAP、ENOI 等，这些启动子能在酵母菌中高水平组成型表达；第二类是强调节启动子，其中 GAL1、GAL7 和 GAL10 是半乳糖调节启动子。

三、酵母菌的分泌载体（YSp）

分泌载体是一种将基因产物分泌到胞外的一类载体。酵母菌的分泌载体除必须含有表达载体的启动子和终止子外，还需要在表达载体的起始密码子（ATG）的上游有分泌信号序列。经常选用相同基因的启动子和分泌信号。最常用的是 *MF*α 的信号序列。此外，酵母还能利用某些外源蛋白自身的信号序列，例如 *E. coli* 的 β-内酰胺酶，人 α-和 β-干扰素等，但表达水平和分泌水平都很低。

第七节
酵母双杂交系统 •

酵母双杂交系统（yeast two—hybrid system）是在酵母体内研究蛋白质-蛋白质相互作用的一种方法。自从 Fields 和 Song 于 1989 年建立酵母双杂交系统以来，这种方法已广泛应用到植物、动物及微生物方面的研究中。

一、酵母双杂交系统原理

酵母双杂交系统的建立与发展基于对真核生物转录调控系统的认识。在酿酒酵母中，*gal* 基因产物参与半乳糖的代谢，负责从半乳糖的运输到 6-磷酸葡萄糖的转化等一系列复杂的过程。*gal4* 基因编码的 GAL4 是酵母半乳糖代谢酶基因（*gal*）转录必需的转录激活蛋白质。GAL4 是一个含 881 个氨基酸的蛋白质，包含两个可分割的、功能相互独立的结构域：位于 N-端 1～174 氨基酸区段的 DNA 结合结构域（DNA binding domain，DNA-BD）和位于 C-端 768～881 氨基酸区段的转录激活结构域（activation domain，DNA-AD）。DNA-BD 能够识别和结合到启动子的上游激活序列（upstream activating sequence，UAS）；DNA-AD 是通过同 RNA 聚合酶相互作用，启动 UAS 下游的基因进行转录［图 8-25（a）］。这两个结构域分开时仍各具有功能，但不能激活转录，只有当被分开的两者通过适当的途径在空间上较为接近时，才能重新呈现完整的转录因子活性［图 8-25（b）］。

基于上述 GAL4 的作用原理，Fields 等人于 1989 年设计了一个检测蛋白质间相互作用的系统，即酵母双杂交系统。在酵母双杂交系统中，将两个待测蛋白 X 和蛋白 Y 分别与 DNA-BD 结构域和 DNA-AD 结构域融合，形成的融合蛋白分别称为"bait"（诱饵）蛋白和"prey"（猎物）蛋白。如果蛋白 X 和蛋白 Y 没有相互作用，虽然蛋白 DNA-BD 可结合到 *gal* 启动子 UAS，但蛋白 Y 的位置不准确，则不能激活 UAS 下游报告基因（reporter gene）的表达 [图 8-25（c）和（d）]。如果蛋白 X 和 Y 存在相互作用，那么融合蛋白上的 DNA-BD 和 DAN－AD 就能重新形成有活性的转录激活因子，从而激活 *gal* 启动子 UAS 下游基因的表达 [图 8-25（c）]，人为地将 *gal* 基因编码区替换为报告基因，从而通过检测报告基因的表达，来筛选这两个待测蛋白是否存在相互作用。

用酵母双杂交系统研究两个蛋白质之间的相互作用时，首先将 X 蛋白和 Y 蛋白的基因分别克隆到 AD 和 BD 两个质粒载体中，构建两个重组质粒，然后将两个重组质粒共同导入酵母细胞中，从而实现在同一个酵母细胞中同时表达两个融合蛋白（图 8-26）。因此完整的酵母双杂交系统由三个部分组成：AD 载体、BD 载体和带有报告基因的酵母菌株。

二、酵母双杂交系统的组成和特点

这里以 James 等（1996 年）构建的酵母双杂交系统为代表，介绍酵母双杂交系统的组成和筛选原理。该系统由三部分组成：酿酒酵母 PJ69-4A、载体 pGAD-C（X）和 pGBD-C（X）。

1. 载体

该系统中有载体 pGAD-C（X）和 pGBD-C（X），它们分别有三个不同的系列质粒。pGAD-C（X）载体是一个穿梭载体，长度为 6665 bp，携带能在大肠杆菌中复制的复制起点 *ori* 和在酵母中复制的 2μ 质粒复

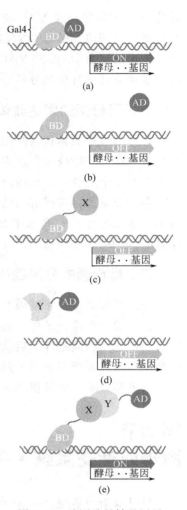

图 8-25　酿酒酵母转录因子
GAL4 结构及功能示意图

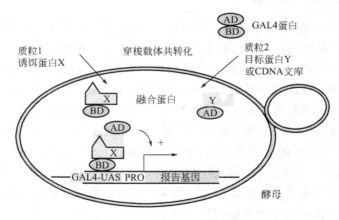

图 8-26　酵母双杂交系统原理示意图

制起点（2μ），带有氨苄青霉素抗性（Amp）和亮氨酸基因（LEU）；AD 结构域与多克隆位点相连。与 pGAD-C（X）载体类似，pGBD-C（X）载体也是一个穿梭载体，长度为 5895 bp，带有氨苄青霉素抗性（Amp）和色氨酸基因（TRP）；BD 结构域与多克隆位点相连。AD 和 BD 的启动子 p 都为 adh1 启动子，t 为 adh1 终止子。

pGAD-C（X）载体包括 pGAD-C1、pGAD-C2 及 pGAD-C3。在这三个系列载体中，EcoRⅠ酶切后产生同一种阅读框架；三个载体在 EcoRⅠ位点和 BamHⅠ位点之间，依次增加 1 个碱基，因此在 BamHⅠ及其以后的多克隆位点上进行酶切后形成三种不同的阅读框架，这样使得外源基因能以正确的阅读框架插入到多克隆位点后，与 AD 结构域或 BD 结构域形成正确的融合蛋白（图 8-27）。pGBD-C（X）载体与 pGAD-C（X）载体在多克隆位点的结构类似。

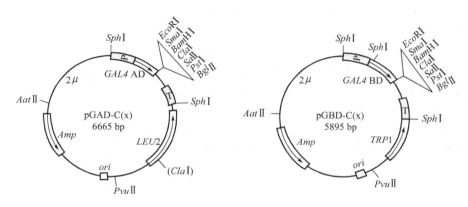

图 8-27   酵母双杂交系统的表达载体及其多克隆位点的碱基序列（James，et al，1996）

2. 酵母 PJ69-4A 菌株的特点

酵母 PJ69-4A 菌株有 3 个报告基因 his3、ade2 及 lacZ，这 3 个报告基因分别由诱导性启动子 gal1p、gal2p 和 gal7p 所控制（图 8-28），并已经去除相应转录因子的编码基因，因此本身无报告基因转录活性。这些启动子都受完整 GAL4 蛋白的诱导后可以高效表达。另外，该菌中的 gal4 基因被缺失，这样报告基因的表达完全依赖于表达载体所提供的 GAL4 AD 结构域和 BD 结构域在空间上的互相靠近。

酵母 PJ69-4A 在丰富培养基（YPD）上的菌落为红色，在缺失了 Leu（亮氨酸）、Trp（色氨酸）或 Ade（腺嘌呤）的选择性培养基（SC）均无法生长，在 SC/-His 平板上微弱生长，属于组氨酸渗漏表达，而 1mmol/L 的 1，2，4-三氨基三唑可抑制组氨酸渗漏现象。YPD 培养基每升含 20g 胰蛋白胨，10g 酵母提取物，20g 葡萄糖。SC 培养基（synthetic complete medium）每升含 6.7g 酵母基本氮源、20g 葡萄糖，另外加入氨基酸贮液。

3. 两个蛋白质相互作用的检测

将两个外源蛋白基因（其中一个也可以是基因文库）分别构建到 pGAD-C（X）和 pG-

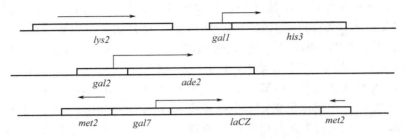

图 8-28　酿酒酵母 PJ69-4A 中报告基因的结构（James，et al，1996）

BD-C（X）载体上，然后共转化酵母 PJ69-4A，通过 Ade⁻、His⁻ 缺陷型培养基或含 X-gal 的培养平板，筛选阳性菌落即可检测已知蛋白质之间的相互作用，以及从基因组文库中筛选与已知蛋白质有相互作用的未知蛋白质的编码序列。

图 8-29 是将两个已知蛋白质基因或一个已知蛋白质基因与基因文库共转化酵母 PJ69-4A 菌株后，酵母细胞在 SD/-Trp-Leu-His-Ade 平板上的生长情况和 β-半乳糖苷酶活性。该研究的目的是明确酵母细胞内 SIP1 与 SNF1 蛋白是否有相互作用和以 PTP2 做诱饵筛从酵母基因文库中筛选与它有相互作用的基因。这三种蛋白质：SIP1、SNF1 及 PTP2 都是来自酿酒酵母。SIP1 蛋白与保护酵母细胞内 DNA 损伤有关；SNF1 蛋白是一种激酶，与酵母葡萄糖代谢有关；PTP2 是一种蛋白质酪氨酸磷酸酶。同时，以 pGAD-C1 和 pGBD-C1 空载体作负对照，以携带野生型 gal4 基因的 pCL1 质粒作正对照。从图 8-29 可看出，携带 pGAD-C1 和 pGBD-C1 空载体的酵母细胞在选择性培养基平板上不能生长；携带野生型 gal4 基因（pCL1 质粒）的酵母细胞能很好地生长，而且 β-半乳糖苷酶活性也很高；SIP1 蛋白与 SNF1 蛋白有相互作用；以 PTP2 作为诱饵筛从酵母基因文库中筛选到 2 个与它有相互作用的基因。

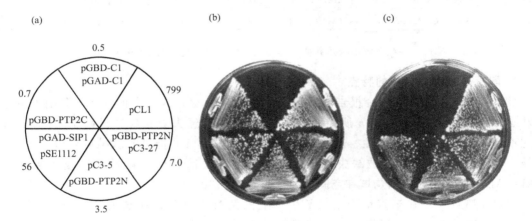

图 8-29　含有不同质粒组合的酵母转化子在 SD 平板上的生长情况（James，et al，1996）
（a）供试不同质粒的组合示意图，圈外的数字表示的是 β-半乳糖苷酶活性；（b）不同质粒组合在 SC-Trp-Leu-His＋1mmol/L 1,2,4-三唑基三唑培养基上的生长情况；（c）不同质粒组合在 SC-Trp-Leu-Ade 培养基上的生长情况。pGBD-C1＋pGAD-C1 是两个空载体；pCL1 表达的是野生型 Gal4 蛋白；pGAD-SIP1 表达的是 Gal4 AD 结构域与 SIP1 蛋白的融合蛋白；pSE1112 表达的是 Gal4 BD 结构域与 SNF1 蛋白的融合蛋白；pGBD-PTP2N 和 pGBD-PTP2C 分别表达的是 BD 结构域与 PTP2（蛋白质酪氨酸磷酸酶）的 N-端和 C-端融合蛋白；pC3-27 和 pC3-5 是分别构建到 AD 载体和 BD 载体上的基因文库

三、酵母双杂交系统的应用

酵母双杂交系统主要用在两个方面：①研究两个蛋白质之间的相互作用；②筛选与已知蛋白质有相互作用的新基因。

1. 利用酵母双杂交研究两个已知蛋白质之间的相互作用

将一个蛋白质基因构建到 AD 载体，将另一蛋白质基因构建到 BD 载体，然后共转化到酵母细胞中。通过对报告基因表达与否及表达强度的鉴定，即可研究已知蛋白质间的相互作用。还可用来研究蛋白质二聚体的形成、确定蛋白质相互作用的结构域或重要活性位点等。国内外曾用酵母双杂交研究证明：肺炎克氏杆菌中的固氮基因转录激活蛋白 NifA 与负调节蛋白 NifL 存在直接相互作用，用免疫沉淀和柱色谱法也证明 NifL 与 NifA 有直接相互作用。

2. 利用酵母双杂交发现新的蛋白质和蛋白质的新功能

酵母双杂交技术已经成为发现新基因的主要途径。用已知基因编码的蛋白质作为诱饵，在选定的 DNA 文库或 cDNA 文库中筛选与诱饵蛋白相互作用的蛋白质。操作时，将已知基因构建到 BD 载体，将 DNA 文库或 cDNA 文库构建到 AD 载体，然后共转化到酵母细胞，通过报告基因从 DNA 文库或 cDNA 文库中筛选与诱饵蛋白相互作用的阳性酵母菌株。再从筛选到的阳性酵母菌株中可以分离得到 AD-Library 载体，并从载体中进一步克隆得到随机插入的 DNA 片段或 cDNA 片段，并对该片段进行序列分析和同源性比较，研究与已知基因在生物学功能上的联系。

主要参考文献

[1] 张玉静. 分子遗传学. 北京：科学出版社，2000.

[2] 王亚馥，戴灼华. 遗传学. 北京：高等教育出版社，1999.

[3] 孙乃恩，孙东旭，朱德熙. 分子遗传学. 南京：南京大学出版社，1990.

[4] 徐晋麟，徐沁，陈淳. 现代遗传学原理. 北京：科学出版社，2001.

[5] 童克中. 基因及其表达. 北京：科学出版社，2001.

[6] 沈珝琲，方福德. 真核基因表达调控. 修订版. 北京：高等教育出版社，1997.

[7] 周俊初. 微生物遗传学. 北京：中国农业出版社，1994.

[8] 沈萍. 微生物遗传学. 武汉：武汉大学出版社，1994.

[9] 张博润，何秀萍，陈玉梅. 酵母菌的载体系统研究进展. 微生物学通报，1998，25 (1)：42-25.

[10] 郭春沅. 酵母人工染色体克隆. 生物学通报，1998，33 (4)：19-21.

[11] Forsburg S. The best yeast. Trends in Genetics，1999，15 (9)：340-343.

[12] Xu J R. MAP Kinases in Fungal Pathogens. Fungal Genetics and Biology，2000，31：137-152.

[13] Singh A，Chen E Y，Lugovoy J M，et al. *Saccharomyces cerevisiae* contains two discrete genes coding for the α-factor pheromone. Nucleic Acids Research，1983，11 (12)：4049-4063.

[14] Julius D，Schekman R，Thormer J. Glycosylation and processing of prepro-a-factor through the yeast secretory pathway. Cell，1984，36：309-318.

[15] Staben C，Yanofsky C. *Neurospor crassa a* mating-type region. Proc Natl Acad Sci USA，1990，87：4917-4921.

[16] Gillian B，Yoder O C. Commentary proposed nomenclature for mating type genes of filamentous Ascomycetes. Fungal Genetics and Biology，2000，31：1-5.

[17] Haber J E. A locus control region regulates yeast recombination. Trends in Genetics，1998，14 (8)：317-321.

[18] Clyne R K，Kelly T J. Genetic analysis of an *ARS* element from the fission yeast *Schizosaccharomyces prombe*. The EMBO Journal，1995，14 (24)：6348-6357.

[19] Marahrens Y，Stillman B. A yeast chromosomal origin of DNA replication defined by multiple functional elements. Science，1992，255：817-823.

[20] Huberman J A，Zhu J，Davis L R，Newlon C S. Close association of a DNA replication origion and an ARS element on

chromosome Ⅲ of the yeast, *Saccharomyces cerevisae*. Nucleic Acids Research, 1988, 16 (14): 6373-6385.

[21] Rao H, Maranhrens Y, Stillman B. Functional conservation of multiple elements in yeast chromosomal replicators. Molecular and Cellular biology , 1994, 14 (11): 7643-7651.

[22] Theis J, Newlon C. Domain B of ARS307 contains two functional elements and contributes to chromosomal replication origin function. Molecular and Cellular Biology, 1994, 14 (11): 7652-7659.

[23] Zakian V A. Telomeres: Beginning to understand the end. Science, 1995, 270: 1601-1607.

[24] Shippen D E. Telomeres and telomerases . Current Opinion in Genetics and Development, 1993, 3: 759-763.

[25] Chan C S M, Tye B K. Organization of DNA sequences and replication origins at yeast telomeres. Cell, 1983, 33: 563-573.

[26] Caldwell G Y, Naider F, Becker J M. Fungal lipopeptide mating pheromones: a model system for the study of protein prenylation. Microbiological Reviews, 1995, 50 (3): 406-422.

[27] Jayaram M. Two-micrometer circle site-specific recombination: the minimal substrate and the possible role of flanking sequences. Proc Natl Acad Sci USA , 1985, 82: 5875-5879.

[28] Hartley J L, Donelson J E. Nucleotide sequence of the yeast plasmid. Nature, 1980, 286: 860-864.

[29] Storici F, Bruschi C V. Involvment of the inverted repeat of the yeast 2-micron plasmid in Fip site-specific and *RAD*52-dependent homologous recombination. Mol Gen Genet, 2000, 263: 81-89.

[30] Laten H M. Phylogenetic evidence for *Ty*1-*copia*-like endogenous retroviruses in plant genomes. Genetica, 1999, 107: 87-93.

[31] Newlon C S, Theis J. The structure and function of yeast ARS elements. Current Opinion in Genetics and Development, 1993, 3: 752-758.

[32] Clarke L. Centromeres: proteins, protein complexs, and repeated domains at centromeres of simple eukaryotes. Current Opinion in Genetics and Development, 1998, 8: 212-218.

[33] Paques F, Haber J E. Recombination induced by double-stand breaks in yeast. Microbiolo Mol Biol Rev, 1999, 63: 346-402.

[34] Sherman J M, Pillus L. An uncertain silence. Trends in Genetics, 1997, 13 (8): 308-313.

[35] Haber J E. A locus control region regulates yeast recombination. Trends in Genetics, 1998, 14 (8): 317-321.

[36] Loo S, Rine J. Silencers and domains of generalized repression. Science, 1994, 264: 1768-1771.

[37] Brand A H, Breeden L, Abraham J, et al. Characterization of a "silencer" in yeast: A DNA sequence with properties opposite to those of a transcriptional enhancer. Cell, 1985, 41: 41-48.

[38] Mcnally F J, Rine J. A synthetic silencer mediates SIR-dependent functions in Saccharomyces cerevisiae. Molecular and Cellular Biology, 1991, 11 (11): 5648-5659.

[39] Fields S, Song O. A Novel genetic system to detect protein-protein interactions. Nature, 1989, 340: 245-246.

[40] James P, Halladay J, Craig E A. Genomic libraries and a host strain designed for highly efficient two-hybrid selection in yeast. Genetics, 1996, 144: 1425-1436.

[41] Brent R. Understanding gene and allele function with two-hybrid methods. Annu Rev Genet, 1997, 31: 663-704.

[42] Housni H E, Vandenbroere I, Perez-Morga D, Christophe D, Pirson I. A rare case of false positive in a yeast two-hybrid screening: the selection of rearranged bait constructs that produce a functional gal4 activity. Anal Biochem, 1998, 262: 94-96.

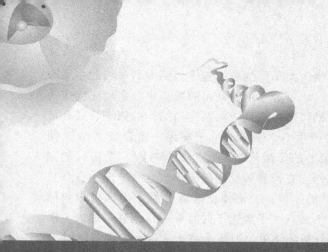

第九章
丝状真菌的遗传

真菌是在细胞结构和遗传体制上具有特殊性的真核微生物。一方面它们具有类似于高等动植物的细胞核和染色体结构，可进行有性生殖；另一方面又具有微生物的生长迅速、生活周期短、便于培养等优点。因此，丝状真菌，尤其是粗糙脉孢菌（*Neurospora crassa*）和构巢曲霉（*Aspergillus nidulans*）一直是研究真核生物遗传重组、基因结构和基因表达调节的模式系统。

真菌的有性生殖和准性生殖过程是真菌在自然界条件下进行遗传物质转移和重组的主要途径。早期丝状真菌遗传研究主要集中在有性生殖和准性生殖过程，并通过经典遗传分析对其进行研究。20 世纪 70 年代发展起来的原生质体融合技术为丝状真菌遗传物质的转移和重组提供了较方便和有效的手段，并使获得种间甚至属间杂种成为可能，所以被称为细胞水平上的遗传工程。随着重组 DNA 技术的不断发展，1979 年 Case 等在粗糙脉孢菌中建立了第一个丝状真菌的 DNA 转化系统，从此丝状真菌的遗传研究跨入了分子遗传学时代。现在在所有主要的丝状真菌中都建立了 DNA 转化系统，并已普遍用于基因分离和基因结构、基因表达调控等研究，科学家们正兴奋地期望用分子生物学方法解决丝状真菌中长期以来使人迷惑不解的各种生物学问题。本章主要介绍丝状真菌的经典遗传学分析和分子遗传学的主要研究进展。

第一节
粗糙脉孢菌（顺序排列四分体）的遗传分析

粗糙脉孢菌在有性生殖过程中，每个合子核减数分裂的全部产物不仅同处于一个子囊内，并且呈直线排列。我们将这样的以直线方式排列在同一个子囊内的四个减数分裂产物称为顺序排列四分体。

一、粗糙脉孢菌的生活史

粗糙脉孢菌是一种丝状真菌，其生殖方式包括无性生殖和有性生殖，并以无性生殖为主。

在无性生殖过程中，由菌丝体上的气生菌丝产生两类不同的分生孢子：一类是单核的小型分生孢子；另一类是多核的大型分生孢子。大型、小型分生孢子均可萌发长出新菌丝而完成无性世代的循环。而在氮源不足的培养基上，它们可产生相当于雌性生殖结构的原子囊果，可以进入有性生殖过程。单一粗糙脉孢菌菌株只产生不含子囊的原子囊果，接合型 A 或 a 菌株的分生孢子与接合型 a 或 A 菌株的原子囊果上的受精丝结合发生受精过程。受精后的细胞核通过受精丝进入产囊体，继而进入产囊菌丝。在产囊菌丝内首先形成含有不同接合型核的原始子囊细胞；两个细胞核融合产生一个二倍体核；二倍体核减数分裂产生四个单倍体核。每一单倍体核接着又进行一次有丝分裂，形成八个子囊孢子并且顺序排列在子囊内（图9-1）。由于子囊内的子囊孢子直接反映了减数分裂的结果，因而是用于遗传分析的好材料。

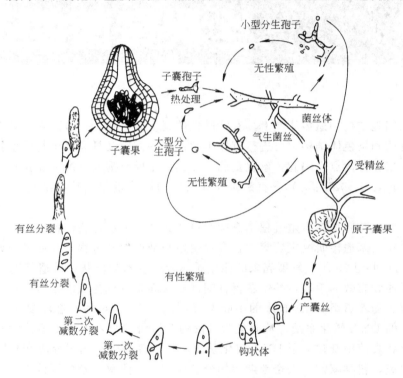

图 9-1　粗糙脉孢菌的生活史

二、粗糙脉孢菌有性杂交的四分体遗传分析

减数分裂的产物在一个子囊内形成顺序排列的四分体，是粗糙脉孢菌有性杂交的特点。对顺序排列的四分体可以进行如下的遗传分析：①判断第一次分裂分离和第二次分裂分离；②计算着丝粒距离；③计算重组频率。

1. 第一次分裂分离和第二次分裂分离

粗糙脉孢菌的特点是它的四分体呈顺序排列。例如，将 A 和 a 接合型的两个菌株的细胞接合以后，通过有性生殖可产生含有子囊的子囊果，每一个子囊中含有 8 个子囊孢子。将粗糙脉孢菌的一个子囊中的 8 个子囊孢子依次序分离培养，可以得到 8 个单孢子菌株。如果在这 8 个菌株的斜面上都放上属于接合型 a 的分生孢子，经过培养可以看到 4 个斜面上出现成熟的子囊果，4 个斜面上没有子囊果，说明 4 个菌株的接合型属于 A、4 个属于 a，并且

其排列顺序为 *AAAAaaaa*。为什么会出现这种现象呢？这可以用图 9-2 所示的模型加以解释。即 *A* 和 *a* 接合型分别受染色体上的接合型基因的控制，在减数分裂的第一次分裂中 *A* 和 *a* 基因发生分离，结果出现上述性状。如果决定接合型的物质与染色体无关，它就不会作这样有规律的分离。

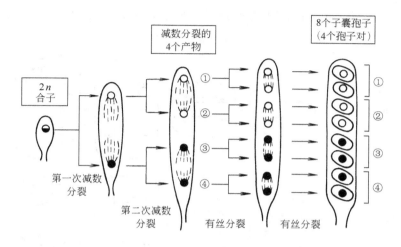

图 9-2　粗糙脉孢菌中接合型基因的分离及其染色体基础

粗糙脉孢菌的子囊孢子的排列方式除了上述情况外，还有另外 5 种排列方式，也就是说，其子囊孢子的排列共有下面 6 种方式：

$$
\begin{array}{cccccccc}
\text{I} & A & A & A & A & a & a & a & a \\
\text{II} & a & a & a & a & A & A & A & A \\
\text{III} & A & A & a & a & A & A & a & a \\
\text{IV} & a & a & A & A & a & a & A & A \\
\text{V} & A & A & a & a & a & a & A & A \\
\text{VI} & a & a & A & A & A & A & a & a \\
\end{array}
$$

这 6 种排列方式和它们进行减数分裂时的染色体行为特点有关。I 型和 II 型的出现，是由于在减数分裂过程中接合型基因座位（*A* 或 *a*）与着丝粒之间未发生染色体交换的缘故（图 9-3）。由于 *A* 和 *a* 基因在第一次分裂时就发生相互分离，所以称为第一次分裂分离（first division segregation）。相反，III 型、IV 型、V 型、VI 型的出现是由于 *A* 和 *a* 基因与着丝粒之间发生染色体交换所致（图 9-3）。由于 *A* 和 *a* 基因是在第二次分裂时才发生相互分离，所以称为第二次分裂分离（second division segregation）。

2. 着丝粒距离

根据前面的分析，粗糙脉孢菌中 8 个子囊孢子的排列方式可反映基因分离的方式以及基因与着丝粒之间是否有染色体交换发生。只有当有关基因和着丝粒之间发生了一次染色体交换时，才会产生第二次分裂分离的排列方式。

经典遗传学研究结果早已证明，染色体上两个位点之间的距离越远，则这两位点之间发生交换的频率也就越高。因此，就可以通过第二次分裂分离的子囊频率来计算某一基因和着丝粒之间的距离，称这种距离为着丝粒距离。因为每一个第二次分裂分离子囊中只有一半是重组的子囊孢子，另一半子囊孢子是非重组的，所以基因座位和着丝粒之间的距离应该是：

$$着丝粒距离=\frac{1/2\times第二次分裂分离子囊数}{总子囊数}\times100\ 图距单位$$

早在 1932 年，粗糙脉孢菌的接合型基因的着丝粒距离已经测定。所根据的数据见表 9-1。

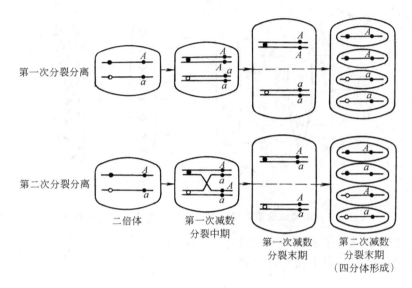

图 9-3　第一次分裂分离与第二次分裂分离的染色体基础

表 9-1　粗糙脉孢菌接合型基因子囊类型的测定数据

分裂分离	子囊类型	子囊数目
第一次分裂分离	AAAAaaaa	105
	aaaaAAAA	129
第二次分裂分离	AAaaAAaa	9
	aaAAaaAA	5
	AAaaaaAA	10
	aaAAAAaa	16

由以上公式计算接合型基因 A 或 a 与着丝粒之间的距离为：

$$着丝粒距离=\frac{1/2\times(9+5+10+16)}{105+129+9+5+10+16}\times100=7.3(图距单位)$$

3. 着丝粒距离和重组频率

前面讲的是一对基因的情况，那么两对基因的情况又如何呢？我们知道在经典遗传学中，动植物的两个基因之间的距离是用重组百分值表示的。当然已经证实在能进行减数分裂的微生物中，杂交子代中重组值也是基因之间的距离的可靠估计。那么两个基因之间的重组距离，必定是这两个基因的着丝粒距离之和（如果它们处在着丝粒的两侧）或差（如果它们处于着丝粒的一侧）。

如前所述，一对基因杂交时可产生 6 种不同的子囊类型，两对基因杂交就是 $6 \times 6 = 36$ 种不同的子囊类型。但由于半个子囊内的基因排列次序实际上可以忽略，例如在 $nic+ \times +ade$ 杂交中，产生的 $nic+$ 和 $+ade$ 或 $+ade$ 和 $nic+$ 形式的排列的子囊也包括了下面的三型子囊：

$$
\begin{array}{ccc}
nic+ & +ade & nic+ \\
+ade & nic+ & +ade \\
+ade & nic+ & nic+ \\
nic+ & +ade & +ade
\end{array}
$$

因为在半个子囊中，无论是 $nic+$ 在上面，$+ade$ 在下面；还是 $+ade$ 在上面，$nic+$ 在下面，只不过是着丝粒随机取向的结果，与染色体交换行为无关，可以不加考虑。因此，就可将 36 种不同的子囊类型归纳为 7 种基本子囊类型，7 种基本子囊类型的产生基础见表 9-2。另外，当不考虑孢子的排列而只考虑性状组合时，可将子囊归纳为 3 种四分体类型，即亲代双亲型（parental ditype，PD）、非亲代双亲型（non-parental ditype，NPD）和四型（tetratype，T）。通过上述归纳，可使两对基因的四分体分析简化。

表 9-2 3 种四分体类型的来源

交换类型	染色体图像	重组	四分体类型	子囊型
无交换		0	(PD) $+a, +a,$ $n+, n+$	①
四线双交换 (1—4)(2—3)		100%	(NPD) $++, ++,$ na, na	②
单交换 (1—4)		50%	(T) $++, +a,$ $n+, na$	③
二线双交换 (2—3) 着丝粒—基因—基因		50%	(T) $+a, na,$ $++, n+$	④
单交换 (2—3) 着丝粒—基因		0	(PD) $+a, n+,$ $+a, n+$	⑤
四线多交换 (1—4)(2—3)		100%	(NPD) $++, na,$ $++, na$	⑥
三线双交换 (1—3)(2—3) 着丝粒—基因—基因		50%	(T) $++, na,$ $+a, n+$	⑦

注：n 表示 nic；a 表示 ade。

下面，具体看一下粗糙脉孢菌中 $nic+ \times +ade$ 杂交情况，其杂交的子代子囊类型数据见表 9-3。

表 9-3 粗糙脉孢菌 _nic_＋×＋_ade_ 杂交子代的子囊类型

子囊类型	1 ＋ _ade_ ＋ _ade_ _nic_ ＋ _nic_ ＋	2 ＋ ＋ ＋ ＋ _nic ade_ _nic ade_	3 ＋ ＋ ＋ _ade_ _nic_ ＋ _nic ade_	4 ＋ _ade_ _nic ade_ ＋ ＋ _nic_ ＋	5 ＋ _ade_ _nic_ ＋ ＋ _ade_ _nic_ ＋	6 ＋ ＋ _nic ade_ ＋ ＋ _nic ade_	7 ＋ ＋ _nic ade_ ＋ _ade_ _nic_ ＋
分离时期	M1 M1	M1 M1	M1 M2	M2 M1	M2 M2	M2 M2	M2 M2
四分体类型	PD	NPD	T	T	PD	NPD	T
子囊数	808	1	90	5	90	1	5

现在比较一下由着丝粒距离测定的图距和由重组频率测定的图距。根据着丝粒距离计算公式，可以计算出 _nic_、_ade_ 与着丝粒的距离如下：

$$nic\ 与着丝粒距离=\frac{1/2\times第二次分裂分离子囊数}{总子囊数}\times100$$

$$=\frac{1/2\times(5+90+1+5)}{1000}\times100=5.05$$

$$ade\ 与着丝粒距离=\frac{1/2\times(90+90+1+5)}{1000}\times100=9.30$$

再根据四分体来计算 _nic_ 和 _ade_ 之间的重组频率，以便判断 _nic_ 和 _ade_ 与着丝粒的相对位置。依表 9-2 知每一个四分体中均会含有 4 条染色单体，由于每个 T 型四分体中含有 2 条重组染色单体，每个 NPD 型的四分体中含有 4 条重组染色单体，每个 PD 型四分体中不含重组染色单体，所以重组染色单体数目是 2T＋4NPD；染色单体的总数是 4(T＋PD＋NPD)，因此 _nic_ 和 _ade_ 基因间的重组频率可根据下列公式计算：

$$重组频率=\frac{重组染色单体数目}{染色单体总数目}\times100\%=\frac{2T+4NPD}{4(T+PD+NPD)}\times100\%$$

$$nic^- ade\ 重组率=\frac{1/2(90+5+5)+(1+1)}{1000}\times100\%=5.2\%$$

也就是说，_nic_ 和 _ade_ 之间的相对距离为 5.2。由于 _nic_ 和着丝粒的距离为 5.05，_ade_ 和着丝粒的距离为 9.3，因此可以判定 _nic_ 和 _ade_ 在染色体上的排列顺序和相对距离为：

```
_____。_____ nic _____ ade _____
                      5.05          5.2
              <———————————— 9.3 ————————————>
```

由上面结果可见，通过着丝粒距离计算得到的 _ade_ 与着丝粒距离为 9.3，而由重组频率测得的距离为 5.2＋5.05＝10.25。虽然两个数值相近，但并不相等。这是因为在着丝粒距离方法中，在求 _ade_ 与着丝粒之间的距离时，是将所有第二次分裂分离型的子囊数加起来再除以二倍的总子囊数。此处将少量的在着丝粒和 _ade_ 间发生双交换的子囊遗漏了，因此造成着丝粒与 _ade_ 的距离偏低。

三、粗糙脉孢菌有性杂交的随机孢子分析

随机孢子分析就是使所要研究的两个基因杂交，形成二倍体杂种，大量选择来自二倍体杂种孢子的菌落，用其重组频率来表示这两个基因间遗传距离的方法。在进行实验时，可先

收集大量的粗糙脉孢菌的子囊孢子，用三角瓶进行大量杂交，待孢子成熟后加水制成菌悬液。然后将该菌悬液涂布于培养基上，检查所形成的菌落。例如，使 A 接合型的亮氨酸缺陷株（遗传标记 $A\ leu^-met^+$）和 a 接合型的蛋氨酸缺陷株（遗传标记 $a\ leu^+met^-$）杂交，当不考虑 A、a 接合型时，预计可以形成 leu^-met^+、leu^+met^-、leu^+met^+、leu^-met^- 4 种子囊孢子，其中 leu^+met^+ 和 leu^-met^- 为重组型。在这两种重组型中，leu^+met^+ 可以在基本培养基上生长，而 leu^-met^- 只能在添加蛋氨酸和亮氨酸的基本培养基上生长。当然，这 4 种子囊孢子都可在完全培养基上生长。对于粗糙脉孢菌来说，leu^+met^+ 的数目和 leu^-met^- 的数目是基本相等的，所以 leu 和 met 间的重组率为：

$$leu^-met\ 重组率 = \frac{leu^+met^+ + leu^-met^-}{leu^-met^+ + leu^+met^- + leu^+met^+ + leu^-met^-} \times 100$$

$$= \frac{基本培养基上菌落数 \times 2}{完全培养基上菌落数} \times 100$$

利用上述方法测定了位于第 3 条染色体上 met-8 与 leu-1 的遗传距离。结果发现，leu^-met^+ 型子囊孢子有 758 个，leu^+met^- 型子囊孢子有 760 个，leu^+met^+ 型子囊孢子有 61 个，leu^-met^- 子囊孢子有 62 个，根据上述公式，可知 met-8 和 leu-1 的遗传距离为：

$$met\text{-}8\text{-}leu\text{-}1 = \frac{62+61}{760+758+61+62} \times 100 = \frac{123}{1\ 641} \times 100 = 7.5\ （图距单位）$$

总之，利用上述两种方法，还可以进行粗糙脉孢菌的连锁群分析。其原理是选取着丝粒距离很近的突变株，将每两个突变株进行杂交。如果一个基因的着丝粒距离是 X，另一个基因的着丝粒距离是 Y，那么这两个基因之间的距离或是 X－Y（它们处于着丝粒的一端），或是 X＋Y（它们处于着丝粒的两端）。由于 X 和 Y 的数值均很小，所以如果这两个基因位于同一染色体，那么杂交子代中重组频率最多不过 X＋Y；如果这两个基因位于不同的染色体上，那么杂交子代中重组频率应该是约 50%。用这些遗传分析法已经鉴定出粗糙脉孢菌有 7 个连锁群，并已对 7 个连锁群上的基因进行了定位。

第二节
构巢曲霉（非顺序排列四分体）的遗传分析 •————

在构巢曲霉（*Aspergillus nidulans*）中，一次减数分裂的全部产物虽然也同处于一个子囊内，但是其子囊孢子不像粗糙脉孢菌那样呈直线排列，而是无顺序的排列。我们将这种不是以直线方式排列在一个子囊内的四个减数分裂产物称为非顺序排列四分体。

一、构巢曲霉的生活史

构巢曲霉的有性生殖是通过同宗接合的方式进行的，其生活史见图 9-4。

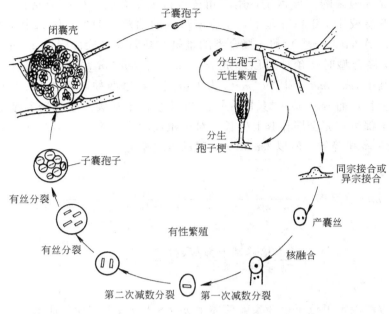

图 9-4 构巢曲霉的生活史

二、构巢曲霉有性杂交的遗传分析

构巢曲霉有性杂交产生的是非顺序排列的四分体。由于子囊孢子在非顺序排列的四分体中不是呈直线方式排列的，无法判断它们是属于第一次分裂分离还是第二次分裂分离，因此在粗糙脉孢菌中适用的通过第二次分裂分离子囊数来计算着丝粒距离的方法，在构巢曲霉有性杂交中不适用。但把四分体归纳为 PD、NPD 和 T 三种类型时，是以四分体中子囊孢子性状的组合方式划分的，没有考虑四分体中孢子的排列顺序。所以在构巢曲霉有性杂交中可采用四分体中 PD、NPD 和 T 的出现频率来进行遗传分析。另外，也可用随机孢子分析法来进行分析。Pontecorvo 等人将 *pab y BIO* 与 *PAB Y bio* 杂交，随机地挑取 2 个子囊果，来检查重组型的出现情况，其结果如表 9-4 所示。

表 9-4 *pab y BIO*×*PAB Y bio* 杂交结果

杂交	*pab*　　　*y*　　　*BIO* ─────────────── 　　　a　　　　b ─────────────── *PAB*　　　*Y*　　　*bio*			
基因型	Ⅰ	Ⅱ	总计	交换部位
pab y BIO	144	117	261	—
PAB Y bio	156	125	281	—
pab Y bio	42	20	62	a
PAB y BIO	39	24	63	a
pab y bio	11	5	16	b
PAB Y BIO	10	22	32	b
pab Y BIO	0	1	1	a，b
PAB y bio	2	3	5	a，b

注：Ⅰ和Ⅱ为所检测到的子囊果号；*pab* 为与对氨基苯甲酸代谢有关的基因；*y* 为黄色；*bio* 为生物素。

根据：

$$重组频率 = \frac{重组染色单体数目}{染色单体总数目} \times 100\% = \frac{2T+4NPD}{4(T+PD+NPD)} \times 100\%$$

由表 9-4 所示结果，计算如下：

$$pab\text{-}y \ 重组率 = \frac{62+63+1+5}{261+281+62+63+16+32+1+5} \times 100\% = 18.2\%$$

$$y\text{-}bio \ 重组率 = \frac{16+32+1+5}{261+281+62+63+16+32+1+5} \times 100\% = 7.5\%$$

$$pab\text{-}bio \ 重组率 = \frac{62+63+16+32}{261+281+62+63+16+32+1+5} \times 100\% = 24\%$$

因此，供试的三个基因在染色体上的排列为：

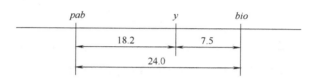

第三节
真菌的准性生殖

如前所述，真菌在进行有性循环时，通过减数分裂可产生重组体，是实现基因重组的一条重要途径。但是有很多真菌，特别是半知菌亚门的真菌，没有或很少发生有性生殖过程，却仍然表现出了较高频率的变异，这种变异就是通过另一条独立于有性生殖的基因重组途径，即准性生殖（parasexual cycle）途径发生的。

准性生殖是真菌的一种导致基因重组的过程，包括异核体的形成、二倍体的形成以及体细胞交换和单元化。

一、准性生殖的普遍性

在 20 世纪 50 年代初，科学家在对构巢曲霉的研究中，发现了准性生殖。后来，各国的研究者先后在 21 个属、40 个真菌中证实了准性生殖过程的发生（表 9-5）。

二、准性生殖的过程

准性生殖过程包括异核体的形成、体细胞二倍体的产生以及体细胞中染色体的交换和单元化。下面就这三个阶段分别进行讨论。

1. 异核体的形成

当带有不同遗传性状的两个单倍体细胞或菌丝相互融合时，会导致在一个细胞或菌丝中并存有两种或两种以上不同遗传型的细胞核，这样的细胞或菌丝就叫异核体。异核体的形成是进行准性生殖的第一步。

表 9-5　已知发生准性生殖的真菌

黏菌纲（*Acrasiomycetes*）	担子菌纲（*Basidiomycetes*）
Dicrystelium discoideum	黑粉菌属（*Ustilago*）（3 个种）
	柄锈菌属（*Puccinia*）（3 个种）
藻状菌纲（*Phycomycetes*）	亚麻珊锈菌（*Melampsora lini*）
布拉克须霉（*Phycomyces blakesleeanus*）	鬼伞属（*Coprinus*）（4 个种）
	裂褶菌（*Schizophyllum commune*）
子囊菌纲（*Ascomycetes*）	
曲霉属（*Aspergillus*）（9 个种）	半知菌纲（*Deuteromycetes*）
青霉属（*Penicillum*）（3 个种）	尖镰胞菌（*Fusarium oxysporum*）
酿酒酵母（*Saccharomyces cerevisiae*）	轮子孢属（*Verticillium*）（2 个种）
粟酒裂殖酵母（*Schizosaccharomyces pombe*）	头孢霉属（*Cephalosporium*）（2 个种）
禾旋孢腔菌（*Cochliobolus sativus*）	腐质霉（*Humicola sp.*）
小球腔菌（*Leptosphaeria maculans*）	不全壳二孢属（*Ascochyra immperfecta*）
柄孢壳菌（*Podospora anserina*）	稻瘟病菌（*Pyricularia oryzae*）
粗糙脉孢菌（*Neurospora crassa*）	

由于准性生殖首先是在构巢曲霉中发现的，所以下面以构巢曲霉为例来说明。

当把构巢曲霉 A 接合型的亮氨酸缺陷突变株（$leu^- met^+$）与 A 接合型的蛋氨酸缺陷型突变株（$leu^+ met^-$）混合接种在基本培养基上培养时，常常可以产生少量原养型菌落，这些菌落是异核体。这是因为两个亲本的菌丝间发生相互联结，形成了细胞质和细胞核相互混杂的异核体。在异核体中两种细胞核能彼此提供所缺少的酶，因此可不需亮氨酸和蛋氨酸即可在基本培养基上生长。

（1）异核体的证实　将两个营养缺陷型菌株混合培养，出现原养型菌落的原因可能是由于互养、异核体、二倍体或单倍重组体的存在。如何证明上述情况是由于异核体所致呢？

① 互养这一解释的排除。为了排除互养的存在，人们将原养型菌落上取下的少量菌丝接种于养料贫乏的培养基上。在放大镜下将从接种处向外长出的菌丝的尖端连同小块培养基切下，放在基本培养基上。如果原养型菌落的出现是由于互养所致，那么单个菌丝尖端就不会生长。可是只要割取的菌丝尖端不是太短而妨碍生长，往往可以得到一个新的培养物，因此可以排除互养这一解释。

② 二倍体或单倍体的排除。为了排除二倍体和单倍重组体的存在，可将 $leu^- met^+$ 株和 $leu^+ met^-$ 株的分生孢子混合接种在基本培养基上，取出其上长出的菌落的单个菌丝尖端，接种于基本培养基上，得到由单个菌丝尖端所长成的培养物。收集该培养物上的孢子，分别接种于基本培养基、含亮氨酸培养基和含蛋氨酸培养基上，经培养发现在前一种培养基上没有菌落，而在后两种培养基上可出现菌落。由于构巢曲霉的分生孢子是单核的，所以由异核体产生的分生孢子的核型应分属于 $leu^- met^+$ 或 $leu^+ met^-$，所以它们在基本培养基上不生长，而能在后两种培养基上生长，而二倍体（$leu^- met^+ / leu^+ met^-$）和重组单倍体（$leu^+ met^+$）能在基本培养基上生长。但实验结果与此相反，所以上述原养型菌落的出现并非二倍体和单倍重组体所致，从而说明了上述原养型菌落确实是异核体。

（2）异核体的生物学意义　异核现象在自然界普遍存在。早在 1938 年就已在 35 属的半知菌中发现 32 属有异核现象。异核现象在自然界这样普遍的一个原因是异核体包含着不同基因型的细胞核，具有生长优势，另外是具有更好的环境适应能力。此外，异核体在遗传分析中也很重要，由于异核体内的两个不同营养缺陷型的细胞具有互补作用，因此可以用异核体进行基因等位性的测定等研究。

一般地说，异核体的形成与 A、a 接合型之间没有关系，但接合型可影响形成异核体的难易程度，相同接合型的菌株间更容易形成异核体。异核体的形成是由基因型决定的，在粗糙脉孢菌中已发现至少有 10 个基因与异核体的形成有关。

2. 杂合二倍体的形成

异核体细胞中存在着核融合的可能。核融合是指两个单倍体核融合形成一个二倍体核的现象。基因型相同的核融合形成纯合二倍体，基因型不同的核融合形成杂合二倍体。异核体中两个基因型不同的细胞核可以以极低的频率融合成杂合二倍体。研究表明异核体发生核融合而产生二倍体的频率为 $10^{-7} \sim 10^{-5}$。用某些理化因素（如紫外线、樟脑蒸气或高温）处理，可提高杂合二倍体产生的频率。原因可能是由于在处理过程中使某些抑制核融合的基因发生突变的结果。

如果把大量的异核体所产生的分生孢子接种在基本培养基上，就可以得到少数菌落。这些菌落不同于第一次混合接种 $leu^- met^+$ 株和 $leu^+ met^-$ 株的孢子在基本培养基上所出现的原养型菌落，因为从现在得到的少数菌落上取得的分生孢子都能在基本培养基上形成菌落。可见这些菌株是二倍体菌株而不是异核体。下面以构巢曲霉为例，来介绍二倍体的特征。

1956 年，Pontecorvo 等人在用构巢曲霉白色突变株（$w^- y^+$）和黄色突变株（$w^+ y^-$）进行异核体的研究时发现，在培养基中可产生形成绿色孢子的菌株。根据前面谈到的有关内容，可知由异核体（$w^- y^+ // w^+ y^-$）所产生的孢子应该是白色和黄色两种，那么绿色的孢子是怎样形成的呢？经研究发现该绿色的分生孢子并不稳定，在使之形成大菌落时，常常会以很低的频率出现白色或黄色的扇形面——角变。另外，形成绿色分生孢子的菌株的细胞内只有一个核，且其 DNA 的含量为亲本 DNA 含量的 2 倍。因此，人们认为绿色分生孢子的形成是由于异核体中的两个核融合而形成二倍体（$w^- y^+ / w^+ y^-$）的缘故。由于白色突变型和黄色突变型对于绿色野生型来讲都是隐性的，所以二倍体的分生孢子必然呈绿色。

那么二倍体有什么特性呢？一般地说，二倍体所产生的分生孢子与单倍体、异核体所产生的分生孢子是不同的。由表 9-6 可以看出，构巢曲霉、黑曲霉等的二倍体分生孢子大于单倍体的分生孢子；并且在酱油曲霉中，尽管分生孢子的大小是一样的，但每个分生孢子中核的数目是不相同的，二倍体分生孢子中核数约为单倍体分生孢子的一半。

表 9-6　几种真菌分生孢子特性的比较

真菌	单倍体分生孢子			二倍体分生孢子		
	直径/μm	体积/μm^3	核数/孢子	直径/μm	体积/μm^3	核数/孢子
构巢曲霉	3.15	16.3	1.0	4.0	33.5	1.0
黑曲霉	4.5	47.7	1.0	5.4	33.5	1.0
酱油曲霉	—	135.0	4.22	—	128.0	2.21
米曲霉	—	—	3.5	—	—	1.9
产黄青霉	3.7	26.9	1.0	4.9	61.9	1.0

根据杂合体细胞二倍体的特性，不难将它们与异核体菌落及回复突变产生的原养型菌落区别开来。一般通过测定培养特征、稳定性、分生孢子核型、分生孢子大小及 DNA 含量和采用双标记菌株实验，即可排除异核体、单倍体和回复突变。

3. 体细胞交换和单元化

准性生殖循环过程中产生的二倍体并不像有性生殖过程中的二倍体那样进行减数分裂，它们仍以有丝分裂的形式增殖。从稳定性来看，二倍体细胞比异核体较为稳定。从异核体所取得的分生孢子属于两个亲本类型，从二倍体得到的分生孢子则一律都是二倍体。可是稳定性是相对的，正像从异核体中可以得到少数二倍体分离子一样，从大量的二倍体分生孢子中也可以得到少数体细胞分离子。所谓分离子包括重组体和非整倍体或单倍体。产生非整倍体或单倍体的过程称为单元化，产生重组体的过程称为体细胞交换。

例如，从二倍体 $w^- y^+/w^+ y^-$ 株中分离出分生孢子为白色和黄色的菌株，并且发现它们都具有 $2n$ 的细胞核，认为它们是由于 $2n$ 核在有丝分裂过程中发生了体细胞重组，从而引起了绿色→白色、绿色→黄色的变化。也就是说，二倍体 $w^- y^+/w^+ y^-$ 的孢子是绿色的，重组体 $w^- y^+/w^- y^-$ 的孢子是白色的，重组体 $w^+ y^-/w^- y^-$ 的孢子是黄色的。

那么，体细胞重组体是如何产生的呢？经研究发现，体细胞重组体的出现是由于在有丝分裂过程中同源染色体间发生交换，从而导致部分基因的纯合化。如图 9-5 所示，二倍体 $AbCd/aBcD$ 在有丝分裂过程中，由于同源染色体间发生交换，结果出现了 $AbCd/aBcD$、$AbcD/aBcD$、$AbcD/aBCd$ 等重组体。从中可以看出，在 $AbCd/aBCd$ 重组体中，C、d 基因呈纯合状态；同样在 $AbcD/aBcD$ 重组体中，c、D 呈纯合状态。当然，如果在进行有丝分裂过程中不发生同源染色体交换的话，二倍体 $AbCd/aBcD$ 细胞的子细胞仍都是 $AbCd/aBcD$。

此外，研究发现二倍体细胞在有丝分裂过程中通过产生非整倍体或单倍体的单元化过程亦可形成重组体（图 9-6）。在正常的有丝分裂中，染色体一分为二，各自在纺锤丝的作用下趋向细胞的一极，使子细胞中各含一条染色体。由于纺锤丝断裂或其他原因会造成染色体不分离，使分裂后的两条染色体都趋向一极，结果是一个细胞缺少一条染色体（$2n-1$），而另一细胞多了一条染色体（$2n+1$），它们都是非整倍体。$2n+1$ 非整倍体亦称为三倍体，在有丝分裂过程中常会失去一条染色体而成为二倍体。经过这一过程，杂合二倍体就可以转变成纯合二倍体。$2n-1$ 非整倍体亦称为单体，在有丝分裂过程中常常会进一步失去其他的染色体而最终成为单倍体。经过这一过程，杂合二倍体就可以转变成 ABC、ABc 等各种单倍体。

根据对数以千计的分离子的分析，发现在准性生殖过程中异核体产生二倍体的概率是 10^{-6}，二倍体产生单倍体的概率是 10^{-3}，二倍体核中发生体细胞交换的概率是 10^{-2}。体细

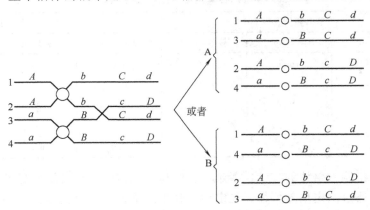

图 9-5　同源染色体交换形成重组体

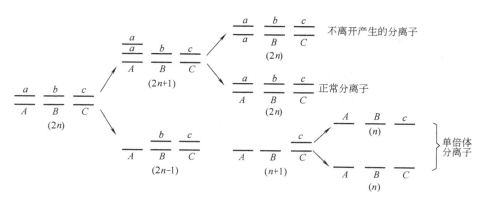

图 9-6　通过单元化产生重组体

胞交换和单元化是两个独立发生的事件，二者发生在同一细胞中的概率很小，同一染色体上发生两次交换的概率同样很小。

综上所述，在准性生殖过程中，体细胞交换和单元化是两个独立发生的过程。体细胞交换产生部分基因纯合化的二倍体的重组体，而单元化过程则产生各种类型的非整倍体和单倍体的重组体。

第四节
丝状真菌的遗传物质和基因表达调控 ●━━━━━━━━━━━━━

真菌的遗传物质包括 5 种成分：染色体基因、线粒体基因、质粒、转座因子及病毒基因。

一、基因组结构

1. 核基因组结构

除丝状真菌基因组含有较少的（约为 2%～5%）重复 DNA 序列外，丝状真菌的核基因组和线粒体基因组及其结构功能与高等真核生物类似。丝状真菌单倍体通常含有 6～8 个线状染色体，基因组大小平均为 $2 \times 10^7 \sim 4 \times 10^7$ bp。真菌的基因也有内含子，但一般较短，大约 50～200 bp。如粗糙脉孢菌单倍体基因组为 4.3×10^7 bp，（G＋C）含量为 54%，每条染色体的大小为 4～10.3 Mb。已经对粗糙脉孢菌中的 2000 多个不同的基因进行了鉴定，德国和美国的科学家正在进行该菌基因组的测序工作。

丝状真菌中功能相关的结构基因一般是不连锁的、分散存在于基因组中。但也有一些如与脯氨酸代谢有关的 4 个基因、与奎尼酸代谢有关的 7 个基因以及有关青霉素生物合成的 3 个基因是连锁的，聚集在一起构成基因簇，前两个基因簇同时还包含结构基因和调节基因。基因簇中所有基因都是分别产生各自的 mRNA，并不像原核生物那样形成操纵子结构。

2. 线粒体基因组

丝状真菌线粒体 DNA 是大小为几十 kb 的环状结构，它含 16S 和 23S rRNA 基因和 20 多个 tRNA 基因，还有几个与电子传递链有关的结构基因。此外，还有一些尚未鉴定的 ORF。

线粒体基因组在正常复制过程中经常发生分子内重组，造成基因组大小的多变。重组的内容和方式有多种，如线粒体 DNA 重排、DNA 片段的插入或缺失，还有因内含子剪接不同造成基因内所含内含子数目不等等。

3. 质粒、转座因子及病毒

自从 1989 年从自然界分离的粗糙脉孢菌中发现了丝状真菌的第一个转座子 Tad 以来，从许多其他丝状真菌中也发现了转座因子，而且转座因子与植物病原菌的致病和培养性状的高度变异有关。很多真菌细胞内带有质粒，有些真菌细胞内含有病毒。以上内容将在有关章节中进行介绍。

二、基因结构

1. 启动子

许多丝状真菌基因的 5′端非编码区中具有 CAAT 盒和 TATA 盒。但也有许多丝状真菌基因并不含上述保守序列。

2. 上游激活序列

上游激活序列是与激活蛋白结合的部位。在粗糙脉孢菌奎尼酸代谢（qa）基因簇中，qa-$1F$ 编码的激活蛋白能与该基因簇中 5 个结构基因的 5′非编码区结合，并对转录起激活作用。

3. 增强子

缺失分析发现粗糙脉孢菌的 am 基因（编码谷氨酸脱氢酶）受两个 5′上游远距离序列的调节，一个序列在转录起始点上游 1.4kb，另一个在上游 2.1～3.2kb 之间。当同时缺失这两个序列时，只保留 5%～16% 的表达水平，推测这两个序列可能是弱的增强子。

三、基因表达的调控

随着分子生物学研究方法在丝状真菌研究中的应用，已经开展了对丝状真菌基因的表达及其调控全方位的研究，并取得了一定的进展。如在抗生素生物合成的基因簇结构、基因表达调控，分生孢子形成的结构基因及其分生孢子发育过程中基因表达的时空秩序性，参与营养物质代谢的基因及其表达调控等方面已做了较深入的研究工作。下面以粗糙脉孢菌奎尼酸代谢 qa 为例，阐述其调控机制。

粗糙脉孢菌的 qa 基因簇包含 5 个结构基因和 2 个调节基因，全长 18kb（图 9-7）。5 个结构基因从左到右依次是：qa-X、qa-2、qa-4、qa-3 和 qa-Y；两个调节基因分别是 qa-$1F$ 和 qa-$1S$。这两个调节基因，分别编码激活蛋白和阻遏蛋白，在无奎尼酸时这 2 个基因属于低水平的组成型表达。5 个结构基因的转录受奎尼酸的协同诱导，同时受 qa-$1F$ 和 qa-$1S$ 的协同调节，诱导时的转录水平比无诱导时高 50～1000 倍。所有 qa 基因簇（包括结构基因和调节基因）的转录都需要 qa-$1F$ 编码的蛋白的激活。无诱导物时，qa-$1S$ 编码的阻遏蛋白与激活蛋白结合，阻止了 qa-$1F$ 基因的转录，从而使 qa 结构基因及其 qa-$1S$ 基因的转录受阻，仅维持在基础水平的转录。有诱导物时，诱导物与阻遏蛋白结合，使 qa-$1F$ 基因脱阻遏，产生的激活蛋白促进 qa 结构基因的转录，与此同时也促进 qa-$1S$ 的转录，因此一旦诱导物水平下降，已逐渐积累的阻遏蛋白便可立即将整个系统关闭。在 qa 基因簇中共有 13 个激活蛋白的结合部位，该部位是部分对称的 16bp 的保守序列 GGATAANNNNTTATCC，说明有些基因启动子上游有 1 个以上的激活蛋白结合部位。

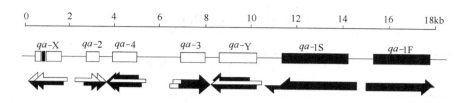

图 9-7　粗糙脉孢菌 *qa* 基因簇的结构

第五节
丝状真菌中的质粒 •

　　质粒最初是在细菌中发现的，后来在真核生物中也发现质粒。真核生物中记载最多的是真菌中含有质粒，少数植物含有质粒，动物细胞内没有质粒。真菌细胞中的质粒一般是环状或线性的双链 DNA 分子，而且大多是不编码任何表型性状的隐蔽质粒，位于细胞核或线粒体内。

一、丝状真菌中的天然质粒及其分布

　　到目前为止，已经发现很多丝状真菌如粗糙脉孢菌、尖孢镰刀菌、立枯丝核菌等都含有一种或一种以上的质粒（表 9-7），但在曲霉中还没有发现质粒。大多数丝状真菌中的质粒位于线粒体内，目前还没有发现质粒对寄主真菌的生长有明显的影响。也许质粒能够赋予寄主选择优势，如在线粒体代谢或分裂的某些方面。另外，有些质粒与宿主真菌的老化有关。

表 9-7　已知含有质粒的真菌

灰色梨头霉	（*Absidia glauca*）	十字花科子囊腔菌	（*Leptosphaeria maculans*）
伞菌	（*Agaricus* spp.）	尖顶羊肚菌	（*Morchella conica*）
埋生粪盘菌	（*Ascobolus immerses*）	赤球丛赤壳菌	（*Nectria haematococca*）
蜂状囊菌	（*Ascosphaeria apis*）	粗糙脉孢菌	（*Neurospora crassa*）
链格孢菌	（*Alternaria alternata*）	中脉孢菌	（*Neurospora intermedia*）
麦角菌	（*Claviceps purpurea*）	四孢壳孢菌	（*Podospora anserine*）
旋孢腔菌	（*Cochliobolus*）	腐霉菌	（*Phythium* spp.）
香柱菌	（*Epichloe typhina*）	立枯丝核菌	（*Rhizoctonia solani*）
禾白粉菌	（*Erisyphe graminis*）	腥黑粉菌	（*Tilletia* spp.）
茄腐皮镰刀菌	（*Fusarium solani*）	绿木霉	（*Tricoderma viride*）
尖孢镰刀菌	（*Fusarium oxysporum*）		

二、质粒的类型和特征

　　丝状真菌的质粒有环状和线性两种形式，一般以线性质粒为主，环状质粒主要存在于脉孢菌中，其他个别种如旋孢腔菌、麦角菌和灰绿梨头霉中也有环状质粒。

1. 脉孢菌中的质粒

　　目前，对脉孢菌和镰刀菌这两类丝状真菌中的天然质粒研究得较为深入。脉孢菌含有

11种不同的质粒，属于线状和环状两种类型，这些质粒的名称最早是根据寄主的采集地点而定的（表9-8）。

表 9-8　脉孢菌中的质粒

质　粒　类　型	质　粒　名　称
环状	Mauriceville, Fiji, LaBelle, Java, MBI, VS, Harbin-2
线性	Kalilo, Maranhar, Moorea, Zhisi

（1）线性质粒　对脉孢菌的线性质粒 Kalilo 和 Maranhar 的全序列分析研究表明，其特点归纳如下：①有末端反向重复序列（TIR），其长度因质粒种类而异；②质粒的两个5′末端各有一个结合蛋白，保护质粒不受核酸外切酶的破坏；③有两个非重叠的 ORF，每个 ORF 都起始于末端反向重复序列内，但转录方向相反，即转录方向都是从末端指向中央。其中一个 ORF 编码 DNA 聚合酶，另一个编码 RNA 聚合酶，它们与噬菌体和酵母线粒体中的聚合酶具有相似性。在两个 ORF 之间有基因间隔区，虽然含有转录信号，但尚未发现有什么功能（图9-8）。

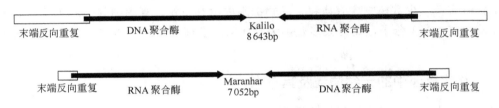

图 9-8　粗糙脉孢菌的线性质粒的结构

（2）环状质粒　Fiji 和 LaBelle 这两种环状质粒编码 DNA 聚合酶；Mauriceville 和 Varkud 这两种环状质粒编码反转录酶（reverse transcriptase）（图9-9）。脉孢菌属中的环状质粒都产生全长的 RNA 转录物，特别是 Mauriceville 和 Varkud 质粒。

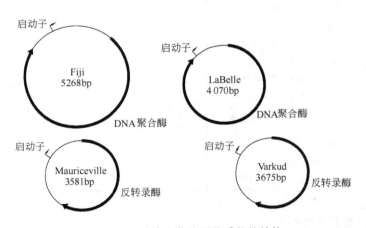

图 9-9　粗糙脉孢菌的环状质粒的结构

2. 其他丝状真菌中的质粒

大多数真菌的线性质粒也具有末端重复序列（TIR）和共价结合蛋白（TP）（表9-9）。有些质粒具有像脉孢菌那样的两个 ORF，但有些只有一个 ORF。不同的质粒，其 ORF 的排列可能也不同。有些质粒如尖孢镰刀菌中的质粒：pFOXC1、pFOXC2、pFOXC3 则编码反转录酶。立枯丝核菌中的 3 个线性质粒在几方面表现出非典型性，首先它们的末端似乎是闭合的发夹结构，其次是 ORF 都不大于 91 个氨基酸。

过去，对丝状真菌线性质粒的复制了解得很少。由于它具有 5′末端蛋白，因此一般认为质粒复制像腺病毒和噬菌体 φ29 那样，以蛋白质作为引物进行复制。但通过对尖孢镰刀菌质粒：pFOXC1、pFOXC2 及 pFOXC3 的研究表明，它们编码的反转录酶与质粒的复制有关。

表 9-9 丝状真菌中具有 TIR 和 TP 的线性质粒

质 粒	来 源	大小/kb	TIR	TP
pA12	埋生粪盘菌 (Ascobolus immerses)	5.6	约 700bp	有
pMC32	尖顶羊肚菌 (Morchella conica)	6.0	约 750bp	不详
pCF637	甘薯黑斑病菌 (Ceratocystis fimbriata)	8.2	不详	有
pFQ501	甘薯黑斑病菌 (Ceratocystis fimbriata)	6	750bp	不详
pRS64	立枯丝核菌 (Rhizoctonia solani)	2.6	不详	不详
pEM	大肥菇 (Agaricus bitorquis)	7.3	约 1kb	不详
pMPJ	大肥菇 (Agaricus bitorquis)	3.6	不详	不详
Kal DNA	中脉孢菌 (Neurospora intermedia)	9.0	1361bp	有
pFOXC2	尖孢镰刀菌 (Fusarium oxysporum)	1.9	50bp	有
pCIK1	脉角菌 (Claviceps purpurea)	6.7	327bp	有
pFSC1	茄类镰刀菌南瓜专化型 (Fusarium solani f. sp. Cucurbitae)	9.2	1211bp	80kD
pFSC2	茄类镰刀菌南瓜专化型 (Fusarium solani f. sp. Cucurbitae)	8.3	1027bp	80kD
pLPO1	粗皮北风菌 (Pleurotus ostreatus)	10	不详	有
pLPO2	粗皮北风菌 (Pleurotus ostreatus)	9.4	不详	有
pLLE1	香菇 (Lentinus edodes)	11	不详	有

丝状真菌中的线性质粒和环状质粒可根据 DNA 的双向电泳和脉冲电泳与线粒体 DNA 区分开来。大多数线性质粒在两条 DNA 链的 5′末端各有一个共价结合的蛋白，这也是一个识别特征。在真菌中，环状质粒的检测比较复杂，常用探针检测线粒体部分，根据带型来进行确定。

三、质粒的遗传

一般线粒体质粒的遗传与线粒体和线粒体 DNA(mtDNA) 有相同的遗传方式。在有性杂交中，母本的质粒绝大多数或全部地传递给子代，一个例外是四孢壳孢菌 AL2 菌株中的 pAL2-1 质粒，当 AL2 在杂交中作为母本时，有些后代不含质粒。

实验室内的研究表明，在种内和种间存在着质粒水平转移。粗糙脉孢菌中的 Kalilo 和 Maranhar 质粒能通过异核现象在菌株间进行水平转移。另外，中脉孢菌和粗糙脉孢菌混合培养时，前者的 Kalilo 质粒能够进入粗糙脉孢菌不含质粒的菌株中，一定是通过部分或瞬间异核体而转移的。

在麦角菌中，天然质粒通过原生质融合能从一个菌株转移到另一个菌株中。研究也发现 Kalilo 质粒存在于脉孢菌和麻孢壳菌 (Gelasinospora species)，可能是种间转移的结果，也可能是来自相同的祖先。

四、质粒整合到 mtDNA

中脉孢菌的 Kalilo 质粒和粗糙脉孢菌中的 Mauriceville 质粒能整合到线粒体 DNA 上，

引起寄主菌株的衰老和死亡。大多数野生型菌株并不衰老，而是在长的生长管中继续生长。衰老表型是一种反常现象，表明质粒的存在与菌株的衰老呈正相关，质粒的转移也引起衰老表型在菌株间的转移，最终在寄主死亡之前或死亡之时，几乎所有衰老菌株的 mtDNA 分子都是整合型，但游离的质粒也存在于培养物中。DNA 的致死作用还不清楚，但有证据表明，质粒的过度复制使线粒体蛋白的合成受到抑制，则引起宿主菌的衰老。

质粒 Mauriceville 和 Kalilo 整合到 mtDNA 的插入方式与以前在真核或原核生物中观察到的插入方式完全不同。其机理还有待深入研究。

第六节
丝状真菌的转化及其特点 •————————————————————

一、外源 DNA 导入丝状真菌的方法

外源 DNA 导入丝状真菌中最普遍使用的方法是 CaCl$_2$/PEG 介导的原生质体转化。首先是用溶壁酶处理菌丝体或萌发的孢子获得原生质体，然后将原生质体、外源 DNA 混合于一定浓度的 CaCl$_2$、PEG（聚乙二醇）缓冲液中进行融合转化，最后将原生质体涂布于再生培养基中选择转化子。

对于难以获得原生质体的丝状真菌来说，也可利用醋酸锂介导的完整细胞的转化，但转化率低。在丝状真菌中也应用了电转化技术，与普遍采用的 CaCl$_2$/PEG 方法相比，虽然简化了操作步骤，但对提高转化率并无明显作用。基因枪注射（或生物导弹）转化技术，最近几年也在丝状真菌中得到应用，它同样不能十分有效地提高转化率。

二、载体及其选择标记

1. 载体

转化 DNA 进入寄主细胞后，可独立于寄主细胞核染色体而自主复制，或整合到寄主染色体上而随寄主染色体一起复制，前者被称为复制型转化，后者被称为整合型转化。

已实现转化的丝状真菌中，绝大多数都是整合型转化。早期应用的载体通常以细菌质粒如 pBR322、pUC 等为主，在钙离子和 PEG 作用下向受体菌原生质体进行转移，转化效率较低，一般每微克转化 DNA 产生 100 个以下的转化子。这类载体引起的转化属于整合型转化，常常载体携带的真菌基因和载体本身会同时整合到受体染色体上。DNA 进入受体细胞后，是通过同源重组和非同源重组两种方式而整合到受体菌的染色体上的。在丝状真菌中，转化 DNA 的整合不需要广泛的序列同源性，这是丝状真菌转化不同于酵母菌转化的普遍特点。同源重组产生两种类型转化子，一种在染色体基因组上带有目的基因的连锁的重复，这是载体与受体染色体 DNA 发生单交换的结果；另一种是基因取代，这是载体 DNA 与受体 DNA 间的双交换的结果。非同源重组产生多部位多拷贝整合的转化子，即在转化子 DNA 上带有目的基因的非连锁的重复。在黑曲霉（A. niger）转化中非同源重组倾向尤为显著。对一些整合型转化子中质粒 DNA 和基因组 DNA 的连接部位的序列分析表明，只有 3～7 个碱基序列的同源性。

复制型转化需要构建含有真菌复制子的复制型载体，已从玉米瘤黑粉、构巢曲霉、

米曲霉、脉孢菌等多种丝状真菌的线粒体 DNA 或基因组 DNA 中分离到自主复制序列（ARS）。最初人们做了大量工作试图在体外构建构巢曲霉和粗糙脉孢菌的自主复制型载体，但没有检测到自主复制活性。直到 1988 年 Tsukuda 等将玉米瘤黑粉菌的 ARS 插入到整合型载体中才成功地构建了复制型载体，它能在瘤黑粉细胞中自主复制，并使转化率高达 10000 个转化子/μgDNA；1991 年 Davis 成功地构建了构巢曲霉自主复制型载体 ARp1（11.5kb）。另外，还构建了许多自主复制型载体，使一些丝状真菌实现了自主复制质粒的转化。

2. 选择标记

所用的选择标记分两类，一类是营养互补标记，另一类是显性标记（抗生素或其他药物抗性）。最初转化的丝状真菌多是利用营养缺陷型菌株而进行的，通过将野生型等位基因转移到相应的营养缺陷型菌株中，在基本培养基中筛选原养型生长菌落而得到转化子。目前，已用于丝状真菌转化的野生型标记基因有 *ade*（腺嘌呤）、*met*（蛋氨酸）、*pyr*（嘧啶）、*trp*（色氨酸）、*nic*（尼克酸）、*ribo*（核黄素）、*arg*（精氨酸）、*leu*（亮氨酸）、*pro*（脯氨酸）、*niaD*（硝酸还原酶）等。使用营养互补标记基因的优点是有可能引导载体质粒整合到染色体的同源部位，且转化的本底低，易于筛选；缺点是在大多数丝状真菌中难以获得适宜的营养缺陷型菌株。显性标记基因避免了上述缺点而被广泛应用，它包括药物抗性标记，如潮霉素 B 抗性、卡那霉素抗性和苯菌灵抗性等，还包括提供受体新功能的标记，其中构巢曲霉的 *amdS* 基因就能使受体在以乙酰胺或丙酰胺为唯一碳源或氮源的培养基上生长。细菌来源的报告基因在丝状真菌启动子的带动下的表达可作为丝状真菌转化的选择标记，如 *lacZ* 基因和 *GUS* 基因。

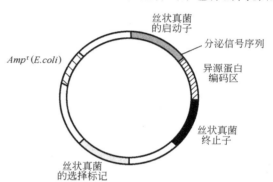

图 9-10　丝状真菌的通用表达载体

图 9-10 是丝状真菌的通用表达载体图。该载体除含有大肠杆菌复制子（*oriC*）或同时含有真核生物的复制子外，还主要由 5 部分组成：大肠杆菌选择标记基因（*Amp*），丝状真菌选择标记（如 *pyr*4），丝状真菌的启动子、分泌信号序列和终止子。

三、丝状真菌转化子的表达及其稳定性

克隆基因在转化受体菌中的表达水平与多种因素有关，包括载体中所用启动子及其他调控序列的存在、目的基因整合位置、整入拷贝数和受体菌株等。

一般来说，无论整合型转化子还是复制型转化子，其在有丝分裂过程中是稳定的，大多数转化 DNA 在经过几十代的有丝分裂后仍保持稳定。但经过减数分裂表现出高度的不稳定，尤其是粗糙脉孢菌。经过有性过程导致转化 DNA 丢失的机制有：质粒的丢失、DNA 的切离、DNA 重排等。

主要参考文献

［1］丁友昉，陈宁. 普通微生物遗传学. 天津：南开大学出版社，1990.

［2］周俊初. 微生物遗传学. 北京：中国农业出版社，1994.

[3] 盛祖嘉. 微生物遗传学. 第 2 版. 北京：科学出版社，1997.

[4] 王亚馥，戴灼华. 遗传学. 北京：高等教育出版社，1996.

[5] 阎培生，罗信昌，周启. 丝状真菌基因工程研究进展，生物工程进展，1999，19（1）：36-41.

[6] 盛祖嘉，陈永青. 微生物遗传学综述论文集. 上海：复旦大学出版社，1993.

[7] Bainbridge B W. Genetics of Micobes. New York：Chapman & Hall，1987.

[8] Streips U N，Yasbin R E. Modern Microbial Genetics. New York：Wiley-Liss Inc，1991.

[9] Chan B S S, et al. The *kalilo* linear senescence-inducing plasmid of *Neurospora* is an invertron and encodes DNA and RNA polymerases. Current Genetics，1991，20：225-237.

[10] Tilburn J，Scazzocchio C，Taylor G G, et al. Transformation by integration in *Aspergillus nidulans*. Gene，1983，26：205-221.

[11] Gems D，Johnstone L L，Clutterbuck A J. An autonomously replicating plasmid transforms *Aspergillus nidulans* at high frequency. Gene，1991，98：61-67.

[12] Tsukuda T，Carleton S，et al. Isolation and characterization of an autonomously replicating sequence from *Ustilago maydis*. Molecular and Cellular Biology，1988，8(9)：3703-3709.

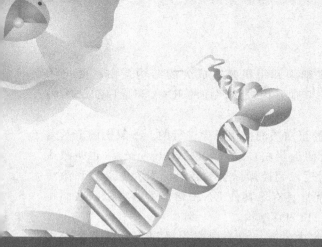

第十章
原核生物基因表达的调控

第一节
概述

　　细菌的生长和生存与周围环境密切相关，为适应环境中营养条件（如碳源、氮源等）和对付周围不利的理化因素（如高温、射线、重金属离子等），它们必须能够不断调节各种不同的基因的表达，从而能够迅速合成在新的环境下所需要的蛋白质、核酸和其他生物大分子，而同时又能迅速停止合成那些不再需要的成分。

　　从理论上来讲，生物能在基因表达过程的任何阶段进行调控，如调控可在转录阶段、转录后加工阶段和翻译阶段进行。但实际上，无论原核生物还是真核生物，其基因调控主要发生在转录水平上。转录的调控主要发生在起始阶段，这样可避免浪费能量合成不必要的转录产物。通常不在转录延伸阶段进行调控，但可在终止阶段进行调控，终止阶段的调控可以防止越过终止子而进行下一个基因的转录。由于在细菌中，mRNA 只要一合成就可用于翻译，所以不存在对 RNA 的初级转录产物进行加工调控的环节。在原核生物中，也有不少控制翻译过程的调控机制，其对翻译过程的调控也是在起始阶段和终止阶段进行。在介绍原核生物的基因表达调控前，先让我们介绍几个调控过程中的有关术语。

一、操纵子

　　操纵子（operon）是指几个功能上相近或相关的结构基因排列在一起，由一个共同的启动子、操纵基因（operator）或其他调控序列来调控这些基因的转录。包含这些结构基因和控制区的整个核苷酸序列就称为操纵子。所以一个完整的操纵子主要应包括启动子、操纵基因、结构基因和终止子这 4 个部分。

二、阻遏物和激活物

　　为了区分调控过程中的调控成分和其调控的基因，有时用结构基因和调节基因的概念。结构基因是编码蛋白质或 RNA（tRNA 或 rRNA）的任何基因。结构基因编码着大量功能各异的蛋白质，所编码的蛋白质有组成细胞和组织基本成分的结构蛋白、催化活性的酶等。调节基因（regulation gene）是参与其他基因表达调控的 RNA 和蛋白质的编码基因。

细菌操纵子的调控主要是在调节基因编码的蛋白质的作用下而进行的。一般把调节基因编码的调节蛋白称为阻遏物（repressor）（也称阻遏蛋白）或激活物（activator）（也叫激活蛋白）。这些调节蛋白结合在操纵子的启动子附近，调控操纵子的转录。因为阻遏物和激活物都是通过与 DNA 结合而起作用，因此它们常常具有像其他 DNA 结合蛋白类似的共同特征，即含有螺旋-转角-螺旋（helix-turn-helix，HTH）结构。

含 HTH 的 DNA 结合蛋白首先在原核细胞中发现，也是研究得最深入的调节蛋白之一。HTH 大约由 20 个氨基酸组成的一段序列，二个 α-螺旋被一段转折隔开，因此称为"螺旋-转角-螺旋"结构。在 HTH 中，一般由 7～9 个氨基酸残基构成第一个 α-螺旋（螺旋1），由另外的 7～9 个氨基酸残基组成第二个 α-螺旋（螺旋2），螺旋 1 和螺旋 2 之间由 4 个氨基酸所间隔，两个螺旋之间大约呈直角排列。当蛋白与 DNA 结合时，螺旋 2 嵌入 DNA 双螺旋大沟内，负责与 DNA 直接特异性结合，称为"识别螺旋"；而螺旋 1 中的氨基酸与 DNA 的磷酸戊糖骨架发生非特异性结合，基本上平行于双螺旋链（图 10-1）。由于螺旋 2 位于 DNA 双螺旋的大沟内，因此螺旋 2 上的氨基酸能与 DNA 上的特定碱基接触，并形成氢键。许多 DNA 结合蛋白是以二聚体的形式，结合在 DNA 的反向重复序列上。这样在二聚体中的两个多肽首尾相连，以便每个肽链中的螺旋 2 与反向重复序列中的相同碱基接触。

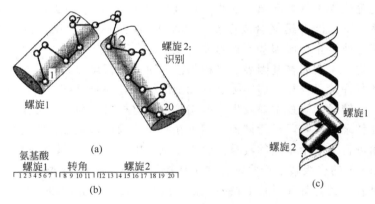

图 10-1　DNA 结合蛋白的螺旋-转角-螺旋结构

（a）一个螺旋-转角-螺旋的结构；

（b）CAP 蛋白螺旋-转角-螺旋中的氨基酸数量；

（c）螺旋 1 和螺旋 2 与双链 DNA 的相互作用

在不了解蛋白结构的情况下，可以通过氨基酸顺序来推测蛋白是否含有螺旋-转角-螺旋基序。一个蛋白质中的螺旋-转角-螺旋结构有助于鉴别该蛋白质是否为 DNA 结合蛋白。

三、负调控和正调控（negative and positive regulation）

调节蛋白通过与 DNA 上的特定位点结合控制转录是调控的关键。调节蛋白与 DNA 特定位点的相互作用，启动或增强操纵子的转录活性，这种调控方式称为正调控。调节蛋白与 DNA 特定位点相互作用，关闭或降低操纵子的转录活性，这种调控方式称为负调控。阻遏

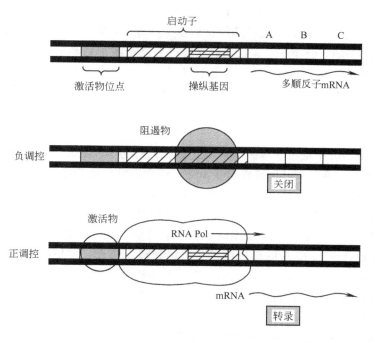

图 10-2　转录调控的两个基本类型——正调控和负调控

物参与的调控属于负调控，激活物参与的调控属于正调控（图 10-2）。

调节蛋白对操纵子的调节作用是正调控还是负调控，可以通过遗传研究来证明。如果一个操纵子是负调控型的，则将调节基因进行失活突变，那么操纵子基因就会转录，即使在没有诱导物的情况下也能转录。如果是正调控，则将调节基因失活突变后，那么操纵子基因就停止转录，即使在有诱导物的情况下也不能转录。

四、诱导物和共阻遏物 (inducer and corepressor)

一个调节蛋白是否具有活性，有时决定于它是否与小分子物质结合。有些小分子化合物能与调节蛋白结合并改变其性质，这种小分子化合物称为效应物（effector）。一个效应物结合在阻遏物或激活物上，启动操纵子的转录，这种效应物称为该操纵子的诱导物（inducer）。相反，一个效应物结合在阻遏物上，关闭操纵子的转录活性，这种效应物称为共阻遏物（corepressor）。

第二节
转录水平的调控

一、细菌的 RNA 聚合酶

在原核生物中只有一种 RNA 聚合酶，负责 mRNA、tRNA 和 rRNA 的合成。大肠杆菌的 RNA 聚合酶是目前研究得最为清楚的聚合酶之一，它由 5 个亚基所组成，即 $\alpha_2\beta\beta'\sigma$，它

们分别为 *ropA*、*ropB*、*ropC* 和 *ropD* 的基因产物。以 $\alpha_2\beta\beta'\sigma$ 组成的酶称为全酶，其分子量约为 480kD。在全酶中，其 σ 亚基与其他亚基结合较疏松，常易从全酶上解离，其剩余部分 $\alpha_2\beta\beta'$ 称为核心酶（core enzyme）。σ 亚基最主要的功能是参与启动子的识别和结合以及转录起始复合物的异构化。细胞内哪条 DNA 链被转录、转录方向与转录起点的选择都与 σ 亚基有关。RNA 聚合酶的体积很大，可横跨近 60 个碱基。

二、启动子

启动子（promotor）是位于基因 5′末端上游、并能与 RNA 聚合酶结合形成转录起始复合物的 DNA 区域，长度从 20bp 到 200bp 不等。通常启动子除包括与 RNA 聚合酶结合的部位（40～50bp）外，还包括与调节蛋白结合的位点，如大肠杆菌乳糖操纵子的启动子有 85bp，其上游部分是 CAP-cAMP 结合位点，下游部分是 RNA 聚合酶的结合位点。在启动子和终止子之间是一个转录单元。在细菌中，一个转录单元可以是一个基因，也可以是几个基因。通常将开始合成 mRNA 的第一个核苷酸定为转录起点，常把起点前面，即 5′末端的序列称为上游（upstream），而把其后面，即 3′末端称为下游（downstream）。在描述碱基的位置时，一般用数字表示，起点为+1，下游方向依次为+2、+3……等，上游方向依次为−1、−2、−3 等。

1. 启动子区的 RNA 聚合酶识别和结合部位

结合部位是指在 DNA 分子上与 RNA 聚合酶核心酶紧密结合的序列。结合部位的长度大约是 6 个碱基对，其中心位于起始点上游的−10bp 处。因此将此部位称为−10 区。多种启动子的−10 区具有高度的保守性和一致性；它们有一个共有序列或共同序列（consensus sequence），为 5′-TATAAT-3′。由于这一序列首先由 Pribnow 所认识，所以又称为 Pribnow 盒（Pribnow box）。由于在−10 区中碱基组成大多是 A·T 配对，缺少 G·C 配对，因此此区域的 DNA 双链容易解开，利于 RNA 聚合酶的进入而促使转录作用的起始。如果把−10 区中的 A·T 改变为 C·G，就会降低基因的转录水平，这种现象称为下降突变（down mutation）。另一种突变为上升突变（up mutation），这种突变是增加−10 区共同序列的同源性。例如，在大肠杆菌乳糖操纵子中，将其−10 区从 TATGTT 变成 TATATT，就会提高启动子的效率，提高乳糖操纵子的转录水平。

在 DNA 分子上还有一段识别部位，是 RNA 聚合酶的 σ 因子识别 DNA 分子的部位。识别部位约有 6 个碱基对，其中心位于上游−35bp 处。所以这个部位称为−35 区，也称为 Sextama 盒。许多启动子的−35 区也具有高度的保守性和一致性，其共有序列为 5′-TTGACA-3′。−10 区和−35 区这两个序列是决定启动子强度的重要因素。一般 RNA 聚合酶易识别强启动子，对弱启动子的识别能力较弱。影响启动子功能的所有点突变都发生在两个保守区域内（−10 区和−35 区）。在原核生物中−35 区和−10 区之间的距离大约是 16～19bp，小于 15bp 或大于 20bp 都会降低启动子的活性。保持启动子这两段序列以及它们之间的距离是十分重要的，否则就会影响它所控制基因的表达（图 10-3）。

2. 启动子区的上游激活序列和操纵基因

除启动子外，其他影响启动子活性的序列，一般与启动子重叠或位于−35 区上游，这些序列能与负调节蛋白（阻遏物）或正调节蛋白（激活物）结合，从而阻止或激活启动子的转录。启动子区中与正调节蛋白结合的位点，称为上游激活序列（upstream activating

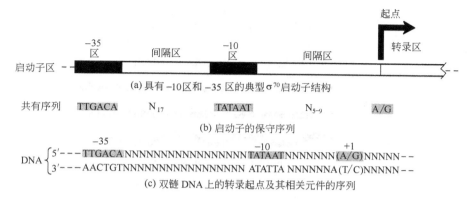

(a) 具有−10区和−35区的典型σ⁷⁰启动子结构

共有序列   **TTGACA** N_{17} **TATAAT** N_{5-9} A/G

(b) 启动子的保守序列

DNA $\begin{cases} 5'---\text{TTGACA NNNNNNNNNNNNNNNNN TATAAT NNNNNNN (A/G) NNNNN}-- \\ 3'---\text{AACTGTNNNNNNNNNNNNNNNNN ATATTA NNNNNNA(T/C)NNNNN}-- \end{cases}$

(c) 双链DNA上的转录起点及其相关元件的序列

图 10-3   大肠杆菌启动子的结构

sequence，USA），一般位于−35 区上游。启动子区中与负调节蛋白结合的位点，称为操纵基因（operator），一般与启动子重叠。

具有激活序列的启动子，一般没有典型的−35 区序列，因此 RNA 聚合酶不能很好地与之结合。只有当激活蛋白结合在上游激活序列上后，激活蛋白通过与 RNA 聚合酶在空间上相互作用或改变启动子区中与 RNA 结合部位的 DNA 的构型，从而提高启动子的活性。这种类型的启动子的典型代表是大肠杆菌等细菌中依赖 cAMP-CAP 激活的乳糖、半乳糖、阿拉伯糖等操纵子。

阻遏物的结合位点称为操纵基因，通常与启动子重叠或至少位于启动子附近。操纵基因的长度通常为 25～30bp，由于操纵基因与启动子重叠，因此当阻遏物与操纵基因结合后，会阻碍 RNA 聚合酶与启动子的结合，这样就会抑制基因或操纵子的转录。

在有些情况下，一个基因或一个操纵子需要 2 个相互分开的操纵基因，一个位于转录起点附近，另一个位于离启动子区约几百 bp 的上游或下游，这两个操纵基因都是完全抑制基因或操纵子转录所必需的。在这种情况下，每个操纵基因都与一个阻遏物结合，然后两个阻遏物分子在空间上相互作用，形成一个 DNA 环。这种两个操纵基因控制的基因转录，是靠阻遏物之间的相互作用来抑制 RNA 聚合酶与启动子的结合，而不是靠 DNA 本身来起作用。现在认为，两个操纵基因控制的基因或操纵子转录现象在细菌中是非常普遍的。

三、转录过程

转录是指以 DNA 为模板合成 RNA 的过程。作为合成 RNA 模板的 DNA 链，称为转录链，另一条与 RNA 链具有相同顺序的 DNA 链称为编码链（图 10-4）。转录作用的过程可分为三个阶段：起始、延长及终止，见图 10-5。

1. 起始

在起始阶段，RNA 聚合酶的 σ 因子首先识别启动子的识别部位（−35 区），RNA 聚合酶核心酶结合在启动子的结合部位（−10 区）。RNA 聚合酶结合在启动子区后，使 DNA 的双链结构打开。然后，一个与模板链上起始位点配对的三磷酸核苷酸（A 或 G）与模板链结合构成 RNA 的 5′末端，并且由第二个核苷酸结合形成磷酸二酯键，形成6～9个核苷酸后，RNA 聚合酶全酶将 σ 因子释放出来。

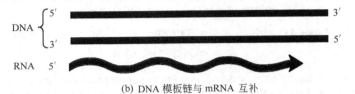

(a) DNA 编码链与 mRNA 有相同的核苷酸序列

(b) DNA 模板链与 mRNA 互补

图 10-4　DNA 编码链和模板链与 mRNA 的关系

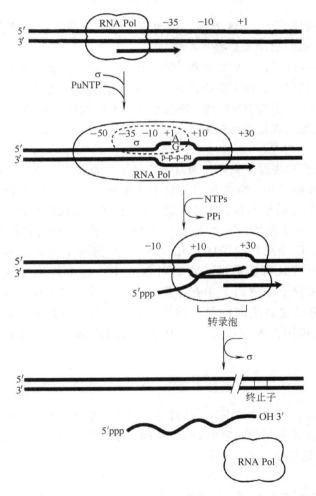

图 10-5　原核基因的转录过程

2. 延长

RNA 聚合酶全酶的 σ 因子释放出来后,剩下的核心酶继续沿着模板 DNA 链的 3′→5′方向移动,以 5′→3′方向合成 RNA。DNA 在转录时形成约 17bp 的解旋单链空泡结构称为转录泡（transcription bubble），在转录泡中，延伸的 RNA 与互补的 DNA 配对形成 RNA-DNA 杂合链结构。

3. 终止

在 RNA 延长过程中，当 RNA 聚合酶在遇到终止子部位时停止转录，这样在转录过程完成后，就合成一个与模板 DNA 链互补的 RNA 转录物。

四、σ 因子与转录起始调控

研究表明，大肠杆菌、枯草芽孢杆菌及许多固氮细菌都含有两种或两种以上的 σ 因子，这些细菌依靠不同的 σ 因子对环境条件或不同发育阶段的基因表达进行调控。

1. 大肠杆菌中的 σ 因子和转录起始调控

（1）大肠杆菌中的 σ 因子　在大肠杆菌中，RNA 聚合酶要负责所有基因的转录，也就是说要能识别所有转录单位的启动子，包括在不同条件下和不同生长时期所需的特异性基因的启动子。因此 RNA 聚合酶在识别启动子时必须有很强的灵活性。由于 σ 因子在 RNA 聚合酶识别启动子的过程中起关键作用，因此这种灵活性只能由 σ 因子来承担。

在很长一段时期内，人们一直认为大肠杆菌只有一种 σ 因子（σ^{70}）。目前已经发现了至少 4 种 σ 因子（表 10-1）。σ 因子是根据其分子量命名的。σ^{32} 和 σ^{54} 因环境变化而激活。在环境温度升高时，σ^{32} 和 σ^{24} 使热激（heat shock）基因表达；σ^{54} 参与氮代谢基因的表达（图 10-6）。

表 10-1　大肠杆菌的 σ 因子及其特性

基因	σ 因子	分子量/kD	用途	−35 区	间隔序列/bp	−10 区
ropD	σ^{70}	70	许多	TTGACA	16-18	TATAAT
ropH	σ^{32}	32	热激	CCCTTGAA	13-15	CCCGATNT
ropE	σ^{24}	24	热激	不详	不详	不详
ropN	σ^{54}	54	参与氮代谢	CTGGNA	6	TTGCA

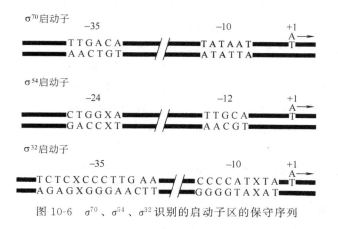

图 10-6　σ^{70}、σ^{54}、σ^{32} 识别的启动子区的保守序列

（2）大肠杆菌中的热激反应（heat shock response）和 σ 因子的更替　在正常的温度和环境条件下，大肠杆菌主要是依靠 σ^{70} 因子进行基因的转录。在大肠杆菌细胞中，含有约 7 000 个 RNA 聚合酶分子，其中 σ^{70} 在 σ 因子的含量中占绝大多数。当环境温度升高时，许多原核生物和真核生物都会产生热激状态，所转录的基因发生变化，即正常状态下表达的基因会关闭或表达水平下降，而编码热激蛋白（heat shock protein）的基因开始表达，这些蛋白质能提高菌体对高温的抵抗能力，大肠杆菌的这种反应称为热激反应。在大肠杆菌中，编码热激蛋白的基因有 30 多种，其中绝大多数热激基因的启动子是 σ^{32} 型，如 dnaK、dnaJ、grpE、lon、clpP、clpX、hflB 等；少数基因是 σ^{24} 型，如 ropH（编码 σ^{32}）、degP 等。

许多热激蛋白在细胞的正常生长中起作用，而且其含量总是维持在较低水平。但是在热激后，这些蛋白质的合成速度显著增加，然后又慢慢地降低到正常水平。有些蛋白，如 CroE、DnaK、DnaJ 和 GrpE 是分子伴侣（chaperone），在正常细胞中的功能是指导新合成的蛋白质的折叠。在热激后，这些蛋白与变性蛋白结合，指导它们重新折叠而使它们恢复生物活性。其他热激蛋白，如 Lon 和 Clp 是蛋白酶，对那些在热激过程中被严重变性的蛋白质进行降解。还有些热激蛋白，在蛋白质的合成过程中起作用。

在大肠杆菌中，σ^{32} 的合成是怎样调控的呢？研究表明，在正常情况下，σ^{32} 以少量形式存在于细胞中。然而，当温度从 30℃ 迅速升高到 42℃ 后，细胞中的 σ^{32} 的含量增加 15 倍。这种 σ^{32} 含量的迅速增高，使热激蛋白基因的转录水平显著增高，因为热激基因的启动子主要是 σ^{32} 型的。

σ^{32} 的含量是怎样增高的呢？一般认为 σ^{32} 含量增高可能有以下几种机制。第一种是编码 σ^{32} 的 ropH 基因的转录水平的自我调节。但研究表明，热激后 ropH 基因的转录水平稍有增高，但增加量不太大。第二种是热激后，σ^{32} 含量增加与 σ^{32} 转录后的调节有关，其中 DnaK、DnaJ 和 GrpE 蛋白与 σ^{32} 转录后的调节有关。已知在热激以前，DnaK 与 σ^{32} 结合，使结合有 DnaK 的 σ^{32} 对蛋白酶更敏感，因此 σ^{32} 合成后，DnaK 能立即引起 σ^{32} 的降解，使 σ^{32} 的含量维持在最低水平。另外，DnaK 还能抑制 σ^{32} 的活性，通过抑制 σ^{32} 的活性，DnaK 会降低热激蛋白基因的转录。根据这一机理，热激后，细胞内许多蛋白变性，DnaK 与这些变性的蛋白相结合使它们复性，这样就会使与 σ^{32} 结合的 DnaK 量减少，则 σ^{32} 在细胞内含量增加，并且其活性也更稳定，从而提高热激蛋白的转录。

氮的缺乏也会引起大肠杆菌 σ 因子的更替。大肠杆菌细胞中含有少量的 σ^{54} 因子，当铵缺乏时，该因子所识别的基因表达，从而促进氮源的利用。

2. 枯草芽孢杆菌中 σ 亚基的更替与生活周期的转变

在枯草芽孢杆菌中，σ 因子的更替控制着生活周期的改变。枯草芽孢杆菌的 RNA 聚合酶具有与大肠杆菌 RNA 聚合酶相同的结构。到目前为止，已从枯草芽孢杆菌中发现至少 10 种 σ 因子，而且已经对这些不同的 σ 因子进行了基因克隆和功能分析，见表 10-2。其中正常生活的 RNA 聚合酶的 σ 因子为 σ^{43}，识别与 σ^{70} 相同的启动子保守序列。另外，还有其他种类的 σ 因子，识别不同的启动子，但含量很少。

枯草芽孢杆菌的生活周期的转换过程也是通过 σ^{43} 因子的更替完成的。在对数生长期以后，由于营养物质的缺乏，细胞转向芽孢形成期，最后细菌转变为含有芽孢的细菌，这一过程经历约 8~10h。由正常细菌转变为芽孢，菌体的代谢发生了急剧的变化，与孢子形成有关的基因开始表达，而有些营养生长的基因关闭。

表 10-2　枯草芽孢杆菌中的 σ 因子

σ 因子	功　　能	−35 区	间隔序列/bp	−10 区
营养细胞中的 σ 因子				
σA（$σ^{43}=σ^{55}=σA$）[①]	营养生长	TTGACA	17	TATAAT
σB（$σ^{37}$）	一般应急反应（如热激、缺氧等恶劣条件）	AGGNTTT	14	GGGTAT
σC（$σ^{32}$）	对数生长后期基因表达	AAATC	15	TANTGTTTNTA
σD（$σ^{28}$）	趋化性\自溶\鞭毛基因的表达	CTNAAA	15	CCGATAT
σH（$σ^{30}$）	对数后期的基因表达；感受态和早期孢子形成	AGGAA（T）T	14	GAAT
σL	降解酶基因的表达	TGGCAC	5	TTGCANNN
孢子形成特异性的 σ 因子				
σE（$σ^{29}$）	早期母细胞基因表达	TTNAA	14	CATATT
σF	早期前孢子形成基因表达	GCATN	15	CGHNANHTN
σG	后期前孢子形成基因表达	GHATN	18	CATNNTA
σK（$σ^{27}$）	后期母细胞基因表达	AC	17	CATANNNTA

① $σ^{43}$ 与 $σ^{55}$ 是同一种 σ 因子，其分子量为 43kD。$σ^{55}$ 所标的分子量不准确，仅在旧的文献中出现。

五、转录的终止和抗终止

1. 终止子的结构

终止子（terminator）是位于一个基因或一个操纵子的末端，提供转录停止信号的 DNA 区段。与启动子不同的是终止子仍能被 RNA 聚合酶转录成 mRNA。大肠杆菌的终止子分为两类：一类不依赖于 Rho 蛋白质辅助因子（现在一般称为 ρ 因子）而能实现终止作用，这类终止子称为强终止子；另一类依赖于 ρ 因子才能实现终止作用，这类终止子属于弱终止子。

（1）不依赖于 Rho 蛋白质辅助因子（ρ 因子）的终止子　原核生物的两类终止子都有一些共同的序列特征，即在转录终止点之前有一段长度为 7～20bp 的反向重复序列，因而所产生的 mRNA 可形成茎环状的发夹结构（hairpin），它可使 RNA 聚合酶的移动停止或减弱。反向重复序列的对称轴一般距转录终止点约 16～24bp。不依赖于 ρ 因子的终止子，其反向重复序列中 GC 含量高，反向重复序列的下游常有 6～8 个 A，因此这段终止子转录后形成的 RNA 具有与 A 相对应的 6～8 个连续的 U，是使 RNA 聚合酶脱离模板的信号（图 10-7）。而依赖于 ρ 因子的终止子，其发夹结构中（G＋C）含量低，且发夹下游的碱基不固定，缺少 U 串。

不依赖于 ρ 因子的终止子是怎样终止转录的呢？主要是转录的 RNA 在终止子部位形成茎环状的发夹结构，而这种结构破坏了转录泡中 RNA-DNA 杂合链结构的形成。转录泡中的 RNA-DNA 杂合链结构能帮助 RNA 聚合酶固定在 DNA 链上，因此转录泡中 RNA-RNA 发夹结构的形成使 RNA 聚合酶变得不稳定。转录泡中的 RNA-RNA 发夹结构可能比 RNA-DNA 杂合链稳定，因此能将 RNA 从 RNA-DNA 杂合链上拉下来。结果 RNA 聚合酶和 RNA 都从 DNA 链上脱离下来，则转录也随之终止。

（2）依赖 ρ 因子的终止子及其终止作用　ρ 因子是 *rho* 基因编码的分子量为 55kD 的蛋

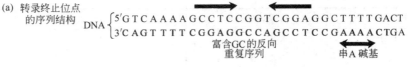

(a) 转录终止位点
    的序列结构

DNA
5′GTCAAAAGCCTCCGGTCGGAGGCTTTTGACT
3′CAGTTTTCGGAGGCCAGCCTCCGAAAACTGA

富含GC的反向
重复序列

串A碱基

(b) 由RNA分子上的反向重复
    序列形成的发夹结构

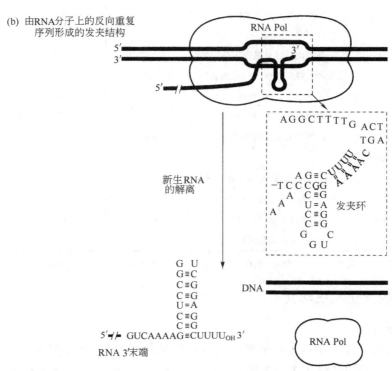

图 10-7　不依赖于 Rho 蛋白质（ρ因子）的转录终止模型

白质，其活性形式为六聚体，其蛋白质上有 RNA 结合位点和 ATP 结合位点。ρ 因子能在终止子位点辅助转录终止，ρ 因子的这种辅助终止作用与它下面的三个特性有关：第一，ρ 因子通常只引起没有正在进行翻译的 RNA 合成的终止（因为细菌中一般翻译和转录是偶联的）；第二，ρ 因子是依赖于 RNA 的 ATP 酶（RNA-dependent ATPase），通过水解 ATP来获得能量，但这个过程需要在有 RNA 存在的情况下才能进行；第三，能使 RNA-DNA 杂合双链解旋，其作用类似于在 DNA 复制过程中使 DNA 双链解旋的 DNA 解旋酶（DNA he-licase），但 ρ 因子只能使 RNA-DNA 杂合双链解旋。

　　图 10-8 是 ρ 因子辅助终止作用的机理。ρ 因子结合在正在合成中的 RNA 的 rut（rho utilization site）位点。已知 rut 位点含有许多 C，但其他特征研究的还不清楚。如果 RNA 的 rut 序列正在被核糖体翻译，则 ρ 因子就不能与之结合。然而，如果 RNA 的 rut 位点不被核糖体所翻译，则 ρ 因子与 RNA 结合，并利用水解 ATP 的能量沿着 RNA 链按 5′→3′方向移动。当 RNA 聚合酶遇到终止子而暂停转录时，ρ 因子得以在终止子处追赶上 RNA 聚合酶，并跻身于转录泡的 RNA-DNA 杂合双链中，ρ 因子的 RNA-DNA 解旋酶活性使 RNA-DNA 杂合双链解旋，使 RNA 聚合酶从 DNA 上释放出来，转录终止，RNA 链和 ρ 因子也释放出来。

　　根据 ρ 因子的这种辅助终止模式，可以看出不依赖 ρ 因子的终止子和依赖 ρ 因子终止子

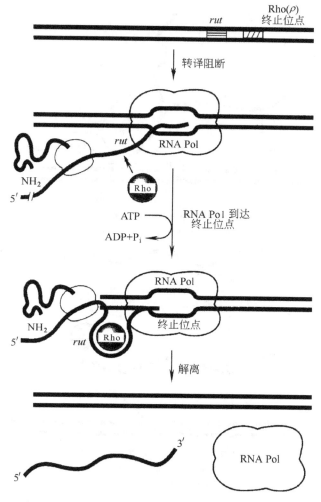

图 10-8　依赖于 ρ 因子的终止子结构和转录终止模型

的作用方式的基本区别是，转录泡中 RNA-DNA 杂合双链的解离方式。前者是转录的 RNA 在终止子部位产生出比 RNA-DNA 杂合双链更稳定的 RNA-RNA 发夹结构，因此阻止了 RNA-DNA 杂合双链的产生；而后者是在终止子位点，ρ 因子使 RNA-DNA 杂合双链解旋。这种模型也可以解释基因表达的极性效应。

2. 基因表达的极性效应

在原核生物中，转录与翻译几乎是同时进行的，ρ 因子的终止作用可被核糖体的存在而阻碍。当翻译旺盛时，mRNA 被多个核糖体所结合，ρ 因子不能与 RNA 接触，即使 ρ 因子结合到 RNA 链上，也只能跟在核糖体后面移动，不能实现终止作用。只有在翻译进行到终止密码子时，核糖体从 RNA 链上脱离后而使 RNA 链暴露出来，这时 ρ 因子才能结合在 RNA 链上并移动，移动到依赖于 ρ 因子的终止子上与 RNA 聚合酶相互作用，才使转录终止而释放出 RNA 链、RNA 聚合酶和 ρ 因子。ρ 因子突变或 ρ 因子缺乏，则转录会继续进行下去（图 10-9）。这也解释了同一个转录单元内几个结构基因能被同时转录和翻译的原因。

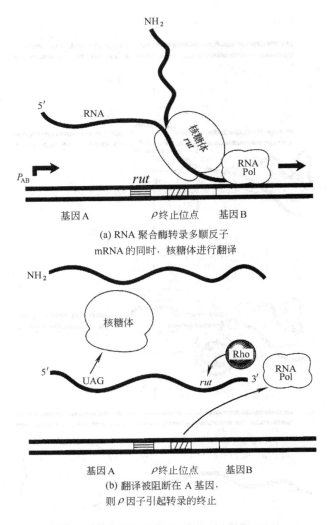

(a) RNA 聚合酶转录多顺反子
mRNA 的同时，核糖体进行翻译

(b) 翻译被阻断在 A 基因，
则 ρ 因子引起转录的终止

图 10-9　多顺反子 mRNA 转录的极性效应

但是，在发生无义突变时，无义突变使得翻译提前终止，核糖体提前释放，ρ 因子就有机会追赶 RNA 聚合酶，从而引起转录的终止。这种在某些情况下，同一转录单元里由于一个基因的无义突变，阻碍了下游相邻基因表达的效应，就称为基因表达的极性效应。由此也说明为什么在同一转录单元里，靠近启动子的近基因（proximal gene）的一个无义突变能阻止或降低远基因（distal gene）的表达。除了无义突变可导致极性效应外，插入序列 IS1、IS2 等插入到操纵子的基因中也会发生极性现象。插入序列之所以能引起极性突变，是因为它们含有无义密码子或含有终止信号。如在 IS1 序列的两端有无义密码子形成的一大段不翻译区，而且此序列无论以顺向或反向插入都会读出无义密码子，因而产生极性效应。IS2 则只有以一种方向插入后才能产生极性效应，因为 IS2 中含有依赖于 ρ 因子的终止信号。这些实例说明了极性突变与 ρ 因子引起的终止作用有关。

3. 抗终止作用

ρ 因子的作用可以被抗终止因子所抵消，这样 RNA 聚合酶便可通过终止子（依赖于 ρ 因子的）继续转录后面的基因，这种现象称为抗终止作用（anti-termination）。抗终止作用最有代表性的例子是 λ 噬菌体用抗终止作用来控制不同阶段基因的表达。λ 噬菌体基因在裂解过程中的表达分前早期、晚早期和晚期 3 个阶段进行，这 3 个阶段的基因以终止子相隔。λ 噬菌体侵入细胞后，首先依靠寄主的 RNA 聚合酶转录前早期基因，获得 N 蛋白和 Cro 等前早期基因产物，其中 N 蛋白是一种抗终止因子。N 蛋白与 RNA 聚合酶作用使后者越过终止子继续转录，实现晚早期基因表达。Q 蛋白便是晚早期基因产物之一，也是一种抗终止蛋白。在 Q 抗终止蛋白的作用下，转录越过终止子使晚期基因表达。

第三节
操纵子类型

原核生物基因组的一个特点是，功能上相近或相关的几个基因常常排列在一起，转录成一个大的 mRNA 分子，然后分别翻译出各基因相应的酶或多肽，这种 RNA 被称为多顺反子 RNA。操纵子的调控属于典型的转录水平上的调控。下面介绍几个重要的操纵子类型。

一、大肠杆菌乳糖操纵子的正调控和负调控

大肠杆菌乳糖操纵子有两种调控方式，即正调控和负调控。调节基因产生的阻遏蛋白参与负调控；CAP 蛋白作为激活蛋白参与正调控。

1. 大肠杆菌乳糖操纵子的负调控

(1) 大肠杆菌的乳糖利用系统 大肠杆菌的乳糖代谢需要 β-半乳糖苷酶（β-galactosidase）的催化，这种酶能把乳糖水解为半乳糖和葡萄糖。当大肠杆菌生长在没有乳糖的培养基上时，每个细胞内只有 1～5 个分子的 β-半乳糖苷酶。当加入乳糖后，在 2～3min 内，每个细胞中的 β-半乳糖苷酶分子数量急剧增加，可达到 5000 个，有时可占细菌可溶性蛋白的 5％～10％。如果撤去底物，则 β-半乳糖苷酶的合成迅速停止。由此可知，β-半乳糖苷酶是一种诱导酶，而乳糖是诱导物。原来认为是诱导物的乳糖实际上并不能与阻遏蛋白结合，而是乳糖进入细胞后，由 β-半乳糖苷酶催化，变为异乳糖（allolactose），异乳糖是一种较强的诱导物。图 10-10 是 β-半乳糖苷酶催化乳糖的两种反应。

大肠杆菌对乳糖的分解利用，除 β-半乳糖苷酶外，同时还伴随有 β-半乳糖苷透性酶（β-galactoside permease）和 β-半乳糖苷转乙酰酶（thiogalactoside transacetylase）的合成。半乳糖苷透性酶是一种膜蛋白，能协助乳糖分子穿膜进入细胞内；而 β-半乳糖苷转乙酰酶可将乙酰基从乙酰辅酶 A 转移到 β-半乳糖苷上，其生物学意义尚不完全清楚。编码这三个酶的基因，即 lacZ、lacY 和 lacA 由同一个启动子控制，转录成一条多基因的 mRNA，然后依次翻译出 β-半乳糖苷酶、透性酶和转乙酰酶。

对于 β-半乳糖苷酶来说，除了能被该酶分解的乳糖可以作为诱导物外，一些能被该酶识别但不能分解的半乳糖苷化合物也能作为诱导物，如异丙基-β-D-硫代半乳糖苷（isopropyl-β-D-thiogalactodise，IPTG）。IPTG 有极强的诱导效应，而本身又不被分解，因而称为非底物诱导。由于 IPTG 在诱导过程中不被分解，因而给研究工作带来极大的方便。

(2) 乳糖操纵子的负调控机制 乳糖（lac）操纵子位于大肠杆菌染色体的约 9min 位置上，大小为 6.5kb。结构基因 lacZ、Y、A 顺序排列，它们共有一个启动子（P），在启动子

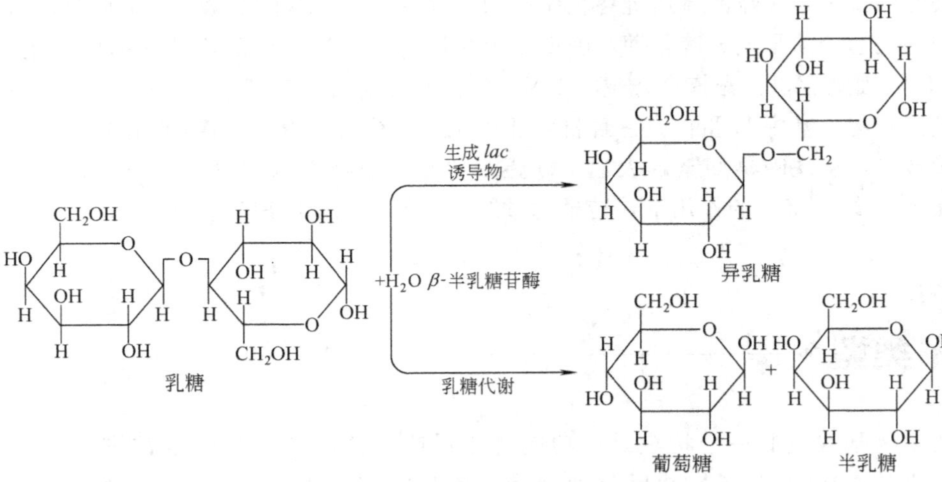

图 10-10 β-半乳糖苷酶催化乳糖的两种反应

和结构基因之间是操纵基因（O）。乳糖操纵子的启动子上游是调节基因（lacI），lacI 基因正好与结构基因相邻，但它与结构基因不属同一转录单位，它有自己独立的转录单位，含有自己的启动子和终止子。lacI 的产物为阻遏蛋白，能与操纵基因（O）结合，阻止结构基因的转录。乳糖操纵子阻遏蛋白是由 4 个相同亚基组成的四聚体，每个亚基分子量为 38kD。一个大肠杆菌细胞内大约有 10 个阻遏蛋白分子。

阻遏蛋白的活性又受乳糖和 IPTG 等小分子诱导物的影响。当环境中有乳糖时，乳糖进入细胞后由细胞内尚存的少量 β-半乳糖苷酶催化变成异乳糖，异乳糖作为一种强的诱导物与阻遏蛋白结合，使后者的构型发生变化而失活，不能与操纵基因结合，因此 RNA 聚合酶便能与启动子结合，转录出大的 mRNA 分子，进而再翻译出 β-半乳糖苷酶、透性酶和转乙酰酶这三种蛋白质。当细胞内的乳糖和异乳糖被代谢完毕后，阻遏蛋白又可以结合在操纵基因上，乳糖操纵子的结构基因又处于关闭状态（见图 10-11）。

阻遏蛋白与操纵基因结合后，为什么会抑制结构基因的转录呢？以下将从启动子（P）和操纵基因（O）的结构上说起。图 10-12 是 lac 操纵子的调控区的结构图，其中包括启动子，操纵基因及 CAP 结合位点。lac 启动子（P）区是位于 LacI 基因末端与结构基因 lacZYA mRNA 转录起始位点之间、长度约 82bp 的一段 DNA 序列。操纵基因（O）区与启动子区重叠，位于大约 $-5 \sim +28$ 区。因此，阻遏蛋白与操纵基因结合后，影响了 RNA 聚合酶与 -10 区紧密结合形成稳定的起始复合物，从而也就阻止了结构基因的转录，这种调控属于负调控。gal 操纵子的 P-O 区也是紧密相连并有重叠现象。

（3）大肠杆菌乳糖代谢的各种突变型的研究　为了研究 lacZYA 的转录是如何被调控的，1961 年 Jacob 和 Monod 等通过对突变体的详尽研究，证明了调节基因和操纵基因的存在和调控作用。从分离到的一些 lacZYA 酶系统诱导性发生改变的突变体中，发现有一类突变体是结构基因的突变。如 β-半乳糖苷酶基因 lacZ$^+$ 突变成 lacZ$^-$，不能合成 β-半乳糖苷酶；lacY$^+$ 突变成 lacY$^-$，丧失浓缩乳糖的能力；lacA$^+$ 突变成 lacA$^-$，则不能合成转乙酰酶。还有另一类突变体则是组成型突变体（constitutive mutant），它们在没有乳糖的培养基中培养时，也会合成 lacZYA 酶系。对这些组成型突变的遗传分析，表明它们的突变位点集中在 lacI 和 lacO 这两个基因位点上。

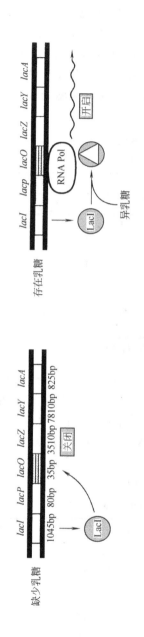

图10-11 大肠杆菌乳糖操纵子的结构和负调控模型

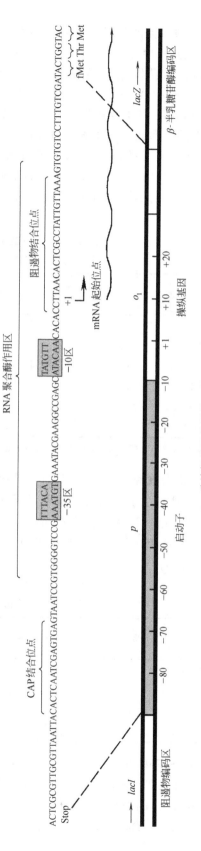

图10-12 乳糖操纵子的调控区的 DNA 序列

① 调节基因的发现和证实。$lacI$ 突变成 $lacI^-$ 后，使细胞组成型合成有关的酶。那么 $lacI^-$ 突变是显性还是隐性的呢？将 $lacI^+$ 或 $lacI^-$ 及下游结构基因 $lacZYA$ 构建在 F' 质粒上，通过将 F' 菌株与 F^- 菌株杂交，形成部分二倍体，如：

$$F'lacI^-\ lacZ^+\ Y^-A^+ \times F^-lacI^+\ LacZ^-\ Y^+A^- \longrightarrow lacI^-lacZ^+\ Y^-A^+/lacI^+LacZ^-Y^+A^-$$

如果 $lacI^-$ 突变是显性的，那么在无诱导物的条件下能组成型表达，即合成三种酶；如果是隐性的，那么只有在诱导物存在时才能合成有关的酶。表 10-3 是实验结果，从中可以看出，$lacI^-$ 突变对 $lacI^+$ 来说是隐性的，而且，$lacI^+$ 基因的产物不仅对处于同一条染色体（正常染色体）的 Z、Y、A 基因的转录起阻遏作用，对处于另一条染色体（突变型染色体）上的 Z、Y、A 基因同样起控制作用，这也说明了 $lacI^+$ 编码的阻遏蛋白在细胞内是可扩散的。

表 10-3 大肠杆菌 K12 的单倍体和杂基因子代酶活性

（数字表示酶的相对活性，野生型单倍体为 100）

基　因　型	不　诱　导			经　诱　导		
	Z	Y	A	Z	Y	A
1. $I^+Z^+Y^+$	<0.1	<1	<1	100	100	100
2. $I^-Z^+Y^+$	120	120	120	120	120	120
3. $I^-Z^-Y^+/F^-\ I^-Z^+Y^+$	2	2	2	200	250	250
4. $I^-Z^-Y^+/F^-\ I^+Z^+Y^-$	2	2	2	250	120	120
5. $I^-Z^-Y^+/F^-\ I^-Z^+Y^+$	250	250	250	250	250	250
6. $\triangle IZY/F^-\ I^-Z^+Y^+$	200	200	200	200	200	200

注：Z 代表 β 半乳糖苷酶；Y 代表 β 半乳糖苷透性酶；A 代表 β 半乳糖苷转乙酰酶。

超阻遏突变型也是 I 基因的一种突变类型，称 I^s。这是一种诱导无效的突变型（表 10-4）。I^s 所产生的阻遏物不能与诱导物结合，所以始终作用于结构基因。在这种情况下，即使细胞中由于 I^- 基因的存在而产生没有阻遏作用的阻遏物或是由于 I^+ 的存在而产生能和诱导物结合的阻遏物，都不足以影响 I^s 基因产物的阻遏作用，所以 I^s 基因对于 I^+ 和 I^- 来讲都是显性的。

表 10-4 超阻遏突变型 I^s 的酶的合成

（数字表示酶的相对活性，以野生型单倍体为 100）

基　因　型	不　诱　导			经　诱　导		
	Z	Y	A	Z	Y	A
1. $I^+Z^+Y^+$	<0.1	<1	<1	100	100	100
2. $I^sZ^+Y^+$	2	2	2	2	2	2
3. $I^sZ^+Y^+/F^-\ I^+Z^+Y^+$	2	2	2	2	2	2
4. $I^sZ^+Y^+/F^-\ I^-Z^+Y^-$	2	2	2	2	2	2

② 操纵基因的发现和证实。Jacob 和 Monod 曾分离到另一种类型的组成型突变，这些突变不是发生在 I 基因内，而是发生在与 $lacZ$ 相邻的区域内，他们把这些突变称为 O^c 突变（O 是 operator 的缩写），这便是操纵基因。通过部分二倍体实验证明，O^c 突变是顺式显性的（cis dominant），它们只对处于同一染色体上的结构基因起作用。在 $lacI^+\ lacO^+\ Z^-Y^+$

$A^-/lacI^+ lacO^c Z^+ Y^- A^+$ 的部分二倍体中，β-半乳糖苷酶和转乙酰酶是组成型合成，因为 Z^+ 和 A^+ 与 O^c 突变处于同一染色体上，O^c 是顺式显性，但是透性酶（Y 基因产物），则是诱导合成，因为 Y^+ 处于另一条染色体上，O^c 是反式隐性。表 10-5 是部分实验结果。

表 10-5　大肠杆菌 K12 的操纵基因组成型单倍体和杂基因子代酶活性

基　因　型	不　诱　导			经　诱　导		
	Z	Y	A	Z	Y	A
1. $O^+ Z^+ Y^+$	<0.1	<1	<1	100	100	100
2. $O^c Z^+ Y^+$	25	25	25	100	100	100
3. $O^+ Z^- Y^+/F^- O^c Z^+ Y^+$	75	75	75	250	300	300
4. $O^+ Z^- Y^+/F^- O^c Z^+ Y^-$	75	1	1	250	120	120
5. $O^+ Z^+ Y^-/F^- O^c Z^- Y^+$	1	75	75	100	250	250

2. 大肠杆菌乳糖操纵子的正调控

（1）cAMP-CAP 的正调控作用　在大肠杆菌等细菌的乳糖、半乳糖、阿拉伯糖等的启动子上，除了 RNA 聚合酶的结合位点外，还有 CAP 位点（catabolite activator protein，CAP，分解代谢物激活蛋白）。一般来说，依赖于 CAP 的启动子常缺乏一般启动子所具有的典型的－35区和－10区的序列特征，因此大肠杆菌 RNA 酶难以与其结合。CAP 的存在可以明显提高酶同启动子的结合常数。

CAP 由 *cap* 基因编码，是原核生物基因表达的一种正调节蛋白，分子量为 22.5kD，由 2 个相同的亚基组成，每个亚基都有螺旋-转角-螺旋结构。*cap* 基因突变可阻止操纵子的转录。单独的 CAP 蛋白并不具有活性，只有 cAMP 存在时，CAP 与 cAMP 形成复合物才有活性，即才能与 CAP 位点结合，激活转录。cAMP 浓度下降，CAP 就不能与启动子结合，RNA 聚合酶也就不能启动转录。

乳糖启动子的－70 到－50 区是 CAP 结合位点，CAP 蛋白激活乳糖操纵子转录的机理见图 10-13。CAP 激活转录有两种方式，第一种是作用于 DNA，即 cAMP-CAP 复合物与 DNA 结合后，使 DNA 发生弯曲，促进了 RNA 聚合酶与启动子的结合；另外，cAMP-CAP 复合物与 DNA 结合后改变了这一区段 DNA 的二级结构，促进了 RNA 聚合酶结合区的解链，从而有利于转录的顺利进行。第二种是 CAP 直接作用于 RNA 聚合酶，即 CAP 蛋白与 RNA 聚合酶中的 α 亚基的羧基端相接触，通过 CAP 与 RNA 聚合酶之间的相互作用，提高转录水平。

实验表明，如果缺少 CAP，尽管乳糖启动子的－35区和－10区存在并完整无损，但是 RNA 聚合酶不能很好地与－35区结合；虽然 RNA 聚合酶能与－10区结合，但是这个起始区内的 DNA 双螺旋结构不发生解旋作用，也无法开始转录。

（2）分解代谢产物阻遏作用　当培养基中既有乳糖又有葡萄糖时，大肠杆菌优先分解利用葡萄糖而不利用乳糖，直到葡萄糖用完后才开始利用乳糖（图 10-14）。说明葡萄糖存在时，阻止了乳糖操纵子结构基因的表达，从而抑制了乳糖的利用。同样，葡萄糖对半乳糖操纵子、阿拉伯糖操纵子和麦芽糖操纵子等的表达都有阻止作用，这种现象称为分解代谢产物阻遏（catabolite repression）或葡萄糖效应。这是因为当存在葡萄糖时，葡萄糖被分解而产生能量，则细胞内 ATP 的含量升高；与此同时，细胞内的 cAMP 含量降低。前面我们已经讲过，乳糖操纵子的转录需要 cAMP-CAP 复合物，细胞中 CAP 的合成是组成型的，因而也

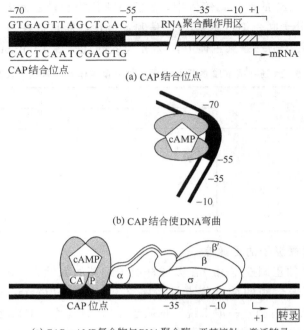

(a) CAP 结合位点

(b) CAP 结合使 DNA 弯曲

(c) CAP-cAMP 复合物与 RNA 聚合酶 α 亚基接触，激活转录

图 10-13　CAP-cAMP 复合物激活 *lac* 启动子的机制

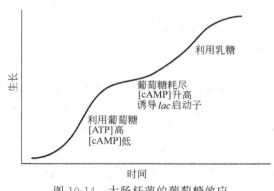

图 10-14　大肠杆菌的葡萄糖效应

是相对稳定的。这样，具有正调控能力的 cAMP-CAP 复合物主要取决于 cAMP 的含量。另外，催化合成 cAMP 的腺苷酸环化酶位于细胞膜上，其活性与负责葡萄糖运输的磷酸烯醇式丙酮酸磷酸基转移酶的活性有关。

（3）代谢物阻遏与诱导的关系　受 CAP 调控的操纵子，其转录必须满足两个条件：第一是培养基中必须缺少能优先利用的糖类如葡萄糖；第二是培养基中必须有操纵子的诱导物的存在。例如乳糖操纵子，如果培养基中只有乳糖而无葡萄糖时，则 cAMP 含量高，cAMP-CAP 就会结合在乳糖启动子的上游，激活转录；培养基中同时含有乳糖和葡萄糖时，由于 cAMP 含量低，则乳糖操纵子不能转录；没有乳糖而只有葡萄糖时，由于阻遏蛋白与操纵基因结合，乳糖操纵子也不能转录。在没有乳糖和葡萄糖时，即使 cAMP 含量较高，但由于没有诱导物的存在，结果是阻遏蛋白结合在操纵基因上，乳糖操纵子也不能转录（图10-15）。

（4）启动子突变对 CAP 活性的影响　已经从乳糖操纵子中分离到 3 种类型的启动子突变体（图10-16）。类型Ⅰ是 CAP 结合位点的碱基发生突变，则 CAP 再也不能与之结合。如乳糖操纵子的启动子突变体 L8，其 CAP 位点中一个碱基对由 G·C 变为 A·T 后，cAMP-CAP 再也不能与启动子结合，则操纵子变为弱启动子。这种突变的启动子转录水平非常低，即使在培养基中的乳糖和 cAMP 含量高的情况也如此。然而，这种类型的乳糖操纵子的低

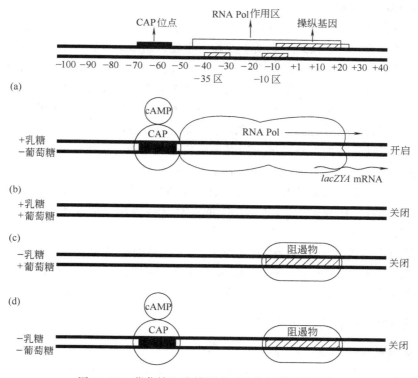

图 10-15　葡萄糖和乳糖两者对乳糖操纵子的调控

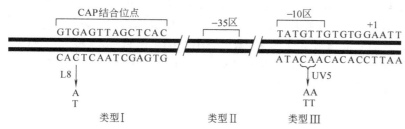

图 10-16　乳糖操纵子启动子区的 3 种突变类型

类型Ⅰ：不能与 CAP 结合；类型Ⅱ：−35 区发生突变；

类型Ⅲ：不需要 CAP 的诱导激活

水平表达，不再易受碳源的影响，即使向培养基中添加葡萄糖和降低 cAMP 含量，其表达水平也不会降低太多。

　　类型Ⅱ突变体是启动子−35 区的碱基发生突变。这类启动子即使在 cAMP 含量高时活性都很低。然而，这种突变体对分解代谢产物的阻遏仍然敏感。当细胞在有乳糖和葡萄糖而 cAMP 含量低的条件下生长，合成的 β-半乳糖苷酶量要比生长在含有乳糖且 cAMP 含量高的条件下高。

　　类型Ⅲ突变体是−10 区的碱基发生突变。如乳糖操纵子的启动子突变体 lac-UV5，其−10 区中有两个碱基突变（G→A、T→A），即由原来的 TATGTT 序列变为 TATAAT。这种突变体的启动子活性与野生型乳糖启动子的一样强，但不再需要 cAMP-CAP 的激活。这种突变体的−10 区序列与 σ^{70} 型启动子−10 区的共有序列非常类似。

3. 乳糖操纵子的应用

（1）乳糖操纵子的启动子（*lac* promoter）　乳糖操纵子是中等强度的启动子，允许克隆的基因高水平表达。乳糖操纵子启动子及其衍生物被用来构建在许多表达载体上，使克隆的外源基因在乳糖操纵子启动子带动下进行表达。乳糖操纵子也是诱导型启动子，对那些对宿主细胞有毒的基因产物的基因也能进行克隆。这是因为细胞在无诱导物时只生长，而克隆的基因不表达；只有当细胞达到较高浓度时，才加入 IPTG 诱导，克隆的基因开始表达，即使被表达的基因产物对细胞有毒，但在细胞被杀死之前，已经合成了部分蛋白。

乳糖操纵子启动子的衍生物也被应用在一些表达载体中，这些启动子突变体保留了乳糖操纵子的一些特征，另外还具有一些有利的特点。如启动子突变体 *lac*UV5 再也不受代谢物的抑制，即使培养基中含有葡萄糖，启动子也有活性。杂合 *trp-lac* 启动子，称为 *tac* 启动子，也被广泛应用在基因克隆中。*tac* 启动子的优点是其启动子活性比乳糖启动子强，但同时保留了诱导性。另外，对代谢物抑制不敏感。

（2）*lacZ* 报告基因（*lacZ* reporter gene）　*lacZ* 基因产物是 β-半乳糖苷酶，除能分解乳糖外，还能以 X-gal 作为底物。对 X-gal 水解会产生蓝色反应物质而易被检测出来。因此，*lacZ* 基因作为报告基因广泛的应用在从细菌、酵母、果蝇到人细胞的基因表达的检测中。

二、半乳糖操纵子的双重调控

1. 半乳糖操纵子的双启动子结构

半乳糖也是可作为细菌碳源的一种糖类。细胞中半乳糖的代谢需要 3 种酶：半乳糖激酶（galactokinase，*galK* 基因编码）、半乳糖转移酶（galactose transferase，*galT* 基因编码）和半乳糖差向异构酶（galactose epimerase，*galE* 基因编码）。这 3 个酶的作用使半乳糖变为葡萄糖。编码这 3 个酶的基因 *galE*、*galT*、*galK* 成簇排列，其上游有操纵基因 *galO* 和启动子 *galP*，它们共同组成 *gal* 操纵子，位于遗传图上 17min 处。*gal* 操纵子的调节基因 *galR* 位于遗传图上 55min，与 *gal* 操纵子离得较远。*gal* 操纵子的诱导物是半乳糖，cAMP-CAP 是它的正调控蛋白（图 10-17）。

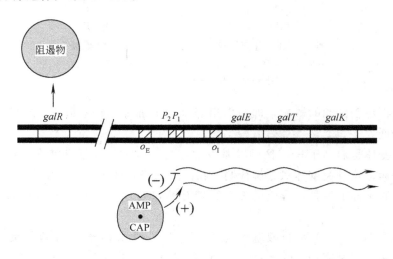

图 10-17　大肠杆菌 *gal* 操纵子

gal 操纵子结构如图 10-18 所示，有如下几个特点。①有两个相互重叠的启动子：P_1 和

P_2。P_1 依赖于 cAMP-CAP，转录起点为 +1，其 −10 顺序位于 −12～−6，称为 −10S1；P_2 不依赖于 cAMP-CAP，从 −5 开始转录，其 −10 顺序位于 −17～−11，称为 −10S2。②gal 操纵子无 −35 顺序。③具有 2 个操纵基因 O_E 和 O_I，O_E 在上游，位于 CAP 位点之内，O_I 在基因 gal 内部；O_E 和 O_I 离启动子都有一段距离，不直接相邻。

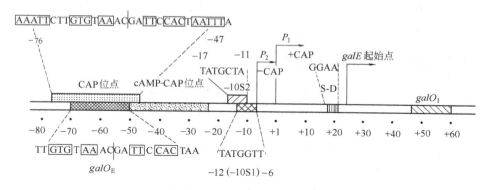

图 10-18　大肠杆菌 gal 操纵子的结构

2. 双启动子的调控

大肠杆菌半乳糖操纵子的调控如图 10-19 所示。GalR 是组成型表达，但产生的阻遏蛋白只有在半乳糖缺乏的条件下才具有活性。当没有葡萄糖的条件下有半乳糖存在时，GalR 与半乳糖结合而失活，CAP 结合在 −47～23 区域，RNA 聚合酶结合在 −10S1 区，CAP 和

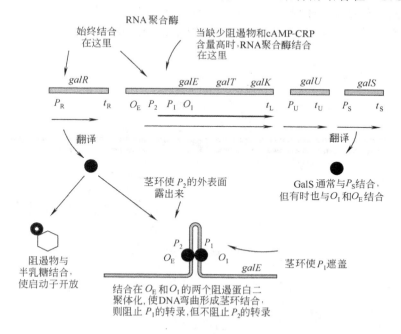

图 10-19　大肠杆菌 gal 操纵子的调控机制

RNA 聚合酶直接相互作用，使 P_1 顺利转录；当没有半乳糖时，GalR 以二聚体形式与操纵基因 O_E 和 O_I 结合并使该区的 DNA 形成茎环结构，从而使 P_2 启动子的表面裸露而 P_1 启

动子被遮盖，则阻止了 P_1 的转录而 P_2 的转录不受影响，结果是半乳糖操纵子维持本底水平的转录。

GalS 也是一种阻遏蛋白，参与自我阻遏调控，但与 O_E 和 O_I 有低亲和力，因此对 *gal* 操纵子也有一定的调控能力。GalS 和 GalR 这两种蛋白在氨基酸水平上具有 55% 同源性，它们的功能也具有互补性。GalS 是 *mgl*（methyl galactoside）操纵子的主要负调节蛋白，对 *gal* 的调控作用较弱；相反，GalR 对 *gal* 起主要调节作用，而对 *mgl* 的调节作用较弱。

三、阿拉伯糖操纵子的双重调控

与半乳糖操纵子一样，阿拉伯糖操纵子的基因调控同样属于双重调控，不过它比乳糖操纵子的双重调控更为复杂。一方面阿拉伯糖的利用也有葡萄糖效应，说明有 CAP 蛋白参与的正调控作用；另一方面基因 *araC* 所编码的蛋白质具有双重作用，阿拉伯糖存在时使它成为一种激活蛋白，诱导物阿拉伯糖不存在时，它处于抗激活态，起着阻遏蛋白的作用。

1. 大肠杆菌阿拉伯糖操纵子

阿拉伯糖是一个用作碳源的五碳糖。参与阿拉伯糖代谢的酶基因分为 3 个操纵子，一个是 *araBAD*，一个是 *araE*，另一个是 *araF*，这 3 个操纵子位于染色体的不同位置上，但都由一个共同的调节基因 *araC* 的产物进行调控。这种由一个调节基因同时控制几个操纵子的系统，称为调节子（regulon）。*araE* 和 *araF* 分别编码膜蛋白和周质蛋白，与阿拉伯糖的吸收有关。*araBAD* 分别编码 L-核酮糖激酶、L-阿拉伯糖异构酶和 L-核酮糖-5-磷酸-4-差向异构酶，在这三种酶的作用下，细胞内的阿拉伯糖转变为 5-磷酸-D-木酮糖，再经磷酸戊糖代谢进一步分解。

大肠杆菌阿拉伯糖操纵子结构和功能见图 10-20。调节基因 *araC* 与 *araBAD* 各有自己的启动子，它们的转录方向相反。三个结构基因 *araBAD* 由共同的启动子 P_{BAD} 启动转录；

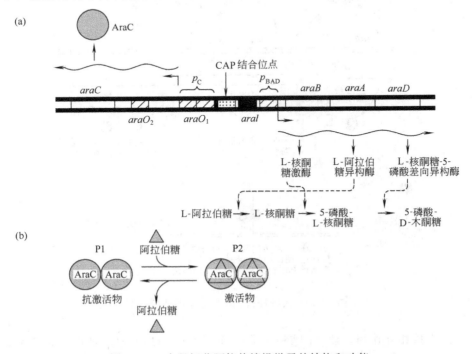

图 10-20　大肠杆菌阿拉伯糖操纵子的结构和功能

激活区 $araI$ 位于 P_{BAD} 启动子上游；CAP 位点也位于 P_{BAD} 启动子上游；2 个操纵基因 $araO_1$ 和 $araO_2$ 位于 CAP 位点上游。

AraC 蛋白具有双重作用，阿拉伯糖存在时使它成为一种激活蛋白（P2 形式）；诱导物阿拉伯糖不存在时，它处于抗激活态，起着阻遏蛋白的作用（P1 形式）；当环境中存在阿拉伯糖时，阿拉伯糖作为一种诱导物与 AraC 蛋白结合，结合阿拉伯糖后的 AraC 可能是由于构象发生改变，转变成一种激活蛋白，通过与激活区 $araI$ 结合，促进 $araBAD$ 的转录，表现出典型的正调控方式。当没有阿拉伯糖时，AraC 起阻遏蛋白的作用，与操纵基因 $araO$ 结合，抑制 P_{BAD} 启动子的转录。

2. 阿拉伯糖操纵子的双重控制机制

阿拉伯糖操纵子的操纵基因 $araO$ 有两个位点：一是 $araO_1$，位于 $-140 \sim -110$ 之间，阻遏蛋白 AraC 结合后对 $araBAD$ 转录只表现出轻微的阻遏作用；另一个是 $araO_2$，位于 -280 附近（$-294 \sim -265$），即在基因 $araC$ 的前导序列中（这段序列转录但不翻译），它对于 $araBAD$ 的有效阻遏是必不可少的。$araI$（位于 -78 到 -40 区段），可以分为 $araI_1$ 和 $araI_2$ 两个区域。

图 10-21 是阿拉伯糖操纵子的调控模式。当环境中没有阿拉伯糖时，AraC 蛋白以 P1（抗激活物）形式存在，优先与 $araO_2$ 和 $araI_1$ 结合，使位于这两个位点之间的 DNA 发生弯曲。由于 P1 形式的 AraC 优先与 $araO_2$ 结合，而不能与 $araI_2$ 结合，因此不能启动 P_{ABD} 的转录。

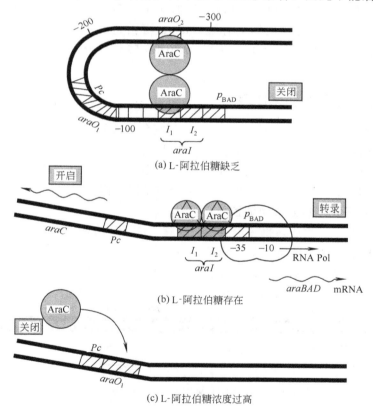

(a) L-阿拉伯糖缺乏

(b) L-阿拉伯糖存在

(c) L-阿拉伯糖浓度过高

图 10-21 阿拉伯糖操纵子的调控模式

（a）阿拉伯糖缺乏时，AraC 处于 P1 状态，优先结合 $araI_1$ 和 $araO_2$，阻止结合到 $araI_2$，关闭操纵子；

（b）阿拉伯糖存在时，AraC 处于 P2 状态，优先结合 $arcI_1$ 和 $arcP_2$，激活转录；

（c）AraC 浓度太高，也可结合 $araO_1$，阻止 $araC$ 的转录

当环境中有阿拉伯糖时，阿拉伯糖与 AraC 结合，这种 AraC 以 P2 形式存在（激活物），优先与 araI$_1$ 和 araI$_2$ 结合，然后通过与 RNA 聚合酶的相互作用使结构基因 araABD 转录。

AraC 蛋白不仅调控 ara 操纵子的转录，而且还对自身的转录起负调控，属于自体调控（autoregulation）。在没有阿拉伯糖时，结合在 araO$_2$ 和 araI$_1$ 的两个 AraC 单体相互作用，使 araC 启动子区发生弯曲，因此阻止了 Pc 启动子对 araC 基因的转录。当环境中有阿拉伯糖时，AraC 蛋白不能与 araO$_2$ 结合，启动子不会发生弯曲，则 Pc 启动子进行正常转录。然而，如果 AraC 的浓度太高，多余的 AraC 就会结合在 araO$_1$ 上，阻止 Pc 启动子的进一步转录。

3. CAP 蛋白对阿拉伯糖操纵子的调控

CAP 在阿拉伯糖操纵子中也是起着正调节作用。cAMP-CAP 的结合位点是（−107～−78），当 cAMP-CAP 结合后，可同时激活 araC 和 araBAD 的表达。可能是因为 CAP 蛋白通过与 CAP 位点的结合，使结合有 AraC 的 araO$_2$ 和 araI$_1$ 之间的 DNA 环打开，这样阻止了 AraC 与 araO$_2$ 和 araI$_1$ 位点的结合，而有利于呈激活态的 AraC 结合在 araI$_1$ 和 araI$_2$ 上，从而使 araABD 基因转录。

培养液中没有阿拉伯糖而有葡萄糖时，araC 稍有转录，araBAD 则不转录，因为这时既没有足够的 cAMP，AraC 蛋白又以阻遏蛋白的状态出现。培养液中既没有阿拉伯糖又没有葡萄糖时，araC 的转录因为 cAMP 的增加而增加，可是 araBAD 仍然不转录，因为 araC 蛋白仍然以阻遏蛋白状态出现。培养液中有阿拉伯糖而没有葡萄糖时 araC 的转录正常进行；不过由于阿拉伯糖的存在，araC 蛋白这时以激活状态存在，再加上由于没有葡萄糖而使 cAMP 含量增加，所以 araBAD 转录能够进行。这样，阿拉伯糖分解代谢便得以进行。

四、色氨酸操纵子的弱化作用

色氨酸操纵子（tryptophane operon，trp）负责色氨酸的生物合成，它的转录与否完全取决于培养基中色氨酸的浓度。当培养基中有足够的色氨酸时，trp 操纵子自动关闭；缺乏色氨酸时操纵子被打开，trp 基因表达。由于 trp 体系负责生物合成而不是降解，它不受葡萄糖或 cAMP-CAP 的调控。色氨酸操纵子的调控包括阻遏作用和弱化作用两种途径。

1. 色氨酸操纵子的结构及其负调控

色氨酸的合成分 5 步完成，每一步需要一种酶，这 5 种酶是：邻氨基苯甲酸合成酶、邻氨基苯甲酸焦磷酸转移酶、邻氨基苯甲酸异构酶、色氨酸合成酶和吲哚甘油-3-磷酸合成酶。编码这 5 种酶的结构基因 trpE、trpD、trpC、trpB、trpA 排列成簇，转录时形成一个大的 mRNA 分子（图 10-22）。trp 操纵子位于染色体图谱的 27min 处。trpE 基因是第一个被转

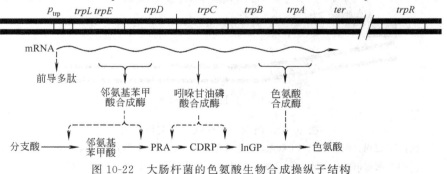

图 10-22　大肠杆菌的色氨酸生物合成操纵子结构

录的基因，其上游是启动子区和操纵区（*trpO*）。在染色体图谱的 90min 处是 *trp* 操纵子的调节基因 *trpR*，*trpR* 产生的阻遏蛋白与操纵基因结合后，阻止 *trp* 结构基因的转录。*trpR* 基因突变常引起 *trp* mRNA 的永久型合成。因此，*trpR* 编码的阻遏蛋白对 *trp* 操纵子的调控表现在转录是否启动（图 10-23）。除此之外，色氨酸操纵子中还有一种使正在进行的操纵子转录在达到结构基因以前中途停止的基因调控作用，也是一种负调控，称为弱化作用（attenuation）。下面就介绍一下色氨酸操纵子的弱化作用。

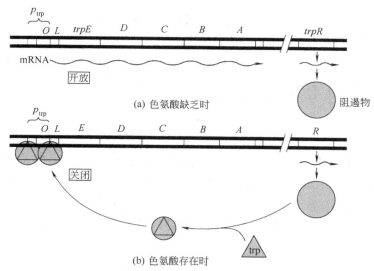

图 10-23　TrpR 阻遏物控制的色氨酸操纵子的负调控

2. 色氨酸操纵子的弱化调节

（1）弱化子　在 mRNA 的转录起始位点和第一个结构基因 *trpE* 之间有一个长 162bp 的 mRNA 片段，称为前导序列（leader sequence）。当这一序列中第 123～150bp（共 28bp）缺失时，*trp* 基因表达可提高 6～8 倍，在 TrpR$^+$ 和 TrpR$^-$ 细胞内都如此。此外还发现在 mRNA 合成起始之后，细胞没有色氨酸时，RNA 聚合酶可以继续转录；而有色氨酸存在时，则大多数 RNA 聚合酶不再前进，mRNA 分子的合成便终止于前导序列区，仅形成一个约 140 个核苷酸的 RNA。在前导序列中直接参与色氨酸操纵子调控的这一区段就称为衰减

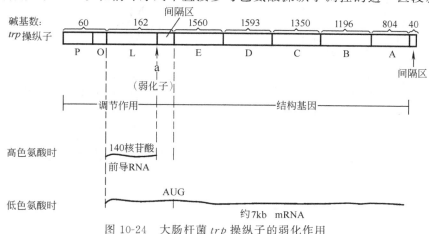

图 10-24　大肠杆菌 *trp* 操纵子的弱化作用

子或弱化子（attenuator）。它含有一个不依赖于ρ因子的终止子，是一段富含 G 和 C 的回纹序列，可以形成发夹结构，因此可在此处终止转录。这表明弱化子实际是一个转录暂停信号，因此弱化作用的实质是以翻译手段控制基因的转录（图 10-24）。弱化子系统的调控同阻遏蛋白的控制在方向上是相同的，都取决于细胞内色氨酸的水平，根据色氨酸的有无，弱化子系统实现其对转录终止与否的控制。弱化子序列本身并不能实施其调控作用，而必须借助前导序列中一个小肽编码区的翻译才能实现。

前导肽

Met Lys Ala Tle Phe Val Leu Lys Gly Trp Trp Arg Thr Ser

5′ pppAAGUUCACGUAAAAAGGGGUAUCGACAAUGAAAGCAAUUUUCGUACUGAAAGGUUGGUGGCGCACUUCCUGA

AACGGGCAGUGUAUUCACCAUGCGUAAAGCAAUCAGAUACCCAGCCCGCCUAAUGAGCGGGCUUUUUUUU　140

GAACAAAAUUAGAGAAUAACCAAUGCAAACACAAAAACCG ······　　弱化子序列　　　　　前导序列终止点
162

Met Gln Thr Gln Lys Pro ······

trpE

图 10-25　*trp* mRNA 的前导序列及前导肽

（2）色氨酸操纵子的前导序列　对色氨酸操纵子 mRNA 前导序列进行分析发现，有两个方面尤为重要。一是用前导区的 140 个核苷酸 mRNA 和核糖体结合实验表明，前导序列的 27～71 区段含有起始密码子 AUG 和终止密码子 UGA，可以翻译产生一个由 14 个氨基酸组成的前导肽（leader peptide），含有两个相邻的色氨酸残基（图 10-25）。一般在大肠杆

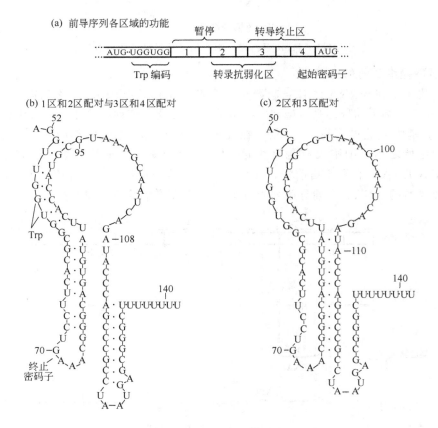

图 10-26　*trp* 前导区的几种碱基配对形式

菌的蛋白质中，每100个氨基酸中才有一个色氨酸，而由14个氨基酸组成的前导肽中就有2个色氨酸，这是较为特殊的。另外，前导序列中52~140bp之间有4个分别以1、2、3、4表示的彼此互补的片段，能以两种不同的方式进行碱基配对，有时以1-2和3-4方式配对，有时只以2-3方式配对。3-4配对后的RNA结构与典型的终止结构相似，转录就在此处停止。4个能进行核苷酸互补配对的片段，其位置分别为：1区（54~68bp）、2区（74~92bp）、3区（108~121bp）和4区（126~134bp），其中1区处于14个氨基酸的前导肽中（图10-26）。

总之，在色氨酸操纵子的转录起始位点和第一个结构基因（trpE）之间的162个核苷酸中，140个构成前导序列，它是由14个氨基酸的前导肽序列、4个互补区段和1个弱化子位点等构成。

（3）色氨酸操纵子的弱化作用机理　前导序列mRNA转录的终止是通过前导肽基因的翻译来调节的，因为在前导肽基因中有两个相邻的色氨酸密码子，所以这个前导肽的翻译必定对tRNA-Trp的浓度敏感。当培养基中的色氨酸浓度低时，tRNA-Trp的浓度也少，则正在翻译的核糖体通过两个相邻色氨酸密码子的速度就会很慢，当4区被转录完成时，核糖体才进行到1区（或停留在两个相邻的Trp密码子处），这时的前导区结构是2-3配对，不形成3-4配对的终止结构，所以转录可继续进行，直到将trp操纵子中的结构基因全部转录。而当培养基中色氨酸浓度高时，核糖体可顺利通过两个相邻的色氨酸密码子，在4区被转录之前，核糖体就达到2区，这样使2-3不能配对，3-4区可自由配对形成茎环状终止结构，转录停止，trp操纵子中的结构基因被关闭而不再合成色氨酸（图10-27），所以弱化子对RNA聚合酶的影响依赖于前导肽翻译中核糖体所处的位置。

3. 其他操纵子中的弱化作用

在微生物中采用类似的弱化作用方式来控制氨基酸合成酶基因表达的还有下列操纵子：组氨酸（his）、苯丙氨酸（phe）、亮氨酸（leu）、苏氨酸（thr）和异亮氨酸（Ile）等。在组氨酸操纵子和苯丙氨酸操纵子前导肽中含有7个相应的His或Phe密码子，在苏氨酸（thr）操纵子中，含有8个Thr密码子。根据几种操纵子中前导区中的核苷酸序列推导的前导肽的氨基酸组成见表10-6。

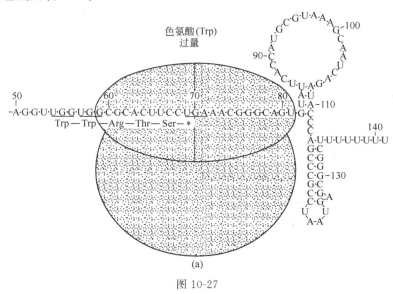

图 10-27

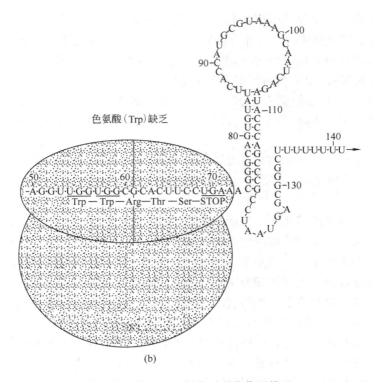

图 10-27（续） *trp* 操纵子弱化作用模型

表 10-6　根据前导区中的核苷酸序列推导的前导肽的氨基酸组成

操纵子	前导肽的氨基酸顺序
色氨酸	Met Lys Ala Ile Phe Val Leu Lys Gly <u>Trp Trp</u> Arg Thr Ser
苏氨酸	Met Lys Arg Ile Ser <u>Thr Thr</u> Ile <u>Thr Thr Thr</u> Ile <u>Thr</u> Ile <u>Thr Thr</u> Gly Asn Gly Ala Gly
组氨酸	Met Thr Arg Val Gln Phe Lys <u>His His His His His His His</u> Pro Asp
亮氨酸	Met Ser His Ile Val Arg Phe Thr Gly <u>Leu Leu Leu Leu</u> Asn Ala Phe Ile Val Arg Gly Arg Pro……Val Gly Gly Ile Gln His
苯丙氨酸	Met Lys His Ile Pro <u>Phe Phe Phe Phe</u> Ala <u>Phe Phe Phe</u> Thr <u>Phe</u> Pro

第四节
转录后的调控

一、SD 序列与翻译效率

转录产生的 mRNA 要与核糖体结合之后才能翻译产生蛋白质。通过核酸酶保护试验，表明在细菌中受核糖体保护的 mRNA 的起始序列约 35～40 个碱基长，其中包含起始密码子 AUG。在 mRNA 上起始密码子上游约 4～7 个核苷酸之前有一段富含嘌呤的 5′…AGGAGG…3′短小序列，它可以与 16S rRNA3′末端的 3′…UCCUCC…5′区段完全互补。mRNA 上的这段序列称为 Shine Dalgarno 序列（简称 SD 序列）。

SD 序列与 16S rRNA 序列互补程度以及从起始密码子 AUG 到 SD 序列的距离都强烈地

影响翻译起始的效率。不同基因的 mRNA 有不同的 SD 序列，它们与 16S rRNA 的结合能力也不同，从而控制着单位时间内翻译过程中起始复合物形成的数目，最终控制着翻译的速度。图 10-28 是几个基因的 mRNA 的 SD 序列。

ϕX 174A 蛋白　5′-AAUCU GGAGG CUUUUU AUG GUUCGUUCU-3′

QB 复制酶基因　5′-UUAC UAAGGAU GAAAUGC AUG UCUAAGACA-3′

R17A 蛋白基因　5′-UCCUAGG AGGU UUGACCU AUG CGAGCUUUU-3′

λ Cro 蛋白基因　5′-AUGUAC UAAGGAGGU UGU AUG GAACAACGC-3′

图 10-28　几个不同基因 mRNA 中的 SD 序列

二、重叠基因对翻译的影响

重叠基因最早在大肠杆菌噬菌体 ϕX174 中发现，例如 B 基因包含在 A 基因内，E 基因包含在 D 基因内，用不同的阅读方式得到不同的蛋白质。后来发现丝状 RNA 噬菌体、线粒体 DNA 和细菌染色体上都有重叠基因。大肠杆菌 *trp* 操纵子由 5 个基因（*trpE*、*trpD*、*trpC*、*trpB*、*trpA*）组成，这 5 个基因产物是等量的。其中 *trpE* 和 *trpD* 为重叠基因，*trpB* 和 *trpA* 为重叠基因，其重叠程度都是前一个基因的终止密码子和后一基因的起始密码子有一个核苷酸的重叠，从而使已完成前一基因翻译的核糖体立即开始另一基因的翻译。这种重叠的密码保证了同一核糖体对两个连续基因进行翻译，从而使这两个基因产物在数量上相等。

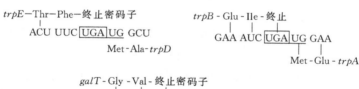

此外，在大肠杆菌 *gal* 操纵子（*galETK*）中也存在类似基因重叠的现象。*galT* 的终止密码子和 *galK* 的起始密码子之间相隔 3 个核苷酸，虽然这两个基因没有直接的重叠，但 *galK* 基因的 SD 序列却位于 *galT* 基因终止密码子之前，所以当 *galT* 翻译终止时，核糖体还没有脱落就直接与 SD 序列结合开始 *galK* 的翻译，这也能保证两个基因的等量翻译，也是一种偶联翻译。

三、严紧反应

当细菌在不良的营养条件下生长时，由于缺乏足够的氨基酸，细胞中鸟苷四磷酸（ppGpp）和鸟苷五磷酸（pppGpp）的含量迅速增加，与此同时 RNA（特别是 rRNA）合成速度也迅速减少，蛋白质的合成骤然下降，从而使细菌处于低代谢水平和缓慢生长的状态。人们将细菌这种为了渡过困难时期而存活下来的适应性表现称为严紧反应（stringent control）。假如在培养基中又重新加入氨基酸，则 pppGpp 和 ppGpp 含量迅速下降，而 rRNA 的合成则上升。

严紧反应是怎样发现的呢？早在 1952 年就发现，大肠杆菌营养缺陷型（Trp⁻His⁻）在缺少上述任何一种必需氨基酸的培养基上生长时，不但蛋白质合成速度立即下降，RNA 合成速度也下降（5%～10%）。后来又发现另一个大肠杆菌突变株，当氨基酸供应不足时，这个突变株细胞内蛋白质合成虽然停止了，但 RNA 的合成速度却没有下降，说明不产生严紧反应。前一种现象就是上面讲过的严紧反应，其基因型记为 rel⁺；后一种现象称为松弛型突变体，其基因型记为 rel⁻。进一步研究发现，rel⁺ 和 rel⁻ 菌株除上述生理现象不同外，在缺乏氨基酸时，rel⁺ 菌株能合成 pppGpp 和 ppGpp，而 rel⁻ 菌株则不合成。因为这两种化合物在薄层层析图谱上的迁移率与常见的核苷酸不同，所以人们将 pppGpp 和 ppGpp 在薄层层析图谱上形成的斑点称为魔斑。

最常见的松弛型突变的位点位于 relA 基因上，relA 基因编码一种蛋白质，称为严紧因子（stringent factor）或 pppGpp 合成酶。严紧因子能催化 GTP 与 ATP 反应，生成 pppGpp 和 ppGpp。

RelA 催化合成的主要产物是 pppGpp，然而 pppGpp 能经几种酶转化为 ppGpp。当细菌的生存条件恢复正常时，就要降解 ppGpp。一种名为 spoT 的基因编码降解 ppGpp 的酶。它能以 20 秒的半衰期快速将 ppGpp 分解为 GDP，因此严紧反应能随着 pppGpp 和 ppGpp 的消失很快逆转。

pppGpp 和 ppGpp 是怎样产生的呢？当氨基酸缺乏时，不负载氨基酸的 tRNA 增多，这种不载有氨基酸的 tRNA 仍能和核糖体的 A 位结合，核糖体上不负载氨基酸的 tRNA 是细胞产生严紧控制的信号。在正常的蛋白质合成过程中，将 aa-tRNA 运转到正在延伸的多肽上需要 GTP，可能由于这一反应的停止，大量 GTP 便被用做合成 pppGpp 和 ppGpp。空载的 tRNA 进入，引发 (p)ppGpp 分子的合成，pppGpp 又使 tRNA 再次释放，然后再次进入，再次引发 pppGpp 合成。

pppGpp 和 ppGpp 是如何调控基因转录的呢？已知它能与 RNA 聚合酶结合，改变了后者的构型，从而识别不同的启动子，改变基因转录的效率，或关闭、减弱或增加。已有报道，ppGpp 能抑制 rRNA 操纵子的启动子的转录起始，从而抑制 rRNA 和 tRNA 的合成。

前面我们已经讲过，当细胞的碳源供应不足时，细胞内产生 cAMP。当细胞处于氨基酸饥饿时，细胞内则产生 pppGpp 和 ppGpp。这些非同寻常的代谢产物能够影响某些蛋白质和酶的活性，从而设法解决细胞所碰到的问题。这些非同寻常的代谢产物，我们称之为报警素（alarmone）。

四、反义 RNA 的调控作用

前面我们谈到的基因调控主要是通过蛋白质与核酸的相互作用而实现的。1983 年，研究者发现了反义 RNA（antisense RNA）对于基因表达的调控作用，从而揭示了一种新的基因表达的调控机制。

反义 RNA 就是一种 RNA 调节物，在细菌细胞内作为调节物进行一些调控，反义 RNA 有三种调节方式。①反义 RNA 与 mRNA 翻译起始部位发生结合，形成 RNA-RNA 二聚体，使核糖体不能结合，从而使得翻译不能起始。②反义 RNA 也可与 mRNA 结合，使得转录提前终止。③反义 RNA 也可与 RNA 结合，形成双螺旋结构，由于所形成的双螺旋结构成为内切酶的特异底物，使与之结合的 RNA 变得不稳定。

反义 RNA 对大肠杆菌的渗透调节就是通过与渗透有关的两种蛋白（即 OmpC 和 OmpF）的 mRNA 结合，从而抑制 mRNA 的翻译。

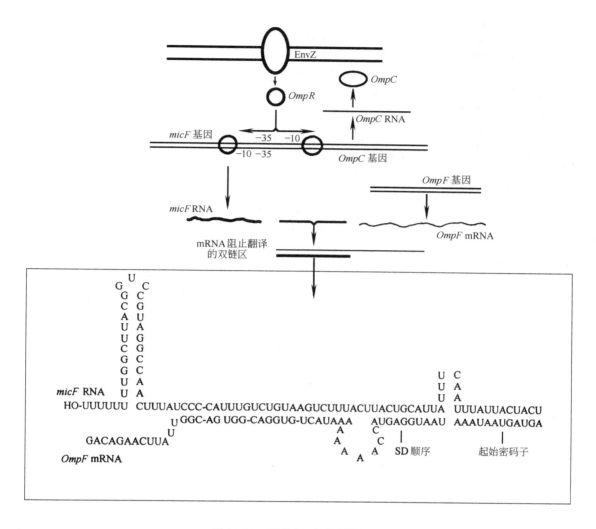

图 10-29 反义 RNA 的调控机理

OmpC 和 OmpF 是大肠杆菌中与渗透性有关的两种外膜蛋白，它们的合成受培养基渗透压的调节。基因 envZ 编码一种作为渗透压感受器的受体蛋白，渗透压增加时，EnvZ 蛋白激活 OmpR 蛋白，OmpR 蛋白是激活两种基因转录的一种正调节物，它所激活的两种基因是中心调节区的结构基因 OmpC 和调节基因 micF。micF 的产物是一个 174bp 的 RNA 分子，它是典型的反义 RNA，与基因 OmpF mRNA 互补（图 10-29）。

渗透压增加引起 micF RNA 合成，micF RNA 与 OmpF RNA 分子中含有翻译起始的核糖体结合位点的区域互补结合，因此阻止 OmpF RNA 的翻译。

目前认为，在病毒和细菌中反义 RNA 对基因活性调节具有普遍性。在高等生物中尚未观察到天然反义 RNA 的存在，但将人工构建的反义 RNA 引入细胞内进行基因调控的研究，已证实了反义 RNA 对基因的调控作用。

主要参考文献

［1］ 张玉静. 分子遗传学. 北京：科学出版社，2000.

［2］ 孙乃恩，孙东旭，朱德煦. 分子遗传学. 南京：南京大学出版社，1990.

［3］朱玉贤，李毅. 现代分子生物学. 北京：高等教育出版社，1995.

［4］周俊初. 微生物遗传学. 北京：中国农业出版社，1994.

［5］沈萍. 微生物遗传学. 武汉：武汉大学出版社，1994.

［6］盛祖嘉. 微生物遗传学. 第2版. 北京：科学出版社，1997.

［7］崔涛. 细菌遗传学. 合肥：中国科技大学出版社，1991.

［8］丁友昉，陈宁. 微生物遗传学. 天津：南开大学出版社，1990.

［9］黄大昉. 农业微生物基因工程. 北京：科学出版社，2001.

［10］陈启民，王金忠，耿运琪. 分子生物学. 天津：南开大学出版社，2001.

［11］徐晋麟，徐沁，陈淳. 现代遗传学原理. 北京：科学出版社，2001.

［12］吴乃虎. 基因工程原理. 北京：科学出版社，1998.

［13］Snyder L，Champness W. Molecular Genetics of Bacteria. Washington D C：ASM Press，1997.

［14］Streips U N，Yasbin R. Morden Microbial Genetics. New York：John Wiley & Sons，Inc，1991.

［15］Lodish H，Baltimore D，Berk A，et al. Molecular Cell Biology. New York：W H Freeman and Company，2000.

［16］Birge E A. Bacterial and Bacteriophage Genetics. 4th. New York：Springer-Verlag，2000.

［17］Haldenwang W G. The Sigma Factors of *Bacillus subtilis*. Microbiological Reviews，1995，59（1）：1-30.

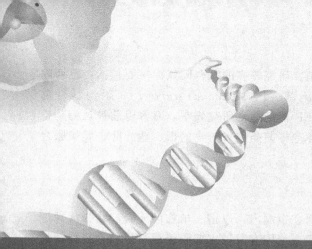

第十一章
微生物的固氮调节机制

生物固氮（nitrogen fixation）是指原核生物利用体内的固氮酶将空气中的氮气还原为氨的过程。空气中约80%是氮气，但却不能被高等动植物直接利用，只有少数原核微生物能将空气中的氮还原成氨，为植物、动物和其他微生物生长提供氮源。

生物固氮是一座天然的氮素合成工厂，在农业生产中发挥着重要作用。然而，环境中高浓度的铵和氧对生物固氮有抑制作用。因此，国内外科学家都在努力地深入研究固氮酶的结构、固氮机理及固氮基因表达的调控机理等，为提高固氮效率和进行体外化学模拟生物固氮提供科学依据。

第一节
固氮菌的种类 •————————————————————————

固氮的原核生物包括很多不同的细菌以及一些古细菌，属于厌氧、兼性厌氧和好氧微生物。根据与宿主的关系，将固氮微生物分为自生固氮菌、联合固氮菌和共生固氮菌。

一、自生固氮菌

自生固氮菌自由生活在土壤或水域中，其固氮效率易受周围环境的影响，它们在富含可被利用的能源物质、缺氮和微氧（或无氧）的土壤或水域中固氮，因而可为森林和草原植物生长提供一些氮素；但若环境中缺乏可利用的能源（碳水化合物）或存在化合态氮（NH_4^+ 或 NO_3^-）时，自生固氮菌是不能固氮的。

自生固氮菌的种类多，主要包括肺炎克氏杆菌（*Klebsiella pneuomoniae*）、棕色固氮菌（*Azotobacter vinelandii*）、固氮弧菌（*Azoarcus* sp.）BH72、固氮类芽孢杆菌（*Paenibacillus azotofixans*）、固氮类多黏芽孢杆菌（*Paenibacillus polymyxa*）等。

二、联合固氮菌

联合固氮菌主要生长在植物的根际和根表，很少进入根内，不形成根瘤，基本是暴露在土壤环境中，其固氮效率也易受外界环境的影响。研究较多的联合固氮菌主要包括：巴西固氮螺菌（*Azospirillum brasilense*）、斯氏假单胞菌（*Pseudomonas stutzeri*）、阴沟肠杆菌（*Enterobacter gergoviae*）等。近年来，利用 GFP-标记技术研究表明，有些以前被认为是自生固氮菌现在被归为联合固氮菌，如有些固氮芽孢杆菌能进入植物的根、茎、叶，属于联合固氮菌。

三、共生固氮菌

共生固氮菌与植物共生形成根瘤，它们生活在根瘤内，以宿主植物的光合产物为能源进行固氮，为宿主植物生长提供大量氮素；但其宿主范围有限，主要限于豆科植物（豆科植物根瘤菌）和某些非豆科树木（弗氏固氮放线菌）。

与豆科植物共生固氮的根瘤菌（rhizobia）是一类广泛分布于土壤中的无芽孢、能运动、好氧、化能有机营养型的短小杆状革兰阴性菌，大小一般为$(0.5 \sim 0.9)\mu m \times (1.2 \sim 3.0)\mu m$，鞭毛周生、端生或侧生。大多数可以侵染豆科植物根部或茎部形成根瘤（root nodule），少数类群还可侵染茎部形成茎瘤（stem nodule），固定空气中的分子态氮形成氨，供豆科植物吸收利用。迄今为止，发现根瘤菌有 70 多个种，分布在 12 个属。12 个属包括 6 个根瘤菌属：根瘤菌属（*Rhizobium*）、中华根瘤菌属（*Sinorhizobium*）、中慢生根瘤菌属（*Mesorhizobium*）、慢生根瘤菌属（*Bradyrhizobium*）、固氮根瘤菌属（*Azorhizobium*）、另类根瘤菌属（*Allorhizobium*），以及 6 个其他细菌属：伯克霍尔德菌属（*Burkholderia*）、贪铜菌属（*Cupriavidus*）、甲基杆菌属（*Methylobacterium*）、德沃斯菌属（*Devosia*）、苍白杆菌属（*Ochrobactrum*）、叶瘤杆菌属（*Phyllobacterium*）。其中，苜蓿中华根瘤菌（*Sinorhizobium meliloti*）、大豆慢生根瘤菌（*Bradyrhizobium japonicum*）及田菁固氮根瘤菌（*Azorhizobium caulinodans*）是用于研究结瘤基因和固氮基因表达调控的 3 个模式菌株。

第二节
生物固氮作用 ●━━━━━━━━━━━━━━━━━━━━━━━━━━━━━━━━

无论哪种固氮菌，包括自生固氮菌、联合固氮菌及共生固氮菌，其固氮过程都基本相同，即都是在固氮酶的作用下进行固氮的。目前，研究固氮酶结构和功能所用的固氮菌主要包括：肺炎克氏杆菌（*Klebsiella pneumoniae*）、棕色固氮菌（*Azotobacter vinelandii*）、巴氏梭状芽孢杆菌（*Clostridium pasteurianum*）等。

固氮的总反应式为：

$$N_2 + 8e^- + 8H^+ + 16MgATP = 2NH_3 + H_2 + 16MgADP + 16Pi$$

固氮过程是一个非常耗能的反应。固氮酶在常温常压下即可将 N_2 还原为 NH_3，而人工合成 NH_3 的能量耗费很大，需要在 $300 \sim 500℃$ 的高温和 300atm（1atm=101325Pa）才能实现。

随着基因克隆、蛋白表达和纯化、X 射线衍射结晶学等技术的发展和应用，已解析出固氮酶的精细三维结构，使得对固氮酶作用机理的研究从分子水平扩展到空间结构的范围，对于固氮酶亚基之间以及固氮酶蛋白与辅因子之间的相对位置和相互作用方式的认识更为精确和直观。

一、固氮酶的结构

固氮酶是由两个大小不同的蛋白质组成的酶，即钼铁蛋白（MoFe 蛋白）和铁蛋白（Fe 蛋白）。N_2 和其他底物的结合与还原是在钼铁蛋白中完成的；铁蛋白是钼铁蛋白的电子供体，从其他电子供体提供的电子必须经过铁蛋白才能传递到钼铁蛋白并用于底物的还原。钼铁蛋白和铁蛋白单独存在时没有活性，只有相互作用形成复合体后才能固氮。

1. 钼铁蛋白

钼铁蛋白是一个 $\alpha_2\beta_2$ 型四聚体，其分子质量为 220kD，其中 α 亚基和 β 亚基分别由 $nifD$ 和 $nifK$ 基因编码。α 亚基和 β 亚基在分子质量大小、氨基酸组成及结构方面都非常类似。在每个 αβ 二聚体内，包含了 FeMo-co 和 P-cluster 两种必需的辅因子。P—cluster 位于 αβ 亚基二聚体的界面上，是电子从铁蛋白传递到钼铁蛋白的最初受体。每个 P-cluster 包含 8 个铁原子和 7 个硫原子，由两个 [4Fe-4S] 共用一个六配位的硫原子构成。FeMo-co 埋藏在 α 亚基之内，结构为 [Mo-7Fe-9S-Homocitrate-X]，即由高柠檬酸和 1 分子的 $MoFe_3$-S_3 簇与一个 Fe_4S_3 簇通过 3 个二硫键桥联而成，未知原子 X 位于 FeMo-co 的内部。与 P-cluster 相似，FeMo-co 也存在一系列的氧化还原态。已经可以分离出 P-cluster 和 FeMo-co，大大加快了研究固氮酶的步伐。研究证明，FeMo-co 是固氮酶的活性中心，在体外能将乙炔还原成乙烯，但不能单独固氮，只有和钼铁蛋白结合在一起，才表现出固氮活性。

2. 铁蛋白

铁蛋白是一个 γ_2 二聚体，含有铁原子，分子质量约为 60kD。γ 亚基由 $nifH$ 基因编码，如果 $nifH$ 突变，则不能合成铁蛋白。铁蛋白的功能是作为固氮酶的组分之一，参与固氮酶对底物的还原作用。

铁蛋白的两个相同亚基通过 [4Fe-4S] 簇桥连而成。铁蛋白中含有三个功能性位点：MgATP 结合-水解位点、[4Fe-4S] 簇和 ADP-R（核糖基化位点）。[4Fe-4S] 簇是固氮酶电子传递体系中重要的组成部分。一般认为，[4Fe-4S] 簇在传递电子时，通过 $[4Fe-4S]^{2+}$ 和 $[4Fe-4S]^{1+}$ 之间氧化还原态的转换每次传递 1 个电子，同时消耗 2 分子 ATP。MgATP 结合位点位于铁蛋白的表面，MgATP 在整个固氮酶反应中至少有以下三种功能：①MgATP 结合后诱发铁蛋白构象发生变化，使铁蛋白与钼铁蛋白发生聚合；②MgATP 的水解与电子传递相关；③MgATP 的水解伴随铁蛋白从钼铁蛋白上的解离。铁蛋白上另外一个重要功能位点是 ADP-R（核糖基化位点）。细胞在能量匮乏或氮源过剩时，ADP-核糖转移酶催化铁蛋白核糖基化，导致固氮酶可逆地失去活性，反之则由 ADP-核糖糖基水解酶除去 ADP-核糖，解除对固氮酶活性的抑制。这种 ADP-R 体系存在于深红红螺菌（*Rhodospirillum rubrum*）、荚膜红细菌（*Rhodobacter capsulatus*）和巴西固氮螺菌中。

3. 铁蛋白-钼铁蛋白复合物

在固氮酶催化过程中，铁蛋白和钼铁蛋白必须形成复合物才能够行使正常的功能。通过 X 射线衍射技术，铁蛋白、钼铁蛋白以及铁蛋白-钼铁蛋白复合物的晶体结构已经被解析出来。铁蛋白-钼铁蛋白复合物的镶嵌模型见图 11-1。在这一模型中，1 个钼铁蛋白与 2 个铁蛋白结合，即 2 个铁蛋白同时与钼铁蛋白的 2 个 αβ 二聚体结合。铁蛋白 [4Fe-4S] 簇所在的一面靠近钼铁蛋白的 P-cluster。在 P-cluster 上方的冠状结构内有一条沟，当两个蛋白质靠近时，这条沟可以容纳从铁蛋白伸展出来的围绕 [4Fe-4S] 簇的一些 α-螺旋。

钼铁蛋白和铁蛋白复合物是怎样形成和解离的呢？首先，MgATP 结合到铁蛋白上（图 11-2）。一般认为每分子铁蛋白结合 2 分子 MgATP，且 2 个 ATP 分别结合在铁蛋白的 2 个亚基上。一旦 MgATP 结合到铁蛋白上，铁蛋白构象发生变化，这种改变使 [4Fe-4S] 簇向钼铁蛋白之间的界面移动并靠近，则有利于电子从铁蛋白转移到钼铁蛋白上。复合物的形成还伴随着 ATP 的水解以及电子传递。当 ATP 水解，磷酸基被释放后，铁蛋白结构变得松弛，成为开放状态，铁蛋白-MgADP 与钼铁蛋白解离，MgATP 替换出 MgADP 又形成铁蛋白 MgATP 复合物。

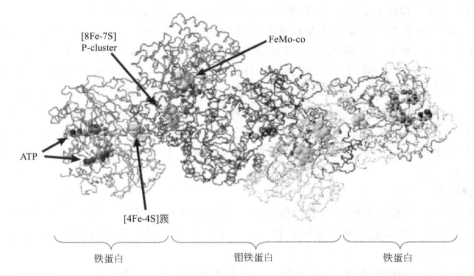

图 11-1　固氮酶铁蛋白-钼铁蛋白复合体结构（完整的固氮酶结构）（Dixon R，et al，2004）

二、固氮酶催化机制

1. 固氮酶氧还循环模型

在该模型中，固氮酶催化 N_2 还原为 NH_3 的过程包括：①还原态的铁蛋白结合 MgATP 与钼铁蛋白形成复合体；②伴随 ATP 的水解，电子从铁蛋白传递到钼铁蛋白，N_2 在钼铁蛋白的 FeMo-co 中被还原为 NH_3；③铁蛋白从复合体上解离，重新被铁氧还蛋白（ferredoxins）或黄素氧还蛋白（flavodoxins）还原；④重复第①～③步骤，如此完成一次循环，将进入下一轮循环。每循环一次传递 1 个电子，并消耗 2 分子 ATP。因此每还原 1 分子氮生成 2 分子氨，需要 8 次循环。

铁蛋白-钼铁蛋白复合物进行氧还循环只有两种可能：第一种可能是每一次只能有一个铁蛋白与一个 αβ 二聚体结合并传递电子；第二种可能是两个铁蛋白同时与两个 αβ 二聚体结合并同步地完成所有步骤。究竟两种组分蛋白以何种方式进行结合-解离循环尚属未知。

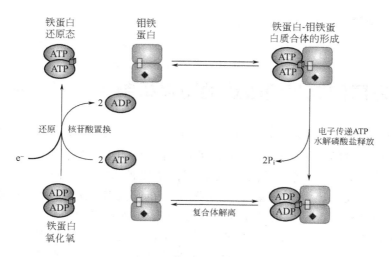

图 11-2   钼铁蛋白-铁蛋白复合体的形成和解离循环图 (Dixon R，et al，2004)

2. 固氮酶的底物

固氮酶是一个多功能酶。在生理条件下固氮酶的底物是 N_2 和 H^+，并将其分别还原为 NH_3 和 H_2。此外，固氮酶还可以还原多种底物，如乙炔（C_2H_2）、HCN 等。固氮酶催化 C_2H_2 还原成乙烯（C_2H_4）的反应灵敏，且其产物乙烯可以很方便地用气相色谱检测，因此一般用乙炔还原乙烯作为检测固氮酶活性的指标。固氮酶的部分底物及其催化的反应如下：

$$N_2+6H^+ \longrightarrow 2NH_3 \quad NH_3+6H^++6e^- \longrightarrow N_2H_4+NH_3$$

$$HCN+4H^++4e^- \longrightarrow CH_3NH_2$$

$$CH_3CN+4H^++4e^- \longrightarrow CH_3NHCH_3$$

$$CH_3CN+6H^++6e^- \longrightarrow CH_4+CH_3NH_2$$

$$NH_3+6H^++6e^- \longrightarrow N_2H_4+NH_3$$

$$C_2H_2+2H^++2e^- \longrightarrow C_2H_4$$

$$C\equiv NHN_2+6H^++6e^- \longrightarrow CH_3NH_2+NH_3$$

$$C\equiv NNH_2+8H^++8e^- \longrightarrow CH_4$$

3. 防氧保护机制

除在 *Streptomyces thermoautotrophicus* 中发现其固氮酶对氧不敏感外，绝大多数固氮菌中的固氮酶是氧敏感的，而且遇氧发生不可逆失活。因此各种固氮菌都进化出不同的策略来解决此问题。多数固氮菌如肺炎克氏杆菌、巴西固氮螺菌只在厌氧或微氧环境固氮，根瘤菌则是在微氧环境的根瘤中进行固氮，蓝细菌在异形胞中进行固氮作用。棕色固氮菌是严格好氧菌，可以在较高的氧分压下进行固氮。目前认为该菌中必然存在一套防氧保护系统，即呼吸保护机制（respiratory protection），它是指在细胞膜上迅速地利用氧使其剧烈消耗，而保持细胞内低氧浓度。

第三节
肺炎克氏杆菌固氮基因表达的调控机制

肺炎克氏杆菌（*K. pneumoniae*）是自生固氮菌的一个模式菌株，其固氮调控机理研究得最为深入和详尽。联合固氮菌的固氮调控机制类似于自生固氮菌。

生物固氮严格受环境中铵和氧的调控，即高浓度的铵和氧抑制固氮作用。铵和氧对固氮基因表达的调控在不同固氮菌中差异很大。在肺炎克氏杆菌和棕色固氮菌这两个固氮菌中，铵和氧对固氮基因的转录调控主要是通过固氮基因的转录激活蛋白 NifA 和负调节蛋白 NifL 实现的。此外，催娩克氏菌（*Klebsiella oxytoca*）和斯氏假单胞固氮菌（*Pseudomonas stutzeri*）A1501 中也有负调节蛋白 NifL，但在这些含有 NifL 的固氮菌中，铵和氧调节机制也不尽相同。另外，巴西固氮螺菌及几乎所有根瘤菌都没有负调节蛋白 NifL，固氮调节机制与肺炎克氏杆菌等也不相同。由此看出，生物固氮基因的表达调控非常复杂。

一、固氮基因的结构

肺炎克氏杆菌菌的固氮（nitrogen fxation，nif）基因有 21 个，全长大约 23kb，它们首尾相连位于染色体上。如图 11-3 所示，21 个基因构成 8 个转录单位：*nif JC*、*nif HDK-TY*、*nif ENX*、*nif USVW*、*nif ZM*、*nif F*、*nif LA*、*nif BQ*。这些基因的全部核苷酸序列已于 1988 年完成序列分析，其中大部分基因所编码的蛋白质产物已被分离，其功能已被确定如下：*nif HDK* 编码固氮酶中的铁蛋白和钼铁蛋白；*nif EN* 和 *nif B* 编码钼铁蛋白中的 FeMo-co 辅因子；*nif A* 编码的 NifA 是其他 *nif* 基因表达的正调节因子，而 *nif L* 编码的 NifL 是其他 *nif* 基因表达的负调节因子，其余产物功能如表 11-1 所示。

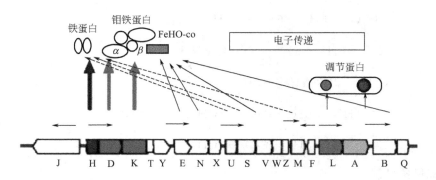

图 11-3　*K. pneumoniae* 中 *nif* 基因簇的物理图谱（Dean，et al，1992）

二、*nif* 基因启动子及其转录特点

在原核生物中，RNA 聚合酶 σ 因子有两大类：σ^{70} 因子和 σ^{54} 因子。σ^{70} 因子属于持家因子，参与原核生物的大多数代谢活动；而 σ^{54} 因子主要参与氮代谢、鞭毛合成等。一般来说，σ^{70} 依赖型启动子 [−35（TTGACA）/−10（TATACA）] 的转录一般不需要转录激活蛋

表 11-1　*K. pneumoniae* 中 *nif* 基因及其编码的产物

基因	产物和功能
nifH	铁蛋白亚基,同源二聚体($M_r \approx 60000$)
nifD	钼铁蛋白 α 亚基,与 β 亚基形成 $\alpha_2\beta_2$ 四聚体($M_r \approx 220000$)
nifK	钼铁蛋白 β 亚基
nifF	黄素氧还蛋白,铁蛋白
nifJ	丙酮酸-黄素氧还蛋白-氧化还原酶
nifM	参与合成铁蛋白
nifU	功能尚不清楚,可能参与铁蛋白合成或阻止氧破坏 Fe-S 键
nifS	功能尚不清楚,可能参与铁蛋白合成或阻止氧破坏 Fe-S 键
nifV	编码一个高柠檬酸盐合成酶,参与合成 FeMo-co 辅因子
nifE	合成 FeMo-co 辅因子,利用 *nifN* 产物形成 $\alpha_2\beta_2$ 四聚体($M_r \approx 210000$)
nifN	合成 FeMo-co 辅因子,利用 *nifN* 产物形成 $\alpha_2\beta_2$ 四聚体($M_r \approx 210000$)
nifB	合成 FeMo-co 辅因子
nifQ	影响 FeMo-co 辅因子
nifW	功能尚不清楚,可能对 MoFe-Co 的突变和稳定起作用
nifZ	功能尚不清楚,可能对 MoFe-Co 的突变和稳定起作用
nifA	正调节因子
nifL	负调节因子
nifX	可能是一个负调节因子
nifT	功能尚不清楚,并非固氮所必需
nifY	功能尚不清楚,并非固氮所必需

白;而 σ^{54} 依赖型启动子 ［-24（GG）／-12（GC）］ 与 RNA 聚合酶（σ^{54}-RNAP）结合后形成闭合结构不能起始转录,它要求有一个特异的转录激活蛋白催化启动子复合体,即 RNAP-σ^{54}-DNA 闭合复合体,从关闭状态到开放状态的异构化。

大多数固氮菌,如肺炎克氏杆菌、棕色固氮菌、巴西固氮螺菌及根瘤菌,其固氮（*nif*）基因的启动子均属于 σ^{54} 依赖型启动子。在肺炎克氏杆菌及其他很多固氮菌中,NifA 和 NtrC 是固氮基因的转录激活蛋白（enhancer binding protein,EBP）:NifA 激活其他 *nif* 基因的转录,NtrC 激活 *nifA* 基因的转录。转录激活蛋白通常结合在转录起始位点上游 100bp 处,即上游激活序列 UAS（upstream activation sequence）。激活蛋白与 σ^{54} 相互作用需要寄主整合因子 IHF（intergration host factor）的帮助。启动子中的 TGT-N10-ACA 是 NifA 蛋白特异结合序列。NifA 结合在上游激活序列,通过使启动子区的 DNA 弯曲成环而与结合在启动子上的 σ^{54}-RNA 聚合酶结合。接着,NifA 催化 σ^{54}-全酶和 *nif* 启动子之间的闭合的复合体转变成具有转录能力的开放的复合体。这种开放的复合体的形成,需要 NifA 催化的 ATP 或 GTP 的水解。NtrC 与 NifA 在结构上很相似,也是 σ^{54} 依赖型启动子的转录激活蛋白。图 11-4 所示的是转录激活蛋白 NifA 和 NtrC 与 σ^{54} 依赖型启动子结合起始转录的过程。

三、铵和氧对 NifA 蛋白合成和 NifA 活性的调控

在研究较清楚的肺炎克氏杆菌中,铵和氧对固氮作用的抑制主要是通过影响 NifA 蛋白的活性和 *nifA* 基因的转录来实现的。如果 NifA 蛋白失活或 *nifA* 基因不表达,则没有固氮活性。

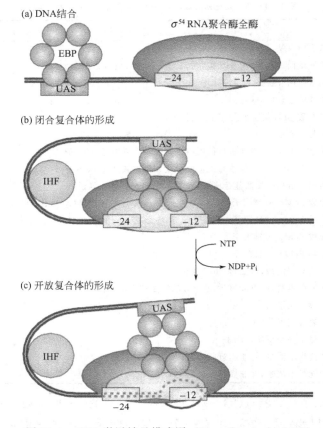

(a) DNA结合

σ^{54} RNA聚合酶全酶

EBP

UAS

−24　−12

(b) 闭合复合体的形成

UAS

IHF

−24　−12

NTP

NDP+P_i

(c) 开放复合体的形成

UAS

IHF

−24　−12

图 11-4　NifA 激活转录模式图（DixonR，et al，2004）

　　$nif LA$ 组成一个操纵子共同转录，然后翻译成 NifL 和 NifA 两个蛋白。NifA 是其他固氮（nif）基因的转录激活蛋白，而 NifL 是负调节蛋白。NifA 由 3 个结构域组成：氨基（N-）端、中央催化域和羧基（C-）端 DNA 结合域，其中 C-端含有典型的 HTH 结构，这一结构是 NifA 与启动子结合的部位。负调节蛋白 NifL 由 N-端和 C-端两个结构域组成，中间为亲水的连接域（Q-linker）（图 11-5）。

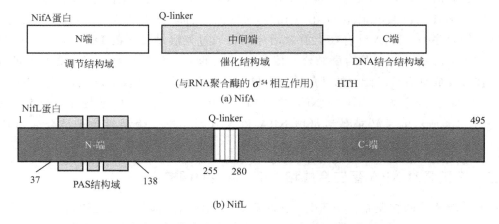

NifA蛋白　　　　　　　　Q-linker

N端　　　　　　中间端　　　　　　C端

调节结构域　　　　催化结构域　　　　DNA结合结构域

（与RNA聚合酶的 σ^{54} 相互作用）　　HTH

(a) NifA

NifL蛋白

1　　　　　　　　　　　　　　Q-linker　　　　　　　　　　　　495

N-端　　　　　　　　　　　C-端

37　　　PAS结构域　　　138　　　255　　280

(b) NifL

图 11-5　肺炎克氏杆菌中的 NifA 和 NifL 蛋白（Schmitz，et al，2002）

1. 铵对 *nifA* 转录的调控

铵对 *nifA* 基因转录的调控是通过 ntr 系统中的 NtrB/NtrC 双组分调节系统来实现的。在肺炎克氏杆菌中，*nifLA* 组成一个操纵元，其转录依赖于磷酸化的 NtrC，即 NtrC-P。在限氨条件下，NtrC-P 激活 *nifLA* 操纵子转录，接着转录出来的 NifA 蛋白激活其他 *nif* 基因的表达；在高铵条件下，脱磷酸化的 NtrC 不能激活 *nifLA* 操纵子的转录，则 NifA 蛋白不能激活其他 *nif* 基因的表达，进而固氮作用受到抑制。

一般氮代谢调节系统（general nitrogen regulation system，ntr 系统），广泛存在于肠杆菌及其他许多细菌中，控制有关氮代谢的许多基因的表达。ntr 系统由四种蛋白组成：*glnD* 基因编码的尿苷酰转移酶 GlnD，*glnB* 基因编码的 PII 蛋白（也称为 GlnB 蛋白），以及 *ntrBC* 基因编码的双组分调节蛋白 NtrB 和 NtrC。

GlnD 是细胞内结合态氮的初级感受蛋白，行使尿苷酰转移酶或水解酶的功能，来调节 GlnB 蛋白的活性。*glnB* 基因编码的 GlnB 蛋白（也称为 PII 蛋白）是一种信号转导蛋白，被认为在细菌的氮代谢调节中发挥着重要作用。近来，GlnB 蛋白在古菌和植物中也有发现，这就意味着它们在植物中也可能参与氮代谢调节。GlnB 蛋白由 3 个相同的亚基组成，单个亚基是 *glnB* 基因的编码产物，由 112 个氨基酸组成。GlnB 蛋白的每个亚基可在 Tyr[51] 位点进行尿苷酰化或脱尿苷酰化，并通过结合 ATP、α-酮戊二酸、谷氨酸等小分子配体来改变自身活性，直接调节 NtrB 的活性。

NtrBC 是一对典型的双组分调节系统（two-component system）。双组分调节系统是细菌对各种环境信号做出反应的一个重要机制，其调控涉及细菌的多种生理生化过程，例如 pH、温度的变化，趋化性、孢子形成、宿主识别等。典型的双组分系统由感应蛋白（sensor protein）和调节蛋白（response regulator protein，RR）两部分组成（图 11-6）。

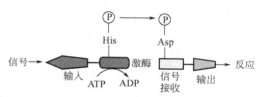

图 11-6　典型双组分的组成
及其信号传导旋转图

(Mitrophanov, et, al, 2008)

感应蛋白主要是激酶，如组氨酸蛋白激酶（histidine protein kinase，HPK），其 N-端是信号感应结构域，C-端是含组氨酸（His）的激酶结构域；调节蛋白（response regulator）通常是一个转录激活蛋白，N-端是含有一个保守的、含有天冬氨酸残基（Asp）的信号接收结构域，接受感应蛋白上的磷酸基团而磷酸化，磷酸化的响应调节蛋白具有转录调节活性。

铵通过双组分 NtrBC 系统对 *nifA* 转录进行调控是这样进行的。首先，GlnD 是细胞内 NH_4^+ 的初级感受蛋白，受细胞内谷氨酰胺与 α-酮戊二酸比例的控制。当外界氮浓度低（降至 1mmol/L 或更低）时，细胞内谷氨酰胺与 α-酮戊二酸比值低，GlnD 使 GlnB 蛋白尿苷酰化，即每个亚基中的一个酪氨酸残基结合一个 UMP，尿苷酰化的 GlnB-UMP 与 NtrB 结合，激活 NtrB 的磷酸激酶活性，使 NtrC 磷酸化（NtrC-P）。磷酸化的 NtrC 具有 DNA 结合特性，可激活 *nifLA*、*glnA-ntrBC*、*hut*（组氨酸利用）、*put*（脯氨酸利用）等启动子的转录。当环境中有足量的化合态氮素时，即在高铵条件下，细胞内的谷酰胺/α-酮戊二酸比例上升或氧分压提高时，在非尿苷化的 GlnB 蛋白参与下，NtrB 表现磷酸化酶活性，催化 NtrC 的去磷酸化反应。非磷酸化的 NtrC 不具有转录激活活性，则 *nifLA* 的启动子也不能开始转录。这样就会抑制固氮基因的表达（图 11-7）。

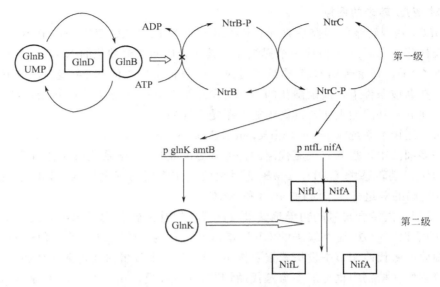

图 11-7　肺炎克氏杆菌中铵对 nif 基因的级联调节机制（Martinez-Argudo，et al，2004）

2. 氧和铵对 NifA 蛋白活性的调节

NifL 是 NifA 的负调节蛋白。NifL 是一种黄素蛋白（flavoprotein），N-端结合有 FAD 作为辅基。氧通过一系列电子传递体，使 NifL 蛋白的 FAD 发生氧化和还原，则 NifL 有两种形式：氧化态（FAD）和还原态（$FADH_2$）。

在有氧或有铵条件下，NifL 与 NifA 通过蛋白质之间的相互作用而形成 NifL-NifA 复合体，抑制 NifA 的转录激活活性；在厌氧和限铵两个条件同时存在条件下，PII 家族的另一个氮信号感应蛋白 GlnK 发生尿苷酰（UMP）化，UMP 化的 GlnK 与 NifL-NifA 复合体的暂时结合导致了两者的解离，还原态的 NifL 被挤压到细胞膜上，细胞质中的 NifA 处于游离状态，则 NifA 具有转录激活活性（图 11-8）。

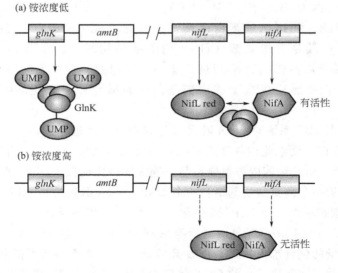

图 11-8　铵对 NifA 活性的调节机理（Dixon R，et al，2004）

总之，在肺炎克氏杆菌中，铵和氧对固氮作用进行严格调控。铵从两个方面对转录激活蛋白 NifA 进行调控：第一方面是通过 ntr 系统——GlnD、GlnB、NtrB/NtrC 对 nifA 和 glnK 的转录进行调控；第二方面是在低铵条件下，GlnK 与 NifL-NifA 复合体发生相互作用使两者解离，从而恢复 NifA 的活性。而氧主要影响 NifL 的氧化还原状态，进而影响与 NifA 复合体的形成，即在有氧条件下，NifL 与 NifA 通过蛋白质之间相互作用抑制后者的活性。

第四节
根瘤菌固氮基因表达调控

根瘤菌是指一大类可与豆科植物形成根瘤进行共生固氮的细菌（图 11-9），目前已发现根瘤菌有 70 多个种，分布于 12 个属中。根瘤菌在植物的根瘤内进行固氮，固氮作用涉及细菌侵染植物根部、诱导植物形成根瘤、形成特殊的菌体形态（类菌体）及其在根瘤菌中的固氮过程。因此，根瘤菌固氮作用的相关基因主要包括结瘤基因和固氮基因两大类。在绝大多数根瘤菌中，结瘤基因和固氮基因均位于大的共生质粒上，而大豆慢生根瘤菌、田菁固氮根瘤菌等少数根瘤菌的结瘤基因则位于染色体上。

图 11-9　大豆根瘤菌在大豆根部形成的根瘤

一、根瘤菌中的结瘤基因

1. 结瘤基因

结瘤基因是指根瘤菌中与结瘤有关的基因。根据功能，结瘤基因可分为 4 类：共同结瘤基因，宿主专一性结瘤基因，基因型专一基因及结瘤调节基因。

（1）共同结瘤基因 nodABC　共同结瘤基因 nodABC 存在于所有根瘤菌中，而且通常由 nodABC 构成一个转录单位，如果 nodABC 失活，将不能引起寄主的结瘤反应，如根毛圈曲（Hac⁻）、侵入线的形成（Inf⁻）、皮层细胞的分裂和根瘤的形成（Nod⁻）等。

（2）宿主专一性结瘤基因（host specific nodulation，hsn）基因　这类基因决定了根瘤菌的寄主范围。不同的根瘤菌具有不同的宿主专一性结瘤基因，如苜蓿中华根瘤菌的 hsn 基因包括 nodH 和 nodPQ。宿主专一性结瘤基因的突变常可以改变或扩大根瘤菌的寄主范围。如苜蓿中华根瘤菌中 *nodH* 突变，改变了其寄主范围，可以侵染野生豌豆形成根瘤，但却不能使正常宿主苜蓿结瘤；而 *nodQ* 突变，既可在豌豆上结瘤，也可在苜蓿上结瘤。

（3）基因型专一（genotypic specific nodulation，*gsn*）基因　这类基因决定了根瘤菌对同一种豆科植物的不同品种具有不同的结瘤能力。如豌豆根瘤菌蚕豆生物型（*Rhizobium leguminosarum* bv. *viceae*）TOM 菌株中的 *nodX* 基因，以及慢生大豆根瘤菌中的 *nolA* 基因就属于基因型专一基因。

（4）结瘤调节基因　结瘤调节基因 *nodD* 是组成性表达，存在于所有根瘤菌中。*nodD* 基因的产物 NodD 蛋白可以与宿主植物的信号分子（类黄酮）特异地结合，从而诱导其他结瘤基因的表达。然而，不同根瘤菌的 *nodD* 拷贝数不同，在某些根瘤菌中可以多至 5 个拷贝。如苜蓿中华根瘤菌中有三个 *nodD* 基因：*nodD1*、*nodD2* 和 *nodD3*。图 11-10 是几种根瘤菌中的结瘤基因的排列方式。

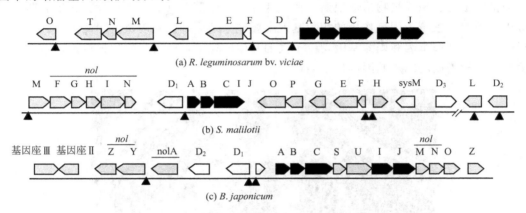

图 11-10　几种根瘤菌中的结瘤基因的排列方式（黄大昉，2001）

2. 结瘤因子

根瘤菌产生的脂壳寡糖（lipo-chitooligosaccharides）称为结瘤因子（nod factor）。结瘤因子能引起根毛变形和根原基的形成，是根瘤菌通过侵染线进入根系的信号。结瘤因子是由结瘤基因编码的酶催化合成的，共同结瘤基因 *nodABC* 决定结瘤因子的骨架，而宿主专一性结瘤基因则参与侧链基团的特异修饰，所以根瘤菌的宿主专一性是由宿主专一性结瘤基因等因素决定的。其中 NodC、NodB、NodA 分别是几丁质寡糖合成酶、几丁质寡糖脱乙酰化酶和酰基转移酶，在结瘤因子糖骨架结构的合成中起关键作用。另外，除 *nod* 基因外，*nol* 基因和 *noe* 基因编码的几种蛋白质参与结瘤因子的生物合成过程。图 11-11 是根瘤菌产生的结瘤因子的结构。图 11-12 是根瘤菌与豆科植物相互识别的分子过程。

二、根瘤菌中的固氮基因

1. 固氮基因

根瘤菌的固氮基因可分为 *nif* 和 *fix* 基因两大类，位于染色体或质粒。*nif* 基因指在结构和功能上与自生固氮的肺炎克氏杆菌的 *nif* 基因具有同源性的基因，主要包括 *nifHDK*、*nifENB*、*nifS*、*nifWA*、*nifA* 与肺炎克氏杆菌类似，*nifHDK* 编码固氮酶，*nifA* 编码的 NifA 是其他 *nif* 基因的转录激活蛋白。*fix* 基因与根瘤菌的固氮作用有关，但与肺炎克

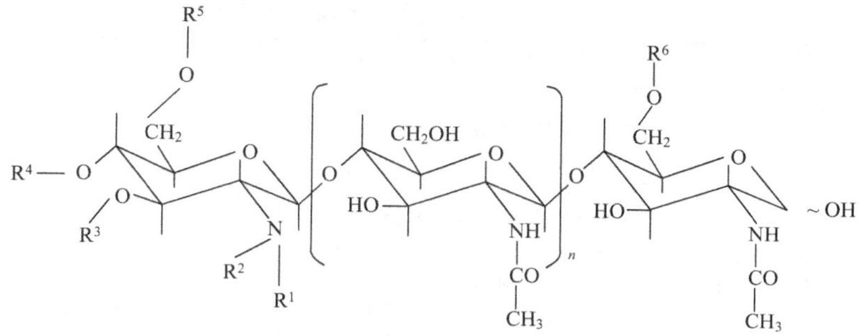

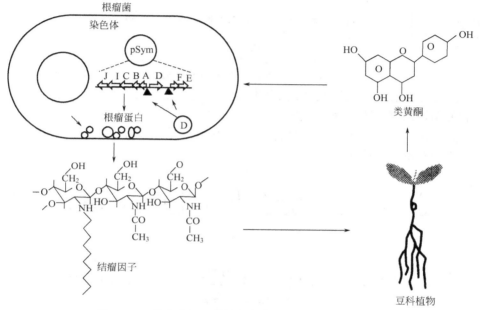

图 11-11 根瘤菌产生的结瘤因子的结构式

图 11-12 根瘤菌与豆科植物在分子水平上的相互作用

氏杆菌 *nif* 基因没有同源性，主要包括 *fixLJ*、*fixABCX*、*fixNOQP*、*fixGHS*。其中，*fixLJ* 编码的 FixLJ 是进行氧信号传导的双组分调节系统，即根据氧浓度调控 *nifA* 和其他 *fix* 基因的转录；其他 *fix* 基因与根瘤菌微好氧生长有关。表 11-2 是根瘤菌中 *nif* 基因和 *fix* 基因及其产物功能。

2. 固氮基因的排列

目前研究较为清楚的三个模式菌株是苜蓿中华根瘤菌（*S. meliloti*）1021、大豆慢生根瘤菌（*B. japonicum*）USDA110 及田菁固氮根瘤菌（*A. caulinodans*）ORS571。目前，这三个模式菌的全基因组序列已经公布（http：//genome. kazusa. or. jp/rhizobase），从全基因组序列能够非常清楚的了解 *nif* 和 *fix* 基因在这三个菌中的定位。苜蓿中华根瘤菌的基因组约为 $6.7×10^6$ bp，包括 1 个 $3.6×10^6$ bp 环状染色体和 2 个环状共生质粒：pSymA（$1.35×10^6$ bp）和 pSymB（$1.68×10^6$ bp），*nif* 和 *fix* 基因主要定位于大质粒 pSymA 中。大豆慢生根瘤菌有 1 个 $9.1×10^6$ bp 环状染色体，*nif* 和 *fix* 基因定位于染色体上。田菁固氮根瘤菌有 1 个 $5.4×10^6$ bp 环状染色体，*nif* 和 *fix* 基因定位于染色体上。图 11-13 是三种根瘤菌中 *nif* 和 *fix* 基因的排列方式。

表 11-2　根瘤菌中 nif 基因和 fix 基因及其产物功能

基　因	产物和功能
nif 基因	
$nifH$	固氮酶铁蛋白亚基,同源二聚体($M_r \approx 60000$)
$nifD$	固氮酶钼铁蛋白 α 亚基
$nifK$	固氮酶钼铁蛋白 β 亚基
$nifE$	参与钼铁蛋白中 FeMo-co 辅因子的生物合成
$nifN$	参与钼铁蛋白中 FeMo-co 辅因子的生物合成
$nifB$	参与钼铁蛋白中 FeMo-co 辅因子的生物合成
$nifS$	半胱氨酸脱硫酶(421),原子簇合成的硫化激活
$nifW$	功能尚不清楚,可能对 MoFe 的突变和稳定起作用
$nifX$	功能尚不清楚
nifA	nif 和 fix 基因和其他基因的正调控因子
fix 基因	
$fixABCX$	功能尚不清楚,固氮酶活性必需,FixX 与铁氧化还原蛋白有相似性
$fixNOQP$	微好氧诱导、与细胞膜结合的细胞色素氧化酶
$fixGHIS$	可能是参与氧化还原过程偶联的质子泵
$fixLJ$	氧感应的双组分调节系统 FixLJ,调控 $fixK$ 和 $nifA$ 的表达
$fixK / fixK_2$	是 $fixNOQP$、$nifA$(茎瘤固氮根瘤菌)和 rpoN1 硝酸盐呼吸(苜蓿根瘤菌)的正调节因子;是 $nifA$ 和 $fixK$(苜蓿根瘤菌)的负调节因子

3. 根瘤菌中固氮基因的表达调控

由于根瘤菌固定的氮素被及时运输到植物细胞中,因而其 nif 基因的转录受铵的调节较

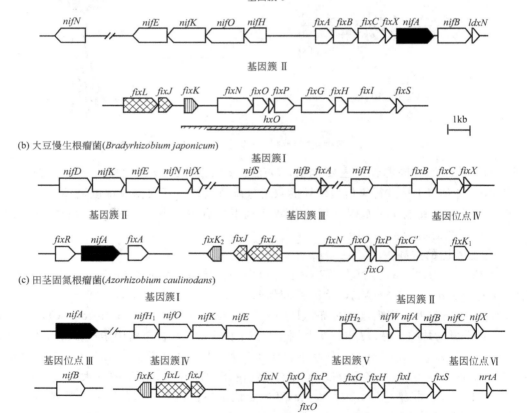

图 11-13　几种根瘤菌中的 nif 和 fix 基因的排列方式(黄大昉,2001)

少，主要受氧的调节。氧对根瘤菌中固氮基因的表达调控，是通过 FixL/FixJ 双组分系统实现的。另外，FixL/FixJ 双组分系统也存在于联合固氮的巴西固氮螺菌和非固氮细菌如新月柄杆菌中，FixL/FixJ 双组分系统在这些菌中的功能还有待研究。

这里以苜蓿中华根瘤菌（*S. meliloti*）为例，介绍 FixL/FixJ 双组分系统参与的氧信号传导途径。*fixLJ* 组成一个操纵子，编码的产物为 FixL 和 FixJ。FixL 蛋白是一种位于细胞膜、分子量为 55kD 的组氨酸蛋白激酶，在 N-端的 PAS 结构域中非共价结合一分子血红素（heme）。PAS（Per-Arnt-Sim）结构域由约 130 个氨基酸组成，感应环境中的信号，一般位于双组分系统的感应蛋白中。对苜蓿中华根瘤菌和大豆慢生根瘤菌的 FixL 蛋白晶体结构进行 X-衍射表明，氧直接结合到 FixL 蛋白的血红素辅基上（图 11-14）。FixJ 是分子量为 22kD 的调节蛋白。在根瘤内的微氧条件下，氧从 PAS 结构域的血红素辅基解离，使 PAS 结构域构型发生改变，提高了组氨酸蛋白激酶 FixL C 端的自我磷酸化活性，使 FixL 发生自我磷酸化形成 FixL-P，并进一步将磷酸基团转给 FixJ 形成具有转录催化活性的 FixJ-P，磷酸化的 FixJ 作为转录激活因子，激活与固氮有关的 *nifA* 和 *fixK* 基因的表达，NifA 和 FixK 蛋白作为转录激活蛋白再分别激活 *nif* 和 *fix* 基因表达。在高氧条件下，FixJ-P 脱磷酸化，脱磷酸化的 FixJ 不能激活 *nifA* 和 *fixK* 基因的表达（图 11-15）。

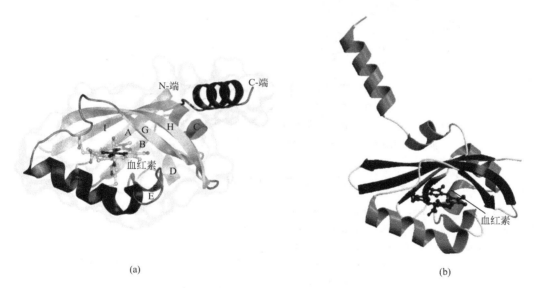

(a)   (b)

图 11-14 大豆慢生根瘤菌 FixL 的晶体结构（a）和苜蓿中华
根瘤菌 FixL 的晶体结构（b）（Key，et al，2005）

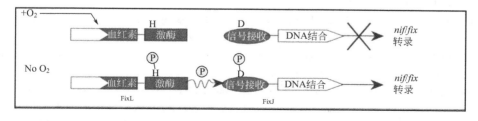

图 11-15 根瘤菌中的 FixL/FixJ 双组分调控系统（Tuckerman，et al，2001）

总之，自生固氮菌、联合固氮菌及根瘤菌在固氮过程中，固氮基因的表达受到氧的严格调控。氧对固氮作用的调节在根瘤菌中研究得最深入和最详尽，即在根瘤菌中氧信号传导主要依靠 FixL/FixJ 双组分调控系统；而在肺炎克氏杆菌中，氧信号传导主要通过 NifL-NifA来进行。图 11-16 是铵、氧对肺炎克氏杆菌的级联调控模式图和氧对苜蓿中华根瘤菌固氮基因表达的级联调控模式图。

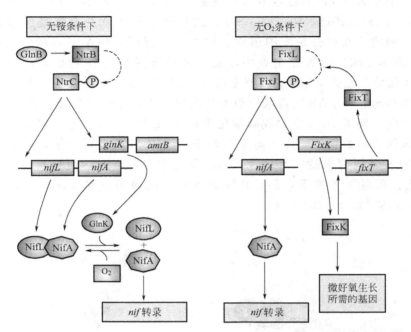

图 11-16　铵和氧对肺炎克氏杆菌和苜蓿中华
根瘤菌的固氮基因表达的级联调控模式比较（Dixon，R，et al，2004）

主要参考文献

［1］ Dixon R，Kahn D. Genetic regulation of biological nitrogen fixation. Nat Rev Microbiol，2004，**2**（8）：621-631.

［2］ Dean D R，Jacobson M R. Biochemical genetics of nitrogenase. //Stacey G，Burris R H，Evans H J. Biological Nitrogen Fixation. New York：Chapman and Hall，1992.

［3］ Martinez-Argudo I，Little R，Shearer N，Johnson P，Dixon R. The NifL-NifA system：a multidomain transcriptional regulatory complex that integrates environmental signals. J Bacteriol，2004，**186**：601-610.

［4］ Schmitz R A，Klopprogge K，Grabbe R. 2002. Regulation of nitrogen fixation in *Klebsiella pneumoniae* and *Azotobacter vinelandii*：NifL，transducing two environmental signals to the nif transcriptional activator NifA. J Mol Microbiol Biotechnol，2002，**4**（3）：235-242.

［5］ Mitrophanov A Y，Groisman E A. Signal integration in bacterial two-component regulatory systems. Gene Dev，2008，**22**：2601-2611.

［6］ Gao R，Mack T R，Stock A M. Bacterial response regulators：versatile regulatory strategies from common domains. Trends Biochem，Sci，2007，**32**：225-234.

［7］ Miyatake H，Mukai M，Park S，Adachi S，Tamura K，Nakamura H，Nakamura K，Tsuchiya T，Iizuka T，Shiro Y. Sensory mechanism of oxygen sensor FixL from *Rhizobium meliloti*：crystallographic，mutagenesis and resonance raman spectroscopic studies. J Mol Biol，2000，**301**：415-431.

［8］ Key J，Moffat K. Crystal structures of deoxy and CO-Bound bjFixLH reveal details of ligand recognition and signaling. Biochemistry，2005，44：4627-4635.

［9］ Tuckerman J，Gonzalez G，Gilles-Gonzalez M. Complexation precedes phosphorylation for two-component regulatory system FixL/FixJ of *Sinorhizobium meliloti*. J Mol Biol，2001，308：449-455.

［10］ 黄大昉. 农业微生物基因工程. 北京：科学出版社，2001.

［11］ 李华敏. 巴西固氮螺菌 Sp7 中 fixLJ/fixK 功能研究及 org35 突变体中基因差异表达分析. 北京：中国农业大学，2010.

［12］ 赵德华. 固氮酶催化 N_2 和 H^+ 还原的机制. 北京：中国农业大学，2004.

［13］ 关锋. 棕色固氮菌固氮酶催化 N_2 和 H^+ 还原机制研究. 北京：中国农业大学，2006.

［14］ Mitrophanov A Y，Groisman E A. Signal integration in bacterial two-component regulatory systems. Genes Dev，2008，22（19）：2601-2611.

第十二章
微生物的耐盐机制

第一节
嗜盐微生物

很多微生物能在一定的盐浓度范围内生长。根据对 NaCl 的需求和最适生长需要的 NaCl 浓度，将细菌和古菌分为四类：①非嗜盐菌（nonhalophiles）；②轻度嗜盐菌（slight halophiles）；③中度嗜盐菌（moderate halophiles）；④极端嗜盐菌（extreme halophiles）。非嗜盐菌的生长不需要 NaCl，低浓度的 NaCl（<1％）就会对它们的生长产生抑制作用；轻度嗜盐菌的生长需要少量的 NaCl，其最适生长的 NaCl 浓度为 1％～3％；中度嗜盐菌的生长离不开 NaCl，它们可在 0.1％～32.5％的条件下生长，最适生长 NaCl 浓度为 3％～15％；极端嗜盐菌的生长对 NaCl 的要求很高，一般在 9％以上，可在 9％～35％浓度范围内生长，最适生长 NaCl 浓度为 13％～15％。其中中度嗜盐菌和极端嗜盐菌属于极端环境微生物。中度嗜盐菌和极端嗜盐菌大多存在于海洋、盐（碱）湖、盐场、沙漠植物、盐碱地和盐渍食物等高盐环境中。

一、中度嗜盐菌和极端嗜盐菌的种类

中度嗜盐菌和极端嗜盐菌属于极端环境微生物，这两类细菌的差异不仅表现在对 NaCl 浓度的要求上，而且在本质上它们属于不同的类群：中度嗜盐菌是细菌，而极端嗜盐菌为古菌。

1. 极端嗜盐菌

盐杆菌科（Halobacteriaceae）属于古菌，包括 18 属 49 个种。盐杆菌科大多数成员都属于极端嗜盐菌，它们生长需要至少 1.5mol/L NaCl，生长最适盐浓度为 2.0～4.5mol/L NaCl。这些成员包括：*Halobacterium salinarum*，*Halorubrum lacusprofundi*，*Haloferax volcanii*，*Halorabdus utahensis*，*Natronomonas pharaonis*，*Halosimplex carlsbadense*。这些极端嗜盐古菌几乎都属于好氧微生物，菌落呈红色或粉红色。

2. 中度嗜盐菌

中度嗜盐菌是指一大类生长离不开 NaCl、能够适应很宽的盐浓度范围、庞杂的异源细

菌生理类群，分布于不同的科和属，有好氧菌、兼性厌氧菌和专性厌氧菌，包括革兰阳性（G^+）细菌和革兰（G^-）细菌。盐单胞菌科（Halomonadaceae）是典型的中度嗜盐菌的，属于 G^- 细菌。盐单胞菌科包含的属，分别是 *Aidingimonas*、*Carnimonas*、*Chromohalobacter*、*Cobetia*、*Deleya*、*Halomonas*、*Halotalea*、*Halovibrio*、*Kushneria*、*Modicisalibacter*、*Salinicola*、*Volcaniella* 和 *Zymobacter* 等。其中，*Halomonas* 是最大的一个属，共有超过 60 个有效发表的种，主要成员包括 *Halomonas elongata*、*Halomonas halocynthiae*、*Halomonas magadiensis*、*Halomonas muralis* 等。除盐单胞菌科外，其他严格好氧或兼性厌氧 G^- 细菌主要包括：*Pseudomonas*、*Flavobacterium*、*Spirochaeta*、*Alkalispirillum*、*Arhodomonas*、*Dichotomicrobium*、*Fundibacter*、*Methylarcula*、*Rhodobium*、*Salinivibrio*、*Silinivibrio*、*Thalassomonas* 等。革兰阳性的专性好氧或兼性厌氧的中度嗜盐菌主要包含在以下属中：*Actinopolyspora*、*Nocardiopsis*、*Bacillus*、*Filobacillus*、*Halobacillus*、*Marinococcus*、*Salinacoccus*、*Nesterenkonia*、*Salibacillus* 和 *Tetragenococcus* 等。

二、Na^+ 对嗜盐菌的影响

很多微生物可以耐受一定浓度的 NaCl，例如大肠杆菌、根瘤菌和葡萄球菌等都可以在一定 NaCl 浓度范围内生长，但是对 NaCl 没有依赖性。然而，中度嗜盐菌和极端嗜盐菌对 NaCl 有很强的依赖性，能在 0.5～2.5mol/L NaCl 浓度范围内生长，在没有 NaCl 的环境中不能生长。说明 Na^+ 对中度嗜盐菌的生长是至关重要的。

以中度嗜盐菌——伸长盐单胞菌（*Halomonas elongata*）为例，研究表明，Na^+ 对 *H. elongata* 是必须的，不能被其他的离子取代，例如 K^+、Li^+、Mg^{2+} 或 NH_4^+ 等。*H. elongata* 生长在含高浓度 Na^+ 的培养基中，其细胞壁、磷脂、蛋白质等都产生生理适应性变化：细胞壁变得更加紧凑和连贯；细胞质中的核质更加紧密；肽聚糖中的疏水性氨基酸如亮氨酸含量增加；细胞中的磷脂与蛋白质的比例增加，合成的蛋白也有差异。

第二节
微生物的盐适应机制 •————————————————

嗜盐和耐盐微生物在长期进化过程中，逐渐形成了两种适应高盐环境的机制：渗透调节和 Na^+ 输出系统。

一、渗透调节

在高渗环境中，微生物细胞内的水分会大量流失。微生物中不存在主动运输水分子的机制，因此为了对抗水分子的外流，微生物在其细胞内积累大量的小分子物质，来维持细胞内的渗透压强度应与外界环境的渗透压强度一致。适应高渗透压的机制有两种：一种是内盐机制，另一种是有机渗透质机制。

1. 内盐机制

内盐机制（the salt-in-cytoplasm strategy）又称为 KCl 型机制，属于无机渗透质机制。这种机制是在高渗条件下，嗜盐菌体内积累高浓度的 KCl，以 K^+ 和 Cl^- 作为渗调剂，用以维持渗透平衡。细胞内的 K^+ 浓度甚至比周围环境可高出 100 倍。大多数极端嗜盐古菌，如

盐杆菌科（Halobacteriaceae）的成员采用这种机制。例如，红皮盐杆菌（*Halobacterium cutribrum*）细胞外的 Na+ 和 K+ 浓度分别为 3.3mol/L 和 0.05mol/L 时，细胞内的 Na+ 和 K+ 浓度分别为 0.8mol/L 和 3.2mol/L。某些盐杆菌中细胞质内积累的 KCl 浓度高达 7mol/L。此外，部分嗜盐细菌，如 *Sporohalobacter* 和 *Acetohalobium* 等也采用这种机制。有些高等植物也通过积累 K+ 来抵抗盐危害。

利用内盐机制进行渗透调节的微生物，细胞内的蛋白质含有大量的酸性氨基酸（如天冬氨酸和谷氨酸）和极少量的疏水性氨基酸（以丝氨酸和苏氨酸为主）。蛋白质在氨基酸组成上发生的这些变化，有利于蛋白质在周围含水量低的环境中形成水合外层，进而使细胞内的蛋白质（包括酶）在高盐环境中保持正常的构型和生物功能。这类蛋白质必须依靠一定的盐浓度才能维持正常的分子构象和活性；相反，在低盐环境中细胞中的大多数蛋白质会变性，导致这类微生物无法存活（图 12-1）。

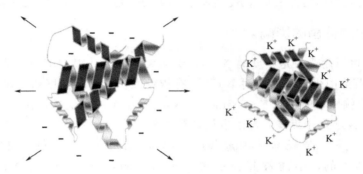

图 12-1　内盐机制

低渗（low osmolalrity）条件下，由于酶表面的负电荷产生排斥力使蛋白质变性；

高渗条件下，K+ 中和负电荷，降低酶表面的排斥力（Sleator, et al, 2001）

2. 有机渗透质机制

有机渗透质机制（the organic-osmolyte strategy）又称为亲和性溶质机制（the compatible-solute strategy）。亲和性溶质是指在生理 pH 条件下不带净电荷、高度可溶的小分子有机物的统称。亲和性溶质在细胞内的积累，不影响细胞正常的形态、结构和生理功能。在环境中的渗透压升高时，细胞大量积累亲和性溶质来平衡渗透压。除了维持渗透平衡外，亲和性溶质还可以取代水与蛋白质表面的结合，保护蛋白质甚至整个细胞的稳定（图 12-2）。大多数中度嗜盐菌和个别嗜盐产甲烷的古菌采用亲和性溶质机制来平衡细胞内外的渗透压。在高渗条件下，细菌不仅能够自身合成某些相容性溶质，而且还能够通过多种途径从细胞外吸收，以缓解高渗胁迫。在低渗条件下，相容性溶质又能很快地泄漏到周围环境中或者被分解，防止外界水分过多地渗入细胞内而造成伤害。

目前，已知的亲和性溶质包括以下几类：①氨基酸类，如谷氨酸、脯氨酸；②氨基酸衍生物类，如四氢嘧啶、脯氨酸甜菜碱；③小分子肽类，如 N-乙酰谷氨酰谷氨酸氨基化合物；④磺酸酯类，如胆碱—O—磺酸；⑤多羟基化合物类，如甘油、甘油葡萄糖苷；⑥糖类，如海藻糖、蔗糖等。随着研究的深入，不断有新的化合物被鉴定出具有亲和性溶质的生理功能。其中，甘氨酸甜菜碱、四氢嘧啶、脯氨酸和海藻糖是微生物界最为广泛存在的亲和性溶质。

常见的几种亲和性溶质：甘氨酸甜菜碱、四氢嘧啶、脯氨酸和海藻糖的结构式见图 12-3。

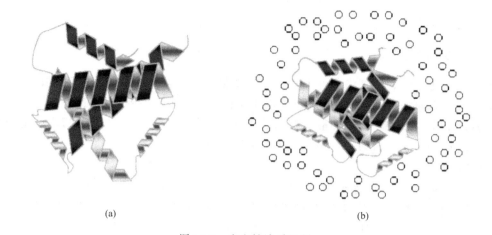

(a)　　　　　　　　　　　　　　　　　　(b)

图 12-2　亲和性溶质机制

亲和性溶质作为稳定剂使嗜盐菌酶在渗透压升高时保持结构和功能稳定（Sleator，et al，2001）

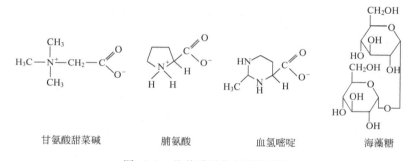

甘氨酸甜菜碱　　　　脯氨酸　　　　血氢嘧啶　　　　海藻糖

图 12-3　几种重要的相容性溶质

（1）脯氨酸（Proline）　　大多数细菌在渗透胁迫时均在细胞内积累高浓度的脯氨酸。在高渗环境中，革兰阳性菌主要通过在细胞内增加脯氨酸的合成来增加脯氨酸的含量，而革兰阴性菌则是通过提高转运水平来增加脯氨酸的含量。大肠杆菌与鼠伤寒沙门菌有 3 种独立的脯氨酸转运系统，即 PutP、ProP 和 ProU，其中 ProP 与 ProU 负责高渗条件下在细胞内脯氨酸的积累。

（2）甘氨酸甜菜碱（glycine betaine）　　甘氨酸甜菜碱是自然界中最重要的一种相容性溶质，另外还有脯氨酸甜菜碱和谷氨酸甜菜碱等，它们都属于氨基酸甲基化衍生物，不但存在于原核生物中，而且在植物和动物中也很常见。中度嗜盐的光合细菌和 *Actinopolyspora halophila* 可以在以葡萄糖为唯一碳源的培养基中从头合成甜菜碱。其他中度嗜盐菌只能从培养基中直接吸收甜菜碱或其前体胆碱。

（3）四氢嘧啶（ectoine）　　四氢嘧啶是嗜盐细菌和耐盐细菌重要的亲和性溶质，其积累主要通过自行合成。伸长盐单胞菌可以自身合成四氢嘧啶和羟化四氢嘧啶，四氢嘧啶的合成通过三步完成：二氨基丁酸转氨酶催化天冬氨酸半醛生成二氨基丁酸，然后在二氨基丁酸乙酰转移酶作用下生成 N-γ-乙酰化二氨基丁酸，最后在 N-乙酰二氨基丁酸脱氢酶的作用下生成四氢嘧啶。

（4）海藻糖（threhalose）　　许多二糖可以充当渗透调节保护物，如海藻糖、蔗糖、麦芽糖、纤维二糖、龙胆二糖、松二糖等。在结构上，它们有着共同的特点，不含半乳糖基，至少具有两个葡萄糖残基或一个葡萄糖残基连在果糖上。大肠杆菌和肠道沙门菌通过从头合成来积累亲和性溶质的海藻糖，由 *ostAB* 操纵子编码的两种酶催化海藻糖的生成。

二、Na⁺ 输出系统

嗜盐或耐盐微生物在高渗条件下，一方面细胞积累小分子物质，用以调节细胞内外的渗透平衡；另一方面将细胞内多余的 Na⁺ 排到细胞外，以维持胞内较低的盐浓度，从而维持细胞正常的形态、结构和生理功能。在细菌中存在 2 种 Na⁺ 输出系统，即初级钠泵（primary sodium pump）和次级钠泵（secondary sodium pump）。

1. 初级钠泵

初级钠泵系统主要包括 4 类：脱羧酶（decarboxylase）、甲基转移酶复合体（methyltransferase complex）、ATP 酶和 NADH 泛醌氧化还原酶（NADH ubiquinone oxidoreductase，NQR）。图 12-4 是细菌中通过初级钠泵和次级钠泵进行钠离子循环的组合示意图。

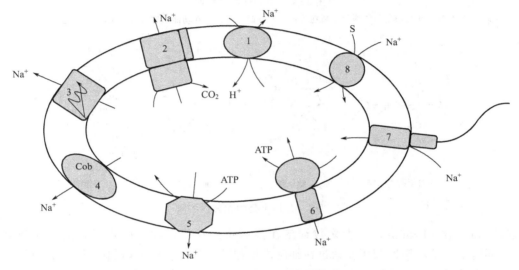

图 12-4　细菌的钠离子循环组合示意
1—Na⁺/⁺H 逆向转运蛋白；2—脱羧酶；3—呼吸酶；
4—甲基四氢叶酸甲烷喋呤辅酶 M 甲基转移酶；5—V 型 ATP 酶；
6—F1F0-ATP 合成酶；7—鞭毛马达的运动；8—溶质吸收

（1）脱羧酶（decarboxylase）　脱羧酶催化羧酸（如草酰乙酸）脱羧，辅因子为生物素。脱羧酶在催化脱羧反应时能向细胞膜外输出钠离子。具有钠离子输出功能的脱羧酶主要有草酰乙酸脱羧酶（oxaloacetate decarboxylase）、甲基丙二酰辅酶 A 脱羧酶（methylmalonyl-CoA decarboxylase）、戊烯二酰辅 A 脱羧酶（glutaconyl-CoA decarboxylase）和丙二酸脱羧酶（malonate decarboxylase）。这类酶主要存在于几种厌氧细菌，如肺炎克氏杆菌（*Klebsiella pneumonia*）、鼠伤寒沙门菌（*Salmonella typhimurium*）和霍乱弧菌（*Vibrio cholerae*）中。

霍乱弧菌中的草酰乙酸脱羧酶的钠离子输出机理研究得较清楚。草酰乙酸脱羧酶是一种膜蛋白结合酶，由 α 亚基、β 亚基和 γ 亚基按 1∶1∶1 的比例组成。α 亚基负责将草酰乙酸的羧基转移到生物素，β 亚基则负责脱羧和钠离子输出，γ 亚基负责结合辅因子锌离子。具体转运模式如图 12-5 所示。

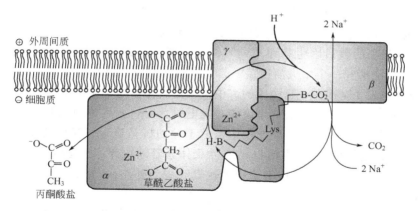

图 12-5　草酰乙酸脱羧酶的整体结构和催化过程（Studer，et al，2007）

（2）甲基转移酶复合体（methyltransferase complex）　甲基转移酶复合体是产甲烷古菌的一种初级钠泵，催化甲基从甲基四氢甲烷喋呤（CH_3-H_4MPT）转移到辅酶 M（H-S-CoM），并在此过程中偶联钠离子输出。这种甲基转移酶复合体有 8 个不同的 Mtr 亚基，分别为 MtrA、MtrB、MtrC、MtrD、MtrE、MtrF、MtrG 和 MtrH。编码该酶的基因组成一个转录单元 *mtrEDCBAFGH*。该酶转运钠离子的过程如图 12-6 所示。

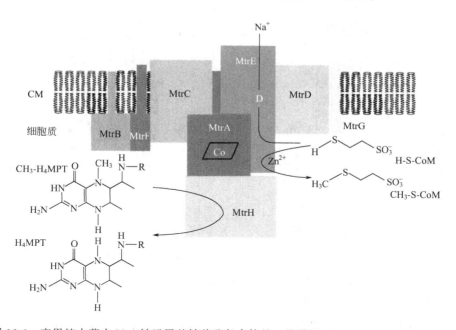

图 12-6　产甲烷古菌中 Na^+ 转运甲基转移酶复合体的二维模型（Gottschalk，et al，2001）

（3）ATP 酶（ATPase）　ATP 酶是一种与细胞膜相连的酶，伴随着 ATP 的水解，将质子或钠离子从细胞膜内转移到细胞膜外。ATP 酶有两种不同的类型：F 型 ATP 酶和 V 型 ATP 酶（F-type ATPase 和 V-type ATPase），这些酶广泛分布于古菌、细菌和真核生物中。F 型 F0F1 ATPase 存在于真核生物的叶绿体和线粒体及大多数细菌中；V（vacuolar）型 ATPase 存在于真核生物的细胞质膜（特别是液泡膜）、古菌及少数重要细菌中。

　　F 型 ATPase 和 V 型 ATPase 都具有一个像蘑菇一样的结构（图 12-7）。F 型 ATPase

的头部（称为 F_1）是由 3 个 α 亚基和 3 个 β 亚基组成的六聚体，每个 β 亚基都有 1 个 ATP 或 ADP-结合催化位点。F_0 是一个嵌膜的蛋白质复合体，由 1 个 a 亚基、2 个 b 亚基、10～15 个 c 亚基（c 亚基的数目因生物而不同）组成，离子的转位就是在这个部分完成的。F_0 和 F_1 通过一个周围柄和一个中央柄连接一起。周围柄是由嵌镶在细胞膜上的 b 亚基凸出部分，通过 δ 亚基与 $α_3β$ 连接在一起构成的。中央柄是由伸长的 γ 亚基将 F_1、F_0 及 ε 亚基连接到一起而构成的。F 型 ATPase 类似于旋转式发电机：$α_3β_3$ 六聚体中 ATP 分子的连续水解，驱动中央柄和 c 环（c 亚基组成的环，作用类似于发动机马达）一起旋转。c 环沿着 a 亚基的界面滑动，而 a 亚基又通过周围柄与 $α_3β_3$ 六聚体紧紧地结合，引起旋转。c 环沿着 a 亚基的界面滑动时，引起 H^+ 或 Na^+ 从细个胞内运输到细胞外。F_1 负责 ATP 水解，F_0 负责转运 H^+ 或 Na^+。

F 型 ATPase 能作为 ATP synthase（ATP 合成酶）行使相反的功能。在这种模式中，离子流通过 F_0 引起 γεc-复合体的旋转，旋转的 γ 亚基与 3 个有催化作用的 β 亚基，进行连续的相互作用，引起 ATP 的合成，并伴随着 H^+ 或 Na^+ 从细胞外运输到细胞内。

V 型 ATPase 在结构和功能上与 F 型 ATPase 大致类似，略有差异（图 12-7），这里不再详细叙述。

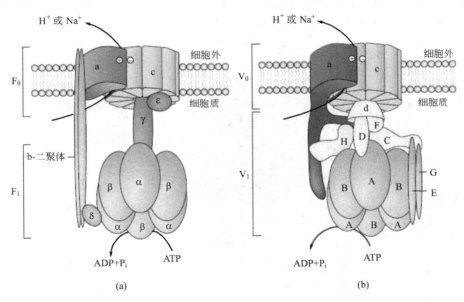

图 12-7　F 型 ATP 酶（a）和 V 型 ATP 酶（b）的结构图（Mulkidjanian，et al，2007）

在 F 型 ATP 酶和 V 型 ATP 酶中，同源亚基用相同颜色表示，相似亚基用不同颜色表示

（4）NADH 泛醌氧化还原酶（NADH ubiquinone oxidoreductase，NQR）　　NADH 泛醌氧化还原酶（NQR）是大多数细菌呼吸链中的一个组成成分，在呼吸过程中输出钠离子。NQR 作为一种钠输出呼吸泵，首先发现于海洋细菌——溶藻弧菌（*Vibrio alginolyticus*）中，后来在 *Vibrio spp.*、*Alcaligenes spp.*、*Bacillus spp.*、*Escherichia coli* 等中都有发现。与脱羧酶主要存在于厌氧细菌的情况相反，NQR 主要存在于好氧细菌。*V. alginolyitcus* 有 2 种 NADH 泛醌氧化还原酶，即 NQR1 和 NQR2。编码 NQR1 的基因 *nqrABCDEF* 组成一个操纵子，分别编码 α 亚基、β 亚基、γ 亚基、a 亚基、b 亚基和 c 亚基。*nqrABCDEF* 操纵子也存在于 *Haemophilus influenzae*、*Vibrio cholerae* 及 *Vibrio har-*

veyi 中。

2. 次级钠泵

次级钠泵（secondary sodium pump），常称为 Na^+/H^+ 逆向转运蛋白（Na^+/H^+ antiporter）或钠离子（或单价阳离子）/氢离子逆向转运蛋白，广泛存在于微生物（包括细菌和真菌）、植物和动物细胞中。Na^+/H^+ 逆向转运蛋白属于跨膜蛋白，催化单价阳离子（如 Na^+、K^+、Li^+）输出，该过程与质子（H^+）的输入相偶联。嗜盐或耐盐微生物将进入细胞内的 Na^+ 再排到细胞外，主要就是通过 Na^+/H^+ 逆向转运蛋白实现的。根据结构特点将次级钠泵分为两类：单亚基钠离子逆向转运蛋白和多亚基钠离子逆向转运蛋白。

（1）单亚基钠离子逆向转运蛋白　Na^+/H^+ 逆向转运蛋白普遍存在于细菌、真菌、植物及动物（包括人）中。目前在细菌中发现的单亚基逆向转运蛋白主要有 NhaA、NhaB、NhaC、NhaD、NhaE、NhaG、NhaP、ChaA 和 MdfA 等。真菌有 SOD2 和 Nha1 等，拟南芥有 AtNHX1 和 SOS1 等。

大肠杆菌有 4 个不同的 Na^+/H^+ 逆向转运蛋白，分别是 NhaA、NhaB、ChaA 和 MdfA。ChaA 除能输出 Na^+ 交换 H^+ 外，还能输出 Ca^+ 与 H^+ 交换，NhaA（简称 Ec-NhaA）是大肠杆菌适应在高浓度 Na^+、Li^+ 及碱性 pH 下生长所必需的主要逆向转运蛋白。NhaB 赋予大肠杆菌一定的耐盐性，在 NhaA 缺失条件下，NhaB 在维持细菌生长方面起着重要作用。*nhaA* 和 *nhaB* 双缺失突变后，大肠杆菌变成盐敏感突变株，在含 0.2mol/L NaCl 培养基上不能生长，该突变株（*nhaA*⁻ 和 *nhaB*⁻）被广泛用于通过功能互补的基因克隆中。

大肠杆菌 Ec-NhaA 是微生物中发现的第一个，也是研究最清楚的 Na^+/H^+ 逆向转运蛋

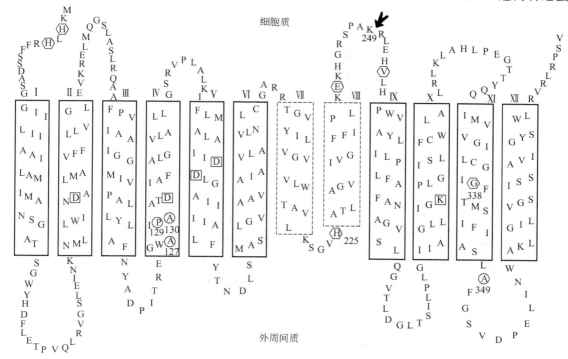

图 12-8　大肠杆菌 Ec-NhaA 的二维结构模型（Pandan，et al，2001）
六边形中的氨基酸在 pH 适应性（pH response）中起重要作用；
圆中的氨基酸突变后影响 pH 适应性；四边形中的氨基酸与钠离子输出活性有关

白。Ec-NhaA 的 Na$^+$/H$^+$ 逆向转运活性最显著的特征是具有 pH 依赖性，只有胞内 pH 在 7.6 以上时才具有活性。Ec-NhaA 由 388 个氨基酸组成，与许多其他的次级转运蛋白相似，在结构上有 12 个跨膜区（transmembrane segments，TMS），这些跨膜区与亲水环相连。12 个跨膜区包含着大肠杆菌适应高浓度 Na$^+$、Li$^+$ 以及高 pH 所必需的结构域和氨基酸（图 12-8）。

（2）多亚基钠离子/氢离子逆向转运蛋白（Mrp 逆向转运蛋白）　Mrp（multiple resistance and pH）逆向转运蛋白一般由 6～7 个亚基组成，属于跨膜转运蛋白，与细菌的耐盐性、抗碱性以及一些特殊的生理过程（如芽孢形成）密切相关。编码 Mrp 逆向转运蛋白的 mrp 基因一般为 6～7 个，构成一个转录单元（mrp operon）。在研究初期，曾被给予多种名称，如 Mrp（Bacillus halodurans）、Sha（Bacillus subtilis）、Pha（Rhizobium Meliloti）、Mnh（Staphylococcus aureus）等，现在统一称之为 Mrp。

Mrp 逆向转运蛋白最早发现于耐盐芽孢杆菌（Bacillus halodurans），后来发现很多嗜盐和耐盐的细菌和古菌中都有多亚基钠离子/氢离子逆向转运蛋白。枯草芽孢杆菌 Mrp（Sha）由 mrpABCDEFG 7 个基因组成。mrp 突变既影响对 Na$^+$ 和高 pH 的抗性，也影响芽孢的形成。芽孢形成早期对胞内 Na$^+$ 浓度敏感，由于 mrp 突变后，细胞输出 Na$^+$ 的能力减弱，导致孢子形成受影响。此外，枯草芽孢杆菌 mrp 也能互补大肠杆菌呼吸链 NADH 脱氢酶突变株 ANN0222，表明枯草芽孢杆菌 Mrp 同时具有初级泵和次级泵的活性。枯草芽孢杆菌的 Tet（L）和 Tet（K）是多功能泵［（tetracycline-divalent metal）＋（Na$^+$）（K$^+$）/

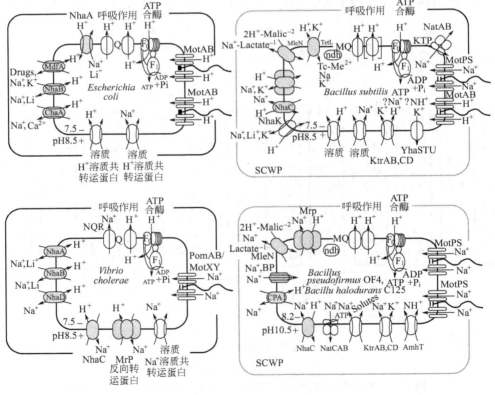

图 12-9　四种不同细菌的 Na$^+$/H$^+$ 泵、Na$^+$ 循环系统以及 H$^+$ 和 K$^+$ 的运输系统示意图

这些 Na$^+$/H$^+$ 泵、Na$^+$ 循环系统以及 H$^+$ 和 K$^+$ 的运输系统都属于内膜蛋白（Padan，et al，2005）

H$^+$ 泵]，具有四环素抗性以及 Na$^+$ 和 K$^+$ 输出等能力，而且在维持 *B. subtilis* 的 pH 稳态中起着重要作用。TetA（L）缺失导致 *B. subtilis* 对钠离子、四环素和碱性 pH 敏感的表型。

金黄色葡萄球菌（*Staphylococcus aureus*）可在高达 3mol/L 的 NaCl 溶液或 1mol/L 的 LiCl 溶液的高盐环境生长，也可以在 pH 9.5 的高碱性环境中生长。编码 Na$^+$/H$^+$ 泵的 7 个基因构成基因簇 *mnhABCDEFG*，当该基因簇被转入大肠杆菌的 *nhaA-nhaB-chaA* 突变株中，能使后者在 0.2mol/L NaCl 的条件下生长，其编码的蛋白复合体具有钠离子/氢离子逆向转运蛋白的活性。

总之，大多数微生物都存在多个 Na$^+$/H$^+$ 逆向转运蛋白，例如大肠杆菌（*E. coli*）有 4 种：NhaA、NhaB、ChaA 和 MdfA；枯草芽孢杆菌（*B. subtilis*）有 5 种：NhaC、NhaK、Mrp、MleN 和 TetL；霍乱弧菌（*V. cholerae*）有 6 种：NhaA、NhaB、NhaC、NhaD 和 Mrp。图 12-9 是大肠杆菌、枯草杆菌、霍乱弧菌等 Na$^+$/H$^+$ 泵及其钠循环图。Na$^+$/H$^+$ 逆向转运蛋白不仅仅介导 Na$^+$ 输出，还参与其他多种生理活动，如抗生素外排、芽孢形成等，说明 Na$^+$/H$^+$ 逆向转运蛋白在微生物生命活动过程中起着重要作用。

第三节
嗜盐菌的应用 •

由于中度嗜盐菌细胞内的蛋白质、核酸、脂肪的分子结构、细胞膜的结构与功能、酶的特性和特殊代谢途径等许多方面，与其他普通环境微生物的特性有很大区别，所以目前在农业生产、食品工业、化学轻化业、酶工业、医药工业、化妆品业等领域均有应用。

一、农业中的应用

全世界约有 1/3 的盐渍化土壤，严重制约着农业生产，是影响生态环境的重要因素之一。我国约有 250 多万公顷的各种盐渍土壤，而且还有逐年上升的趋势，因此培育耐盐作物品种已成为当前的研究热点之一。

大肠杆菌的 *betA* 基因编码甘氨酸甜菜碱，将其转入甘蓝菜以后，转基因植物的生物量、叶绿素含量及水分含量都得到提高，在 150mmol/L 和 300mmol/L NaCl 条件下，生物量分别提高 21.3% 和 20%。将粟酒裂殖酵母（*Schizosaccharomyces pombe*）的 Na$^+$/H$^+$ 泵基因 SOD$_2$ 转入到水稻以后，转基因水稻积累较高的 K$^+$（29.4%）、Ca^{2+}（22.2%）、Mg^{2+}（53.8%）和较低的 Na$^+$（26.6%），提高净光合效率（100%）；在 150mmol/L 和 300mmol/L NaCl 条件下，植株体鲜重分别增加 32.5% 和 57.1%。拟南芥 *AtNHX1* 基因编码液泡膜 Na$^+$/H$^+$ 反向转运蛋白，该蛋白质可将胞质中过高的 Na$^+$ 转运到液泡内积累，从而降低 Na$^+$ 对细胞的毒害，将该基因转入到烟草和水稻后，转基因植物的耐盐性得到明显改善。

二、工业中的应用

嗜盐菌在食品工业、酶工业、化妆品工业、多聚体生产工业和产盐业等领域均有应用。

首先，在食品业中，某些嗜盐菌可以合成胡萝卜素和类胡萝卜素等，这些物质具有高效防癌的作用，作为营养保健食品的添加剂具有广阔的应用前景。

在酶工业中，嗜盐菌不但能够合成分泌多种工业生产中应用的酶，并且这些酶一般具有较高的 Na^+ 和 K^+ 耐受性和 pH 耐受性，因此具有很大的应用价值。例如，*Halobacterium cusirubrum* 合成分泌的超氧化物歧化酶（SOD），对叠氮化物有抗性，对 H_2O_2 敏感，在 2mol/L 的 KCl 中有最大的活性。

嗜盐菌在高盐条件下能够在细胞内积累相容性溶质，如四氢嘧啶、羟基四氢嘧啶、甜菜碱、海藻糖、脯氨酸等。其中，四氢嘧啶和羟基四氢嘧啶能够作为稳定剂保护和稳定酶、DNA、膜等大分子抗高盐、抗干燥、抗冷冻、防止热变性等，所以这两种物质被应用在化妆品工业。德国墨克公司推出一套含有四氢嘧啶及羟基四氢嘧啶化妆品，可以保护皮肤及减少因紫外线形成的晒斑。目前，四氢嘧啶来自于 *Halomonas elongata*，羟基四氢嘧啶主要来源于 *Marinoccus* M52。

嗜盐菌可以产生一些多聚体，这些多聚体在很多领域中均有应用。例如，聚羟基丁酸（polyhydroxylbutirate，PHB），是一种具有热塑性、生物降解性和生物相容性等特性的材料，可以广泛应用于生物医药领域：外科手术、药物微球体、裹伤用品、微孔膜、水溶性一次性制品和病人的碳源补充等。再如，胞外多糖具有流变学特性和生理活性，可以作为表面活性剂和生物乳化剂，在石油回收过程中具有很重要的价值。

三、环境修复中的应用

中度嗜盐菌能够在较宽的盐浓度范围内生存，并且中度嗜盐菌能降解甲醛、苯酚及其他芳烃物质，以及有机磷混合物等有毒物质，所以利用它来处理环境污染日益受到人们的重视。*Marinobacter hydrocarbonoclasticus* 在高达 200g/L 盐浓度下能够降解烃类。*Halomonas halodurans* 可以裂解苯甲酸脂和芳烃类物质中的芳香环。有些 *Halomonas* 菌株可以降解苯酚类物质，*Halomonas campisallis* 可以去除硝酸盐，也有些 *Halomonadaceae* 属菌株能够利用氯代芳烃化合物作为碳源和能源。

主要参考文献

[1] Sleator R D，Hill C. Bacterial osmoadaptation：the role of osmolytes in bacterial stress and virulence. FEMS Microbiol Rev，2001，26：49-71.

[2] Studer R，Dahinden P，Wang W W，Auchli Y，Li X D，Dimroth P. Crystal structure of the carboxyltransferase domain of the oxaloacetate decarboxylase Na^+ pump from *Vibrio cholerae*. J Mol Biol，2007，367：547-557.

[3] Gottschalk G，Thauer R. The Na^+-translocating methyltransferase complex from methanogenic archaea. Biochim Biophys Acta，2001，1505：28-36.

[4] Mulkidjanian A Y，Makarova K S，Galperin M Y，Koonin E V. Inventing the dynamo machine：the evolution of the F-type and V-type ATPases. Nat Rev Microbiol，2007，5：892-899.

[5] Padan E，Bibi E Ito M，Krulwich T A. Alkaline pH homeostasis in bacteria：new insights. Biochim Biophys Acta，2005，1717：67-88.

[6] Pandan E，Venturi M，Gerchman Y，Dover N. Na^+/H^+ antiporters. Biochim Biophys Acta，2001，1505：144-157.

[7] Nozaki K，Kuroda T，Mizushima T，Tsuchiya T. A new Na^+/H^+ antiporter，NhaD, of *Vibrio parahaemolyticus*. Biochim Biophys Acta，1998，1369：213-220.

[8] 杨礼富. 革兰阳性中度嗜盐菌钠离子输出相关基因的克隆与功能研究. 北京：中国农业大学，2006.

[9] 高淼. 中度嗜盐菌的分离鉴定及钠离子输出相关基因的克隆和功能研究. 北京：中国农业大学，2010.

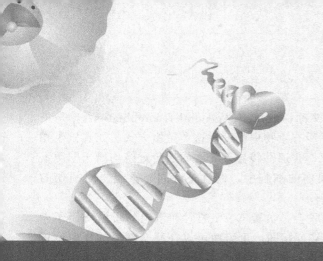

第十三章
遗传重组

　　基因突变和遗传重组（也称基因重组）是导致遗传变异的两个主要过程，也是提供生物进化的主要原动力。突变引起的遗传改变可引起蛋白质中氨基酸序列的变化，进而引起表型的改变；而遗传重组所涉及的是基因（或核苷酸）以不同的方式和机制所进行的重新组合，引起基因组结构的变化，进而引起表型的变化。从广义上讲，任何造成基因型变化的基因交流过程都称遗传重组（genetic recombination）；狭义上讲，遗传重组是指一段 DNA 在核苷酸分子上重新组合。

　　遗传重组是遗传的基本现象。无论高等真核生物，还是细菌、病毒都存在基因重组现象；不仅在减数分裂中发生基因重组，在高等生物的体细胞中也会发生重组；重组不只是发生在细胞核的核基因之间，也发生在线粒体基因间和叶绿体基因间。另外，噬菌体整合过程和转座子转座过程也都属于重组范围。由此可见，只要有 DNA 就会发生重组。因为生物的适应与进化的基础是可遗传的变异，而变异的来源便是突变和重组。

　　遗传重组普遍存在于所有生物，但要研究遗传重组的机制，其难度相对要大得多，很多与重组有关的研究进展都是通过对重组突变体的获得而进行的。

　　本章主要介绍引起 DNA 分子间重组的机制。在相当长时间内，遗传重组机制的研究主要是利用子囊真菌（脉孢霉菌、粪壳菌等）进行的。20 世纪 80 年代以来，随着遗传工程技术和分子生物学实验方法的建立和发展，原核生物中以大肠杆菌为模式和真核生物中以酿酒酵母为模式进行的遗传重组的分子机制的研究取得了显著的进展，基本上明确了遗传重组的途径和参与遗传重组的蛋白质因子。

第一节
遗传重组的类型 •————————————————————

　　遗传重组是指不同 DNA 配对后的交换和重排过程。在这个过程中，根据对 DNA 序列和所需蛋白质因子的要求的不同，可将遗传重组分为同源重组、位点特异性重组和异常重组 3 种类型。

一、同源重组

同源重组（homologous recombination）又称一般重组（general recombination），是染色体之间进行遗传信息交换的方式之一，几乎所有生物中都发生这类重组方式。如真核生物在减数分裂中的染色体交换、细菌接合、转化、普遍性转导等导致的遗传重组均属于同源重组范畴。另外，同源重组常发生在 DNA 受损伤的细胞中，也就是说同源重组是对损伤的 DNA 进行修复的一种重要途径。

这类重组依赖于大范围 DNA 同源顺序的联会，负责 DNA 配对和重组的蛋白质因子无碱基序列特异性，只要两条 DNA 序列相同或接近相同，重组便可以在联会部分的任何位置发生。当然也存在重组热点，即某类序列发生重组的概率高于其他序列。另外，真核生物中染色质状态对重组也有影响，例如异染色质及附近区域很少发生重组。大肠杆菌的同源重组需要 RecA 蛋白，其他细菌的同源重组也需要类似 RecA 的蛋白。酵母的同源重组也需要类似于大肠杆菌 RecA 的蛋白质。

同源重组要求两个 DNA 分子的序列同源，同源区越长越有利于重组；同源区太短，则难于发生重组。大肠杆菌活体重组，至少要求 20～40bp 的核苷酸序列是相同的；枯草杆菌染色体基因与质粒的重组，同源区的长短应≥70bp；哺乳动物的同源区应在 150bp 以上。

二、位点特异性重组

位点特异性重组（site-specific recombination）依赖于小范围同源序列的联会，重组也只发生在同源的短序列的范围之内，需要位点特异性的蛋白质因子参与催化。重组时发生精确的切割、连接反应，DNA 不失去、不合成。两个 DNA 分子并不进行对等的交换，有时是一个 DNA 分子整合到另一个 DNA 分子上，因此将这种形式的重组又称为插入重组。例如 λ 噬菌体 DNA 通过其 attP 位点和大肠杆菌 DNA 的 attB 位点之间的重组而整合到大肠杆菌染色体上的过程就是属于这类重组。其重组需要有 λ 噬菌体 DNA 与大肠杆菌染色体 DNA 之间 15bp 的同源序列及其特异性蛋白质因子参加。这些蛋白质因子不能催化其他任何序列（不管是同源的或非同源的）之间的重组，这就保持了 λ 噬菌体 DNA 整合方式的特异性和高度保守性。这一重组不需要 RecA 蛋白质的参与。

三、异常重组

异常重组（illegitimate recombination）也不需要 DNA 序列的同源性和 RecA 蛋白质，而且也不需要转座酶。目前对这一类重组机制知道的很少。

第二节
同源重组的分子模型

对于同源重组的过程目前有三种被广泛接受的模型，即 Holliday 双链侵入模型、单链侵入模型（Meselson-Radding 模型）和双链断裂修复模型（Szostak 模型）。

一、Holliday 双链侵入模型

1964 年 Holliday 在对真菌的基因转换遗传基础的研究中，首次提出了一个异源双链交

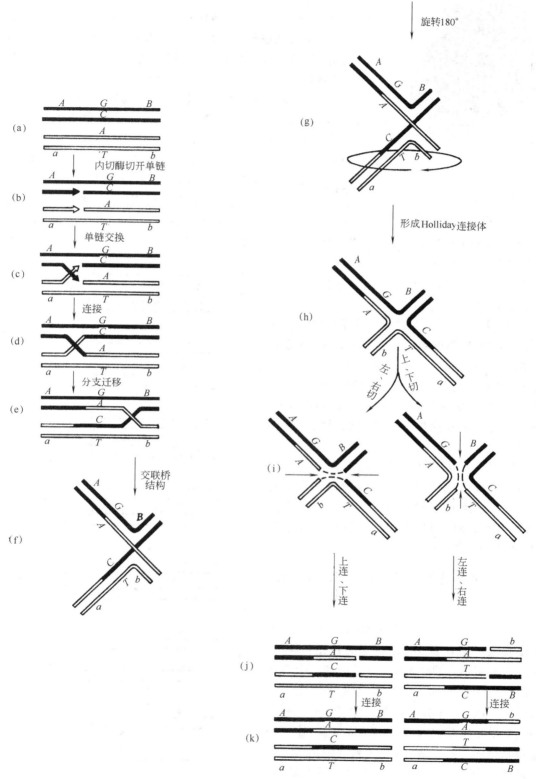

图 13-1 同源重组的 Holliday 模型

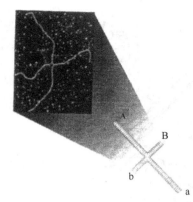

图 13-2　细菌存在 Holliday
连接体的证据（电镜照片）

叉结构模型，又称 Holliday 模型（图 13-1）。该模型对重组过程的解释如下：①同源的非姊妹染色单体联会；②在 DNA 内切酶作用下，两个同源非姊妹染色单体 DNA 分子在相同位置上同时切开；③切开的单链交换重接；④形成十字样的交叉结构称为 Holliday 连接体（Holliday junction）；⑤交叉点自发地通过碱基之间氢键的断裂和再连接而发生左右移动，于是形成一段较长的异源双链 DNA，这个过程称为分支迁移（branch migration）；⑥交叉结构旋转 180°，形成 Holliday 连接体结构的异构体〔图 13-1 中 (f) ～ (h)〕；⑦通过两种方式之一（左右或上下）进行切割，恢复两个线性 DNA 分子，若左右切割形成的线性分子是非重组体（Ab、ab），若上下切割形成的线性分子其异源双链 DNA 区的两侧标记基因是重组体（Ab、aB）。由此可知，不管 Holliday 结构断裂是否导致旁侧遗传标记的重组，它们都含有一个异源双链 DNA 区（由 G-C、A-T 配对变为 G-A、C-T 非配对）。

这个模型的两个关键点是在重组过程中有 DNA 链的断裂和重接，并且形成 Holliday 连接体结构。但在 Holliday 模型中，没有 DNA 复制现象。通过电镜观察和分子生物学研究证明，在重组过程中确实存在 Holliday 连接体结构。Holliday 结构也是其他模型所共有的重组中间体（图 13-2）。

Holliday 双链侵入模型已被作为一个标准模型而被广泛接受。然而这种模型存在的一个问题是两个 DNA 分子必须同时几乎在同一部位被切断而引发重组，而这种情况在生物体内发生的概率较低。

二、单链侵入模型（Meselson-Radding 模型）

这个模型于 1975 年由 Meselson 和 Radding 提出，是对 Holliday 模型的补充和修改。在这个模型中，两个 DNA 分子中的一个单链在随机部位被切断，然后暴露的末端侵入到另一个双链 DNA 分子，直到发现它的互补序列。如果它发现这样一个序列，它将替代一条与它相同的链。然后 DNA 聚合酶用留下的那条链作为模板，将填充侵入链留下的缺口。被替代的链降解，它的残留末端与另一分子

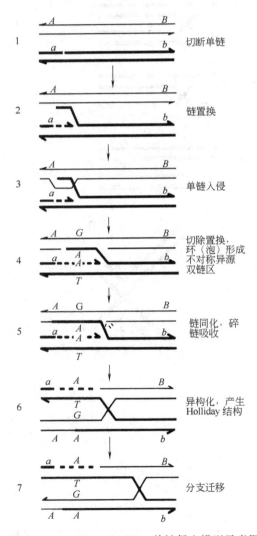

图 13-3　Meselson-Radding 单链侵入模型示意图

中新合成的 DNA 链相连接形成 Holliday 连接体。一旦 Holliday 连接体形成，便像 Holliday 模型一样，产生异构化，然后拆分（图 13-3）。

在这个模型中，可以产生不对称的异源双链。这就解释了两个 DNA 分子中异源双链是如何形成的。

三、双链断裂修复模型（Szostak 模型）

这个模型于 1983 年由 Szostak 在对酿酒酵母遗传重组的研究基础上提出来。该模型认为，参与重组的一对 DNA 分子之一的两条链被核酸内切酶切断或在其他因素的作用下造成 DNA 双链断裂（double-strand break，DSB），然后在核酸外切酶作用下扩展成为一个缺口，并在一种或几种核酸内切酶的作用下产生 3′ 单链突出的黏性末端，这两个游离的 3′ 末端之一侵入到另一个双螺旋 DNA 的同源区，置换供体双链 DNA 的一个单链而形成一段异源双链 DNA，并产生一个 D-环（D-loop）。DNA 聚合酶以 3′ 末端为引物，以解开的单链 DNA 为模板进行复制和修复，最后形成两个 Holliday 连接体。最后对这两个 Holliday 连接体进行拆分（图 13-4）。

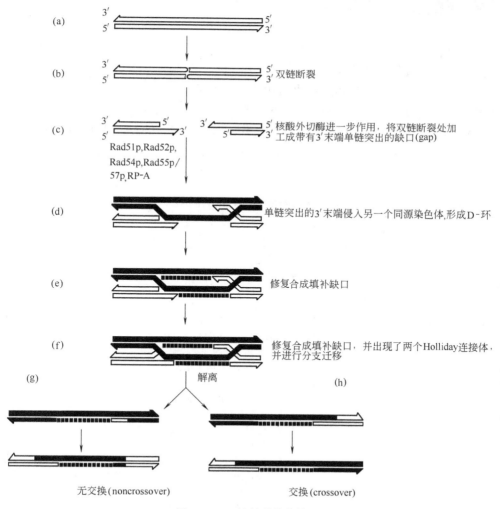

图 13-4　双链断裂修复模型

如果两个 Holliday 连接体以相同的方式切割，则基因转换与基因两侧的交换不相连；如果一个 Holliday 连接体的非交叉链被切割，而第二个 Holliday 连接体的交叉链被切割，则两侧的标记基因发生交换。

近几年来，通过以大肠杆菌、酵母、噬菌体、动物、人等为材料，对遗传重组过程进行的大量的分子水平上的研究证明，双链断裂引发的重组是生物体内普遍存在的遗传现象。也就是说，通过双链断裂引发重组是生物体内遗传重组的常见机制。如细菌、噬菌体和低等真核生物的染色体 DNA，由于核酸内切酶、离子辐射（如 γ 射线辐射）、机械损伤、DNA 复制过程等产生的双链断裂都能启动重组。从另一个角度上看，重组实际上是对损伤的 DNA 进行修复的过程，也是生物适应环境的一种应变能力。

总之，关于原核生物和真核生物遗传重组的模型主要有上述 3 种类型。这 3 种模型实际上是相互联系和相互补充的。越来越多的研究证明，双链断裂引起的同源重组更为普遍。

第三节
大肠杆菌的同源重组 •————————————

细菌接合、转化、转导导致的染色体 DNA 从供体向受体转移后，染色体 DNA 之间一般通过同源重组而进行遗传物质的交换。

与真核生物相比，大肠杆菌同源重组所涉及的酶类及其这些酶在重组中的作用已了解的比较清楚。在大肠杆菌中，至少有 25 种不同的蛋白质参与同源重组。这些蛋白质包括 RecA、RecBCD、RecF、RecG、RecJ、RecN、RecO、RecQ、RecR、RuvAB、RuvC、SSB、DNA 聚合酶、DNA 拓扑异构酶和 DNA 连接酶（表 13-1），还有顺式作用重组热点 χ（cis-acting recombination hotspot χ），也称 Chi 位点。

表 13-1　大肠杆菌遗传重组所需要的蛋白质

蛋　白　质	活　性
RecA 蛋白	DNA 链交换、DNA 复性、依赖于 DNA 的 ATP 酶、依赖于 DNA 和 ATP 的蛋白酶
RecBCD（外切核酸酶 V）	解旋酶、依赖于 ATP 的 dsDNA 和 ssDNA 外切酶，ATP 促进的 ssDNA 内切酶，识别 Chi 序列
RecBC	DNA 解旋酶
RecE［外切核酸酶Ⅷ（sbcA）］	$5'→3'$ 方向的 dsDNA 外切酶
RecF	结合 ssDNA、dsDNA、ATP
RecG	Holliday 连接体的分支移动
RecJ	$5'→3'$ 方向的 ssDNA 外切酶
RecN	有 ATP 结合的共有序列，确切功能不明
RecO	与 RecR 相互作用，可能还与 RecF 有相互作用
RecQ	DNA 解旋酶
RecR	与 RecO 相互作用，可能还与 RecF 相互作用
RecT	DNA 复性
RuvA	与 Holliday 十字形四臂连接体结合，与 RuvB 相互作用
RuvB	Holliday 连接体的分支移动，DNA 解旋酶，与 RuvA 相互作用
RuvC	Holliday 连接体切割，结合四臂连接体
SbcB（外切核酸酶Ⅰ）	$3'→5'$ 方向外切 ssDNA，脱氧核糖磷酸二酯酶
SbcCD	依赖于 ATP 的 dsDNA 外切酶

蛋　白　质	活　　　　性
SSB	ssDNA 结合蛋白
DNA 拓扑异构酶 I	ω蛋白、I 型拓扑异构酶
DNA 促旋酶	DNA 促旋酶，II 型拓扑异构酶
DNA 连接酶	DNA 连接酶
DNA 聚合酶 I	DNA 聚合酶，$5' \rightarrow 3'$外切，$3' \rightarrow 5'$外切
DNA 解旋酶 II	DNA 解旋酶
DNA 解旋酶 IV	DNA 解旋酶

　　大肠杆菌同源重组基本上与上面讲的双链断裂修复模型相同，整个同源重组过程可分为 4 个阶段：①起始；②同源配对和链交换；③异源双链扩展或叫分支迁移；④Holliday 连接体的解离（图 13-5）。已经基本上明确了大肠杆菌同源重组各个阶段所需要的蛋白质因子及其这些蛋白质因子在重组过程中的作用。

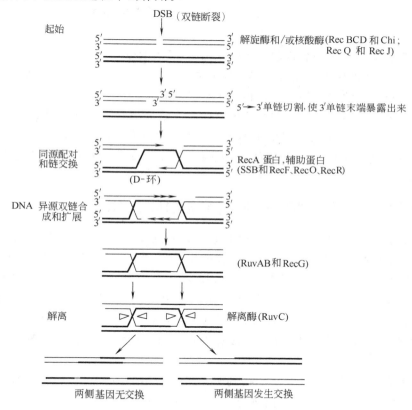

图 13-5　大肠杆菌同源重组

一、同源重组的起始（RecBCD 核酸酶）

　　上面讲过，离子辐射、DNA 复制等都可造成 DNA 双链的断裂。但要进行同源重组，还必须先将线性双链 DNA 在双链断裂处加工成单链 DNA，从而利于 RecA 蛋白结合到单链 DNA 上，然后结合有 RecA 蛋白的单链 DNA 才能侵入到另一个同源双链 DNA 分子中进行同源重组。这个阶段主要依靠 RecBCD 酶的作用。

RecBCD 酶是大肠杆菌中线性 DNA 重组的主要蛋白。RecBCD 酶是一种多功能的酶，它具有依赖于 ATP 的单链和双链外切酶活性，因此又称为外切核酸酶 V。它能利用水解 ATP 所释放的能量，使线性双链 DNA 解旋，即具有线性 DNA 的解旋酶活性。此外，RecBCD 还具有序列特异性的单链内切酶活性。类似于 RecBCD 的蛋白质也存在于其他革兰阴性和革兰阳性细菌中。大肠杆菌的 recB、recC 和 recD 基因都定位在大肠杆菌染色体的 61min 处，recB、recD 组成一个转录单位，recC 独立转录。recB、recC、recD 分别编码 134kD、129kD 和 67kD 的多肽链，RecB、RecC、RecD 三者作为 3 个亚基共同构成 RecBCD 酶。

RecBCD 酶能以相当高的频率启动含有 Chi（χ）位点的 DNA 重组，Chi 位点的核苷酸顺序是：5′-GCTGGTGG-3′。这一 Chi 序列天然存在于大肠杆菌的染色体 DNA 中，并且在大约 5～10kb 长的序列中出现一次。大肠杆菌的基因组中有 1009 个 Chi 位点，这就给 RecBCD 酶提供了许多作用位点。近年来发现在许多低等和高等真核生物的 DNA 中都存在着 Chi 位点，而且有证据表明，很多这些 Chi 位点能够作为重组热点而刺激遗传重组的发生。

RecBCD 酶在同源重组中怎样起作用呢？图 13-6 是 RecBCD 酶和 Chi 位点的作用模型。当 RecBCD 在 Chi 序列右侧与线性双链 DNA 末端相结合后，它沿着 DNA 双链移动并使 DNA 解旋，并利用它的双重外切酶活性，即：5′→3′ 和 3′→5′ 两种外切酶活性，使两个单链 DNA 降解。然而当 RecBCD 遇到 Chi 位点时，它的 3′→5′ 外切酶活性减弱，5′→3′ 外切酶活性增强，而它的解旋酶活性仍维持不变。因此，通过 Chi 位点后，RecBCD 酶开始产生出 3′-OH 末端的单链 DNA，它是同源重组的底物，然后 RecA 蛋白结合在单链 DNA 上，促进同源重组反应。

二、链侵入、同源配对和 Holliday 结构的形成（RecA 蛋白质）

大肠杆菌的 RecA 蛋白，是同源重组过程中最重要的蛋白质。RecA 蛋白质在离体条件下，能促进同源 DNA 分子间的联会和链交换。联会和链交换这两个反应是同源重组的中心，因此有人称它为重组酶（recombinase）。在其他原核生物中也存在着类似 RecA 的蛋白质，RecA 蛋白有两个主要特征。① 单链 DNA 结合活性。RecA 能够大量地结合于单链 DNA，平均一个 RecA 单体能与 4 个核苷酸结合，此过程需要 ATP。② 依赖于 DNA 的 ATP 酶活性。在 DNA 存在时，RecA 蛋白质能够水解 ATP，从而促进链交换。

RecA 是怎样促进同源配对和链交换的呢？研究表明，RecA 蛋白催化的同源配对和链交换的全过程可分成三个阶段：① 预联会；② 联会；③ 链交换。

1. 预联会（prysynapsis）

RecA 蛋白质首先聚集在由 RecBCD 酶作用而产生的 3′-末端突出的单链 DNA 上，形成核酸蛋白丝状复合物，这就是所谓的预联会。在这个过程中需要 ATP 和单链结合蛋白（SSB）。SSB 促进 RecA 蛋白在单链 DNA 分子上的凝集，并使形成的丝状复合物稳定。在有足够的 RecA 蛋白质时，能将单链 DNA 全部占据。

2. 联会（synapsis）

预联会阶段一旦完成，RecA 蛋白质便迅速地启动与之结合的单链 DNA 寻找同源双链 DNA，并使单链 DNA 与双链 DNA 纵向配对，形成 RecA-单链 DNA-双链 DNA 的三元复合

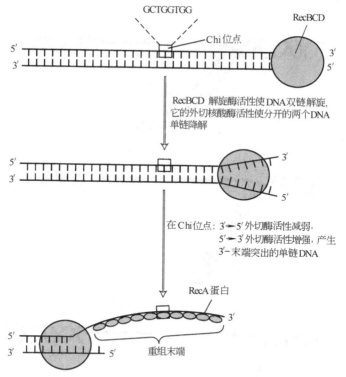

图 13-6　RecBCD 酶和 Chi 位点的作用模型

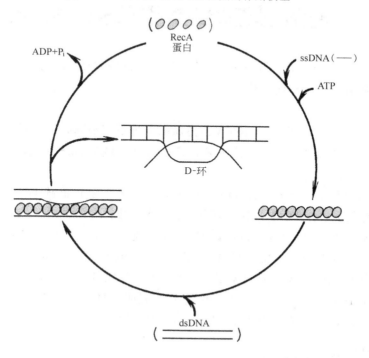

图 13-7　大肠杆菌 RecA 引起的同源配对

物。在此过程中，双链 DNA 的解螺旋也是在 RecA 蛋白质-单链 DNA 复合物的促进下进行

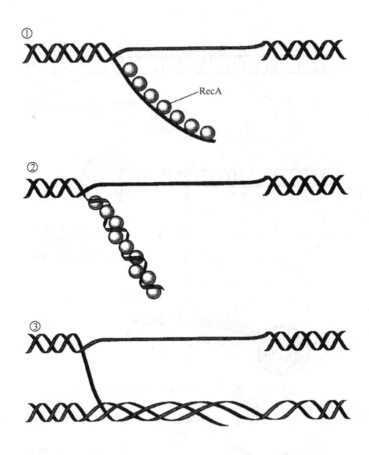

图 13-8　RecA 促进两条双链 DNA 之间的联会和链交换

的，另外可能还有拓扑异构酶起作用。

3. 链交换

当单链 DNA 和双链 DNA 在 RecA 蛋白质的促进下实现同源配对后，单链 DNA 便能侵入双链 DNA 将其中的同源单链置换出来，自己与互补链进行碱基配对，并产生 D-环（图 13-7）。

正如上面所讲到的，RecA 蛋白催化的同源配对需要在有单链 DNA 存在时才能进行，这些单链 DNA 包括单链 DNA 片段、环状单链 DNA 或带有单链末端的双链 DNA 或带有缺口的双链 DNA。如果是两个完整的双链 DNA 分子配对，则其中的一个双链 DNA 分子在一些酶的作用下，产生带有一段游离单链 DNA 区，在 RecA 蛋白质的催化下就能导致 Holliday 连接体的产生（图 13-8）。能将双链 DNA 分子转变成带有单链末端的酶，除了上面讲到的 RecBCD 外，还有 RecE、RecQ 等。功能分析表明，Holliday 连接体结构只出现在 RecA$^+$ 细胞中，而 RecA$^-$ 突变体中无 Holliday 连接体结构。

三、异源双链的扩展（RuvAB）

RuvA 和 RuvB 蛋白复合体在同源重组中的作用是在 Holliday 连接体形成以后，能促进分支迁移。RuvA 蛋白能识别 Holliday 连接体的结构，并在交叉点处与 DNA 所有的 4 条链相结合。然后，RuvB 蛋白结合在 Holliday 连接体的两个相反的臂周围聚集成六聚体。RuvA 和 RuvB 形成的 RuvAB 蛋白质复合体，促进分支迁移（图 13-9）。

四、Holliday 连接体的切割

ruvC 基因编码的 RuvC 蛋白质是一种能特异性地识别 Holliday 连接体的核酸内切酶，此酶可以在体外将 Holliday 的交叉结构切开（图 13-9）。RuvC 蛋白结合在 Holliday 连接体上，可以对交叉的 4 条 DNA 进行纵向切割，也可以进行横向切割，其切割的方向不同，则产生的重组 DNA 的范围则不同，即补丁型重组（patch recombination）（没有整体的重组）和剪接型重组（splice recombination）（两侧的重组）。

总之，在野生型大肠杆菌中，遗传重组需要 RecA 蛋白、RecBCD 酶、单链 DNA 结合蛋白（SSB 蛋白）、DNA 聚合酶 I、DNA 解旋酶、DNA 连接酶以及 RuvA 蛋白、RuvB 蛋白、RuvC 蛋白或 RecG 蛋白。遗传学分析表明，*recA*⁻ 突变使大肠杆菌细胞内遗传重组频率降低 10^6 倍；当 *recA* 基因正常时，*recBCD*⁻ 突变使重组频率降低 10^2 倍，这说明 RecBCD 途径是正常细胞中遗传重组的主要途径。在野生型大肠杆菌中，99％的双链断裂重组需要 RecBCD 酶的参加。如果 *recBCD* 发生突变，

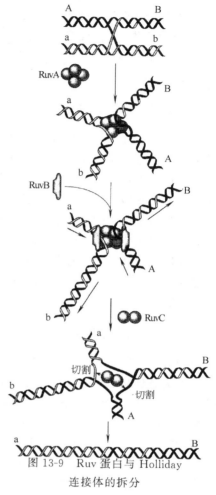

图 13-9　Ruv 蛋白与 Holliday
连接体的拆分

重组可以通过另外两个效率较低的途径，即 RecE 和 RecF 进行。但所有重组途径都需要 RecA 蛋白。

第四节
酿酒酵母的同源重组 ●

双链断裂重组模型最初是建立在对酿酒酵母的研究基础上的，它是酵母同源重组的基本途径。双链断裂重组发生在酵母的有丝分裂和减数分裂过程中。

减数分裂重组（meiotic recombination）和有丝分裂重组（mitotic recombination）有某些共同特征：①它们的同源重组都是由双链断裂（DSB）所启动；②参与减数分裂重组和有丝分裂重组的蛋白质基本上相同，但可能也有一些特异性蛋白。

酵母菌的双链断裂重组途径如图 13-4 所示。参与重组的蛋白质主要有 RAD50、RAD51、RAD52、RAD54、RAD55、RAD57、MRE11、XRS2 等，它们共同称为 RAD52 组。RAD52 组的基因发生突变，则酵母细胞内不能进行同源重组［包括减数分裂重组（meiotic recombination）和有丝分裂重组（mitotic recombination）］，而且变得对离子辐射

如 X-射线（引起双链断裂）和 DNA 链交联剂较为敏感。酵母中的 RAD51 在同源重组中的作用类似于大肠杆菌中的 RecA 蛋白，也是与单链 DNA 结合后，促进与另一个同源双链 DNA 的配对和链交换反应。在这个过程中可能还需要其他蛋白，如 RAD50、RAD52、RAD54、RAD55 和 RAD57 等的参与。但酵母细胞中哪些蛋白质参与异源双链的迁移和 Holliday 连接体的切割，目前都尚不清楚。

一、减数分裂重组

通过对从正在进行减数分裂的酵母细胞中提取的 DNA 所做的遗传和物理分析，表明在减数分裂过程中产生双链断裂，而且常出现在重组热点区。进一步的研究表明，双链断裂会引起单链尾巴的形成。电泳分析结果显示有 2 个 Holliday 结构，而且已经证明，SPO11 是一种内切酶，在减数分裂重组过程中双链断裂的形成中起作用。

在酵母 rad50S 突变型细胞中，SPO11 可以正常地产生双链断裂，但对断裂的 DNA 不能进行修复，因此在减数分裂时会积累这些断裂的 DNA 分子。断裂的 DNA 分子可以通过琼脂糖电泳而确定。对第 3 染色体上的 DNA 断裂部位进行分析表明，双链断裂分布在整个染色体上。然而，断裂的位置是随机的，在开放阅读框架和启动子区发生断裂的频率最高。据统计，在每次减数分裂中，平均产生 200 个双链断裂（包括所有染色体上发生的双链断裂）。

二、有丝分裂重组

有丝分裂重组也是由双链断裂所诱导的。外界因子和酵母细胞内部因子都可以造成双链断裂。酵母交配型 MATa 和 MATα 之间可以发生转换，这种转换也是一种体细胞内的双链断裂同源重组，其中的双链断裂是在酵母细胞内 HO 内切酶作用下而产生的。HO 内切酶引起 Y-Z1 交界处发生双链断裂后，Y 区域就被降解（哪种酶降解这一区域还不清楚），一直进行到 Ya 和 Yα 都相同的部分或一直到 X 区域。这样 MAT 部分的 2 个游离的 3'-末端就先后侵入供体座位（沉默座位）的同源部分并与其中的互补链配对。再以供体 DNA 为模板复制 Y 区域，形成 Holliday 连接体，然后通过拆分，产生新的 MAT 座位，而供体座位的序列保持不变。

第五节
同源重组的应用

利用基因敲除（knock-out）技术进行基因功能分析，进而研究目的基因与表型性状间的关系，是研究动物、植物及微生物基因功能的一种非常有用的遗传操作方法。该方法的基本原理就是通过同源重组，即同源双交换方法，用失活的、无功能的突变基因取代基因组中野生型等位基因。进行实际操作时，要注意下面几点要求：第一是首先需要克隆目的基因及其两侧的 DNA 序列；第二是通过插入抗性基因或 DNA 缺失，对克隆的目的基因进行体外遗传改造，使克隆的目的基因失活；第三是将经体外改造失活的目的基因引入到受体细胞中，使之与野生型基因进行同源重组。

细菌和一些低等真核生物在进行基因取代时，克隆的基因能精确地插入到染色体的同源部位，因此它们是研究基因取代的理想材料。基因取代方法除了成功地用于细菌和酵母的基因功能分析外，还成功地应用到老鼠和鸡的基因功能分析中。一些高等生物在进行基因取代时，克隆基因除整合到染色体的同源部位外，还能整合到其他非同源部位，对后者的作用机制还不很清楚。下面通过一个实例来介绍基因取代的原理。

glnB 基因是巴西固氮螺菌中与固氮调控有关的一个重要基因，如果 *glnB* 基因突变失活，则固氮基因不表达，细菌细胞没有固氮酶活性，表现为 Nif⁻。*glnB* 基因的这个功能就是通过基因敲除方法来进行确定的。在进行实际操作时，首先从巴西固氮螺菌基因组中克隆到 *glnB* 基因，通过 DNA 序列分析得知 *glnB* 基因的编码区长度为 339bp，在该基因编码区的中部有一个 *Bgl*Ⅱ位点，然后将 1.2kb 的卡那霉素抗性基因片段（Kan）插入 *Bgl*Ⅱ位点，则得到 *glnB*⁻ 突变基因。再将 *glnB*⁻ 突变基因克隆到自杀型质粒 pPHU281 中构建成重组质粒，将该重组质粒通过转化或杂交的方法引入到野生型巴西固氮螺菌中，质粒上的 *glnB*⁻ 基因就会与野生型 *glnB* 基因发生同源重组（图 13-10）。由于自杀型质粒载体 pPHU281 在巴西固氮螺菌中不能复制，因此通过筛选含有 Kanʳ 的转化子就能初步得到 *glnB*⁻ 基因突变株。但是应该注意，仅仅根据 Kanʳ 这一特征，并不能完全确定转化子就是 *glnB*⁻ 基因突变株，还需要再根据转化子对载体 pPHU281 携带的四环素基因（*Tet*）的抗性或敏感性来确定。如果转化子具有 Kanʳ，但对四环素敏感（Tetˢ），则可确定为 *glnB*⁻ 基因突变株；如果转化子同时具有 Kanʳ 和 Tetʳ，则该转化子并不是 *glnB*⁻ 基因突变株。另外，还需要通过 Southern 杂交来验证突变株的基因型。

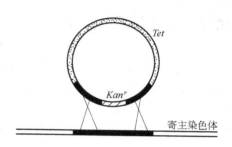

图 13-10 同源双交换
进行的基因取代

为什么还要在 Kan 抗性的基础上，进一步确定对 Tet 的抗性才能确定 *glnB*⁻ 基因突变株呢？这是因为克隆基因与野生型基因之间能通过一次交换和两次交换两种方式整合到染色体上，则重组产物也会有两种类型。如果只发生一次单交换，则质粒载体就会整合到染色体上 [图 13-11（a）]。在这种情况下，染色体上带有两个拷贝的 *glnB* 基因，其中一个 *glnB* 基因由于 Kan 的插入而破坏，而另一个 *glnB* 基因正常，质粒位于这两个 *glnB* 基因之间。然而，两个拷贝的 *glnB* 基因之间的第二次交换，使载体脱离染色体而只留下单拷贝的 *glnB* 基因 [图 13-11（b）]。根据筛选的不同，如果含 Kan 抗性的 *glnB* 基因留在染色体上，就会取代正常的野生型基因；如果正常的 *glnB* 基因拷贝留下，则细胞仍然是野生型。但在两种情况下，被切割的 DNA 因不能复制，都会从

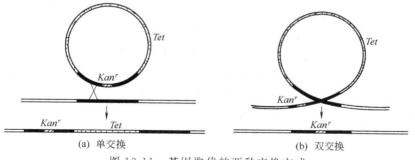

(a) 单交换　　　　　　　　　　(b) 双交换

图 13-11 基因取代的两种交换方式

细胞中消失。

　　具有 Kan^r 的转化子，多数是单交换，这是因为双交换的频率比单交换低得多。然而对基因取代，我们需要通过双交换使失活的基因取代野生型基因。怎样区分单交换和双交换呢？幸运的是，根据自杀型质粒携带的抗性基因（Tet^r），就很容易地区分单交换和双交换。单交换子具有 Kan^r 和 Tet^r 两种抗性，双交换子只具有 Kan^r 抗性。

第六节
位点特异性重组 •————————————————————

　　位点特异性重组是在特异性蛋白质催化下，对 DNA 的特定序列进行准确切割和重新连接的现象。位点特异性重组不需要 RecA 蛋白质，而且只需要小范围（通常几十个 bp）的同源性。其中研究的最清楚的是 Int 蛋白催化的 λ 噬菌体的重组、Cre 蛋白催化的 P1 噬菌体的重组及酵母中 FLP 蛋白质催化的 2μm 质粒内的重组。

一、λ 噬菌体的整合和切除

1. λ 噬菌体的整合和切除
　　λ 噬菌体的整合和切除是属于典型的位点特异性重组。λ 噬菌体侵染大肠杆菌后，可以进入裂解生长或进入溶源生长。如果是进入溶源状态，则游离的 λDNA 整合到细菌染色体 DNA 中；由溶源状态进入裂解生长阶段，则 λDNA 从细菌染色体上切除下来。整合和切除均通过细菌染色体 DNA 和 λDNA 上特定位点之间的重组而实现的，这些特定位点称为附着点（attachment site，att）。

　　大肠杆菌 DNA 上的 att 位点称为 attB，位于 bio 和 gal 操纵子之间，含有 B、O 和 B′三个序列组分。λ 噬菌体 DNA 上的 att 位点称为 attP，由 P、O 和 P′三个序列组分构成。attB 和 attP 中的 O 序列完全相同，由 15 个 bp 组成，称为核心序列（core sequence），是进行位点特异性重组的部位。两侧的 B、B′和 P、P′称为臂，其序列各不相同。通过功能分析表明，attP 共长 235bp，以核心序列的中心碱基为零位，P 序列的上限为 −152，P′序列的下限为 +82。attB 则短得多，只有 23bp 长，其上下限分别为 −11 和 +11，也就是说 B 和 B′实际上只分别包括核心序列上游、下游各 4 个 bp。attP 和 attB 的不同长度表明它们在重组中有着不同的功能。

　　λ 噬菌体侵染细菌后不久，线状的 λDNA 通过黏性末端而连接成环状 DNA 分子，在 Int 酶和 IHF 因子的作用下，通过大肠杆菌 att 位点和噬菌体 att 位点相互重组使整个 λDNA 整合到寄主 DNA 上。在整合状态下，λ 噬菌体 DNA 呈线状序列，位于两个新的 att 位点（attL 和 attR）之间。attL 是原噬菌体左边的位点，由序列 BOP′组成；而 attR 是原噬菌体右边的位点，由 POB′组成。attL 和 attR 这两个位点是重组的产物，不同于原来的 attB 和 attP。这些位点差异，说明切除反应并不是整合反应的精确逆过程，整合只需要 Int 酶和 IHF 因子，而切除反应除这两个因子外，还需要一种称为切除酶（excisionase，Xis）的蛋白质。

　　催化 λ 噬菌体整合和切除反应的关键蛋白质分别是 Int 和 Xis，Int 和 Xis 都是由 λ 噬菌体的基因编码的，因此 λ 噬菌体的整合和切除的转换主要是 λ 通过对这两个基因的调控而实现的。当 λ 噬菌体进入溶源状态时，Int 蛋白合成，而 *xis* 基因失活；当发生切除反应时，Int 和 Xis 蛋白合成，催化切除反应。

2. λ 噬菌体整合的分子机制

λ 噬菌体的整合反应涉及 *attB* 和 *attP* 中的核心序列中链的断裂和重接（图 13-12）。首先在 *attB* 和 *attP* 位点上产生同样的交错切口，形成 5′ 单链黏性末端（7 个碱基）。同位素标记试验证明，两个核心区的断裂完全相同，在整合反应中，互补的单链末端进行配对、连接并完成整合反应。整个整合过程不需要任何新 DNA 的合成。

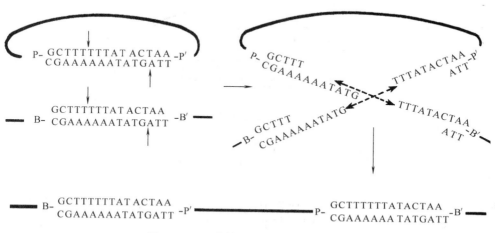

图 13-12 噬菌体整合过程的分子机制

在离体条件下，Int 和 IHF 可以催化 λDNA 和宿主 DNA 进行位点特异性重组。Int 具有 DNA 拓扑异构酶 I 的活性，它可能直接参与了断裂-复合反应。离体条件下每生成一个重组 DNA 分子需要大约 20～40 分子的 Int 蛋白质和大约 70 分子的 IHF。这种化学剂量关系说明 Int 和 IHF 蛋白质的功能是结构性的而不是催化性的。实验表明，这两种蛋白质与 *att* 位点的特异性序列结合。

图 13-13 所示为 Int 和 IHF 在噬菌体 *attP* 中的各结合位点。其中 Int 蛋白质有 4 个结合位点，这 4 个结合位点的分布是：1 个位于核心序列、1 个位于 P′ 区、2 个位于 P 区。IHF 有 3 个结合位点，其中 2 个位于 P 区、1 个位于 P′ 区。Int 和 IHF 与 P 和 P′ 序列中特异性位点结合的功能尚不清楚。

二、酵母 2μm 质粒的位点特异性重组

1. 酵母 2μm 质粒的结构和特征

酵母 2μm 质粒是一个环状、长度为 6.3kb 的双链 DNA 分子，在细胞内的拷贝数为 50～100。2μm 质粒位于细胞核内，质粒 DNA 与组蛋白结合在一起形成核小体结构。它的复制起始依赖于寄主复制体系，每个细胞循环中染色体 DNA 只复制一次，质粒也只起始复制一次。

那么，2μm 质粒怎样才能维持高拷贝数呢？研究表明，2μm 质粒已经进化出特定的分配机制和扩增机制，使质粒在每个细胞中的拷贝数达到 50～100。质粒分配系统由质粒编码的 3 种蛋白质 REP1、REP2 和 REP3 组成。质粒扩增系统由质粒编码的 FLP 蛋白（位点特异性 DNA 重组酶）和 2 个特异性重组位点 FRT（FLP recombination target）组成。质粒有

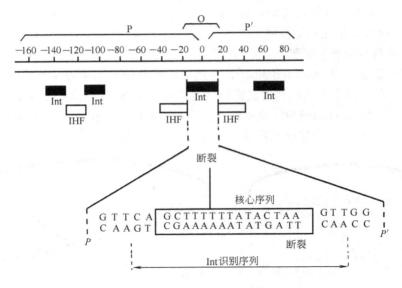

图 13-13 *attP* 上 Int 和 IHF 的结合位点以及 Int 在
核心序列处的识别位点和切点

2 个长度为 599bp 的反向重复序列，简称 IR。FRT 位于近 IR 的中央，在 FLP 重组酶的作用下，质粒内部进行重组，产生两种不同的构型（图 13-14）。

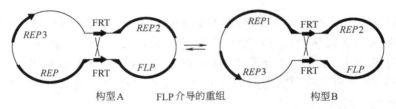

图 13-14　酵母 2μm 质粒中 FLP 介导的重组

2. 通过位点特异性重组使质粒拷贝数扩增

由 8bp 的核心序列和左右两侧各 13bp 的反向重复序列，共同组成 FRT 的核心重组位点（core recombination site），FLP 就是通过与这两个 13bp 的反向重复序列结合而起作用。核心重组位点旁边还有第 3 个 FLP 结合序列，它被删除后不丧失重组功能（图13-15）。

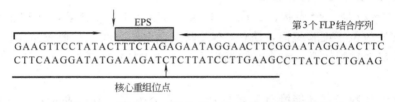

图 13-15　酵母 2μm 质粒的 FRT 位点的 DNA 序列

在 2μm 环状 DNA 分子上，一个 FRT 靠近复制起点，另一个则距离复制起点较远。质粒复制时，从复制起点（*ori*）进行双向复制。所以复制开始后，一个复制叉会很快通过离复制起点最近的 FRT，而另一个复制叉则尚还未到达第二个 FRT 位点，这时这两个 FRT 之间会进行重组，使两个 FRT 间的 DNA 顺序发生颠倒，结果是两个复制叉沿着一个方向移动，形成双滚环复制，产生出质粒多联体结构，然后通过位点特异性重组产生单体质粒。FRT 间的再重组，使 DNA 顺序颠倒，两个复制叉相遇，复制终止（图 13-16）。

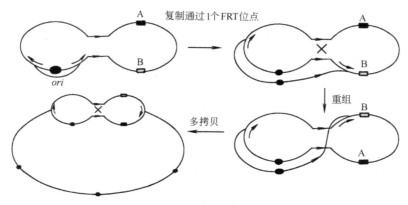

图 13-16　酵母 2μm 质粒的扩增方式

三、P1 噬菌体的位点特异性重组

P1 噬菌体既可进入裂解循环，也可进入溶源化。P1 噬菌体溶源化时并不整合到宿主染色体上，而是以环状形式存在于细胞中，大肠杆菌每复制一次，P1 也复制一次，所以每个细胞它的拷贝数一般为 1 个。在细胞分裂以前宿主染色体和 P1 各复制一次，然后被分配到两个子细胞中，每个细胞获得一个染色体 DNA 和一个 P1。但是由于 2 个拷贝的 P1 分子是同源的，它们可能结合形成二聚体环状分子，那么就可能会造成一个细胞将获得 P1 而另一个细胞则没有。事实上，P1 的溶源性和 λ 的溶源性几乎是一样的稳定，没有获得 P1 的子细胞出现频率很低。遗传分析表明，P1 噬菌体在两个子细胞中的平均分配，是由于 P1 专一位点重组的结果（图 13-17）。

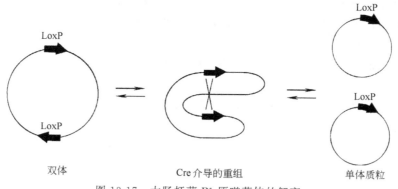

图 13-17　大肠杆菌 P1 原噬菌体的解离

P1 噬菌体的重组系统由 LoxP 位点 和 Cre 蛋白组成。LoxP 位点由 2 个 13bp 反向重复序列和中央的 8bp 间隔区组成（图 13-18）。链间的交换可发生在间隔区的 6bp 之间，一旦 Cre 重组酶介导的 DNA 剪切作用发生便产生一个突出的 5′末端。该间隔区是非对称性的，

这种非对称性决定了 LoxP 位点具有方向性，从而最终决定了重组的拓扑学结果：非连锁分子间的重组能够形成共整合分子；同一分子内同向的两个 LoxP 位点间的 DNA 会由于重组的发生而被切除，而反向的两个 LoxP 位点间的重组则导致 DNA 倒位。

Cre/Lox 系统作为位点特异性重组技术已经成功地应用到许多生物，如酵母、哺乳动

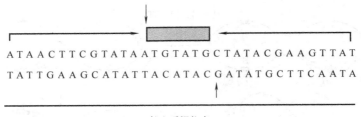

ATAACTTCGTATAATGTATGCTATACGAAGTTAT
TATTGAAGCATATTACATACGATATGCTTCAATA

核心重组位点

图 13-18   P1 噬菌体 Cre 蛋白作用位点

物、高等植物等的遗传改造中。利用该系统可以将外源基因定点整合到染色体上或将特定 DNA 片段删除。

利用 Cre/Lox 系统将外源基因定点整合到染色体上时，先将 LoxP 序列引入到染色体上，再利用含单个 Lox 序列的环状质粒与同样含 Lox 序列的基因或染色体间精确的重组，就可以将外源基因整合到 Lox 位点上，它既可以提高外源基因的整合效率又可以提高整合位置的准确率，而且可以利用这一定位整合的技术避免宿主自身基因的失活。

利用 Cre/Lox 系统将特定 DNA 片段删除时，首先通过置换型载体进行同源重组，向基因组靶位点引入选择标记基因，并在其两侧引入两个同向排列的 LoxP 位点，然后通过 Cre 重组酶介导的 LoxP 位点特异重组，切除位于两个 LoxP 位点间的所有序列从而达到靶位基因不同的修饰。

四、同源重组与位点特异性重组的区别

同源重组和位点特异性重组的区别主要表现在以下 4 个方面。

① 同源重组后核苷酸数目不增加也不减少；而位点特异性重组中有些重组后导致受体 DNA 增加（整合）或减少（切除下来），有些重组后核苷酸数目也不发生变化。

② 同源重组需要参与交换的 DNA 之间有较高的同源性和有较大范围的联会，而位点特异性重组只涉及少量 DNA 的联会和专一性位点。

③ 同源重组的 DNA 片段长度是不固定的，而位点特异性重组的插入部分或交换部分基本是固定的。

④ 两者的作用酶系不同。在大肠杆菌中同源重组依赖于 RecA 蛋白质，位点特异性重组依赖于重组酶，如 Int、FLP、Cre 等。

第七节
异常重组 ●━━━━━━━━━━━━━━━━━━━━━━━━━━━━━━

异常重组（illegitimate recombination），有时又称为非同源重组，发生在彼此同源性很小或没有同源性的 DNA 序列之间。这种重组过程可发生在 DNA 很多不同的位点，可能是

最原始的重组类型。最常见的异常重组是两个不同的 DNA 链之间的末端连接。这类重组过程能引起基因组结构较大范围的变化，例如移码、缺失、倒位和 DNA 扩增等。许多 DNA 序列上都可发生异常重组，这直接威胁着基因组的完整性，但同时也是生物进化的一个主要途径。异常重组发生在有丝分裂和减数分裂的各个阶段。

一、互补末端的连接

最简单的末端连接（end-joining）是由核酸内切酶造成的互补黏性末端之间进行连接。这个途径不仅存在于大肠杆菌中，可能也存在于酵母和其他真核生物中。在酵母中，催化连接的是酵母 DNA 连接酶 LIG4，另外还需要 RAD50、XRS2 、MRE11 等蛋白。

二、非互补末端的连接

两个 DNA 片段的断裂末端可以通过两个末端直接对接相连，该过程与末端 DNA 的序列无关，也不需要两个断端之间有任何同源性。

主要参考文献

[1] 王亚馥，戴灼华. 遗传学. 北京：高等教育出版社，1999.

[2] 徐晋麟，徐沁，陈淳. 现代遗传学原理. 北京：科学出版社，2001.

[3] 周俊初. 微生物遗传学. 北京：中国农业出版社，1994.

[4] 童克中. 基因及其表达. 北京：科学出版社，2001.

[5] Kowalczykowski S C. Initiation of genetic recombination and recombination-dependent replication. Trends in Biochemical Sciense, 2000, 25: 156-199.

[6] Kowalczykowski S C, Dixon D A, et al. Biochemistry of homologous recombination in *Escherichia coli*. Microbiological Reviews，1994，58 (3)：401-465.

[7] Paques, Haber. Recombination induced by double-strand breaks in yeast. Microbiol Mol Biol Rev，1999，63：345-398.

[8] Szostak J W, et al. The double-strand-break repair model for recombination. Cell, 1983, 33: 25-35.

[9] Kogoma T. Stable DNA Replication：Interplay between DNA replication, homologous recombination, and transcription. Microbiol Mol Biol Rev，1997，61 (2)：212-238.

[10] Snyder L，Champness W. Molecular Genetics of Bacteria. Washington D C：ASM Press，1997.

[11] Lodish H，Berk A，et al. Molecular Cell Biology. 4th ed. New York：W H Freeman and Company，2000.

[12] Bussell P J. Genetics. 2nd ed. Glenview：Scott Foresman and Company，1990.